Grundlagen der Halbleiterphysik

Jürgen Smoliner

Grundlagen der Halbleiterphysik

Was Studierende der Physik und Elektrotechnik wissen sollten

2. Auflage

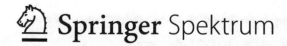 Springer Spektrum

Jürgen Smoliner
Institut für Festkörperelektronik
Technische Universität Wien
Wien, Österreich

ISBN 978-3-662-60653-7   ISBN 978-3-662-60654-4   (eBook)
https://doi.org/10.1007/978-3-662-60654-4

Die Deutsche Nationalbibliothek verzeichnet diese Publikation in der Deutschen Nationalbibliografie;
detaillierte bibliografische Daten sind im Internet über http://dnb.d-nb.de abrufbar.

Copyright: deBlik, Berlin

Planung/Lektorat: Margit Maly
Springer Spektrum ist ein Imprint der eingetragenen Gesellschaft Springer-Verlag GmbH, DE und ist
ein Teil von Springer Nature.
Die Anschrift der Gesellschaft ist: Heidelberger Platz 3, 14197 Berlin, Germany

Vorwort zur zweiten Auflage

Zuerst möchte ich die zweite Auflage dieses Buches den Ärzten und dem Pflegepersonal der Landeskrankenhäuser Mödling und Baden widmen. Ohne ihre Hilfe wäre die zweite Auflage wohl nicht mehr erschienen.

Zwei Jahre sind ins Land gegangen, und das Buch fand inzwischen offenbar einige Leser. Was sich inzwischen leider auch fand, waren so einige schlampige Fehler. Gefunden und beseitigt wurden diese Fehler von den Helden von Haegrula, also von den Studierenden der Elektrotechnik an der TU-Wien in der Vorlesung über Halbleiterelektronik Grundlagen. Details finden Sie im Dank. Fehlerfrei ist das Buch in der zweiten Auflage sicher auch noch nicht, aber für alle, die bei diesem Buchprojekt in Zukunft mitmachen wollen gilt: Wer Fehler findet, und sich mit dem Fehler, echtem Namen und nachvollziehbarer Adresse bei mir (juergen.smoliner@tuwien.ac.at) meldet, bekommt ein aktuelles Vorab-Exemplar der nächsten Auflage. Ihr Namen wird natürlich in der Liste der Helden von Haegrula verewigt und der Springer-Verlag hat auch nichts gegen diese Vorgangsweise.

Mein herzlicher Dank geht also an Alle, die bisher mitgemacht haben. Inhaltlich hat sich nichts geändert, nur dem Kapitel ‚Gruppentheorie' wurde ein teures, aber hoffentlich einleuchtendes Experiment hinzugefügt.

TU-Wien   Jürgen Smoliner
(Okober 2019)

Vorwort zur ersten Auflage

Eine klassische Halbleiterphysik Vorlesung für Physiker und Elektrotechniker an der TU-Wien, auch Halbleiterelektronik Grundlagen ('Haegrula') genannt, wird typischerweise im sechsten Semester gehalten und geht davon aus, dass Sie Vorlesungen über Quantenmechanik, Elektrodynamik und Thermodynamik bereits absolviert haben. Normalerweise ist das kein Problem, denn gute Bücher über Halbleiterphysik gibt es inzwischen einige, und die sind auch alle wirklich, wirklich gut. Allerdings haben diese Bücher, bedingt durch das universitäre Umfeld, in dem sie geschrieben wurden, ihre eigene thematische Ausrichtung, die aber leider nicht mit den speziellen Bedürfnissen der Studierenden in den unteren Semestern an der TU Wien übereinstimmt.

Ein zusätzliches Problem haben dann noch die Studentinnen und Studenten der Elektrotechnik, welche die Vorlesung Halbleiterphysik im dritten Semester absolvieren müssen, und das, ohne vorher auch nur irgendwo etwas über Quantenmechanik etc. gehört zu haben. Damit wird die Vorlesung über Halbleiterphysik inklusive Übungen zu einer deutlichen Herausforderung.

Die Studierenden der Elektrotechnik, welche ich im Laufe der Jahre hier auf der TU Wien kennengelernt habe, waren alle wirklich fleißig, und durchaus in der Lage, sich die fehlenden Hintergrundinformationen aus diversen Büchern mit einem Gesamtumfang von mindestens 3000 Seiten selbst zu beschaffen. Diese Prozedur, so wurde mir aber mehrfach bestätigt, ist eher mühsam, da es schwer zu erkennen ist, was für einen Einsteiger in diesem Gebiet wirklich wichtig ist. Noch dazu gibt es das Problem, dass besonders den Studierenden der Elektrotechnik ein paar wichtige Grundlagen zum Verständnis der Materie fehlen, die eben nicht auf die Schnelle in Wikipedia nachgelesen werden können. Es gab somit einen gewissen Handlungsbedarf. Dieses Buch wurde also geschrieben, um den Studierenden der Physik und Elektrotechnik einen effizienten Einstieg in das Gebiet der Halbleiterphysik mit nur ca. 300 zu lesenden Seiten zu ermöglichen. Als Grundvoraussetzung zum Verständnis dieses Buches sollten Sie aber besser die Vorlesungen Algebra und Lineare Algebra bereits absolviert haben, anderenfalls werden Sie Probleme mit den ca. 2000 Formeln haben, welche sich in diesem Buch befinden.

Es muss nochmals betont werden, dass dieses Buch nur für einen effizienten Einstieg in das Gebiet der Halbleiterphysik gedacht ist, und nicht die Welt der Halbleiterphysik als Ganzes erklären soll. Es beschränkt sich auf die allernötigsten

Grundlagen, und widmet sich nur den elektronischen Eigenschaften von Volumen-halbleitern und deren Einsatz in Halbleiterbauelementen. Viele typische Übungs-aufgaben sind mit vielen Details als Beispiele in den Text eingearbeitet und sollten Ihnen damit die Durchführung Ihrer Übungen erleichtern. Zusätzlich gibt es im Text verstreute Hausaufgaben, die es sich zu lösen lohnt, falls Sie ein tieferes Ver-ständnis der Materie suchen.

Der Inhalt dieses Buches wurde zu großen Teilen aus folgenden Quellen zusammengetragen: Aus den deutschsprachigen Büchern *Halbleiterphysik,* Sauer (2009), *Festkörperphysik,* Gross und Marx (2014) sowie aus den Klassikern *Hab-leiterelektronik,* Müller (1995a), *Bauelemente der Halbleiter-Elektronik,* Müller (1995b), und *Werkstoffe für die Elektrotechnik,* Fasching (1984). Ein Buch, das ich für dieses Werk leider zu spät entdeckt habe, ist *Physik der Halbleiterbauele-mente,* Thuselt (2018). Die Übungen und Zusammenfassungen sind in diesem Buch didaktisch wirklich sehr wertvoll. Ganz besonders schätze ich die Bemü-hungen des Kollegen Thuselt, numerische Übungen mittels ,Matlab' einzubauen. Ebenfalls lohnt es sich, seinen Lebenslauf im Internet zu recherchieren. Er hatte es wirklich nicht leicht, das Stichwort ist DDR. Englischsprachige Quellen für die-ses Skriptum waren die Bücher *Quantum Mechanics: Fundamentals and Applica-tions to Technology,* Singh (2003) und *Electronic and Optoelectronic Properties of Semiconductors,* Mishra und Singh (2008) sowie *Physics of Semiconductor Devices,* von Sze und Ng (2007). Weitere Quellen sind im Literaturverzeichnis aufgelistet.

Der Dank zur zweiten Auflage

Es ist wohl das übliche Schicksal. Kaum ist die erste Auflage der Haegrula Saga im Druck erschienen, und sofort braucht es die MA48 und ihre fleißigen Mitarbeiter zur Entsorgung des Restmülls (MA48 bitte bei Wikipedia nachlesen).

- Die ersten heldenhaften Müllsammler von Haegrula in der zweiten Auflage sind: Manuel Reichenpfader, Christian Schleich, Marin Soce, Maximilian Thier und Markus Pal.
- Martin Schneider ist aber wirklich der erste epische Müll-Entsorger der zweiten Auflage der Haegrula Saga. Das pn-Kapitel war wohl doch noch eher in einem Zustand wie der Stall des Augias im alten Griechenland. Der Stall wurde von Ihm aber effizient ausgemistet.
- Viele Korrekturen und Vorschläge zur Verbesserung des Skriptums und des Buches in der neuesten Version wurden beigetragen von den Studenten: Sebastian Glassner, Markus Kampl, Christian Hartl, Jürgen Meier, Dominic Waldhör, Gernot Fleckl, Marko Stübegger, Michael Stückler und Michael Hauser.
- Mein Doktorand Maximilian Bartmann machte einen Verbesserungsvorschlag über den Idealitätsfaktor von Dioden und trieb mich damit an den Rande des Wahnsinns.
- Kourosh Sarbandi-Fard und Arno Frank fanden diverse Details und haben mich damit auch ganz gut beschäftigt.
- Wir schreiben den Oktober 2019, und der Springer Verlag meint, eine zweite, fehlerkorrigierte Auflage macht Sinn. Irgendjemand, der nicht betriebsblind ist, musste also das ganze Buch noch einmal durchlesen ehe es endgültig in den Druck geht. Der Dank geht hier an Sabine Krisam, sie besorgte die Endredakion der zweiten Auflage des Buches.
- Ein ganz persönlicher Dank an dieser Stelle: Auch wenn Alles fertig ist, nutzt es einem nichts, wenn niemand davon weiß. Dann ist es gut, einen Freund zu haben, der sich ein wenig im Marketing auskennt und den richtigen Vorschlag macht. Danke Franky! Auch Fred und Josef gebührt ewiger Dank: Ihr wisst,

warum. Mit alten Freunden, die sich nach langer Zeit zurück melden, kann man ebenfalls viel erreichen. Danke Tobias, danke Ferry!

- Zum Schluss gilt mein wirklich ganz besonderer Dank Prof. Dr. Emmerich Bertagnolli. Ohne seine endlose Toleranz gegenüber vielen und oftmals lästigen Interessenkonflikten wäre dieses Buch niemals entstanden.
- TUgether we stand, wie mir scheint. Das hat nicht Jeder.

Dank

Dieses Buch wäre nie entstanden, hätte meine Frau Cilja im Frühjahr 2016 nicht gesagt: Du hast gerade kein Forschungsprojekt, also eh nichts zu tun. Du hängst nur demotiviert herum, langweilst Dich, also warum schreibst Du nicht ein Skriptum oder besser noch ein Buch?

Das war, wie sich herausstellte, eine ausgezeichnete Idee, denn die Arbeit an diesem Buch machte dank des grandiosen Feedbacks von studentischer Seite wirklich Spaß. Natürlich brauchte die ganze Angelegenheit einen Arbeitstitel, und da ich ein Fan von epischen Heldensagen bin, wurde dieser Text schließlich intern als *Haegrula Saga, Haegrula* steht für Halbleiterelektronik Grundlagen, bekannt.

Hier ist also die Liste der Studierenden der Elektrotechnik der TU Wien, die als Helden von Haegrula einen wesentlichen Teil ihrer Lebenszeit geopfert haben, um das ursprüngliche Skriptum so zu verbessern, dass es schließlich in Buchform erscheinen konnte. Ihnen gehört daher unsterblicher Ruhm und auch mein ewiger Dank:

Zuerst geht mein Dank an die Dinosaurier dieses Projekts, die in den Jahren 2009 bis 2015 die Grundsteine für den Inhalt legten.

- Michael Eberhardt, Sebastian Kral, Martin Kriz und Paul Marko waren meine *LATEX* Ghostwriter der ersten Stunden und entzifferten im Jahre 2010 mit endloser Geduld mein handgeschmiertes Originalskriptum zur Vorlesung Halbleiterelektronik. Sie legten wirklich das Fundament für das jetzige Buch. Hilfe hatten Sie dabei von Thomas Hartmann bekommen, der sich schon 2009 bemüht hatte, das Originalskriptum in ein *MS-Word 2007* Dokument zu verwandeln. Leider war dieses Dokument nicht sehr kompatibel mit anderen Plattformen, und so dauerte es bis zum Jahr 2010, ehe die darin enthaltenen Formeln mittels *Mathtype* und *LATEX* recycelt werden konnten.
- Weitere Unterkapitel und Korrekturen aus den frühen Anfangszeiten dieses Skriptums wurden beigesteuert von Clemens Novak und Andreas Worliczek, Tobias Flöry, Martin Janits, Gerhard Rzepa, und Stefan Wagesreither.
- Um die nächsten Versionen des Skriptums bemühten sich: Manuel Messner, Christian Hölzel, Peter Gruber, Thomas Kadziela, Günther Mader, Elisabeth Wistrela, Rüdiger Sonderfeld, Lukas Dobusch und Nikolaus Lehner.

- Ein Abschnitt zum Thema Wellenpakete entstand aus den Anregungen von David Feilacher. Diskussionen mit Sana Zunic, Theresia Knobloch und meinem Kollegen Hans Kosina führten zu wichtigen Ergänzungen und Korrekturen zum Thema Unschärferelation.

Ein Skriptum wird zum Buch: Keine einfache Aufgabe …

- Matthias Riesinger war der Lektor der allerersten Version des ursprünglichen Buchprojekts und holte es aus dem Beta-Stadium.
- Armin Lochmann, Samuel Gaspar, Benedikt Limbacher, David Graf und Martin Wolff fanden weitere Tipp- und Formelfehler, wo niemand welche vermutet hätte.
- Die wirklich epischen Helden des Buchprojekts sind Georg Mühl und Gerd Fuchs. Sie fanden Fehler ohne Zahl und machten zusätzlich Unmengen an inhaltlichen Verbesserungsvorschlägen.
- Von Peter Nemeth, David Pirker und Gernot Schweighofer lernte ich, dass mein Deutsch nicht gerade das Beste ist. Der Literaturpreis des Instituts für Festkörperelektronik (2016) geht jedenfalls an sie.
- Martin Baumann entdeckte bei der Prüfungsvorbereitung die hoffentlich letzten heimtückischen Tippfehler im Kronig-Penney-Modell. Michael Lackner und Ioan-Daniel Dobie halfen beim ‚picture pimping‘ zum Thema Fourier Transformationen im Anhang.
- Diverse weitere Fehler wurden entdeckt von: Erik Kornfellner, Niklas Brückelmayer, Kevin Niederwanger, Matthias Kratzmann und Patrick Fleischanderl.
- Marie Christine Ertl fand Fehler, die sogar vom Lektorat übersehen wurden, und kümmerte sich bereits um die Kapitel, die im zweiten Teil dieses Buches inzwischen erschienen sind. Verneigung, Mylady!
- Wilfried Wiedner stellte seine Musterlösung für das Kronig-Penney-Modell mit Deltafunktionen zur Verfügung. Sie findet sich jetzt im Anhang. Einige unentdeckte Fehler wurden von Matthias Laimer, Simon Howind und Christoph Gastecker gefunden.
- Einer meiner Lieblingssprüche ist: Ich weiß nicht Alles und der Papst bin ich auch nicht, weil ich nicht unfehlbar bin. Der Spruch ist gut, hilft aber nichts, wenn man niemanden hat, der einem sagt, wo die Fehler liegen. Hier kommt nochmal der Herr Mühl ins Spiel. Der hat zwar schon einen Haegrula Orden, wegen seiner unermüdlichen Beiträge zur Endredaktion werde ich aber wohl noch ein Freiexemplar des Buches drauflegen müssen.
- Matthias Laimer, Simon Howind, Christoph Gastecker, Benjamin Friedl und Edwin Willegger fanden in letzter Sekunde noch einige Fehler, die aber auf den Druckfahnen korrigiert werden konnten.
- Wir schreiben den 19.06.2018: Es gibt die Saga tatsächlich jetzt in Papierform bei Amazon oder Springer. Das Buch schaut wirklich cool aus. Allerdings: Da gab es schon noch ein paar Kleinigkeiten in der ersten Auflage des Buches, die leider zu spät gefunden wurden.

Inhaltsverzeichnis

Quantenmechanik

1

Inhaltsverzeichnis

1.1 Märchenstunde – es war einmal

Halbleiterphysik ist ein bunt gemischter Cocktail aus allen möglichen Fachgebieten der Physik, wie Elektrostatik, Mechanik, Diffusion, statistischer Physik und Manches mehr. Die Hauptzutat des Cocktails ist aber die Quantenmechanik, die man z. B. schon dazu braucht, um zu verstehen, warum es im Halbleiter so etwas wie ein Leitungsband und Valenzband gibt. Da es ohne Quantenmechanik also nicht geht, werfen wir zuerst einen Blick in die Geschichte der Physik, damit wir wissen, wo

© Springer-Verlag GmbH Deutschland, ein Teil von Springer Nature 2020
J. Smoliner, *Grundlagen der Halbleiterphysik*,
https://doi.org/10.1007/978-3-662-60654-4_1

der ganze Quantenkram überhaupt herkommt. Beginnen wir also im Jahre 1700 und betrachten wir von da aus die zeitliche Entwicklung des Wissens über Atome und Elektronen:

1700: Kugelmodell für Atome von Dalton. Atome sind unteilbare Kugeln. Das mit den Kugeln war nicht so falsch wie wir heute wissen, aber unteilbar war wohl ein leichter Irrtum.

1715: Newton entwickelte erstaunlicherweise eine Korpuskeltheorie für Licht (also Licht besteht aus Photonen). Das war eine wirklich geniale Idee zu seiner Zeit, aber leider damals noch zu modern und auch noch nicht nachweisbar. Was mich aber bisher gewundert hat, ist, wie der zu damaliger Zeit auf solch irre Ideen kam. Die Antwort ist einfach: Licht gab es damals schon. Man konnte auch schon damals von hier nach dort leuchten. Die Frage war also, woraus ein Lichtstrahl besteht. Da mangels brauchbarer optischer Geräte und der dazugehörenden Experimente niemand auf die Idee kam, dass Licht eine Welle sein könnte, sagte Newton, es müssen Korpuskeln sein. Das war schon recht visionär, muss man zugeben.

1861: Maxwells Gleichungen für elektromagnetische Wellen, elektrischen Strom, Magnetismus und den ganzen Rest. Das war ein echter Schritt vorwärts, und wenn es möglich wäre, sollte man ihm zur Belohnung wirklich ein Mobiltelefon in die Vergangenheit schicken. Newtons Korpuskeltheorie war damit natürlich vorläufig mal obsolet.

1877: Boltzmann bemühte sich um die statistische Gastheorie, aber erstaunlicherweise gibt es auch Vorarbeiten vom Herrn Maxwell zu diesem Thema. Der Herr Boltzmann war wirklich genial, weil seine Theorien heute jede Art von Wärmekraftmaschinen beschreiben. Er muss sich vor dem Kollegen Einstein nicht verstecken und seine Entropieformel steht nicht umsonst auf seinem Grabstein am Zentralfriedhof in Wien.

1900: Thomson machte Kathodenstrahlexperimente und entwickelt das Rosinenkuchenmodell für Atome. Ein Atom in diesem Modell besteht aus Elektronen in einer positiven Kuchenmasse. Das stimmt zwar nicht, aber mehr war damals mangels passender Experimente nicht zu machen. Die Elektronen konnte man damals also schon in der Fernsehröhre sehen, über Atomkerne wusste man aber absolut nichts.

1900: Plancksche Strahlungsformel: Ein schwarzer Körper besteht aus schwingenden Atomen (Federkettenmodell = Oszillatoren) mit der Energie hf pro Atom, die diese Energie dann in Form von Licht abstrahlen. Hier wird es jetzt interessant. Animiert von der Idee, das Sonnenspektrum zu berechnen, wurde als Modell der schwarze Strahler angenommen. Die Berechnung des Spektrums erwies sich aber besonders bei hohen Frequenzen als zickig (Stichwort Ultraviolettkatastrophe). Planck blieb hartnäckig und beschrieb den schwarzen Körper auf atomistischer Basis mit einem Feder-Masse-Konzept, also jedes Atom sei ein Oszillator und durch Federn mit den Nachbaratomen verbunden. Die ganze statistische Physik gab es dank Boltzmann ja auch schon, und das Modellkonzept war logisch und einleuchtend. Nur diese elende Ultraviolettkatastrophe wurde er vorerst nicht los. Vermutlich inspiriert von Musikinstrumenten mit Saiten, wie E-Gitarre, Harfe und Geige nahm er dann an, dass die Atome alle nur mit ihrer Eigenfrequenz (evtl. mit Oberwellen davon) schwingen sollen. Die Schwingungsenergie eines Atoms ist dann bei konstanter Temperatur

(= konstante Schwingungsamplitude) klarerweise irgendwie proportional zur Frequenz. Die zentrale Formel (die Herleitung wäre an dieser Stelle nur verwirrend) inklusive allem statistischen und thermodynamischen Blabla ist:

$$E = \frac{hf}{\exp\left(\frac{hf}{kT}\right) - 1} \tag{1.1}$$

Vorsicht, die ‚−1' ist für die Bose-Einstein Statistik, wir haben dann später immer ein ‚+1' in der Statistik für Elektronen. Den Proportionalitätsfaktor h zu berechnen war für den Herrn Planck aber sinnlos, denn der hängt in diesem Modell von allen möglichen Parametern ab, und so nannte er ihn einfach h für Hilfsfaktor und betrachtete ihn als ‚Fitting-Parameter' (Dieses denglische Wort gab es damals vermutlich noch nicht einmal).

Als Resultat bekam er ein schönes Sonnenspektrum (Abb. 1.1) und noch heute gilt $E = hf$ genau wie damals. Was er nicht ahnen konnte: h hängt von Null Komma Null gar nichts ab, ist eine Naturkonstante, und deswegen hat er auch den Nobelpreis bekommen. Wichtig: Planck hat nur seinen Oszillatoren die Energie hf zugeordnet. Dass Photonen auch die Energie hf haben, kam erst später. Das Ganze ist wirklich schön, denn es hat sich später herausgestellt, dass ein quantenmechanischer Oszillator, berechnet mit der Schrödinger-Gleichung, völlig von selbst diese Annahme liefert, und zwar ganz ohne Krampf und experimentellen Input. Mehr Details findet man bei Baehr (2004).

1900: Photoeffekt (Lenard): Dieser steht im Widerspruch zu den Maxwell-Gleichungen (1861–1864), im Besonderen dazu, dass sich die Intensität einer klassischen elektromagnetischen Welle laut Wikipedia gemäß der Formel $I = \frac{c\varepsilon_0}{2}E_0^2 = \frac{c}{2\mu_0}B_0^2$ (E: elektrische Feldstärke, B: magnetisches Feld, c: Lichtgeschwindigkeit, ε_0 ist die Dielektrizitätskonstante von Vakuum, und μ_0 die Permeabilität) berechnet, und deswegen sehen wir uns das etwas genauer an: In der Anordnung in Abb. 1.2a wird die Kathode aus Metall (z. B. Natrium) mit monochromatischem Licht bestrahlt, wobei Elektronen aus der Oberfläche des Metalls emittiert werden können. Zwischen Kathode und Anode wird eine Spannung angelegt, gegen welche die emittierten Elektronen anlaufen müssen. Stellt man diese so ein, dass der Strom gerade verschwindet,

Abb. 1.1 Plancksches Strahlungsspektrum für eine Temperatur von $T = 3000\,\text{K}$. Das zur Ultraviolettkatastrophe führende Rayleigh-Jeans-Spektrum ist ebenfalls eingezeichnet

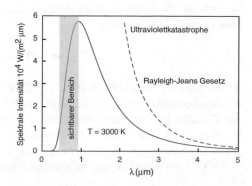

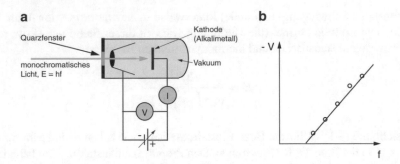

Abb. 1.2 a Das Experiment von Lenard (1900). Zwischen Kathode und Anode wird eine variable Gleichspannung angelegt, die Kathode wird mit monochromatischem Licht bestrahlt. **b** Im Diagramm ist die negative Bremsspannung, bei der der Strom gerade verschwindet, gegen die Frequenz des eingestrahlten Lichtes aufgetragen. Das Quarzglasfenster wird benötigt, weil normales Glas für UV-Licht undurchlässig ist. Das Vakuum braucht man für eine hinreichend große mittlere freie Weglänge der Elektronen

kann man daraus deren Energie bestimmen. Man erhält das überraschende Ergebnis, dass die kinetische Energie der Elektronen nur von der Frequenz bzw. Wellenlänge des eingestrahlten Lichtes abhängt, nicht aber von dessen Intensität (Abb. 1.2b). Also so richtig passt das nicht zur Annahme, dass Licht eine elektromagnetische Welle sein soll. Für Wellen würde man wegen der Formel: ‚Energie pro Flächeneinheit = Intensität · Zeit' erwarten, dass der Strom einsetzt, nachdem das Zeitintegral über die Intensität auf dem mittleren Flächenbedarf für ein Elektron auf der Metalloberfläche gleich der Austrittsarbeit für irgendein Elektron in der Probe ist, und das völlig unabhängig von der Wellenlänge.

Hinweis: Der Herr Lenard hat zwar wesentlich zur Quantenmechanik beigetragen, ansonsten hatte er aber eher fragwürdige Ansichten über den Aufbau der Welt. Wer mehr wissen will, sehe bitte bei Wikipedia nach.

1905: Einstein schließt dann in seiner Arbeit ‚Über einen die Erzeugung und Verwandlung des Lichtes betreffenden heuristischen Gesichtspunkt' (von Werbesprüchen mit sinnvollem Marketingfaktor hatte er offenbar gar keine Ahnung): Licht besteht aus Photonen mit der Energie hf, und die Intensität von Licht berechnet sich zu I $= \frac{hf \cdot n}{A}$. n ist die Anzahl der Photonen pro Sekunde und A die Fläche. Damit ist auch der Photoeffekt erklärt, denn wenn man annimmt, dass Licht aus Photonen besteht, gilt die Beziehung

$$E_{kin} = -eV = hf - E_A, \tag{1.2}$$

wobei E_{kin} die kinetische Energie der Elektronen, V die angelegte Spannung und E_A die Austrittsarbeit der Elektronen aus der Metalloberfläche ist. Aus der Steigung der Geraden im Diagramm ergibt sich somit das Plancksche Wirkungsquantum h. Nach so langer Zeit zu hören, dass er doch richtig geraten hatte, hätte Sir Isaac sicher gefreut! Ab dann geht es auf der experimentellen Seite zügig voran:

1909: Rutherford: Atome haben eine Hülle und einen Kern!

Abb. 1.3 Compton-Effekt. Eine einfallende Welle mit der Wellenlänge λ_0 streut mit einem Elektron und gibt einen Teil seines Impulses und seiner Energie an das Elektron ab. Die Wellenlänge der auslaufenden Strahlung ist λ_{sc} (sc steht für scattered)

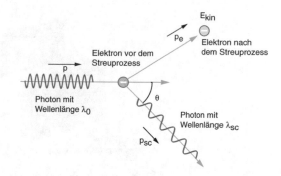

1922: Compton-Effekt mit dem Resultat: Wellen, wie Röntgenstrahlen oder ultraviolettes Licht, sind Teilchen! Compton (1923): Beim Compton-Effekt (Abb. 1.3) fällt UV-Licht auf eine Substanz mit locker gebundenen Elektronen, wie z. B. metallisches Natrium. Im Streulicht ist außer der Primärwellenlänge auch eine längerwellige Komponente nachweisbar; außerdem werden ausgeschlagene Elektronen beobachtet. Die Frequenzänderung ist durch das Wellenbild für Photonen völlig unerklärlich. Durch das Teilchenbild wird sie hingegen als elastischer Stoß zwischen Photon und Elektron völlig richtig beschrieben:

$$\hbar\omega_0 = \hbar\omega_{sc} + E_e \qquad (1.3)$$

$$\hbar\vec{k}_0 = \hbar\vec{k}_{sc} + \vec{p}_e \qquad (1.4)$$

E_e ist die kinetische Energie und $\vec{p}_e$ der Impuls des Compton-Elektrons. ω_{sc} ist die Frequenz des gestreuten Lichts (der Index sc steht für scattered), und $\vec{k}_{sc}$ ist der zugehörige Wellenvektor. Der Wellenvektor $\vec{k}_0$ zeigt in die Ausbreitungsrichtung des Photons und hat die Länge $|\vec{k}_0| = \frac{2\pi}{\lambda}$. Der Impuls des Photons ergibt sich zu

$$p = |\hbar\vec{k}| = \frac{h}{2\pi} \cdot \frac{2\pi}{\lambda} = \frac{h}{\lambda}. \qquad (1.5)$$

Der Compton-Effekt ist ein direkter Beweis, dass Photonen nicht nur eine Energie $\hbar\omega$, sondern auch einen Impuls $\hbar k$ haben.

1924: De-Broglie (ein wirklich visionärer Franzose): Theoretischer Vorschlag: Teilchen wie Atome und Elektronen haben auch eine Wellenlänge, die man mit $p = h/\lambda$ aus dem Impuls berechnen kann! An so absurde Ideen glaubte damals natürlich niemand. Viel eher wurde wohl von seinen Landsleuten vermutet, dass er zu viel mit Absinth herumexperimentiert hat, aber:

1927: Clinton Davisson und Lester Germer gelingt die Beugung eines Elektronenstrahls (analog zur Röntgenbeugung) an einem Nickelkristall. Resultat: Elektronen sind wirklich Wellen.

1926: Schrödinger (auch seine Gleichung steht auf seinem Grabstein) und Heisenberg proklamieren auf den Bühnen der wissenschaftlichen Welt: Dieser Welle-Teilchen-Dualismus bringt nix, ich habe bessere Ideen! Nehmt meine Schrödinger-Gleichung, da werden Teilchen mit Wellenfunktionen beschrieben, und die ganze

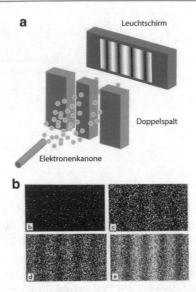

Abb. 1.4 a Schematische Darstellung des Doppelspaltexperiments mit Elektronen: Die
beobachteten Interferenzstreifen demonstrieren eindeutig die Wellennatur der Elektronen.
b Gemessenes Interferenzmuster eines Doppelspaltexperiments mit verschiedener Anzahl
von Elektronen. Abbildung (a): keine Elektronen. Da das Bild nur ein langweiliges,
schwarzes Rechteck darstellt, wird es hier auch nicht gezeigt. (b): 200, (c): 6000,
(d): 40000, (e): 140000 Elektronen. (Reproduziert aus der Veröffentlichung von Tonomura (1989) mit freundlicher Genehmigung der American Association of Physics Tea-
chers. Weitere Bilder finden sich bei http://www.hitachi.com/rd/portal/highlight/quantum/ und
https://de.wikipedia.org/wiki/Doppelspaltexperiment)

Information steckt in der Wellenfunktion! Heisenberg: Nehmt meine Matrizen-
mechanik! Die Information steckt im entsprechenden Differentialoperator, das ist
einleuchtender! Schrödinger kurz danach: Das ist eh alles das Gleiche, aber die Wellenfunktionen sind praktischer und leichter zu berechnen! Wie es heute scheint, hat
er wohl Recht behalten.

Abgesehen davon war er wohl auch sonst ein sehr weltoffener und liberaler
Mensch, der wusste, dass gilt: There is life besides physics. Ob er sich das vom
Onkel Albert abgeschaut hat, ist unklar und auch egal, aber der war privat auch nicht
fad. Wir können uns an den beiden jedenfalls problemlos ein Vorbild nehmen. Details
bitte bei Wikipedia nachlesen.

Schließlich und endlich wurde 1961 dann das Doppelspaltexperiment mit Elektronen durch den deutschen Physiker Claus Jönsson durchgeführt. Dieses Experiment
ist nach einer Umfrage der englischen physikalischen Gesellschaft in der Zeitschrift
Physics World zum schönsten physikalischen Experiment aller Zeiten gewählt worden. Abb. 1.4 zeigt eine modernere Version des Experiments und ist selbsterklärend.
Das Experiment sagt jedenfalls eindeutig: Elektronen sind Wellen. Das Experiment
kann übrigens auch mit anderen Teilchen, wie Neutronen, Atomen und Fulleren-
Molekülen durchgeführt werden. Da es sich zeigt, dass für alle diese Teilchen ein

Interferenzmuster wie bei der Durchführung des Experiments mit Licht beobachtet wird, spricht man von Materiewellen.

1.2 Quantenmechanik: Einige formale Grundlagen

Die Ergebnisse des Photoeffekts und des Compton-Effekts einerseits und der Elektroneninterferenz andererseits erscheinen widersprüchlich. Einmal werden Wellen als Teilchen betrachtet, dann wieder Teilchen als Wellen. Die Frage ist nur: Wann soll man was als was betrachten? Ein bisschen Quantenmechanik, zusammengefasst z. B. aus den Büchern von Singh (2008), Kittel (1987) sowie von Haug und Koch (2004) hilft schon sehr dabei. Vorab einmal die wichtigsten Formeln für Wellen und klassische Teilchen:

- Energie und Impuls des klassischen Teilchens:

$$E = \frac{m^* v^2}{2} = \frac{p^2}{2m^*} \tag{1.6}$$

$$p = m^* v \tag{1.7}$$

- Wellenlänge der klassischen Welle, k ist der Wellenvektor:

$$\lambda = \frac{2\pi}{k} \tag{1.8}$$

- De-Broglie-Wellenlänge für quantenmechanische Teilchen:

$$p = \frac{h}{\lambda} = \hbar k \tag{1.9}$$

$$k = \frac{2\pi}{\lambda} \tag{1.10}$$

$$\hbar = \frac{h}{2\pi} \tag{1.11}$$

- Energie eines Photons:

$$E = h \cdot f = \frac{hc}{\lambda} \tag{1.12}$$

- Für die Energie eines quantenmechanischen Teilchens gilt dann:

$$E = \frac{m^* v^2}{2} = \frac{\hbar^2 k^2}{2m^*} \tag{1.13}$$

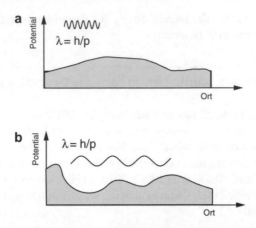

Abb. 1.5 a Schematische Darstellung des klassischen Bereichs. Die Wellenlänge ist klein gegenüber der Potentialvariation im betrachteten Gebiet. **b** Schematische Darstellung des quantenmechanischen Bereichs. Ist die De-Broglie-Wellenlänge in der Größenordnung der Ausdehnung der Potentialmodulation, so muss mit Quanteneffekten gerechnet werden

Hinweis: m^* bezeichnet die ‚effektive' Elektronenmasse im Halbleiter. Die bräuchte man hier zwar noch überhaupt nicht, die Schreibweise m^* erleichtert aber dann den Vergleich mit den Formeln in späteren Kapiteln.

Mit Hilfe dieser Formeln versteht man nun Abb. 1.5. Immer dann, wenn die Ausdehnung der De-Broglie-Wellenlänge in die Größenordnung der Potentialmodulation kommt, treten quantenmechanische Effekte auf. Hier eine falsche, aber dennoch einleuchtende Analogie: Sie fliegen mit einer Boing 747 oder mit einem Airbus 380 hoch über ein Gebirge. Sie sind klassisch unterwegs, haben keine Probleme und genießen die schöne Aussicht. Fliegen Sie aber mit einer Boing 747 unten durch die Täler, sollten Sie besser die quantenmechanische Version der Boing 747 haben, ansonsten werden Sie nicht weit kommen, denn es gibt dort ziemlich viel Streuung an den Wänden der Täler. Der Airbus 380 macht nicht solche Probleme, denn der ist moderner und lässt einen solchen Unfug erst gar nicht zu.

1.2.1 Die Unschärferelation

Ehe wir weitermachen, müssen wir unser quantenmechanisches Weltbild etwas verfeinern und etwas genauer zwischen frei beweglichen und eingesperrten Elektronen unterscheiden. Frei bewegliche Elektronen finden Sie z. B. in alten, fetten Fernsehröhren. Eingesperrt sind die Elektronen in jedem Atom oder auch in jedem Feldeffekttransistor oder Halbleiterlaser. Da Quantenmechanik viel mit Mechanik zu tun hat, suchen wir nun ein mechanisches Analogon für unser eingesperrtes Elektron. Nehmen wir am besten eine eingespannte Saite, z. B. in einer E-Bass-Gitarre (Violinen gehen zwar auch, sind aber ein Verrat an der Elektrotechnik). Beachten Sie nun, dass die Elektronenwelle in Abb. 1.6 viele Bäuche hat. Das entspricht einem angeregten Zustand in der Quantenmechanik und einer Oberwelle am Bass. Sie müssen daher

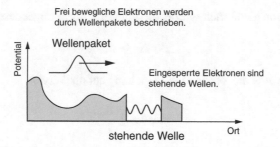

Abb. 1.6 Eingesperrtes Elektron, dargestellt als stehende Welle in einem Potentialtopf, und ein frei bewegliches Elektron, dargestellt als gaußförmiges Wellenpaket

ordentlich an der Saite am E-Bass zupfen, damit sie die entsprechende Oberwelle zu hören bekommen.

Frei bewegliche Elektronen in alten, fetten Fernsehröhren oder alten Oszilloskopen sind bekanntlich kleine grüne Kügelchen, die, weil man ja auf den alten Röhrenfernsehern nie ein wirklich scharfes Fernsehbild bekommt, wohl ein etwas schwammiges Äußeres haben müssen. Eine stehende, wohl möglich sogar noch unendlich weit ausgedehnte Welle taugt zur Beschreibung eines solchen Elektrons also absolut nicht. Ein gaußförmiges Wellenpaket hingegen ist aber ein ganz gutes Bild der Situation.

Damit man sich das auch vorstellen kann, machen wir nun ein einfaches, aber auch extrem gefährliches Experiment. Wir werfen einen Stein oder ein sonstiges Objekt in ein Waschbecken einer Küche oder einen Teich (Abb. 1.7). Das ist noch relativ harmlos. Dann betrachten wir die Wellenpakete in Abb. 1.7 genauer und stellen fest, dass die eingekreisten Wellenfronten endliche Breiten im Ortsraum haben, die man aber nicht so richtig präzise abmessen kann, weil man nicht genau sieht, wo die Wellenfront beginnt und wo sie endet. Anschließend erinnern wir uns an irgendwelche Medienberichte vom CERN, in denen etwas von der Heisenbergschen

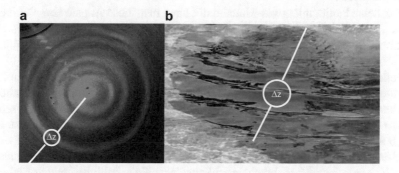

Abb. 1.7 a Wasserwellen. Bildausschnitt aus einem, aus Copyright Gründen selbst gemachten Handymovie, hergestellt im Abwaschbecken meiner Küche (2016). Wirklich, das ist kein Scherz! **b** Größere und schönere Wasserwellen im Gartenteich von Mag. Ingrid und Walter Szell. Die Wellen wurden hergestellt von Cilia Smoliner (Ungarn 2017)

Unschärferelation gemurmelt wurde, die in ihrer Urform folgendermaßen

$$\Delta p \Delta z \geq h. \tag{1.14}$$

lautet. Später wurde die Version der Gleichung auf die Version

$$\Delta p \Delta z \geq \frac{\hbar}{2} \tag{1.15}$$

geändert. Wichtig dabei ist, dass die zweite Gleichung genauer ist als die ursprüngliche Abschätzung. Die Ideen dahinter sind aber die Selben und dies werden wir noch für die Herleitung der Beziehung brauchen.

Schauen wir uns noch einmal die Abbildung mit den Wasserwellen an. Wie schon gesagt, haben diese Wellen nicht nur eine etwas schwer messbare Ausdehnung im Ortsraum (nennen wir das gleich Unschärfe), sondern gemäß der Unschärferelation auch noch eine endliche Ausdehnung im Impulsraum. Wir rechnen mit den obigen Formeln von Ort und Impuls um auf Energie und Zeit und erhalten:

$$\Delta p \Delta z = \Delta \left(\frac{h}{\lambda} \right) \Delta z = \Delta \left(h \frac{f}{v} \right) \Delta z = \Delta \left(hf \right) \Delta \left(\frac{z}{v} \right) = \Delta E \Delta t \geq \frac{\hbar}{2}. \tag{1.16}$$

Dann fällt uns in der Formel auf, dass diese Welle für kurze Zeiten offenbar sehr hohe Energien haben kann. Langsam wird es gruselig. Gab es da nicht noch diese Formel vom Onkel Albert mit $E = mc^2$, die mir dann sagt, dass meine Welle für sehr kurze Zeiten auch eine sehr hohe Masse repräsentieren kann? Heißt das jetzt, dass sich im Teich, oder schlimmer, im Abwaschbecken der Küche, ein kurzer, aber heftiger Tsunami oder gar ein schwarzes Loch entwickeln kann, welches das ganze Geschirr verschlingt? Werde ich wegen Gefährdung der Allgemeinheit verhaftet, wenn ich nochmals einen Stein in einen Teich werfe, oder verflucht mich dann meine Frau wegen dieser fortgesetzten, gewissenlosen und gefährlichen Experimente im Abwaschbecken?

Nur keine Panik, mit etwas Mathematik kann man diese Ängste komplett beseitigen. Jeder Elektrotechniker sollte wissen, dass man jede Wellenform aus einer Summe von Sinuswellen zusammensetzen kann. Fourier-Zerlegung und Fourier-Transformation sind die Stichworte.

Behandeln wir nun ein Elektron wie eine Wasserwelle (Abb. 1.7) und setzen dafür als gute Näherung eine Gaußbeule im Ortsraum an, die um die Strecke a verschoben sein kann, aber nicht muss. Der Einfachheit halber soll bei uns a gleich null sein.

Um ein mit der Quantenmechanik halbwegs konsistentes Bild aufbauen zu können, beschreiben wir die Gaußbeule im Wasser mit einer Funktion $G(z)$, die aber das Quadrat einer Funktion $g(z)$ sein soll. $g(z)$ entspräche dann einer Wellenfunktion und $G(z) = g(z)^2$ der Wahrscheinlichkeitsdichte eines dahinfliegenden Elektrons (wobei wir uns ein Elektron als Ladungswolke vorstellen, deren Ladungsdichte im

Zentrum am höchsten ist). Bleiben wir derweil aber im Wasser und definieren die Funktion $g(z)$

$$g(z) = \frac{1}{\sqrt{\sigma_z\sqrt{\pi}}}e^{-\frac{(z-a)^2}{2\sigma_z^2}} \,, \tag{1.17}$$

σ_z ist die übliche Standardabweichung. Die komischen Vorfaktoren dienen der Normierung der Wellenfunktion, denn nur so gilt:

$$\int\limits_{-\infty}^{+\infty} |g(z)|^2\,dz = 1 \tag{1.18}$$

Diese Normierung der Wellenfunktion wird später gebraucht, da man die Wellenfunktion ja als Wahrscheinlichkeitsdichte interpretieren will. Wichtig: In einer allgemeineren Formulierung wird obige Formel für die Gaußbeule im Ortsraum noch mit dem Term e^{+ik_0z} multipliziert:

$$g(z) = \frac{1}{\sqrt{\sigma_z\sqrt{\pi}}}e^{-\frac{(z-a)^2}{2\sigma_z^2}}\,e^{+ik_0z} \tag{1.19}$$

Die Wirkung des Terms e^{+ik_0z} ist die folgende: Ist $k_0 = 0$, dann beschreibt die Formel eine gaußförmige Welle wie im Bild mit den Wasserwellen. Ist $k_0 > 0$, dann beschreibt die Formel eine komplexe Sinuswelle, deren Amplitude mit einer Glockenkurve moduliert wird. Diese Formulierung werden wir dann später noch brauchen. Zum einfacheren Verständnis der Unschärferelation nehmen wir hier aber $k_0 = 0$ an. Sehen wir uns nun die Fourier-Transformierte unserer Gaußbeule an:

$$h(k) = \frac{1}{\sqrt{2\pi}}\int\limits_{-\infty}^{+\infty} g(z)e^{-ikz}dz \tag{1.20}$$

$$h(k) = \frac{1}{\sqrt{2\pi}}\frac{1}{\sqrt{\sigma_z\sqrt{\pi}}}\int\limits_{-\infty}^{+\infty} e^{-\frac{(z-a)^2}{2\sigma_z^2}}\,e^{-ikz}dz \tag{1.21}$$

Jetzt, weil es einfacher und hier egal ist, $a = 0$ setzen, alles quadratisch ergänzen und die richtigen Terme vor das Integral schieben:

$$h(k) = \frac{1}{\sqrt{2\pi}}\frac{1}{\sqrt{\sigma_z\sqrt{\pi}}}\int\limits_{-\infty}^{+\infty} e^{-\frac{(z)^2}{2\sigma_z^2}}\,e^{-\frac{ikz2\sigma_z^2}{2\sigma_z^2}-\frac{(ik\sigma_z^2)^2}{2\sigma_z^2}+\frac{(ik\sigma_z^2)^2}{2\sigma_z^2}}\,dz \tag{1.22}$$

$$h(k) = \frac{1}{\sqrt{2\pi}}\frac{1}{\sqrt{\sigma_z\sqrt{\pi}}}e^{+\frac{(ik\sigma_z^2)^2}{2\sigma_z^2}}\int\limits_{-\infty}^{+\infty} e^{-\frac{(z+ik\sigma_z^2)^2}{2\sigma_z^2}}\,dz \tag{1.23}$$

Das bestimmte Integral findet man in einer guten Integraltafel oder mit etwas Mühe bei *Wolfram Alpha,* und somit bekommt man

$$h(k) = \frac{1}{\sqrt{2\pi}} \frac{1}{\sqrt{\sigma_z \sqrt{\pi}}} e^{+\frac{(ik\sigma_z^2)^2}{2\sigma_z^2}} \sqrt{2\pi}\sigma_z. \tag{1.24}$$

Und schließlich landet man bei

$$h(k) = \frac{\sqrt{\sigma_z}}{\sqrt{\sqrt{\pi}}} e^{-\frac{(k\sigma_z)^2}{2}}. \tag{1.25}$$

Siehe da, die Fourier-Transformierte einer Gaußbeule ist wieder eine Gaußbeule. Wenn Sie das nicht glauben, so kontrollieren Sie das mit *Wolfram Alpha,* einem analytisch rechnenden Programm aus dem Internet. Schauen wir uns die obige Formel 1.25 etwas genauer an und vergleichen das Argument der Exponentialfunktion mit dem, was man in Formel 1.17 findet. In Formel 1.17 hatten wir $e^{-\frac{(z)^2}{2\sigma_z^2}}$ mit σ_z^2 im Nenner und in der Fouriertransformierten haben wir $e^{-\frac{(k\sigma_z)^2}{2}}$ mit σ_z^2 im Zähler. Weil wir aber im k-Raum die gleiche schöne Gaußbeule wie im Ortsraum wollen, machen wir einen Koeffizientenvergleich und stellen fest, dass wir zu diesem Zweck nur fordern müssen, dass

$$\sigma_k = \frac{1}{\sigma_z}, \tag{1.26}$$

und damit ist

$$h(k) = \frac{\sqrt{\sigma_z}}{\sqrt{\sqrt{\pi}}} e^{-\frac{(k\sigma_z)^2}{2}} = \frac{1}{\sqrt{\sigma_k}} \cdot \frac{1}{\sqrt{\sqrt{\pi}}} e^{-\frac{(k)^2}{2\sigma_k^2}}, \tag{1.27}$$

und das sieht formal genau gleich aus wie unsere Funktion $g(z)$ im Ortsraum.

Um von diesem formalen Blabla zur Unschärferelation zu kommen, braucht es einen kleinen physikalischen Input; wir müssen noch die Breite des Wellenpakets im Orts- und Impulsraum definieren. Dazu wählen wir (völlig künstlich, aber vernünftig, siehe Abb. 1.8) als Breiten Δz und Δk, den Punkt, bei dem $g(z)$ und $h(k)$ auf e^{-3} ihres Maximalwertes abgefallen sind. Das wäre also praktisch die gesamte (halbe) Breite der Gaußbeule. Für diesen Punkt gilt

$$\frac{(z)^2}{2\sigma_z^2} = 3. \tag{1.28}$$

Für Δz und Δk bekommen wir damit

$$\Delta z = \sqrt{6}\sigma_z, \tag{1.29}$$

$$\Delta k = \sqrt{6}\sigma_k. \tag{1.30}$$

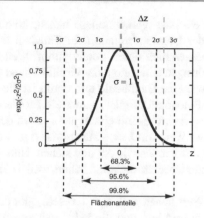

Abb. 1.8 Darstellung einer Gaußbeule inklusive der Breiten σ, 2σ und 3σ

Jetzt rechnen wir um auf Δp mit

$$\Delta p = \hbar \Delta k \tag{1.31}$$

und erhalten für das Produkt

$$\Delta p \Delta z = 6\hbar. \tag{1.32}$$

$\hbar$ ist aber $h/2\pi \approx h/6$, also:

$$\Delta p \Delta z = \frac{6h}{6}, \tag{1.33}$$

oder

$$\Delta p \Delta z = h \tag{1.34}$$

und das ist, man glaubt es kaum, die Unschärferelation in der ursprünglichen Heisenbergschen Form. Hinweis: Das Gleichheitszeichen gilt nur für Wellenfunktionen, die aussehen wie Gaußbeulen, für alle anderen gilt aber immer noch (ohne Beweis)

$$\Delta p \Delta z \geq h. \tag{1.35}$$

Interessant zu wissen: Das Ganze ist ein alter Hut und wurde nicht von Heisenberg alleine erkannt. Bereits 1924, also drei Jahre früher, wurde die sogenannte Küpfmüllersche Unbestimmtheitsrelation formuliert. Die schaut genau gleich aus $(\Delta f \cdot \Delta t > 1)$, kommt aber aus dem Bereich der Nachrichtentechnik und beschreibt das Phänomen für Funkwellen.

Heute wird die Unschärferelation normalerweise geschrieben als $\Delta p \Delta z \geq \frac{\hbar}{2}$, was deutlich kleiner ist als in der hier hergeleiteten Version. Um auf diese Variante der Unschärferelation zu kommen, muss man etwas anders vorgehen und die Wellenfunktionen im Orts- und Impulsraum nicht als Welle, sondern als Wahrscheinlichkeitsverteilung betrachten und dann deren Varianz ausrechnen. Ehe wir das tun können, braucht es aber noch ein paar weitere Grundlagen aus der Quantenmechanik.

Für alle, die schon ein paar Vorkenntnisse haben, kommt jetzt die Testfrage: Wie ist denn das mit der Unschärferelation für Teilchen in einem Potentialtopf? Nehmen wir zuerst einen endlich tiefen Potentialtopf. Weil die Wellenfunktion in die Potentialwände eindringen kann, sieht der Grundzustand der Wellenfunktion im Ortsraum in etwa aus wie eine Gaußbeule und damit ist die Welt in Ordnung. Für einen unendlich tiefen Potentialtopf gibt es aber ein Problem: Die Wellenfunktion ist hier strikt ein $\Psi(z) = A \sin(kz)$ mit einem ganz genau definierten und auf 1000 Kommastellen bekannten Wert von $k = \frac{p}{\hbar}$. Damit ist $\Delta p = 0.000$. Die auch genau bekannte Breite des Topfes nennen wir Δz und stehen dann vor dem Problem, dass wir einen Widerspruch zur Unschärferelation haben, weil $0 \cdot \Delta z$ ist sicher nicht größer als $\frac{\hbar}{2}$.

Soll k einen festen Wert haben und $\Delta p = 0$ sein, gibt es nur eine Möglichkeit die Unschärferelation zu erfüllen, und die heißt, $\Delta z = \infty$. Das scheint zwar im Widerspruch zur endlichen Topfbreite zu stehen, aber wie war denn das mit den Randbedingungen für den unendlich tiefen Potentialtopf? Richtig, die Wellenfunktion an den Wänden soll null sein. Das klassische Analogon wäre der Fall, bei dem man eine lange Saite an zwei zusätzlichen Punkten einspannt. Das heißt aber überhaupt nicht, dass sie jenseits der Wände und außerhalb des Topfes auch Null sein muss. Wir können den Sinus ruhig bis in die Unendlichkeit weiter laufen lassen, was uns egal sein soll, weil wir uns ja nur für das Innere des Potentialtopfes interessieren. Zur Belohnung bekommen wir noch immer die richtigen Energieniveaus im Topf, ein $\Delta z = \infty$ und die Unschärferelation ist gerettet (Abb. 1.9).

Ehrlicherweise muss ich zugeben, dass Theoretiker das etwas anders sehen und dass das obige Weltbild auch ein paar versteckte Mängel hat, wie z. B. eine unendliche Gesamtenergie der Welle. Auch will man eigentlich das Teilchen ja als Ganzes im Topf haben und nicht nur einen Wellenzug davon.

Um das in den Griff zu bekommen, argumentiert Kollege Kosina halbklassisch, oder besser gesagt, schon halb quantenmechanisch, dass man den $\sin(kz)$ als Überlagerungszustand zweier komplexer Wellen sehen kann, weil ja gilt

$$\sin(kz) = \frac{e^{+ikz} - e^{-ikz}}{2i}. \tag{1.36}$$

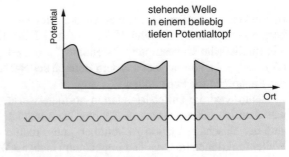

Abb. 1.9 Nicht existente stehende Welle außerhalb eines Potentialtopfes zur Rettung der Unschärferelation

stehende Welle in einem beliebig tiefen Potentialtopf

Potential

Ort

Wie die Wellenfunktion außerhalb des Potentialtopfs aussieht, ist für die Berechnung der Energieniveaus egal!

Jetzt brauchen wir noch etwas Statistik. Beide Impulse, nennen wir sie p_+ und p_-, sind gleich wahrscheinlich ($w = 0.5$). Der Mittelwert ist also

$$\bar{p} = w p_+ + w p_- = -\frac{\hbar k}{2} + \frac{\hbar k}{2} = 0, \tag{1.37}$$

$$\bar{p^2} = w p_+^2 + w p_-^2 = \frac{\hbar^2 k^2}{2} + \frac{\hbar^2 k^2}{2} = \hbar^2 k^2. \tag{1.38}$$

Und die Unschärfe (Standardabweichung) ist die Wurzel aus der Varianz (wer Nachhilfe braucht, bitte bei Wikipedia nachlesen), also

$$\Delta p = \sqrt{\bar{p^2} - \bar{p}^2} = \hbar k. \tag{1.39}$$

Mathematisch ist das zwar richtig, aber gefallen tut mir das nicht, weil ich eigentlich bis hierher in einem komplett klassischen Weltbild bleiben wollte. Umgekehrt kann man aber auch sagen, dass dies das erste Anzeichen dafür ist, dass die Wellenfunktionen in der Quantenmechanik fast immer komplexe Funktionen sind.

Wie macht man das alles jetzt wirklich korrekt? Natürlich mit einer Fourier-Transformation. Nehmen wir also einen Potentialtopf der Breite L und wählen den Nullpunkt in der Mitte des Topfes, was uns zu einer kosinusförmigen Wellenfunktion bringt. (Das macht uns hier das Leben leichter.) Die normierte Wellenfunktion des Grundzustands ist

$$\Psi(z) = \sqrt{\frac{2}{L}} \cos(kz). \tag{1.40}$$

Jetzt ab in den Impulsraum mit einer Fourier-Transformation

$$\Phi(k) = \int \sqrt{\frac{2}{L}} \cos(kz) e^{-ikz} dz \tag{1.41}$$

und Pech gehabt, das ist jetzt auch eine komplexe Funktion. Dann wie oben $\langle p^2 \rangle$ ausrechnen. Um diese Formel zu verstehen, muss man aber leider zuerst etwas weiter hinten in diesem Kapitel einige Details über die Operatoren nachlesen. Wir bekommen

$$\langle p^2 \rangle = \hbar^2 \langle k^2 \rangle = \hbar^2 \int \Phi^*(k) k^2 \Phi(k) dk. \tag{1.42}$$

Und schließlich, nach dem Lösen ziemlich vieler Integrale mit *Wolfram Alpha* bekommt man wie oben

$$\Delta p = \sqrt{\langle p^2 \rangle - \langle p \rangle^2} = \hbar k. \tag{1.43}$$

Vorsicht: Das ist extrem wichtig, und bitte merken Sie es sich gut: Wieso stehen hier jetzt plötzlich eckige Klammern und $\langle p^2 \rangle$ statt $\bar{p^2}$? In der Quantenmechanik sind Mittelwerte und Erwartungswerte das Gleiche! Das klingt etwas unlogisch, liegt aber an der physikalischen Interpretation der Schrödinger-Gleichung. Das Internet versorgt Sie mit Details, aber hier im Buch sprengt das den beabsichtigten Rahmen.

Letzter Punkt in diesem Abschnitt: Was ist jetzt mit diesem $\Delta E \Delta t \geq \frac{\hbar}{2}$ und dem schwarzen Loch im Abwaschbecken oder im Ententeich? Dazu muss man sich erst einmal klarmachen, was $\Delta E \Delta t$ überhaupt ist. Das Produkt aus Energie und Zeit wird Wirkung genannt und kann im täglichen Leben mit dem Backen einer Pizza verglichen werden. Um gar zu werden, muss man eine Pizza typischerweise 20 min bei 220 °C in einem Ofen backen, oder in anderen Worten, die Pizza wird für 20 min in einen Behälter erhöhter Energie gesteckt. Will ich die Pizza in 10 min fertig haben, muss ich nur die Energie im Behälter erhöhen. Details, wie endotherme oder exotherme chemische Reaktionen und angebrannten Teig lassen wir hier einmal beiseite. $\Delta E \Delta t \geq \frac{\hbar}{2}$ sagt also aus, dass, wenn ich eine Pizza mit einem Wellenpaket backen will, das Wellenpaket lang und energiearm oder kurz und energiereich sein kann. Das macht ja durchaus Sinn. Die Verwendung der Formel $E = mc^2$ in diesem Zusammenhang ist aber völlig nutzlos, weil man dann zu der nicht sehr sinnvollen Aussage käme, dass man die Pizza auch durch einen entsprechend kurzen Beschuss mit einem schweren Objekt, wie einem Stahlmantelgeschoß aus einem Sturmgewehr, einem Meteoriten, oder, wenn es besonders schnell gehen soll, mit einem Neutronenstern gar bekommen kann. Letzteres ist übrigens risikoreich, denn Neutronensterne sind als gefräßig bekannt, und es kann leicht sein, dass diese die Pizza nach dem Garungsprozess einfach verschlingen. Überlassen wir den Gebrauch dieser Formel also den Hochenergiephysikern, die haben dafür absolut ordentliche Anwendungen, aber alle auch ganz ohne schwarze Löcher.

1.2.2 Schrödinger-Gleichung und Operatoren

Wellen sind also Teilchen und umgekehrt, aber wann man womit rechnet, ist nicht immer klar. Eine einheitliche Erklärung dieser Welle-Teilchen-Problematik wird zum Glück durch die Quantenmechanik ermöglicht. Zur Beschreibung dient die Schrödinger-Gleichung und, wie früher, machen wir das gleich für den Halbleiter und nehmen statt der Masse des freien Elektrons die effektive Masse m^*. Warum, kann man hier zwar nicht verstehen, aber der Formalismus in diesem Text ist dann von Anfang an einheitlich. Die Schrödinger-Gleichung für ein Teilchen in einem elektrostatischen Potential lautet

$$i\hbar \frac{\partial \Psi(\vec{r}, t)}{\partial t} = \frac{-\hbar^2}{2m^*} \Delta \Psi(\vec{r}, t) + V(\vec{r}, t) \Psi(\vec{r}, t). \tag{1.44}$$

Δ ist der Laplace-Operator, der in kartesischen Koordinaten so aussieht

$$\frac{\partial^2}{\partial x^2} + \frac{\partial^2}{\partial y^2} + \frac{\partial^2}{\partial z^2}. \tag{1.45}$$

Was ist jetzt dieses Ψ? Ψ wird die Wellenfunktion genannt und ist eigentlich eine Art von komplexer Wahrscheinlichkeitsverteilung. Um aber in der Realität verwertbare Zahlen zu bekommen, muss man das Produkt $(\Psi^* \Psi)$ bilden, das im Jargon als

Wahrscheinlichkeitsdichte bezeichnet wird. Um Zahlen für das richtige Leben zu bekommen, muss man ein wenig herumintegrieren. Die Wahrscheinlichkeit w_V, um ein Teilchen in irgendeinem Volumen V zu finden, ist

$$w_V = \int_V \Psi^* \Psi \, d^3 z. \tag{1.46}$$

Ψ^* ist die konjugiert komplexe Funktion von Ψ. Ordentliche Verteilungen sind aber immer normiert, in diesem Fall über das maximal mögliche Volumen V_{max} des betrachteten Problems, denn irgendwo muss das Elektron ja sein:

$$\int_{V_{\max}} \left(\Psi^* \Psi \right) d^3 z = 1. \tag{1.47}$$

Genau das ist aber in der Praxis aber nur selten der Fall, denn die diversen numerischen Schrödinger-Solver liefern gerne nur irgendwelche Wellenfunktionen. Es ist also sehr vernünftig, sich sicherheitshalber extra um die Normierung zu kümmern und vorher einen Normierungsfaktor auszurechnen, der da lautet

$$N_{ormfak} = \int_{V_{\max}} \left(\Psi^* \Psi \right) d^3 z. \tag{1.48}$$

Gl. 1.46 sollte man damit also besser so hinschreiben:

$$w_V = \frac{1}{N_{ormfak}} \int_V \Psi^* \Psi \, d^3 z. \tag{1.49}$$

Wenn Sie es mit Elektronen in Potentialtöpfen zu tun haben, gibt es noch einige Details zu beachten, die Sie aber nicht vergessen sollten, denn die können ziemlich helfen:

- In Potentialtöpfen, also in Atomen oder in künstlichen Quantentrögen in Halbleitern (in Wien klingt das mit den Trögen nach Schweinefütterung, auf Englisch nennt man das quantum wells, das klingt wissenschaftlicher), sind die Wellenfunktionen für die verschiedenen Energieniveaus immer reell und vor allem orthogonal, und es gilt:

$$\int_V \left(\Psi_i^* \Psi_j \right) d^3 z = \delta_{ij}. \tag{1.50}$$

In dieser Formel ist δ_{ij} das sogenannte Kronecker-Delta, für das unter anderem gilt:

$$\begin{aligned} \delta_{ij} &= 0, \quad (i \neq j) \\ \delta_{ij} &= 1, \quad (i = j). \end{aligned} \tag{1.51}$$

Weiterführende Informationen zum Kronecker-Delta finden Sie auf Wikipedia. Wichtig: Verwechseln Sie das Kronecker-Delta bitte nicht mit der Diracschen Deltafunktion (siehe Anhang, Kap. 13). Das Kronecker-Delta kommt fast immer im Zusammenhang mit Vektoren zum Einsatz, die Diracsche Deltafunktion taucht meist in Integralen auf.

- Im Gegensatz zu den Wellenfunktionen von Elektronen in irgendwelchen Potentialtöpfen, welche immer reell sind, sind Wellenfunktionen von freien Elektronen immer komplex und manchmal nicht einmal normierbar (wie z. B. die unendlich ausgedehnte stehende Welle).

Diverse wichtige Operatoren in der Quantenmechanik werden immer durch Analogiebildungen aus der Mechanik gewonnen. Einsichtig sind diese Operatoren aber nicht immer sofort. Hier ein paar Beispiele: Der Ortsoperator X ist (kein Scherz) $X = x$. Weil aber in der Halbleitertechnologie irgendwelche Quantenstrukturen meistens senkrecht zur Waferoberfläche hergestellt werden, ist bei uns die eindimensionale Standard-Ortskoordinate ab sofort immer z. Die Koordinaten x und y sind für Vorgänge parallel zur Waferoberfläche reserviert. Der eindimensionale Ortsoperator ist daher bei uns immer

$$Z = z. \tag{1.52}$$

Der Erwartungswert, also der wahrscheinlichste Wert für irgendeine Messgröße, die durch einen Operator beschrieben wird, berechnet sich so

$$\langle \overrightarrow{Operator} \rangle = \int \Psi^*(\vec{r}, t)\, \overrightarrow{Operator}\, \Psi(\vec{r}, t)\, d^3 r. \tag{1.53}$$

Erwartungswert der z-Komponente des Ortes (Z ist der Ortsoperator) ist also

$$\langle z \rangle = \int \Psi^*(\vec{r}, t) Z \Psi(\vec{r}, t)\, d^3 r = \int \Psi^*(\vec{r}, t) z \Psi(\vec{r}, t)\, d^3 r. \tag{1.54}$$

Der Erwartungswert des Ortes in drei Dimensionen wäre dann

$$\langle \vec{r} \rangle = \int \Psi^*(\vec{r}, t) \vec{r} \Psi(\vec{r}, t)\, d^3 r. \tag{1.55}$$

Damit Sie sich unter diesem Formalismus bildlich etwas vorstellen können, kommt jetzt ein völlig schwachsinniges, dafür aber sehr einprägsames Beispiel. Nehmen wir an, die Quantenmechanik gilt auch auf der Größenskala des täglichen Lebens, und nehmen wir weiters an, dass Sie mit Ihren Freunden auf einem quantenmechanischen Interrailurlaub sind. Auf irgendeinem quantenmechanischem Bahnhof haben Sie plötzlich ein klassisches Bedürfnis, welches Sie zwingt, eine eher unhygienische, aber dennoch quantenmechanische, Bahnhofstoilette aufzusuchen. Abgeschreckt von den schmutzigen Kabinen und den extrem dreckigen Wänden (repulsive Potentiale) verharren Sie, wegen Ihres dringenden Bedürfnisses aber im ersten angeregten Zustand, zuerst einmal ca. in der Mitte der dreckigen Toilette und meditieren darüber, ob Sie sich trauen können, die Toilette zu benutzen, oder ob Sie sich doch besser einen Busch suchen sollten. Draußen fragen sich Ihre Freunde, wo Sie so lange bleiben, trauen sich aber aus Angst vor Ansteckung nicht in die dubiose Toilette und berechnen stattdessen lieber mit Hilfe der Quantenmechanik Ihre Situation. Da Ihre Freunde Sie und damit Ihre normierten(!) Wellenfunktion Ψ_0 im Grundzustand und auch im angeregten Zustand Ψ_1 sehr gut kennen, ist das Ganze eine einfache Übung. Zunächst stellen Ihre Freunde fest: Sie sind in die Toilette hineingegangen, aber noch nicht herausgekommen, also müssen Sie noch drinnen sein, und zwar mit der Wahrscheinlichkeit $w = 1$:

$$w_{Toilette} = \int_{Toilette} \left(\Psi_1^* \Psi_1 \right) d^3 r = 1. \qquad (1.56)$$

Jetzt fragen sich Ihre Freunde, wo genau Sie sich vermutlich aufhalten, und berechnen den Erwartungswert im angeregten Zustand Ψ_1 für Ihren Aufenthaltsort im Bahnhofsklo zu

$$\langle \vec{r} \rangle_{Bahnhofsklo} = \int_{Bahnhofsklo} \left(\Psi_1^*(\vec{r}, t) \vec{r} \Psi_1(\vec{r}, t) \, d^3 r \right). \qquad (1.57)$$

Das Integral geht über das gesamte Bahnhofsklo und somit sehen Ihre Freunde sofort, dass Sie sich selbst im ersten angeregten Zustand wegen der sehr schmutzigen Wände nur ca. in der Mitte des Raumes aufhalten können. Bitte beachten Sie, dass hier das Resultat die Einheit Meter hat, Sie also ca. 30 nm Abstand von der linken Wand halten, unter der Voraussetzung, dass das quantenmechanische Bahnhofsklo eine Breite von 50 nm hat und ausserdem aus GaAs besteht (Abb. 1.10).

Zusätzlich können Ihre Freunde noch vorhersagen, ob Sie es glauben oder nicht, welche Kabine Sie vermutlich benutzen. Sie berechnen dazu die Wahrscheinlichkeit w_{Kabine}, (Einheit dimensionslos, also z. B. in Prozent!) für jede einzelne Kabine:

$$w_{Kabine} = \int_{Kabine} \left(\Psi_0^* \Psi_0 \right) d^3 r. \qquad (1.58)$$

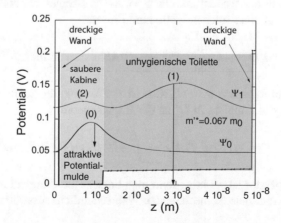

Abb. 1.10 Querschnitt des quantenmechanischen Bahnhofsklos mit seinen quadrierten Wellenfunktionen. Punkt (1) ist Ihr Erwartungswert im angeregten Zustand Ψ_1. Das lokale Maximum am Punkt (2) lässt erkennen, dass Sie die halbwegs saubere Kabine (eine kleine Potentialmulde) für eine akzeptable Lösungsmöglichkeit für Ihr klassisches Bedürfnis betrachten. Punkt (0) ist dann Ihr Erwartungswert im erleichterten Grundzustand in der Kabine. Hinweis: Die Erwartungswerte liegen nicht am Maximum der Wellenfunktionen. Zur besseren Darstellung entspricht die Lage der Wellenfunktionen auch nicht der Lage der Energieniveaus

Hier integrieren wir nur über das kleine Volumen der einzelnen Kabinen im Klo und nehmen an, dass Ihre Wellenfunktion bereits normiert ist. Jetzt vergleichen Ihre Freunde die einzelnen Wahrscheinlichkeiten (Einheit wieder in Prozent) und bekommen heraus, dass die Wahrscheinlichkeit für Kabine 4 am größten ist, denn die besteht aus einer kleinen Potentialmulde und ist außerdem am saubersten. Dann wollen es Ihre Freunde noch genauer wissen und berechnen, wie oben, Ihren Erwartungswert in Kabine 4 durch Integration über den entsprechenden Grundzustand (Punkt (0) in Abb. 1.10).

Mit Hilfe dieser Geschichte haben wir das erste kleine Kapitel der Quantenmechanik hoffentlich verstanden. Außerdem merken wir uns: Die Ideen hinter dem quantenmechanischen Formalismus sind immer sehr einfach. Diese Ideen als Anfänger in den ganzen Formeln wieder zuerkennen ist aber meistens sehr schwierig. Hausaufgabe: Geben Sie Schrödingers Katze eine Nebenrolle in der Geschichte vom Bahnhofsklo und schicken Sie das Ganze per E-Mail an mich!

Machen wir jetzt wieder etwas seriöser weiter und sehen uns weitere wichtige Operatoren an, wie z. B. den Impulsoperator:

$$\vec{P} = -i\hbar\vec{\nabla}. \tag{1.59}$$

In einer Dimension:

$$P = -i\hbar\frac{\partial}{\partial z}. \tag{1.60}$$

Sie werden sich jetzt wohl fragen: Aha, interessant, aber bitte warum? Eine formal korrekte Herleitung gibt es hier jetzt nicht, dafür aber eine leicht zu merkende plausible Erklärung. Freie Teilchen in der Quantenmechanik sind immer irgendwelche ebenen Wellen mit der Wellenfunktion $\Psi = Ae^{ikz}$. Bringen wir also mal kurz den Impulsoperator auf einer solchen Welle zum Einsatz:

$$P\Psi = -i\hbar\frac{\partial}{\partial z}Ae^{ikz} = -i\hbar Aike^{ikz} = \hbar k Ae^{ikz} \tag{1.61}$$

Weiter oben steht irgendwo $p = \hbar k$, also ist $P\Psi = p\Psi$, die Sache passt also. Der Erwartungswert des Impulses ist ($\vec{P}$ ist der Impulsoperator)

$$\langle\vec{P}\rangle = \int \Psi^*(\vec{r}, t)\vec{P}\Psi(\vec{r}, t)\,d^3r = \int -\Psi^*(\vec{r}, t)i\hbar\vec{\nabla}\Psi(\vec{r}, t)\,d^3r. \tag{1.62}$$

Dieser Impulsoperator ist wichtig, denn man braucht ihn dringend im Operator für die Stromdichte (auf quantenmechanisch: Wahrscheinlichkeitsstromdichte)

$$j = \frac{i\hbar}{2m}\left(\psi\frac{\partial}{\partial z}\psi^* - \psi^*\frac{\partial}{\partial z}\psi\right) = \frac{1}{m}\mathrm{Re}\left(\psi^*\frac{\hbar}{i}\frac{\partial}{\partial z}\psi\right). \tag{1.63}$$

Die Herleitung dafür finden Sie z. B. auf Wikipedia. Hier im Buch macht sie aber keinen Sinn, weil man dazu Dinge braucht, die erst viel später erklärt werden. Machen Sie dennoch bitte zwei Hausaufgaben: Setzen Sie zuerst für ψ eine ebene Welle ein und zeigen Sie, dass die Gleichung stimmt. Dann zeigen Sie bitte, dass diese Gleichung die quantenmechanische Version von $j = nev$ für ein einzelnes Elektron ist ($n = 1$).

Der Operator für den Erwartungswert der Energie (in klassischen Systemen Mittelwert genannt) schreibt sich wie folgt:

$$\langle E \rangle = \left\langle i\hbar\frac{\partial}{\partial t} \right\rangle = \left\langle -\frac{\hbar^2}{2\,m^*}\Delta \right\rangle + \langle V \rangle \tag{1.64}$$

Warum ist jetzt eigentlich der Erwartungswert der Energie $\langle E \rangle = \left\langle \frac{i\hbar\partial}{\partial t} \right\rangle$? Ψ kann geschrieben werden als

$$\Psi(\vec{r}, t) = \Psi(\vec{r}) \cdot \Psi(t). \tag{1.65}$$

Einsetzen liefert

$$\Psi(\vec{r}, t) = e^{-i\omega t} \cdot \Psi(\vec{r}), \tag{1.66}$$

aber nur wenn $V = V(\vec{r})$ und ja nicht $V(\vec{r}, t)$, denn dann hätte man verloren. Im freundlichen Fall von $V = V(\vec{r})$ gilt

$$\left(\frac{-\hbar^2}{2m^*}\Delta + V(\vec{r}) \right) \Psi(\vec{r}) \cdot e^{-i\omega t} = \hbar\omega e^{-i\omega t}\Psi(\vec{r}) = E \cdot e^{-i\omega t}\Psi(\vec{r}). \tag{1.67}$$

Analog zu Licht ist $E = hf = \hbar\omega$. $\Psi(\vec{r})$ ist die stationäre Lösung dieser Gleichung.

Zum Schluss noch der Translationsoperator $T(R)$, den braucht man später ständig, wenn man sich im Kristallgitter mit einem Gittervektor R von einem Ort zum nächsten bewegt:

$$\Phi(X + R) = T(R)\Phi(X) = e^{ikR} \cdot \Phi(X) \tag{1.68}$$

Warum ist das ein Translationsoperator? Ganz einfach, $e^{ikR}\Phi(X)$ ist nur eine seltsame Art und Weise, eine Taylorreihe für $\Phi(X + R)$ anzuschreiben. Achtung: Aufpassen mit der Notation! Nehmen wir an, wir sind am Punkt X und wollen zum Punkt X'. R ist dann die Distanz (oder der Differenzvektor) zwischen X' und X:

$$e^{ikR} \cdot \Phi(X) = \sum \frac{(ik)^n R^n}{n!}\Phi(X) \tag{1.69}$$

$$\hbar k = p = -i\hbar\frac{d}{dx} \tag{1.70}$$

$$e^{ikR} \cdot \Phi(X) = \sum \frac{R^n}{n!}\frac{d^n}{dx^n}\Phi(X) \tag{1.71}$$

Und das ist wie erwähnt eine Taylorreihe für $\Phi(X + R)$.

1.2.3 Die Bracket-Schreibweise

In Quantenmechanikbüchern wird gerne die Bracket-Schreibweise (Bracket für Klammer) oder auch Dirac-Schreibweise verwendet. Entstanden ist sie deshalb, weil dem Dirac irgendwann einmal das ganze Integralgemale auf die Nerven gegangen ist. Dirac war ein berühmter Theoretiker und begeisterter Atheist, über den Wolfgang Pauli, ein ebenso berühmter Theoretiker und berüchtigter Sprücheklopfer, einmal gesagt hat: Es gibt keinen Gott, und Dirac ist sein Prophet. Ob dem Kollegen Dirac nur dauernd die Bleistifte ausgegangen sind, oder das Papier, oder ob er einfach nur schneller rechnen wollte, ist unbekannt, aber jedenfalls hat er folgende Schreibweise eingeführt:

$$
\begin{aligned}
\Psi^* &= \langle \Psi | \\
\Psi &= | \Psi \rangle \\
\int \Psi^* \Psi \, d^3 z &= \langle \Psi | | \Psi \rangle \\
\int \Psi^* z \Psi \, d^3 z &= \langle \Psi | z | \Psi \rangle
\end{aligned}
\tag{1.72}
$$

Wegen der eckigen Klammern nannte er die $\Psi^* = \langle \Psi |$ die ‚Bras‘, die $\Psi = |\Psi\rangle$ nannte er ‚Kets‘. Das fehlende ‚c‘ war ihm wurscht, und wurscht war ihm erst recht, ob das mit den ‚Bras‘ politisch korrekt ist, denn er war ein Engländer und kein Amerikaner. So ist es bis heute geblieben, und es spart wirklich Bleistift und Papier. Es gibt noch etwas Ähnliches, und das ist die Einsteinsche Summenkonvention für Vektoren. Wir brauchen das nicht, aber sollten Sie sich in einem Quantenmechanikbuch über eine riesige Menge von Indizes wundern, die noch dazu einmal oben und einmal unten an einem Vektor angebracht sind, haben Sie es vermutlich damit zu tun.

Noch eine kurze Nachbemerkung: Wolfgang Pauli war ein wirklich genialer Physiker und auch privat eine äußerst bemerkenswerte Persönlichkeit. Details finden Sie bei https://de.wikipedia.org/wiki/Wolfgang_Pauli. Ich sage jetzt mal: Den hätte ich gerne kennengelernt.

1.2.4 Die Unschärferelation aus statistischer Sicht

An dieser Stelle lohnt es sich, nochmals einen kurzen Blick auf die Unschärferelation zu werfen, und dazu betrachten wir jetzt unsere früheren Wellenfunktions-Gaußbeulen nicht als Wasserwellen, sondern als statistische Verteilungen. Dann nehmen wir einen Statistikgrundkurs bei Wikipedia und erlernen die Definition der Varianz. X sei irgendeine statistische Größe und E deren Erwartungswert. Die Varianz ist dann eine etwas allgemeinere Form der Summe der Fehlerquadrate, in Formelform:

$$
Var(X) = E((X - E(X))^2) = E(X^2) - (E(X))^2
\tag{1.73}
$$

Jetzt sagen wir einfach, dass $(\Delta z)^2$ und $(\Delta p)^2 = \hbar^2 (\Delta k)^2$ die Varianz der entsprechenden Größen sein sollen. Dann nehmen wir gleich die Bracket-Schreibweise und bekommen (g und h sind die Gaußbeulen aus den früheren Betrachtungen):

$$(\Delta z)^2 = \langle z^2 \rangle - \langle z \rangle^2 = \langle g(z)| z^2 |g(z)\rangle - \langle g(z)| z|g(z)\rangle^2 \qquad (1.74)$$

In Integralform sieht das so aus:

$$(\Delta z)^2 = \int g^*(z)z^2 g(z)dz - \left(\int g^*(z)zg(z)dz \right)^2 \qquad (1.75)$$

Für die Impulsunschärfe bekommt man analog

$$(\Delta k)^2 = \langle k^2 \rangle - \langle k \rangle^2 = \langle h(k)| k^2 |h(k)\rangle - \langle h(k)| k|h(k)\rangle^2 \qquad (1.76)$$

und mit $p = -i\hbar \frac{\partial}{\partial z}$, sowie $p = \hbar k$ bekommt man $k = -i\frac{\partial}{\partial z}$, und am Ende

$$(\Delta k)^2 = \int g^*(z) \left(i\frac{\partial}{\partial z} \right)^2 g(z)dz - \left(\int g^*(z) \left(i\frac{\partial}{\partial z} \right) g(z)dz \right)^2. \qquad (1.77)$$

Wenn man jetzt die alten Formeln für $g(z)$ und $h(k)$ einsetzt, braucht man nur noch schnell die Integrale ausrechnen und kommt nach kurzer Zwischenrechnung, das soll heißen nach nur zwei Tagen herumwursteln mit *Mathematica* oder *Wolfram Alpha*, auf die ersehnte Beziehung $\Delta p \Delta z \geq \frac{\hbar}{2}$.

1.3 Lösungen der Schrödinger-Gleichung für einfachste Fälle

Folgendes sollte man im Umgang mit Differentialgleichungen niemals vergessen:

- Die Lösung einer Differentialgleichung 2.Ordnung benötigt ein ganzes Mathematikerleben.
- Deswegen haben diese Differentialgleichungen auch immer einen Namen, wie z. B. Poisson-Gleichung, Schrödinger-Gleichung etc.
- Differentialgleichungen haben fast immer ∞-viele Lösungen.
- Die Eingrenzung auf die richtige Lösung erfolgt über Randbedingungen.

Wir beschränken uns nun auf 1-dimensionale und zeitunabhängige Schrödinger-Gleichungen. Spin und Magnetfelder etc. werden komplett ignoriert. Das Potential V soll außerdem zumindest stückweise konstant sein (Abb. 1.11). Damit ist $\Delta = \frac{\partial^2}{\partial z^2}$, und die Schrödinger-Gleichung vereinfacht sich zu

$$\frac{-\hbar^2}{2m^*} \frac{\partial^2 \Psi(z)}{\partial z^2} + V(z)\Psi(z) = E\Psi(z). \qquad (1.78)$$

Die allgemeine Lösung der Schrödinger-Gleichung mit einem stückweise konstanten Potential ist eine ebene Welle und lautet auf den jeweiligen Teilstücken des Potentials:

$$\Psi(z - z_j) = A_j e^{ik_j(z-z_j)} + B_j e^{-ik_j(z-z_j)} \qquad (1.79)$$

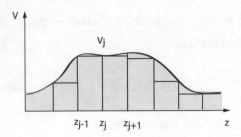

Abb. 1.11 Beliebig geformte Potentialbarriere, welche näherungsweise durch ein stückweise konstantes Potential beschrieben wird

$$k_j = \frac{\sqrt{2m^*(E - V_j)}}{\hbar}. \tag{1.80}$$

In dieser Formel ist man auf dem Teilstück, das bei z_j beginnt. Um die Wellenfunktion für das gesamte Potential zu bekommen, muss man die einzelnen Teilstücke noch zusammenstückeln. Wie man das macht, sehen wir dann etwas später. Wie wir dort auch sehen werden, ist es sehr praktisch, alle nicht-konstanten Potentiale grundsätzlich als stückweise konstante Potentiale zu behandeln (Abb. 1.11), da man dann die gesamte Wellenfunktion auf einfache Weise und mit recht moderatem Computeraufwand numerisch ausrechnen kann. Die Wellenfunktionen auf den einzelnen Teilstücken sind übrigens nichts Besonderes, sondern nur ein etwas allgemeiner hingeschriebener Kosinus. Schaut man in einer Formelsammlung nach, findet man sofort

$$\cos(kz) = \frac{1}{2}(e^{+ikz} + e^{-ikz}). \tag{1.81}$$

1.3.1 Transmission einer Potentialstufe

Fangen wir ganz einfach an und berechnen zuerst die reflektierten und transmittierten Amplituden einer Wellenfunktion an einer Potentialstufe, wie sie in Abb. 1.12

Abb. 1.12 Potentialstufe mit einlaufender und transmittierter Wellenfunktion. Beachten Sie die unterschiedlichen Wellenlängen in Gebiet 0 und Gebiet 1. Hausaufgabe: Warum ist die Wellenlänge im Gebiet 1 größer?

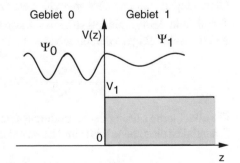

dargestellt ist. Die allgemeinen Lösungen für die Wellenfunktionen in den einzelnen
Gebieten sind

$$\Psi_0 = Ae^{+ik_0 z} + Re^{-ik_0 z}, \tag{1.82}$$

$$\Psi_1 = Ce^{+ik_1 z} + De^{-ik_1 z} \tag{1.83}$$

mit

$$k_0 = \sqrt{2m^* E / \hbar^2}, \quad k_1 = \sqrt{2m^* (E - V_1) / \hbar^2}, \tag{1.84}$$

wobei ein positiver k-Wert den von links nach rechts laufenden Teil der Wellen
beschreibt. Ein negativer k-Wert beschreibt die zurücklaufenden Wellenanteile. R
bezeichnet die Amplitude der reflektierten Welle, C die Amplitude der transmittierten
Welle und D die Amplitude der Welle, die eventuell aus dem positiv-Unendlichen
zurückkommen könnte. Die Ableitungen der Wellenfunktionen sind dann:

$$\frac{\partial \Psi_0}{\partial z} = +ik_0 Ae^{+ik_0 z} - ik_0 Re^{-ik_0 z} \tag{1.85}$$

$$\frac{\partial \Psi_1}{\partial z} = +ik_1 Ce^{+ik_1 z} - ik_1 De^{-ik_1 z} \tag{1.86}$$

Um die Koeffizienten ausrechnen zu können, braucht es die richtigen Randbedingungen und Anpassbedingungen. Da wir uns nur für die Transmission der Barriere
interessieren, ist die einfallende Intensität egal. Wir wählen also $A = 1$. Aus der
positiven Unendlichkeit kommt sicher keine Welle zurück, das heißt also $D = 0$.
Des Weiteren fordern wir die Stetigkeit der Wellenfunktionen bei $z = 0$. Das bedeutet, wir fordern die Energieerhaltung. Zum Beweis die Wellenfunktion einfach in
die Schrödinger-Gleichung einsetzen, dann sieht man sofort warum. Dann fordern
wir noch die Stetigkeit der Ableitungen, das ist die Stromerhaltung. (Hausaufgabe:
Nehmen Sie die Formeln $j = nev$ und $p = -i\hbar \frac{\partial}{\partial z}$, setzen Sie ein und rechnen Sie
nach.) Also haben wir

$$\Psi_0|_{z=0} = \Psi_1|_{z=0} \tag{1.87}$$

und

$$\left. \frac{\partial \Psi_0}{\partial z} \right|_{z=0} = \left. \frac{\partial \Psi_1}{\partial z} \right|_{z=0}. \tag{1.88}$$

Einsetzen für $z = 0$ liefert

$$1 + R = C, \tag{1.89}$$

und

$$ik_0 - ik_0 R = ik_1 C. \tag{1.90}$$

Jetzt ein wenig Algebra,

$$+ik_0 - ik_0 R = ik_1 + ik_1 R, \tag{1.91}$$

$$+ ik_0 - ik_1 = ik_1 R + ik_0 R, \tag{1.92}$$

und wir bekommen für die Amplitude der reflektierten Welle

$$R = \frac{ik_0 - ik_1}{ik_1 + ik_0} = \frac{(k_0 - k_1)}{(k_1 + k_0)}. \tag{1.93}$$

Vorsicht: Hier gibt es eine gute Möglichkeit zur Selbstverwirrung. Wir haben etwas ausgerechnet, das gerne einfach nur Reflexion genannt wird. Der Reflexionskoeffizient der Barriere, $R_{Barriere}$, ist definiert als Verhältnis der auslaufenden und einlaufenden Teilchenströme (analog zur klassischen Stromdichte $j = nev$) also als

$$R_{Barriere} = \frac{|v_0|}{|v_0|} \frac{|R|^2}{|A|^2} = \frac{|v_0|}{|v_0|} \frac{\frac{|(k_0 - k_1)|^2}{|(k_1 + k_0)|^2}}{|A|^2} = \frac{|v_0|}{|v_0|} \frac{|(k_0 - k_1)|^2}{|(k_1 + k_0)|^2}. \tag{1.94}$$

Hierbei wird auf die altbekannte Formel $j = nev$ oder genauer gesagt auf die Formel

$$j_{0,1} = n_{0,1} e v_{0,1} \tag{1.95}$$

zurückgegriffen, wobei $v_{0,1}$ die Teilchengeschwindigkeiten in den jeweiligen Gebieten sind. $v_{0,1}$ bekommt man aus folgender Beziehung:

$$p_{0,1} = m_{0,1}^* v_{0,1} = \hbar k_{0,1}, \quad v_{0,1} = \frac{\hbar k_{0,1}}{m_{0,1}^*} \tag{1.96}$$

$n_{0,1}$ sind die Elektronendichten in den jeweiligen Gebieten und berechnen sich einfach zu $n_1 = n_0 T$. $m_{0,1}^*$ soll Sie darauf hinweisen, dass die effektive Elektronenmasse sich gerne auch einmal lokal ändern kann. Der Absolutbetrag ist deshalb notwendig, weil für den Fall, dass $E < V_1$ wird, der Wert von k_1 komplex werden kann, aber der Transmissionskoeffizient und auch der Reflexionskoeffizient normalerweise reelle Zahlen sind. Das Quadrat kommt daher, dass man die Intensitäten der Wellen vergleichen muss und nicht deren Amplituden. Das $\frac{|v_0|}{|v_0|}$ ist auch korrekt, da sich hier die einlaufende Welle im Gebiet 0 bewegt, die reflektierte Welle aber ebenfalls ins Gebiet 0 zurückreflektiert wird.

Weil immer gelten muss, dass $T_{Barriere} + R_{Barriere} = 1$, bekommt man zusätzlich die folgende Beziehung:

$$T_{Barriere} = \frac{|v_1|}{|v_0|} \frac{(k_1 + k_0)^2 - (k_0 - k_1)^2}{(k_1 + k_0)^2} = \frac{|v_1|}{|v_0|} \frac{|4k_0 k_1|}{|(k_1 + k_0)^2|} \tag{1.97}$$

Jetzt kommt die Hausaufgabe, die Sie wirklich machen sollten: Berechnen Sie höchst selbst mit Bleistift und Papier (soll heissen mit *Wolfram Alpha*)

$$T_{Barriere} = \frac{|v_1|}{|v_0|} \frac{|C|^2}{|A|^2} \tag{1.98}$$

und überprüfen Sie, ob wirklich die Beziehung $T_{Barriere} + R_{Barriere} = 1$ gilt.

1.3.2 Transmissionskoeffizient der einfachen Barriere

Barrieren in der Quantenmechanik sind leider nicht mit Betonmauern zu vergleichen, sondern wegen des Wellencharakters der Elektronen eher mit semitransparenten Spiegeln. Als Konsequenz davon ist eine Barriere in Abhängigkeit von der Elektronenenergie niemals völlig dicht (Tunneleffekt) und auch nur ganz selten völlig transparent. Zur Berechnung von Transmissionskoeffizienten in der Quantenmechanik brauchen wir die Energie und den k-Vektor (Impuls) des Elektrons in den jeweiligen Gebieten. Für einfache Barrieren wie in Abb. 1.13 wären das die Gebiete 0, 1 und 2 (Hinweis: Die Summe aus potentieller und kinetischer Energie ist immer konstant):

$$E - V_j = \frac{\hbar^2 k_j^2}{2m_j^*}, \quad k_j = \frac{\sqrt{2m_j^*(E - V_j)}}{\hbar} \tag{1.99}$$

Vorsicht, in der Halbleiterei ist es nicht ausgeschlossen, dass die Massen in den jeweiligen Gebieten unterschiedlich sind, daher habe ich hier zur Erinnerung mal ein m_j^* reingeschrieben. Damit bekommen wir für die Wellenfunktionen in den einzelnen Gebieten:

$$\Psi_0 = A_0 e^{ik_0 z} + B_0 e^{-ik_0 z} \tag{1.100}$$

$$\Psi_1 = A_1 e^{ik_1 z} + B_1 e^{-ik_1 z} \tag{1.101}$$

$$\Psi_2 = A_2 e^{ik_2 z} + B_2 e^{-ik_2 z} \tag{1.102}$$

Weil wir nur den Transmissionskoeffizienten berechnen wollen, also das Verhältnis der einfallenden und auslaufenden Teilchenströme (oder auch Intensitäten), können wir den einfallenden Teilchenstrom frei wählen. Von rechts aus dem Unendlichen wird sicher auch keine Welle zurückkommen, also:

$$A_0 = 1 \quad \text{der einfallende Teilchenstrom sei 1} \tag{1.103}$$

$$B_2 = 0 \quad \text{keine Reflexionen aus dem Unendlichen} \tag{1.104}$$

Um die Wellenfunktionen zusammenstückeln zu können, braucht es Anpassbedingungen, und zwar die Energieerhaltung (Stetigkeit der Wellenfunktion) und die Stromerhaltung (Stetigkeit der Ableitung der Wellenfunktion):

$$\Psi_0 = \Psi_1 \Big|_{z=0} \qquad\qquad \Psi_1 = \Psi_2 \Big|_{z=a} \tag{1.105}$$

$$\tag{1.106}$$

$$\frac{\partial \Psi_0}{\partial z}\Big|_{z=0} = \frac{\partial \Psi_1}{\partial z}\Big|_{z=0} \qquad \frac{\partial \Psi_1}{\partial z}\Big|_{z=a} = \frac{\partial \Psi_2}{\partial z}\Big|_{z=a} \tag{1.107}$$

$$\tag{1.108}$$

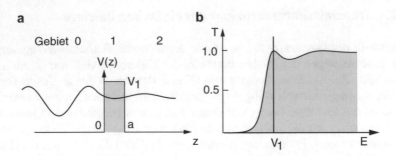

Der Transmissionskoeffizient ist wie oben definiert als das Verhältnis der Teilchenströme:

$$T = \frac{|v_2|}{|v_0|} \frac{|A_2|^2}{|A_0|^2} = \frac{\left|\hbar k_2 m_0^*\right| |A_2|^2}{\left|\hbar k_0 m_2^*\right| |A_0|^2} \tag{1.109}$$

Wir machen uns aber das Leben leicht. Nehmen eine symmetrische Barriere und vor und hinter der Barriere die gleichen effektiven Massen und Geschwindigkeiten bzw. k-Vektoren. Dann bekommen wir nach der ziemlich mühsamen Lösung des Gleichungssystems und der Bestimmung der Koeffizienten als Streulösungen für $E > V_0$ das, was in allen Büchern steht, nämlich

$$T = \frac{|v_2|}{|v_0|} \frac{|A_2|^2}{|A_0|^2} = \frac{|v_2|}{|v_0|} \frac{4k_0^2 k_1^2}{\left(k_0^2 - k_1^2\right)^2 \sin^2(ak_1) + 4k_0^2 k_1^2}, \tag{1.110}$$

und weil $v_0 = v_2$ sich in $\frac{|v_2|}{|v_0|}$ wegkürzt, bekommen wir also:

$$T = \frac{4k_0^2 k_1^2}{\left(k_0^2 - k_1^2\right)^2 \sin^2(ak_1) + 4k_0^2 k_1^2} \tag{1.111}$$

Ist man energetisch unterhalb der Barrierenhöhe, so wird k imaginär $\kappa = ik$, weil $E < V_1$, und man redet vom Tunneleffekt, den es in der klassischen Mechanik nicht gibt. Der Transmissionskoeffizient berechnet sich zu:

$$T = \frac{4k_0^2 \kappa_1^2}{\left(k_0^2 + \kappa_1^2\right)^2 \sinh^2(a\kappa_1) + 4k_0^2 \kappa_1^2}. \tag{1.112}$$

Zur besseren Anschaulichkeit ist der Transmissionskoeffizient in Abb. 1.13b über den gesamten Energiebereich dargestellt. Hausaufgabe: Rechnen Sie diese Formeln für die Transmission nach, und verwenden Sie dazu *Wolfram Alpha*. Wer das schafft, melde sich bitte bei mir! Hinweis: Wenn Sie für die Wellenfunktion Ψ_2 den Ansatz $\Psi_2 = A_2 e^{ik_2(z-a)} + B_2 e^{-ik_2(z-a)}$ verwenden, wird das Gleichungssystem einfacher. Stellen Sie zumindest das Gleichungssystem mit diesem Ansatz auf, und erkennen Sie, warum das von Vorteil ist.

1.3.3   Die WKB-Näherung für Transmissionskoeffizienten

Oft reicht es, wenn man für eine komplizierte Barrierenform die Größenordnung der Transmission kennt. Hier hilft die semiklassische WKB-Näherung (WKB für Wentzel, Kramers, Brillouin). Die Voraussetzungen dafür sind:

- Die De-Broglie-Wellenlänge λ außerhalb der Barriere sei klein im Vergleich zur Barrierendicke.

$$\lambda = \frac{h}{\sqrt{2m^* \left(E - V(z)\right)}} \tag{1.113}$$

- Die Teilchenenergie sei klein im Vergleich zur Barrierenhöhe.
- Es gelte $E < V(z)$ im Bereich der gesamten Barriere (siehe Abb. 1.14a).

Dann bekommt man für die Wellenfunktion in der Barriere und den Transmissionskoeffizienten (A ist irgendeine Normierungskonstante):

$$\Psi = \frac{A}{\sqrt{k(z)}} exp \left[\pm \int_0^z k(z')dz' \right], \tag{1.114}$$

$$T = exp \left[-\frac{2}{\hbar} \int_{z_{ein}}^{z_{aus}} \sqrt{2m^*(V(z) - E)}dz \right]. \tag{1.115}$$

Das ist schon ziemlich gut zur schnellen Abschätzung von Transmissionen, z. B. zur Bestimmung der Leckströme auf MOSFETs mit dünnem Gate-Oxid.

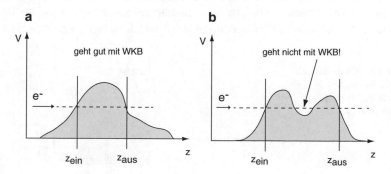

Abb. 1.14 a Geeignete und **b** ungeeignete Potentialformen für die WKB-Methode. Die Potentialmulde in der Mitte des Potentials in Abbildung **b** erzeugt Resonanzen, die im WKB Formalismus nicht beschrieben werden

1.3.4 Tunnelströme

Zur Berechnung eines Tunnelstromes in der planaren Tunneltheorie starten wir mit
Abb. 1.15. Wir interessieren uns für die Stromdichte direkt an der Austrittsstelle an
der Rückseite der Tunnelstruktur und betrachten im Moment nur Elektronen mit
einem vorgegebenen k-Vektor, der ausschließlich senkrecht zur Barriere liegen soll.
Wir nehmen dazu die wohlbekannte klassische Formel für die Stromdichte, aber
hinter der Barriere,

$$j_2 = en_2 v_2. \tag{1.116}$$

n_2 ist die Dichte der Elektronen im Gebiet 2 hinter der Barriere, v_2 deren Geschwindigkeit. Hinweis: Bei einer unsymmetrischen Struktur, oder bei angelegter Spannung
wie hier in Abb. 1.15, ist der Wellenvektor und damit die Geschwindigkeit eines Elektrons hinter der Barriere größer als vor der Barriere. Die Geschwindigkeit v ist wie
immer die Ableitung der Bandstruktur. Bei einem parabolischen Band bekommt man
also ganz allgemein

$$v = \frac{1}{\hbar} \frac{dE}{dk} = \frac{\hbar k}{m^*}. \tag{1.117}$$

Um die Stromdichte j_2 zu bekommen, nehmen wir jetzt als einfachsten Fall an, dass
der Transmissionskoeffizient nur von $k_0 = k_\perp$ abhängen soll. Damit bekommen wir
für die gesuchte Stromdichte:

$$j_{2,\perp} = j_{0,\perp} T(k_{0,\perp}) = en_0 \frac{\hbar k_{0,\perp}}{m^*} T(k_{0,\perp}). \tag{1.118}$$

Hinweis für die Berechnung des Transmissionskoeffizienten (Gl. 1.109): $T(k_{0,\perp})$
enthält auch den Wert von v_2 und damit von $k_{2,\perp}$. Für den k-Vektor im Gebiet 2 gilt
(Abb. 1.15)

$$k_{2,\perp} = k_{0,\perp} + \sqrt{2m^* \left(E_{F_0} - E_{F_2}\right)/\hbar^2}. \tag{1.119}$$

Formel 1.118 gilt aber nur für Elektronen mit fixem k-Vektor und das hat man in
realistischen Situationen eher selten. Normalerweise befindet sich vor einer Tunnelbarriere ein ganzer See von Elektronen, die (bei $T = 0K$) eine Energie zwischen Null

Abb. 1.15 Schematische
Darstellung eines
Tunnelkontakts zwischen
zwei Metallelektroden

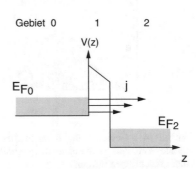

und einer gewissen Maximalenergie haben, die man die Fermi-Energie E_F nennt. Den maximalen k_0-Wert nennt man k_F, den Fermi-Vektor

$$k_F = \sqrt{2m^* E_F / \hbar^2}. \tag{1.120}$$

Jetzt braucht es einen Vorgriff auf das Kap. 4 (Halbleiterstatistik) und ein paar Integrale. Wir bleiben zunächst eindimensional und sagen, dass sich alle Elektronen nur senkrecht zur Barriere bewegen dürfen. Dann nehmen wir die Formel für die eindimensionale Zustandsdichte pro Einheitslänge im k-Raum aus dem Kap. 4 (Details müssen Ihnen hier wurscht sein)

$$\frac{D^{1D}(k)}{L} = \frac{1}{2\pi}, \tag{1.121}$$

und bekommen durch Integration über $dk_{0,\perp}$ für die Stromdichte

$$j = \frac{1}{2\pi} \int_0^{k_F} eT(k_{0,\perp}) \frac{\hbar k_{0,\perp}}{m^*} dk_{0,\perp}. \tag{1.122}$$

Die Elektronendichten n_0 für die verschiedenen k_0-Werte stecken jetzt in diesem Integral. Das ist alles schon ganz gut und für einfache Betrachtungen völlig ausreichend.

Jetzt wollen wir aber doch eine realistischere Situationen betrachten und schon wird es eher komplizierter. Wir nehmen z. B. an, dass die Startelektrode und Zielelektrode Metalle, also dreidimensionale Elektroden, sind. In anderen Worten, die Elektronen können sich jetzt senkrecht und parallel zur Barriere bewegen und haben damit zusätzlich zu $k_{0,\perp}$ auch noch einen Wellenvektor $k_{0,\parallel}$ parallel zur Barriere. Zur Berechnung der Stromdichte brauchen wir nun die dreidimensionale Zustandsdichte im k-Raum (kommt auch in Kap. 4, derweil einfach ignorieren), und die obige Formel ändert sich damit zu

$$j = \frac{1}{(2\pi)^3} \int_0^{k_F} eT(k_{0,\perp}) \frac{\hbar k_{0,\perp}}{m^*} d^3 k_0. \tag{1.123}$$

Dann berücksichtigen wir noch für endliche Temperaturen die Elektronenverteilungen $f(E)$ im Ausgangs- und im Endzustand mit den jeweiligen Fermi-Niveaus E_{F_0} und E_{F_2} und vergessen wir auch nicht, dass es Vorwärts- und Rückwärtstunneln geben kann.

Zum besseren Verständnis trennen wir das Integral über d^3k in ein Doppelintegral über $dk_{0,\parallel}$ und $dk_{0,\perp}$ auf. Wir erhalten:

$$j = \frac{e}{(2\pi)^3} \int_0^{k_F} \int_{k_{0,\perp}}^{k_F} T(k_{0,\perp}) \frac{\hbar k_{0,\perp}}{m^*} \left(f(E - E_{F_0}) - f(E - E_{F_2}) \right) dk_{0,\parallel} dk_{0,\perp}. \tag{1.124}$$

Aufpassen mit den Integrationsgrenzen beim Integrieren! Man muss im 3-D-Fall als äußeres Integral über $k_\perp$ integrieren und für die Integration über $k_\parallel$ dieses $k_\perp$ als untere Integrationsgrenze verwenden. Macht man das nicht, werden Elektronen doppelt gezählt. Weiters ist es günstiger, beim Integrieren im k-Raum zu bleiben und eben nicht(!) auf ein Energieintegral umzurechnen.

Manchmal, wie im Falle unterschiedlicher effektiver Massen oder in transversalen Magnetfeldern, hängt der Transmissionskoeffizient nicht nur von $k_\perp$ sondern zusätzlich auch noch von $k_\parallel$ ab. $k_\parallel$ bleibt beim Tunnelprozess aber auch in diesen Situationen immer erhalten. Diese Geschichte dann aber noch in Formel 1.124 einzubauen, macht allerdings ziemlichen Stress, weshalb wir auch gerne darauf verzichten.

Um zu zeigen, wie gut das mit der Berechnung von Tunnelströmen funktioniert, schauen wir mal auf die Abb. 1.16, in der ein Vergleich einer gemessenen (Abb. 1.16a) und einer nach obigen Methoden berechneten I(V)-Kennlinie (Abb. 1.16b) zu sehen ist. Wie man sieht, könnte die Übereinstimmung ruhig besser sein. Die Position der Resonanz passt einigermaßen, aber die Form der berechneten Resonanz ist einfach anders. Die gemessene Resonanz ist eher dreieckig, während die berechnete Resonanz einer Lorentz-Linie ähnelt. Außerdem ist die berechnete Resonanz viel schmaler als die gemessene. Jenseits der Resonanz sinkt der Strom bei der berechneten Kennlinie viel stärker ab als bei der gemessenen. Man spricht von einem falschen peak to valley ratio. Und schließlich, wenn man sich die Stromachsen ansieht, erkennt man, dass der berechnete Strom nur qualitativ richtig ist, aber nicht quantitativ. Alle diese Abweichungen haben einen guten Grund, und der heißt Streuung durch gleich mehrere Streuprozesse wie Phononen, ionisierte Störstellen, Elektron-Elektron Streuung etc. Streuung jeder Art wurde bei allen unseren Berechnungen komplett ignoriert und auch das hat einen guten Grund. Der Formalismus zur Berechnung von Tunnelströmen inklusive Streuung ist ziemlich kompliziert (non-equilibrium Green's functions formalism...) und sprengt den Rahmen dieses Buches bei weitem. Ein weiterer Effekt, der die Berechnung des Stromes in resonanten Tunneldioden ziem-

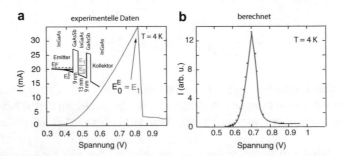

Abb. 1.16 a Bei tiefer Temperatur ($T = 4.2 K$) gemessene I(V) Kennlinie einer InGaAs-GaAsSb Doppelbarrierenstruktur. **b** Simulierte I(V) Kennlinie. Als effektive Elektronenmasse im InGaAs-GaAsSb System wurde $m^* = 0.045$ angenommen. arb. u. steht für arbitrary units, einer englischen Bezeichnung für qualitative Skalen. Die Daten stammen von Silvano (2012)

lich schwierig macht, ist die komplizierte Spannungsabhängigkeit der Elektronen-verteilung in der Emitterelektrode.

1.3.5   Der unendlich tiefe Potentialtopf

Einen ∞-tiefen Potentialtopf mit der Breite $w = 2a$ im Gebiet $-a < 0 < +a$ beschreibt man am einfachsten dadurch, dass im Topf gilt $V = 0$. Die Schrödinger-Gleichung im Topf lautet also

$$-\frac{\hbar^2}{2m^*}\frac{\partial^2 \Psi(z)}{\partial z^2} = E\Psi(z), \tag{1.125}$$

und als Randbedingung, ähnlich wie bei der Reflexion einer elektromagnetischen Welle an einem Metallspiegel, nimmt man die Bedingung

$$\Psi(-a) = \Psi(+a) = 0. \tag{1.126}$$

Damit bleiben nach dem Einsetzen der allgemeinen komplexen Lösung $\Psi = A \cdot e^{ikz} + B \cdot e^{-ikz}$ in die Randbedingungen nur noch ein reeller Sinus und Kosinus mit den gesuchten Koeffizienten übrig. Hinweis: Ganz allgemein gilt in der Quantenmechanik, dass die Wellenfunktionen der Eigenzustände in irgendwelchen Potentialtöpfen immer reell sein müssen. Das erklärt auch, warum in diversen Büchern, Skripten und auch bei Wikipedia für die Lösung gleich ein Sinus oder Kosinus angesetzt wird. Nach dem Einsetzen der Wellenfunktionen in die Schrödinger-Gleichung erhalten wir für die Energie und die normierten Wellenfunktionen mit $w = 2a(!)$

$$\Psi(z) = \sqrt{\frac{2}{w}}\cos\left(\frac{n\pi z}{w}\right), \quad n : ungerade, \tag{1.127}$$

$$\Psi(z) = \sqrt{\frac{2}{w}}\sin\left(\frac{n\pi z}{w}\right), \quad n : gerade. \tag{1.128}$$

Für die Energieeigenwerte im Topf bekommt man schließlich

$$E_n = \frac{\pi^2\hbar^2 n^2}{2m^*w^2}. \tag{1.129}$$

Zu Illustration zeigt Abb. 1.17 numerisch berechnete Energiezustände und Wellenfunktionen in einem typischen, endlich tiefen Potentialtopf.

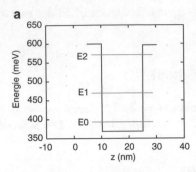
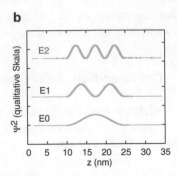

Abb. 1.17 **a** Lage der Zustände in einem, hier endlich tiefen Potentialtopf mit der Breite $w = 2a =$ 15 nm und der effektiven Masse von GaAs ($m^* = 0.067m_0$). Den Wert der Masse bitte ich Sie hier einfach zu glauben, die effektive Masse in Halbleitern wird erst später eingeführt. Die untersten Niveaus passen gut zu den Werten aus dem Modell für den unendlich tiefen Topf, der oberste Zustand wird nur noch schlecht beschrieben. Die etwas seltsame Energieskala ist ein Ergebnis des verwendeten Simulators. Die Energiedifferenzen sollten stimmen. **b** Quadrierte Wellenfunktionen in diesem Potentialtopf

1.3.5.1 Modellsystem GaAs-AlGaAs-Heterostrukturen

Sie werden sich fragen: Gibt es dieses ganze quantenmechanische Zeug irgendwo zum Anfassen in der Realität? Die Antwort ist ja, z. B. in Ihrem CD-Player oder Laserpointer in Form von Gallium-Arsenid – Aluminium-Gallium-Arsenid (GaAs-AlGaAs) Heterostrukturen. Abb. 1.18a zeigt das Bandschema einer GaAs-AlGaAs-Heterostruktur. Die Bandlücke im AlGaAs ist größer als im GaAs ($E_G^{AlGaAs} >$ E_G^{GaAs}). ΔE_C nennt man Leitungsbanddiskontinuität (band offset). Abb. 1.18b zeigt eine Tunnelbarriere, deren Transmissionskoeffizient sich perfekt und quantitativ mit den quantenmechanischen Methoden aus diesem Buch ausrechnen lässt. Abb. 1.18c zeigt einen Laser, der mit zwei Potentialtöpfen arbeitet. Hier kommen drei entscheidende Tricks zusammen: Erstens hat man zwei perfekt definierte Energieniveaus aus denen man ein Photon mit perfekt definierter Wellenlänge gewinnen kann (naja, zumindest fast). Zweitens presst man ungeheure Mengen von Elektronen und Löchern auf kleinstem Raum zusammen. Wenn diese nicht strahlend rekombinieren und ihre Energie nicht als Laserstrahlen abgeben würden, gäbe es nach kürzester Zeit eine Explosion im Bauteil mit verheerenden Konsequenzen! Ja, ok, das ist geradeaus gelogen. Lesen Sie dieses Buch weiter, und überlegen Sie sich, was wirklich passiert! Drittens, man bekommt den Laserspiegel bei Halbleiterlasern praktisch gratis. Vielleicht fragen Sie die Kollegen von der Laser-Gruppe nach einem Laborpraktikum zu diesem Thema, das ist sehr interessant!

Warum nimmt man gerade GaAs-AlGaAs-Heterostrukturen? Das System hat viele Vorteile, z. B.

- Es sind Mischkristalle mit gleicher Gitterkonstante, aber unterschiedlichen Bandlücken herstellbar (bandstructure engineering).
- GaAs kann extrem rein hergestellt werden.
- GaAs ist isotrop und direkt, d. h., GaAs leuchtet, Silizium leuchtet nicht.

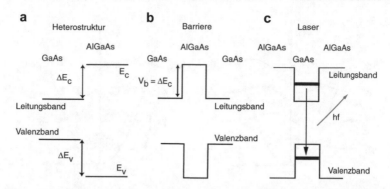

Abb. 1.18 a Bandschema einer GaAs-AlGaAs-Heterostruktur. **b** Einfachbarriere und **c** Quantum-Well-Laser in Form einer AlGaAs-GaAs-AlGaAs-Heterostruktur. So etwas ist in jedem CD-Player. Update (2018): Das mit dem CD-Player ist ein Spruch von 2010 und CD-Player sind inzwischen praktisch ausgestorben. Heute gilt: Ein Quantum-Well-Laser hängt an jedem Glasfaserkabel

- Man hat hohe freie Weglängen von $> 1\,\mu$m für die Elektronen und mit $m - m^*$ gilt dann die schöne 1D-Quantenmechanik in einfachster Form.

Die Herstellung eines solchen Einkristalls, der aus unterschiedlichsten Materialien besteht, ist per Molekularstrahlepitaxie (Molecular Beam Epitaxy, MBE) möglich. Damit lassen sich Einfachbarrieren, Potentialtöpfe und auch komplexe Strukturen aus mehr als zwei Materialsystemen auf einfache Weise herstellen. Die individuellen Barrierenhöhen V_b (ΔE_C) sind über den Al-Gehalt einstellbar.

1.3.6   Der harmonische Oszillator

Neben dem unendlich tiefen Potentialtopf gibt es noch zwei weitere wichtige Potentiale, deren Energiezustände aber leider nicht so leicht zu finden sind. Es handelt sich hierbei um den harmonischen Oszillator (Abb. 1.19) und das Coulomb-Potential. Der harmonische Oszillator wird zur Beschreibung aller Schwingungsvorgänge verwendet. In der klassischen Mechanik wären das Pendel, Feder-Masse-Systeme oder auch hüpfende Gummibälle. In der Quantenmechanik handelt es sich meistens um Schwingungen von gekoppelten Atomen oder Ladungen, die auch als Feder-Masse-Systeme beschrieben werden. Kümmern wir uns erst um den harmonischen Oszillator. Das zugehörige Potential lautet

$$V = \frac{m^*}{2}\omega^2 z^2. \tag{1.130}$$

ω ist irgendeine Frequenz. Wie kann man das verstehen? Die Federkraft F bei Ausdehnung einer Feder berechnet sich zu

$$F = c_{Feder} \cdot \Delta l, \tag{1.131}$$

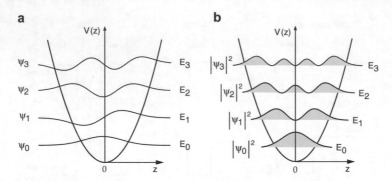

Abb. 1.19 Potential des harmonischen Oszillators inklusive der Energiezustände, Wellenfunktionen und Wahrscheinlichkeitsdichten

wobei c_{Feder} die Federkonstante und Δl die Auslenkung ist. Die potentielle Energie dieser gespannten Feder ist dann das Wegintegral über die Kraft, also

$$E_{pot} = \int F \, dz = \int_0^{\Delta l} c_{Feder} \cdot z \, dz = c_{Feder} \frac{\Delta l^2}{2}, \qquad (1.132)$$

und das ist ein sogenannter harmonischer Oszillator. Wenn Sie statt $\frac{c_{Feder}}{2}$ die Konstanten $\frac{m\omega^2}{2}$ und statt Δl^2 ein z^2 einsetzen, erhalten Sie die Formel von oben. Schauen wir uns nun mal die Schrödinger-Gleichung für den harmonischen Oszillator an:

$$-\frac{\hbar^2}{2m^*} \frac{\partial^2}{\partial z^2} \Psi(z) + \frac{m^* \omega^2}{2} z^2 \Psi(z) = E \Psi(z) \qquad (1.133)$$

Diese Schrödinger-Gleichung für den harmonischen Oszillator schaut harmlos aus, sie ist es aber nicht. Die Wellenfunktionen sind irgendwelche normierten Hermite-Funktionen, deren Herleitung eine eigene Vorlesung über Differentialgleichungen braucht. Die Energiewerte sind dafür extrem einfach zu berechnen, und noch dazu sind diese äquidistant:

$$E_n = \hbar\omega \left(n + \frac{1}{2} \right), \quad n = 0, 1, 2, 3 \ldots \qquad (1.134)$$

Diese Formel wird Sie bis zu Ihrer Pensionierung verfolgen, die Wellenfunktionen braucht man eher selten.

1.3.7 Das Coulomb-Potential (Wasserstoff)

Atome sind recht komplizierte Objekte, und die einfachste Art, sie zu beschreiben, ist die, dass man so tut, als wären es Wasserstoffatome, aber mit Z positiven Ladungen im Kern und einer Wolke aus Z Elektronen um sie herum. Alles zusammen ist neutral. Anschließend entfernt man virtuell das äußerste Elektron, und bekommt ein Coulomb-Potential das so aussieht (Abb. 1.20):

$$V\left(r\right) = -\frac{e^2}{4\pi\,\varepsilon_0 r} \tag{1.135}$$

In diesem Potentialtopf muss man nun die Energiezustände und Wellenfunktionen ausrechnen, um zu sehen, wo sich das letzte Elektron so herumtreiben könnte. Leider sind Atome nun aber kugelige Objekte, und daher sind Wellenfunktionen in Kugelkoordinaten r, ϑ, φ angesagt, denn in kartesischen Koordinaten sind die Randbedingungen absolut nicht vernünftig formulierbar. Als Resultat bekommen wir eine Schrödinger-Gleichung der Art

$$-\frac{\hbar^2}{2m^*}\left(\vec{\nabla}\right)^2 \Psi\left(r, \vartheta, \varphi\right) + V\left(r\right)\Psi\left(r, \vartheta, \varphi\right) = E\Psi\left(r, \vartheta, \varphi\right). \tag{1.136}$$

Das ginge ja noch, aber der Laplace-Operator in Kugelkoordinaten sieht für Studenten im dritten Semester ganz und gar nicht gut aus:

$$\left(\vec{\nabla}\right)^2 = \Delta = \frac{1}{r^2}\frac{\partial}{\partial r}\left(r^2\frac{\partial}{\partial r}\right) + \frac{1}{r^2\sin\left(\vartheta\right)}\frac{\partial}{\partial\vartheta}\left(\sin\left(\vartheta\right)\frac{\partial}{\partial\vartheta}\right) + \frac{1}{r^2\sin^2\left(\vartheta\right)}\frac{\partial^2}{\partial\varphi^2} \tag{1.137}$$

Zum Glück sind die Wellenfunktionen separabel und lassen sich so anschreiben:

$$\Psi_n\left(r, \vartheta, \varphi\right) = \Psi_n\left(r\right)Y_{lm}\left(\vartheta, \varphi\right) \tag{1.138}$$

$\Psi_n\left(r\right)$ liefert dabei die Energien der Schalen des Atoms. Die $Y_{lm}\left(\vartheta, \varphi\right)$ sind sogenannte Kugelflächenfunktionen, die für diverse Feinheiten sorgen, welche uns in der Halbleiterei zum Glück meistens egal sein können. Die Energien der radialen Wellenfunktionen sind (ausnahmsweise beginnt die Zählung hier mit $n = 1$ und nicht mit $n = 0$)

$$E_n = \frac{m^*e^4}{8h^2\varepsilon_0^2}\frac{1}{n^2}. \tag{1.139}$$

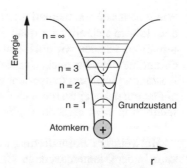

Abb. 1.20 Coulomb-Potential mit seinen Wellenfunktionen

und mehr müssen wir hier nicht wissen. Wozu brauchen wir das: Dotierstoffe in
Halbleitern werden auch gerne wie Wasserstoffatome behandelt. Mehr Details dazu
kommen später.

1.4   Periodische Potentiale: 1-D Modellkristalle

Kristalle sind Objekte aus regelmäßig und periodisch im Raum angeordneten Atomen. Als Konsequenz dieser periodischen Anordnung im Raum und des geringen
Abstands zwischen diesen Atomen werden aus den wohldefinierten einzelnen Energiezuständen in den Atomen breite Energiebereiche, welche Bänder (Leitungsband,
Valenzband) genannt werden. Leider ist der korrekte mathematische Weg vom Atom
zum Halbleiterkristall ziemlich kompliziert. Alleine die Schrödinger-Gleichung des
Wasserstoffatoms kostet einen schon die letzten Nerven und ist für einen Elektrotechniker im dritten Semester mangels der richtigen Vorkenntnisse schlichtweg
undurchschaubar. Die Damen unseres Fachgebiets um Hilfe zu bitten, kann sich aber
eventuell lohnen, habe ich gelernt. Die scheinen erstaunlich viel Talent für theoretische Probleme zu haben, und außerdem finden Sie ja so vielleicht eine Freundin
fürs Leben.

Da Silizium noch viel komplizierter als Wasserstoff ist, und man noch dazu solche
Dinge wie chemische Bindungen berücksichtigen sollte, bleibt der armen angehen-
den Elektrotechnikerin und ihren männlichen Kollegen nur eines übrig, nämlich eine
gnadenlose Abstraktion, die Kronig-Penney-Modell genannt wird, nach der Arbeit
von Kronig (1931) und seinen Kollegen. In diesem eindimensionalen Modell wird
eine periodische (!) Kette von Atomen durch eine Kette rechteckiger Potentialtöpfe
ersetzt, welche miteinander verkoppelt sind. Erstaunlicherweise reicht das bereits
aus, um die schon erwähnten Bänder (Leitungsband, Valenzband) zu erhalten. Nach
diesem Aha-Erlebnis braucht es nicht viel Fantasie, um sich vorzustellen, dass es in
drei Dimensionen nicht viel anders sein wird und ob Atompotentiale nun rechteckig
sind, oder ob man Coulomb-Potentiale verwendet, ist für ein qualitatives Verständnis
völlig egal.

1.4.1   Gekoppelte Potentialtöpfe

Ehe wir uns der mathematischen Behandlung des Kronig-Penney-Modells zuwenden, lohnen sich ein paar qualitative Betrachtungen zum besseren Verständnis der
Situation. Schauen wir doch mal in die Abb. 1.21a. Dort sehen wir zwei identische
Potentialtöpfe oder auch Quantentröge, die nebeneinander stehen und wegen des
Abstands von 10 nm (entspricht ca. 20 Gitterkonstanten in GaAs) zunächst offiziell
nichts miteinander zu tun haben sollen. Die Wellenfunktionen befinden sich hauptsächlich in ihren eigenen Töpfen. Jetzt wollen wir die Potentialtöpfe koppeln und
sehen, was passiert.

Hinweis: Die Formulierung mit der Verkopplung ist etwas schlampig, weil man
kann in der Quantenmechanik Einzelprobleme nicht einfach addieren. Entweder hat

Abb. 1.21 Verschiebung der Energieniveaus und Form der Wellenfunktionen in gekoppelten Quantentöpfen als Funktion der Barrierendicke zwischen den Töpfen. Die Wellenfunktionen sind auf der Höhe der Energieniveaus eingezeichnet. **a:** 10 nm, **b:** 5 nm, **c:** 2 nm. Die Rechnung wurde für eine AlGaAs-GaAs-AlGaAs-Heterostruktur mit einem Al-Gehalt von 25% durchgeführt

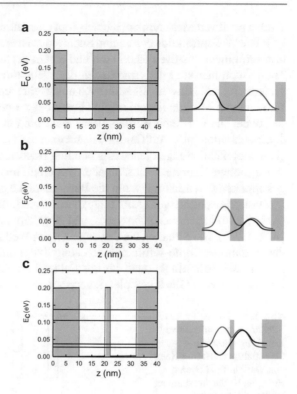

man zwei einzelne Potentialtöpfe, oder man hat zwei gekoppelte Töpfe. Dazwischen gibt es nichts. Im Problem der gekoppelten Töpfe hat man ein in zwei Subniveaus aufgespaltenes Energieniveau rund um die Stelle, wo das Niveau in den einzelnen Töpfen lag. Der Abstand der aufgespaltenen Energieniveaus hängt irgendwie exponentiell vom Abstand der Töpfe ab, aber mathematisch gekoppelt sind sie immer, egal wie schwach. (A bisserl was geht immer, wie man in Wien so gerne sagt.)

Sagen wir also besser, dass die Kopplung vernachlässigbar schwach sei. Jetzt verkoppeln wir die beiden Töpfe stärker (Abb. 1.21b), indem wir z B. deren Abstand auf 5 nm (ca. 10 Gitterkonstanten) verringern und sehen nach, was passiert. Hier die anschauliche Variante, die man gerne in den Büchern findet: Schiebt man die Töpfe aufeinander zu, so erhöht sich die Energie der Zustände im linken Topf, im rechten Topf werden die Energiezustände abgesenkt (oder umgekehrt). Je geringer der Abstand der Töpfe, desto größer wird der Energieabstand zwischen diesen Zuständen. Höher gelegene Niveaus zeigen eine stärkere Aufspaltung. Als Beispiel zeigen die Abb. 1.21b und 1.21c einen Vergleich der Energieniveaus und der Wellenfunktionen für die Abstände von 5 nm und 2 nm (ca. 4 Gitterkonstanten). Hinweis: Statt rechteckiger Töpfe kann man auch Coulomb-Potentiale nehmen, das macht keinen qualitativen Unterschied.

Die zum unteren Subniveau zugehörige Wellenfunktion ist eine symmetrische Wellenfunktion mit einem kleinen positiven Maximum im linken Topf und einem großen positiven Maximum im rechten Topf (sagt zumindest mein einfacher Simulator); Die Wellenfunktion des oberen Subniveaus ist eine asymmetrische Wellenfunktion mit einem positiven Maximum und einem negativen Minimum im jeweiligen Topf. Auch hier sind die Amplituden der Wellenfunktionen in den Töpfen unterschiedlich groß. Hinweis: Es kann auch umgekehrt sein, wo die jeweiligen absoluten Maxima und Minima liegen, ist eine Frage des numerischen Zufalls im Simulator. Je dünner die Barrieren werden, desto mehr breiten sich die Wellenfunktionen in den Nachbartopf aus. Auf Englisch nennt man das Ganze in Analogie zu irgendwelchen Molekülbindungen jedenfalls bonding (niedrigere Energie) und anti-bonding states (höhere Energie). Hausaufgabe: Was erhält man für die Wellenfunktionen im gekoppelten Potentialtopf, wenn die Barrierendicke gegen Null geht?

Drei gekoppelte Töpfe (Abb. 1.22c) haben drei Subniveaus, vier gekoppelte Töpfe (Abb. 1.22d) haben vier Subniveaus, und N gekoppelte Töpfe haben N Subniveaus (Abb. 1.22e). Die Situation bei den zugehörigen Wellenfunktionen wird mit steigender Anzahl der Töpfe sofort ziemlich kompliziert und ist eine Geschichte für sich. Da wir die Wellenfunktionen für das Folgende nicht brauchen, können wir diese Problematik zum Glück komplett ignorieren.

Abb. 1.22 Formation von Bändern durch sukzessive Kopplung einzelner Potentialtöpfe zu einer Kette von Töpfen. Bei höheren Energien ist die Aufspaltung stärker, da durch die kleineren Barrierenhöhen die Kopplung zwischen den Töpfen stärker wird

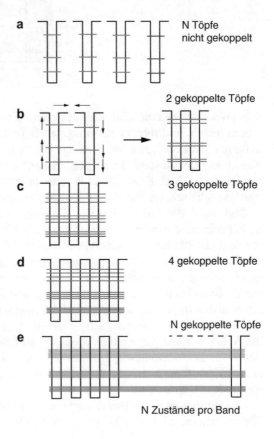

Wichtig: Mit steigender Anzahl der Subniveaus wird deren energetischer Abstand kleiner und schließlich so klein, dass die Subniveaus experimentell nicht mehr auflösbar sind. Der Bereich, in dem diese Niveaus zu finden sind, wird durch die größere Anzahl der Niveaus jedoch breiter. Ab diesem Moment spricht man von einem Energieband, in dem es, so sagt uns das Kronig-Penney-Modell für unendlich viele Töpfe im nächsten Abschnitt, kontinuierliche k-Werte und richtige $E(k)$-Beziehungen gibt, die im Halbleiter-Jargon Bandstruktur genannt werden. Die Breite der Bänder hängt von der Dicke der Barrieren ab, wobei die Faustregel gilt: Dünne Barrieren – breite Energiebänder (Abb. 1.21). Genau aus diesem Grund wächst auch bei höheren Energien die Breite der Bänder, da durch die kleineren wirksamen Barrierenhöhen die Kopplung zwischen den Töpfen stärker wird.

1.4.2 Das Kronig-Penney-Modell

Betrachten wir nun also als eindimensionalen Modellkristall ein periodisches Potential mit unendlich vielen Potentialtöpfen, welches folgendermaßen aussehen soll (Abb. 1.23):

$$V(z) = V_0, \quad -b \leq z \leq 0 \tag{1.140}$$

$$V(z) = 0, \quad 0 \leq z \leq a \tag{1.141}$$

Für die Wellenfunktionen auf den Teilstücken nehmen wir

$$\Psi_2(z) = C e^{ik_2 z} + D e^{-ik_2 z}, \quad -b \leq z \leq 0 \tag{1.142}$$

$$\Psi_1(z) = A e^{ik_1 z} + B e^{-ik_1 z}, \quad 0 \leq z \leq a, \tag{1.143}$$

mit

$$k_1 = \sqrt{\frac{2m^* E}{\hbar^2}}, \quad k_2 = \sqrt{\frac{2m^*(E - V_0)}{\hbar^2}}. \tag{1.144}$$

Für die Periodizität des Potentials mit der Periode $d = a + b$ verlangen wir:

$$\Psi(z) = \Psi(z + d) = \Psi(z) \cdot e^{i\Phi} \tag{1.145}$$

Abb. 1.23 Periodisches Potential mit den schematisch eingezeichneten Bändern

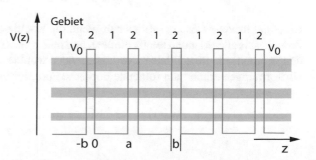

$\Phi = kd$ ist die Phase. Damit sehen die Wellenfunktionen in der nächsten Periode so aus:

$$\begin{aligned}
\Psi_2\,(z) &= e^{i\Phi} \cdot \left(Ce^{ik_2(z-d)} + De^{-ik_2(z-d)}\right), \quad a \le z \le a+b \\
\Psi_1\,(z) &= e^{i\Phi} \cdot \left(Ae^{ik_1(z-d)} + Be^{-ik_1(z-d)}\right), \quad a+b \le z \le a+b+a
\end{aligned} \tag{1.146}$$

Jetzt brauchen wir eine kleine Auszeit. Sie meinen, Sie hätten das Obige verstanden? Schauen wir doch mal. Frage 1: Wieso ist $\Psi\,(z+d) = \Psi(z) \cdot e^{ikd}$? Antwort: Bitte beim Translationsoperator nachlesen. Frage 2: Was ist das überhaupt für ein k, und wo bekomme ich das her? Antwort: Sie können jeden beliebigen Wert zwischen $k = 0$ und π/d nehmen. Was ist jetzt mit diesem k_1 und dem k_2? k_1 und k_2 bekommt man aus der Energie wie oben angegeben. Nur, die Energie kennen wir nicht. nicht alle Energien sind erlaubt, also wir müssen den Zusammenhang zwischen E und k erst suchen! Behalten Sie also dieses $\Phi = kd$ in den folgenden Rechnungen gut im Auge.

Machen wir weiter und fordern wir jetzt wie gewohnt die Stetigkeit von Ψ sowie die Stetigkeit von $\frac{\partial \Psi}{\partial z}$ bei $z = 0$:

$$\begin{aligned}
\Psi_1\,(0) &= \Psi_2\,(0) \rightarrow A + B = C + D \\
\left.\frac{\partial \Psi_1}{\partial z}\right|_0 &= \left.\frac{\partial \Psi_2}{\partial z}\right|_0 \rightarrow ik_1\,(A - B) = ik_2\,(C - D)
\end{aligned} \tag{1.147}$$

Und dann das Ganze nochmal bei $z = a$. Vorsicht: Hier muss das Ψ_1 aus der ersten Periode und das Ψ_2 aus der nächsten Periode genommen werden. Nicht vergessen: $d = a+b$ und dann $z = a$ einsetzen. Außerdem: Erst ableiten, dann $z = a$ einsetzen:

$$\begin{aligned}
\Psi_1\,(a) &= \Psi_2\,(a) \rightarrow \left(Ae^{ik_1a} + Be^{-ik_1a}\right) = e^{+i\Phi}\left(Ce^{-ik_2b} + De^{+ik_2b}\right) \\
\left.\frac{\partial \Psi_1}{\partial z}\right|_a &= \left.\frac{\partial \Psi_2}{\partial z}\right|_a \rightarrow ik_1\left(Ae^{ik_1a} - Be^{-ik_1a}\right) = ik_2e^{+i\Phi}\left(Ce^{-ik_2b} - De^{+ik_2b}\right)
\end{aligned} \tag{1.148}$$

Schön zusammengefasst haben wir dann folgendes Gleichungssystem für die Koeffizienten:

$$\begin{aligned}
A + B &= C + D \\
ik_1\,(A - B) &= ik_2\,(C - D) \\
\left(Ae^{ik_1a} + Be^{-ik_1a}\right) &= e^{+i\Phi}\left(Ce^{-ik_2b} + De^{+ik_2b}\right) \\
k_1\left(Ae^{ik_1a} - Be^{-ik_1a}\right) &= k_2e^{+i\Phi}\left(Ce^{-ik_2b} - De^{+ik_2b}\right)
\end{aligned} \tag{1.149}$$

Eine nichttriviale Lösung gibt es nur, wenn die Koeffizientendeterminante $= 0$ ist. Soweit ist ja alles klar und relativ einfach, und man wundert sich daher auch nicht über den in praktisch allen Büchern vorkommenden wohlbekannten Satz: Nach einigen Umformungen erhält man folgende implizite Form für die Determinante:

$$\cos \Phi = \cos(ak_1) \cosh(bk_2) - \frac{k_1^2 - k_2^2}{2k_1k_2} \sin(ak_1) \sinh(bk_2) \quad (0 < E < V_0) \tag{1.150}$$

$$\cos \Phi = \cos(ak_1) \cos (bk_2) - \frac{k_1^2 + k_2^2}{2k_1 k_2} \sin(ak_1) \sin(bk_2) \quad (E > V_0) \quad (1.151)$$

Die Formeln stimmen, nur die Aussage: ‚Nach einigen Umformungen erhält man folgende implizite Form für die Determinante' ist schon sehr mutig, denn dieses Gleichungssystem sprengt die Möglichkeiten von *Wolfram Alpha* bei weitem. Die ‚einigen Umformungen' in einem Buch nachzulesen, dürfte auch eine Herausforderung sein, aber nicht weil die so kompliziert sind, sondern weil es einfach kein Buch gibt, in welchem Sie das finden. Schauen wir also mal selbst, wie man das macht.

Wenn Sie diese Determinante wirklich selbst ausrechnen wollen, brauchen Sie vorher noch einen faulen Trick. Diesen bekommt man aus einem guten Quantenmechanikbuch, in dem steht: Die Wellenfunktionen gebundener Zustände sind immer reell. Man setzt die Wellenfunktionen also rein reell an:

$$\Psi_1(z) = Ae^{ik_1 z} + Be^{-ik_1 z} \rightarrow A \cos (+kz) + B \cos (-kz) \quad (1.152)$$

Ganz so einfach geht das aber nicht, man muss da noch eine beliebige Phase φ dazugeben, weil man sonst Probleme mit dem Koordinatensystem bekommt. Am Beispiel des unendlich tiefen Potentialtopfes sieht man das gut: Steht der Topf bei $0 \leq z \leq a$ auf der z-Achse, ist die Wellenfunktion ein Sinus; steht er bei $-\frac{a}{2} \leq z \leq +\frac{a}{2}$, ist die Wellenfunktion ein Kosinus. Nehmen wir also als Ansatz:

$$\Psi_1(z) = Ae^{ik_1 z} + Be^{-ik_1 z} \rightarrow A \cos (+kz - \varphi) + B \cos (-kz - \varphi) . \quad (1.153)$$

Jetzt lohnen sich ein paar Additionstheoreme aus der Maturaklasse wie (zur Info: Auf Deutsch heißt das Abiturklasse)

$$\begin{aligned}
A \cos (kz - \varphi) &= A \cos (kz) \cos (\varphi) + A \sin (kz) \sin (\varphi) , \\
A \cos (\varphi) &= A_1, \quad A \sin (\varphi) = A_2, \\
A \cos (kz - \varphi) &= A_1 \cos (kz) + A_2 \sin (kz) ,
\end{aligned} \quad (1.154)$$

und

$$\begin{aligned}
B \cos (-kz - \varphi) &= B \cos (-kz) \cos (\varphi) + B \sin (-kz) \sin (\varphi) , \\
B \cos (\varphi) &= B_1, \quad B \sin (\varphi) = B_2, \\
B \cos (-kz - \varphi) &= B_1 \cos (kz) - B_2 \sin (kz) ,
\end{aligned} \quad (1.155)$$

welche am Ende folgendes liefern

$$\begin{aligned}
A \cos (kz - \varphi) &+ B \cos (-kz - \varphi) \\
&= A_1 \cos (kz) + A_2 \sin (kz) + B_1 \cos (kz) - B_2 \sin (kz) \\
&= A_1 \cos (kz) + B_1 \cos (kz) + A_2 \sin (kz) - B_2 \sin (kz) \\
&= A' \sin (kz) + B' \cos (kz) .
\end{aligned} \quad (1.156)$$

Damit bekommen wir als endgültigen Ansatz für die Wellenfunktionen

$$\Psi_1 = A' \sin(k_1 z) + B' \cos(k_1 z) \quad (1.157)$$

$$\Psi_2 = C' \sin(k_2 z) + D' \cos(k_2 z) \tag{1.158}$$

mit

$$k_2 = \sqrt{\frac{2m^*(E - V_0)}{\hbar^2}}, \quad k_1 = \sqrt{\frac{2m^* E}{\hbar^2}}. \tag{1.159}$$

So, jetzt geht es richtig los: Die Tatsache, dass k_2 komplex werden kann, ignorieren wir derweil einmal, und bleiben einfach im Bereich $E - V_0 \geq 0$. Um den Fall $E - V_0 \leq 0$ kümmern wir uns dann ganz zum Schluss. Die Stetigkeit von Ψ bei $z = 0$ sowie die Stetigkeit von $\frac{\partial \Psi}{\partial z}$ liefern wegen des geschickt gewählten Koordinatenursprungs dann praktischerweise

$$B' = D', \tag{1.160}$$

$$k_1 A' = k_2 C', \tag{1.161}$$

und das ist ganz wunderbar, denn damit sind zwei von vier unbekannten Koeffizienten schon einmal entsorgt. Hätten wir den komplexen Ansatz genommen, wäre das Ergebnis $A + B = C + D$ und $ik_1 A - ik_1 B = ik_2 C - ik_2 D$ gewesen, und das würde die weitere Rechnung ziemlich mühsam machen, da wir dann am Ende eine Determinante einer komplexen 4×4-Matrix analytisch ausrechnen müssten. Die periodische Randbedingung liefert für unseren Ansatz zusätzlich folgende Gleichungen ($\Phi = kd$ ist wieder die Phase von ganz oben):

$$\Psi_1(a) = \Psi_2(-b) \cdot e^{i\Phi} \tag{1.162}$$

$$A' \sin(k_1 a) + B' \cos(k_1 a) = e^{i\Phi}(C' \sin(-k_2 b) + D' \cos(-k_2 b)) \tag{1.163}$$

Die Stetigkeit der Ableitung

$$k_1 A' \cos(k_1 z) - k_1 B' \sin(k_1 z) = e^{i\Phi}(k_2 C' \cos(k_2 z) - D' k_2 \sin(k_2 z)) \tag{1.164}$$

liefert mit der Anschlussbedingung

$$\left.\frac{\partial \Psi_1}{\partial z}\right|_{z=a} = e^{i\Phi} \left.\frac{\partial \Psi_2}{\partial z}\right|_{z=-b} \tag{1.165}$$

die Formel

$$k_1 A' \cos(k_1 a) - k_1 B' \sin(k_1 a) = e^{i\Phi}(k_2 C' \cos(-k_2 b) - D' k_2 \sin(-k_2 b)). \tag{1.166}$$

Fassen wir noch einmal unsere zwei Gleichungen für unsere zwei Unbekannten A' und B' zusammen und setzen vor allem für C' und D' ein:

$$A' \sin(k_1 a) + B' \cos(k_1 a) = e^{i\Phi} \left(\frac{k_1}{k_2} A' \sin(-k_2 b) + B' \cos(-k_2 b)\right) \tag{1.167}$$

$$k_1 A' \cos(k_1 a) - k_1 B' \sin(k_1 a) = e^{i\Phi}(k_2 \frac{k_1}{k_2} A' \cos(-k_2 b) - B' k_2 \sin(-k_2 b))$$

(1.168)

Jetzt zur Vereinfachung alles auf eine Seite schaffen und ausklammern:

$$A' \left(\sin(k_1 a) - e^{i\Phi}\frac{k_1}{k_2} \sin(-k_2 b) \right) + B' \left(\cos(k_1 a) - e^{i\Phi} \cos(-k_2 b) \right) = 0$$

(1.169)

$$k_1 A' \left(\cos(k_1 a) - e^{i\Phi} \cos(-k_2 b) \right) + B' \left(-k_1 \sin(k_1 a) + k_2 e^{i\Phi} \sin(-k_2 b) \right) = 0$$

(1.170)

Dann noch in der Formelsammlung zum Thema Sinus(z) und Kosinus(z) nachsehen:

$$\cos(z) = \cos(-z), \ \ \sin(-z) = -\sin(z)$$

(1.171)

und man bekommt ein schönes 2×2-Gleichungssystem in Matrixform:

$$\begin{pmatrix} \sin(k_1 a) + e^{i\Phi}\frac{k_1}{k_2} \sin(k_2 b) & \cos(k_1 a) - e^{i\Phi} \cos(k_2 b) \\ k_1 \cos(k_1 a) - k_1 e^{i\Phi} \cos(k_2 b) & -k_1 \sin(k_1 a) - k_2 e^{i\Phi} \sin(k_2 b) \end{pmatrix} \begin{pmatrix} A' \\ B' \end{pmatrix} = \begin{pmatrix} 0 \\ 0 \end{pmatrix}$$

(1.172)

Die Determinante der Matrix kann jetzt nach der altbekannten Regel ,Hauptdiagonale – Nebendiagonale' ausgerechnet werden. Um zu dieser impliziten Form der Determinante von oben zu kommen, braucht es dann noch etwas lästige Algebra. Die Determinante unserer Matrix ist also

$$\left(\sin(k_1 a) + e^{i\Phi}\frac{k_1}{k_2} \sin(k_2 b) \right) \left(-k_1 \sin(k_1 a) - k_2 e^{i\Phi} \sin(+k_2 b) \right) - \\ k_1 \left(\cos(k_1 a) - e^{i\Phi} \cos(k_2 b) \right) \left(\cos(k_1 a) - e^{i\Phi} \cos(k_2 b) \right) = 0$$

(1.173)

Jetzt ausmultiplizieren:

$$-k_1 \sin^2(k_1 a) - e^{i\Phi}k_2 \sin(k_1 a) \sin(k_2 b) - e^{i\Phi}\frac{k_1 k_1}{k_2} \sin(k_2 b) \sin(k_1 a) \\ -e^{i\Phi}e^{i\Phi}\frac{k_1 k_2}{k_2}\sin^2(k_2 b) - k_1\cos^2(k_1 a) + e^{i\Phi}k_1 \cos(k_1 a) \cos(k_2 b) \\ +e^{i\Phi}k_1 \cos(k_2 b) \cos(k_1 a) - e^{i\Phi}e^{i\Phi}k_1\cos^2(k_2 b) = 0$$

(1.174)

Oh Gott, was für eine Formelwurst. Zusammenfassen und ausklammern macht die Formel etwas kürzer:

$$-k_1\sin^2(k_1 a) - e^{i\Phi}(k_2 + \frac{k_1^2}{k_2}) \sin(k_1 a) \sin(k_2 b) - e^{i\Phi}e^{i\Phi}\frac{k_1 k_2}{k_2}\sin^2(k_2 b) \\ -k_1\cos^2(k_1 a) + 2e^{i\Phi}k_1 \cos(k_1 a) \cos(k_2 b) - e^{i\Phi}e^{i\Phi}k_1\cos^2(k_2 b) = 0$$

(1.175)

Jetzt die $\sin^2(z)$ und $\cos^2(z)$-Terme zusammensortieren:

$$-k_1\sin^2(k_1 a) - k_1\cos^2(k_1 a) - e^{i\Phi}(k_2 + \frac{k_1^2}{k_2}) \sin(k_1 a) \sin(k_2 b) \\ +2e^{i\Phi}k_1 \cos(k_1 a) \cos(k_2 b) - e^{i\Phi}e^{i\Phi}k_1\cos^2(k_2 b) - e^{i\Phi}e^{i\Phi}\frac{k_1 k_2}{k_2}\sin^2(k_2 b) = 0$$

(1.176)

Ausnutzen, dass $\sin^2(z) + \cos^2(z) = 1$ ist, und man erhält

$$-k_1 - e^{i\Phi}(k_2 + \frac{k_1^2}{k_2})\sin(k_1 a)\sin(k_2 b)$$
$$+2e^{i\Phi}k_1\cos(k_1 a)\cos(k_2 b) - e^{i\Phi}e^{i\Phi}k_1 = 0 \quad . \qquad (1.177)$$

Nun durch k_1 sowie $e^{i\Phi}$ dividieren:

$$-e^{-i\Phi} - (\frac{k_2}{k_1} + \frac{k_1}{k_2})\sin(k_1 a)\sin(k_2 b)$$
$$+2\cos(k_1 a)\cos(k_2 b) - e^{i\Phi} = 0 \qquad (1.178)$$

Endlich sind wir fertig und erhalten wirklich auch das, was in allen Büchern steht, nämlich

$$\cos(k_1 a)\cos(k_2 b) - \frac{k_2^2 + k_1^2}{2k_1 k_2}\sin(k_1 a)\sin(k_2 b) = \cos(\Phi). \qquad (1.179)$$

Zum Schluss muss man noch darauf achten, ob man sich energetisch über oder unter V_0 befindet. Ist $E \geq V_0$, bleibt alles wie es ist Für $E \leq V_0$ ändert sich die Formel zu:

$$\cos(k_1 a)\cosh(k_2 b) - \frac{k_2^2 - k_1^2}{2k_1 k_2}\sin(k_1 a)\sinh(k_2 b) = \cos(\Phi). \qquad (1.180)$$

Hausaufgabe: Die Gleichungen im Internet nachkontrollieren. Diese Gleichungen kann man plotten (Abb. 1.24b) und dann erkennt man, dass für bestimmte Energiebereiche gar keine Lösungen möglich sind, da der Kosinus einer Funktion niemals größer als eins werden kann ($-1 \leq \cos\Phi \leq 1$). In der Bandstruktur $E(k)$ in unserem künstlichen eindimensionalen Kristall sind das dann die Bandlücken, ganz wie im richtigen Halbleiter. Im Bandprofil, also dem $E(z)$ Diagramm, siehe Abb. 1.24a, sind die erlaubten Energiebereiche als graue Balken eingezeichnet. Man erkennt, dass wegen der Nullpunktsenergie das niedrigste Band nicht bei $E = 0$ liegt. Allerdings hat es sich in allen Büchern eingebürgert, die Energieskala so zu verschieben, dass der Energienullpunkt auf den Boden des untersten Bandes gelegt wird.

Was muss ich jetzt noch tun, um das obige $E(k)$-Bildchen zu erhalten? Dazu braucht man die Phase $\Phi = kd$, mit $d = a + b$. k kann frei gewählt werden. Dann nehmen wir eine Energie E und variieren diese so lange, bis mit Hilfe der Formeln

$$k_1 = \sqrt{\frac{2m^* E}{\hbar^2}}, \quad k_2 = \sqrt{\frac{2m^*(E - V_0)}{\hbar^2}} \qquad (1.181)$$

unsere implizite Determinantengleichung erfüllt ist. Wenn man diese Prozedur für alle k-Werte zwischen $k = 0$ und $k = \pi/d$ wiederholt, bekommt man eine schöne Bandstruktur.

Beim allgemeinen Ansatz oder auch bei größeren Systemen kann man numerisch vorgehen, und zwar so:

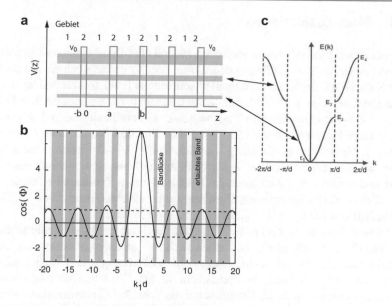

Abb. 1.24 a Periodisches Potential mit den schematisch eingezeichneten Bändern, **b** Koeffizienten-determinante in impliziter Form, **c** die zugehörige Dispersionsrelation. Die Breite der Bandlücken nimmt für höhere k-Werte (d. h. für Energien oberhalb von $E \approx V_0$) ab, die Breite der erlaubten Bänder (hellgrau eingezeichnet) nimmt hingegen zu

- Man programmiere die Koeffizientenmatrix in irgendeiner Computersprache, am besten in *Matlab*.
- Man wähle einen k-Wert im Gebiet 1. Den zugehörigen Wert von k_2 bekommt man dann über die Formel $\frac{\hbar^2 k_2^2}{2m^*} = \frac{\hbar^2 k_1^2}{2m^*} - V_0$.
- Man suche sich eine Routine zur Determinantenberechnung.
- Ist die Determinante Null, so berechnet man die Koeffizienten der Wellenfunktionen und bekommt die Energie durch Einsetzen der Wellenfunktion in die Schrödinger-Gleichung. Ist die Determinante ungleich Null, so hat man die Band-lücke erwischt.
- Eine komplette $E(k)$-Relation erstellt man einfach durch Absuchen des gewünschten k-Bereichs.

Wie schnell das geht, weiß ich nicht, ich habe das auf diese Weise nie ausprobiert. Wer wirklich $E(k)$-Relationen von komplizierten Systemen ausrechnen will, sollte lieber vollständig numerisch vorgehen und finite Differenzen zur Lösung der Schrödinger-Gleichung verwenden. Das ist deutlich einfacher. Wie das im Detail funktioniert, steht dann im Teil II dieses Buches.

1.4.3 Bloch-Oszillationen

Zwar haben wir jetzt mit einem einfachen Modell eine Bandstruktur ausgerechnet, aber was ist das überhaupt? Nur Quantenkram oder vielleicht doch etwas Handfesteres? Nehmen wir doch einfach einmal unsere schöne Bandstruktur und legen darin ein Elektron bei $k = 0$ ab (Abb. 1.25). Dann schalten wir ein elektrisches Feld in die negative x-Richtung ein (also Spannung an das Bauteil anlegen) und nehmen an, es gäbe keine Streuung für die Elektronen. Das Elektron beschleunigt antiparallel im Feld in die positive k_x-Richtung (zur Erinnerung: Die elektrische Feldrichtung geht immer von der positiven zur negativen Elektrode), bewegt sich die Bandstruktur hinauf und kommt am oberen Rand an. Dort wird es am Zonenrand reflektiert und läuft auf der anderen Seite die Bandstruktur wieder hinunter. Erreicht es den Boden der Bandstruktur bei $k_x = 0$, beginnt das Spiel von Neuem.

Sie haben Vorstellungsprobleme? Hier ein Vergleich mit einer Kinderschaukel: Sie setzen sich auf die Schaukel und heben diese vor dem Losschaukeln etwas an. Ihr k Wert ist Null, aber Sie haben eine gewisse potentielle Energie, die Sie als Nullpunkt im $E(k)$-Diagramm wählen. Jetzt schaukeln Sie los. Die Gravitation beschleunigt Sie, und am tiefsten Punkt im Ortsraum hat die Schaukel die maximale Geschwindigkeit (Geschwindigkeit = Ableitung der $E(k)$-Kurve!). Sie sind jetzt auf halber Höhe der Bandstruktur bei positiven k-Werten. Dann schaukeln Sie bergauf, bis die

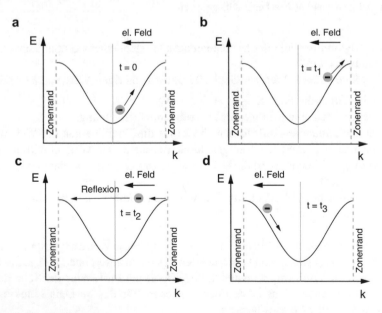

Abb. 1.25 Bloch Oszillator. **a, b:** Das negativ geladene Elektron bewegt sich antiparallel zum elektrischen Feld in die positive k_x-Richtung von $k = 0$ zum Zonenrand. Die maximale Geschwindigkeit liegt auf halber Höhe der Bandstruktur. Am Zonenrand ist die Geschwindigkeit Null und die Bewegungsrichtung kehrt sich um. **c, d:** Nach der Reflexion am Zonenrand bewegt sich das Elektron die Bandstruktur hinunter, wird erst schneller und kommt dann bei $k = 0$ wieder zum Stehen (nach Mishra und Singh (2008))

Geschwindigkeit am oberen Rand der Bandstruktur Null wird, und sich die Bewegungsrichtung umdreht. Das ist die Reflexion am Zonenrand und Sie bewegen sich fortan im negativen k-Bereich. Sie schaukeln rückwärts, die Geschwindigkeit nimmt zu, am tiefsten Punkt der Schaukel sind Sie auf halber Höhe der Bandstruktur im negativen k-Bereich, dann werden Sie langsamer und sind bei $k = 0$ wieder an Ihrem Ausgangspunkt im Ortsraum.

Eine Bandstruktur ist also nichts Abstraktes, auch mit Ihrem Auto fahren Sie auf der Autobahn hoffentlich unfallfrei auf einer parabolischen Bandstruktur, nämlich auf der Energie-Impuls-Beziehung $E = m^* v^2 / 2 = p^2 / 2m^*$. Merke: Die Energie, die Sie im Falle eines Unfalls loswerden müssen, geht quadratisch mit der Geschwindigkeit, und die Feuerwehr hat absolut keinen Spaß damit, Sie aus einem extra kleinen Blechhaufen herauszuschneiden.

Betrachten wir die ganze Angelegenheit nun etwas quantitativer und berechnen wir in einer modellhaften Bandstruktur die Oszillationsfrequenz des Blochoszillators mit Hilfe des Kollegen Waschke (1993). Die Bandstruktur habe die Form

$$E\,(k) = \frac{E_0}{2}\,(1 + \cos(kd)).\tag{1.182}$$

Das Plus vor dem Kosinus vermeidet negative Energien, und das d ist das d aus dem Kronig-Penney-Modell. Die Gruppengeschwindigkeit v_g der Elektronenwelle ist dann ($E\,(k) = \hbar\omega$)

$$v_g = \frac{d\omega}{dk} = \frac{1}{\hbar}\frac{dE\,(k)}{dk} = -\frac{E_0 d}{2\hbar}\sin(kd).\tag{1.183}$$

Das Minus vor dem Sinus ist zwar mathematisch korrekt, aber physikalisch eher unsinnig. Ignorieren wir das also. Die Kraft auf das Elektron berechnet sich zu

$$F = \frac{dp}{dt} = \hbar\frac{dk}{dt} = -eE,\tag{1.184}$$

und Vorsicht, E ist jetzt das elektrische Feld. Integrieren von Gl. 1.184 über die Zeit liefert $k(t)$:

$$k\,(t) = \frac{-eE}{\hbar}t + const.\tag{1.185}$$

Wenn man annimmt, dass die Bewegung bei $t = 0$ und bei $k = 0$ beginnt, ist die Integrationskonstante gleich Null. Das gewonnene k kann man in die Gruppengeschwindigkeit aus Gl. 1.183 einsetzen:

$$v_g = \frac{E_0 d}{2\hbar}\sin(kd) = \frac{E_0 d}{2\hbar}\sin\left(\frac{-eEd}{\hbar}t\right)\tag{1.186}$$

Die Bewegung im Ortsraum liefert das Integral über die Geschwindigkeit:

$$x\,(t) = \int v_g\,(t)\,dt = \int\limits_0^t \frac{E_0 d}{2\hbar}\sin\left(\frac{-eEd}{\hbar}t'\right)dt'\tag{1.187}$$

$$x\,(t) = \frac{E_0}{2\hbar}\frac{d\hbar}{eEd}\cos\left(\frac{-eEd}{\hbar}t\right)\bigg|_0^t = \frac{E_0}{2eE}\left(\cos\left(\frac{-eEd}{\hbar}t\right) - 1\right) \qquad (1.188)$$

Wie man sieht, bekommt man eine oszillierende Bewegung im Ort. Eine globale Fortbewegung im Verlauf der Zeit gibt es aber nicht. Die Oszillationsfrequenz ist feldabhängig:

$$\omega = 2\pi f = \frac{-eEd}{\hbar} \qquad (1.189)$$

Weil der Kosinus symmetrisch um Null ist, werfen wir das Minuszeichen in die Biotonne und bekommen

$$f = \frac{eEd}{2\pi\hbar}. \qquad (1.190)$$

Soll Strom fließen, müssen irgendwelche Streuprozesse eingeführt werden, z. B. durch optische Phononen oder sonstiges Zeugs. Diese nichtelastischen Prozesse sorgen dafür, dass das Elektron nach relativ kurzen Zeiten seine kinetische Energie komplett verliert. Wenn wir annehmen, dass die Beziehung (τ ist die Stoßzeit oder besser die inverse Streurate)

$$\frac{eEd}{2\pi\hbar}\tau \ll 1, \qquad (1.191)$$

gilt, also die Elektronen eben nicht in aller Ruhe ein paar Runden durch den Blochoszillator laufen können, sondern andauernd gestreut werden, bekommt man für die Gruppengeschwindigkeit (Gl. 1.186) zwischen den Streuprozessen ein lineares Verhalten mit der Zeit:

$$v_g(t) = \frac{E_0 d}{2\hbar}\sin\left(\frac{-eEd}{\hbar}t\right) \approx -\frac{E_0 d}{2\hbar}\frac{eEd}{\hbar}t = \frac{-eE_0 Ed^2}{2\hbar^2}t. \qquad (1.192)$$

Über das Minus, und ob es sinnvoll ist, oder nicht, kann man diskutieren. Das Elektron wird also beschleunigt, nach der Streuzeit τ wieder gestoppt, wieder beschleunigt, wieder gestoppt, usw. Eine oszillierende Bewegung gibt es hier also nicht, aber dafür bewegt sich das Elektron im Mittel mit der Geschwindigkeit $v_{max}/2$ vorwärts, und es fließt ein Strom. Hausaufgabe: Warum $v_{max}/2$ v_{max} bekommt man aus der Gruppengeschwindigkeit bei $t = \tau$. Die Streuzeit τ muss natürlich bekannt sein:

$$v_{max} = \frac{eE_0 Ed^2}{2\hbar^2}\tau \qquad (1.193)$$

Der Bloch-Oszillator hätte ja eine nette Anwendung, die aber leider nicht funktioniert. Wenn Sie sich jetzt ein wenig an die Inhalte der Elektrodynamik-Vorlesung erinnern könnten (was bei einem Studenten im 3ten Semester aber nicht geht, denn die Vorlesung kommt für Sie erst noch), hätten Sie ein Aha-Erlebnis. Ein Elektron im Bloch-Oszillator ist eine beschleunigte Ladung, und die strahlt, zumindest theoretisch. Noch dazu wäre das eine Strahlungsquelle, bei der man die Frequenz über die angelegte Spannung einstellen kann - einfach super. Der Grund, aus dem das nicht funktioniert, liegt in den vielen Alltagsproblemen. Viele Streuprozesse sorgen sehr effizient dafür, dass das Elektron niemals den oberen Zonenrand erreicht und damit erst gar keine Runde durch die Bandstruktur drehen kann. Noch dazu müssten für eine effiziente Strahlungsquelle alle Elektronen zur gleichen Zeit das Gleiche tun, also kohärent agieren, aber das ist wegen der Streuprozesse unmöglich. Dennoch gibt es so etwas wie einen strahlenden Bloch-Oszillator sehr wohl im richtigen Leben. Das Teil heißt ,free electron laser', füllt ganze Fabrikshallen und ist daher für die Consumer Elektronik eher unbedeutsam.

1.4.4   Temperaturabhängige Bandlücken

So billig das Kronig-Penney-Modell auch ist, so erstaunlich ist es, was man alles damit verstehen kann. Die Temperaturabhängigkeit von Bandlücken ist wieder so ein Thema. Die Bandlücken aller Halbleiter werden mit steigender Temperatur nämlich kleiner. Wie kann man das mit Hilfe des Kronig-Penney-Modells qualitativ verstehen? Bei tieferen Temperaturen werden die Atomabstände kleiner, bei höheren Temperaturen werden sie größer; im Kronig-Penney-Modell wäre das eine Änderung der Periodizität mit der Temperatur. Schon im unendlich tiefen Potentialtopf gilt, je schmaler der Topf, desto höher die Energieabstände, also wird es im Kronig-Penney-Modell nicht anders sein. Hausaufgabe: $E_g(a + b)$ numerisch berechnen und diese Aussage selbst verifizieren.

Quantitativ wird die Temperaturabhängigkeit der Bandlücke durch folgende semi-empirische Formel beschrieben, die unter dem Namen Varshni-Formel bekannt ist (Varshni 1967):

$$E_g(T) = E_g(0) - \frac{\alpha T^2}{\beta + T} \tag{1.194}$$

Die Parameter für die Halbleiter Silizium, Germanium und GaAs finden Sie in der folgenden Übersicht, den Rest vermutlich im Internet.

	Germanium	Silizium	GaAs
$E_g(0)(eV)$	0,737	1,166	1,519
$\alpha(meV/K)$	0,477	0,473	0,541
$\beta(K)$	235	636	204

Was das für die Bandlücken dieser Halbleiter bedeutet, ist hier zusammengefasst.

Temp.	Germanium	Silizium	GaAs
300 K	0,66	1,12	1,42
400 K	0,62	1,09	1,38
500 K	0,58	1,06	1,33
600 K	0,54	1,03	1,28

Das mit der temperaturabhängigen Bandlücke sieht harmlos aus, ist es aber nicht. In einem Leistungsbauteil kann es schon ziemlich heiß hergehen. Lokal im Bauteil irgendwo 50 °C (773 K) zu erreichen, ist keine Schwierigkeit und auch kein Problem für das Bauteil. Sollte dieser heiße Ort aber gerade zufällig die aktive Zone Ihres Halbleiterlasers sein, also das Gebiet, in dem das Licht erzeugt wird, wird das für Sie schon zu einem Problem; der Laser ändert dann nämlich kräftig seine Emissionswellenlänge.

1.5   Isolatoren, Halbleiter und Metalle

Die Frage, ob ein Material ein Halbleiter, Metall oder Isolator ist, lässt sich mit der Bandstruktur alleine nicht beantworten; es kommt auf die Füllung der Bänder an. Anders ausgedrückt, nicht die vom Kristall verursachte Bandstruktur macht das Metall aus, sondern die elektronischen Eigenschaften der Atomsorten, aus denen das Kristallgitter besteht. Ein Beispiel dafür sind laut Wikipedia Gold und NaCl (normales Kochsalz). Beide haben den gleichen Gittertyp, nämlich ‚fcc'. Gold leitet gut, Kochsalz bekanntlich gar nicht.

Abb. 1.26 zeigt die bestehenden prinzipiellen Möglichkeiten für die Füllung der Bänder. Abb. 1.26a ist ein Metall. Das oberste Band ist in etwa halb gefüllt, dass es darunter eine Bandlücke gibt, ist egal. Selbst bei $T = 0$ K besteht hier eine Leitfähigkeit. Abb. 1.26b zeigt auch ein Metall, diesmal mit überlappenden Bändern.

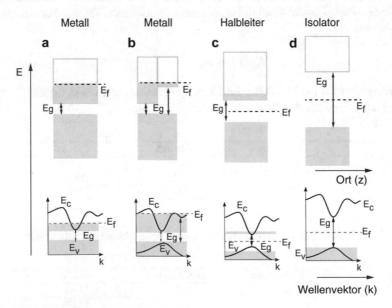

Abb. 1.26 a Bandschema eines Metalls mit halbvollem Band, **b** eines Metalls mit überlappenden Bändern, **c** eines Halbleiters und **d** eines Isolators

Abb. 1.27 Bandschema
eines Halbmetalls

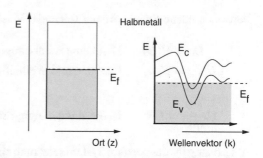

Das Fermi-Niveau, welches bei der Temperatur $T = 0\,$K die Energie des höchsten gefüllten Zustands im Band kennzeichnet, ist ebenfalls eingezeichnet.

Abb. 1.26c zeigt einen intrinsischen, sprich undotierten, Halbleiter. Hier gibt es gleich viele thermisch erzeugte freie Plätze im Valenzband wie freie Elektronen im Leitungsband, und das Fermi-Niveau liegt für diesen Fall in der Mitte der Bandlücke. Das scheint jetzt widersprüchlich zu sein. Oben stand ja gerade, dass das Fermi-Niveau die Position des höchsten gefüllten Zustandes angibt, aber in der Bandlücke gibt es ja eben gerade keine Zustände. Details zu diesem Thema und die Erklärung dafür kommen aber später im Kap. 4.

Abb. 1.26d ist ein Isolator. Formaljuristisch ist ein Isolator nichts anderes als ein intrinsischer Halbleiter, aber mit viel größerer Bandlücke. Elektronen in höhere Bänder durch thermisches Aufbrechen der Bindungen zu verschieben ist wegen der sehr großen Bandlücke praktisch unmöglich. Das unterste Band ist daher komplett voll, alle Elektronen sitzen fest in gebundenen Zuständen und Stromtransport ist nicht möglich. Auch hier liegt das Fermi-Niveau dennoch in der Mitte der Bandlücke. Selbst amorphe Isolatoren können in diesem Modellbild korrekt behandelt werden.

Etwas ganz Komisches sind Halbmetalle. Dort gibt es, bedingt durch die streckenweise parallele Bandstruktur im k-Raum, Bereiche, in denen das Valenzband bei manchen k-Werten über dem Leitungsband liegt. Eine Bandlücke ist in Halbmetallen dadurch nicht mehr vorhanden (Abb. 1.27), und es gibt selbst bei $T = 0\,$K Elektronen und Löcher gleichzeitig. Typische Vertreter von Halbmetallen sind Bor, Arsen, Selen, Antimon, Tellur und das radioaktive Astat. Gerne werden auch Halbleiter mit einer Bandlücke kleiner als kT als Halbmetall bezeichnet. Der bekannteste Vertreter ist hier Graphen.

1.6 Zeitabhängige Prozesse: Fermi's goldene Regel

Hin und wieder, wie zur Berechnung von Tunnelströmen inklusive Streuung oder bei optischen Übergängen, müssen Übergangsraten ausgerechnet werden. Dazu müsste man eigentlich die zeitabhängige Schrödinger-Gleichung lösen. Für den Elektrotechniker reicht es aber meistens aus, wenn er Fermi's Goldene Regel kennt, (Fermi 1950) mit welcher diese Übergänge näherungsweise ausgerechnet werden können.

Fermi's goldene Regel wird auf folgende Weise hergeleitet:

$$H = H_0 + H'(t) \qquad H' \text{ sei eine zeitabhängige Störung} \qquad (1.195)$$

$$H_0 u_k = E_k u_k \qquad \text{Energien und Wellenfunkionen des ungestörten Systems} \qquad (1.196)$$

$$i\hbar \frac{\partial \Psi}{\partial t} = H\Psi \qquad \text{ist die zeitabhängige Schrödinger-Gleichung} \qquad (1.197)$$

Als Lösung für das gestörte System setzt man eine Linearkombination von bekannten Lösungen des ungestörten Systems an:

$$\Psi(t) = \sum_n a_n(t) u_n e^{-\frac{iE_n t}{\hbar}} \qquad (1.198)$$

Einsetzen der Gl. 1.198 in Gl. 1.197 liefert:

$$i\hbar \sum \dot{a}_n(t) u_n e^{-\frac{iE_n t}{\hbar}} + \sum a_n(t) E_n u_n e^{-\frac{iE_n t}{\hbar}}$$
$$= \sum_n a_n(t) \left(H_0 + H'(t) \right) u_n e^{-\frac{iE_n t}{\hbar}} \qquad (1.199)$$

Das sind jetzt ziemlich lange Formelwürste. Nach längerem Umformen und einigen Näherungen (das nachzurechnen können Sie gleich vergessen) erhält man für die Übergangswahrscheinlichkeit w_{km} aus einem Zustand $\langle k|$ in einen anderen Zustand $|m\rangle$ nach Singh (2008) (Bracket – Schreibweise!):

$$w_{km} = \frac{2\pi}{\hbar} \sum_{\substack{alle \\ Zustände}} \delta(\hbar\omega_k - \hbar\omega_m) \cdot |\langle k|H'|m\rangle|^2 \qquad (1.200)$$

Nimmt man die Besetzung mit, kommt man zu Fermi's goldener Regel:

$$w_{km} = \frac{2\pi}{\hbar} \sum \delta(E_k - E_m) |\langle k|H'|m\rangle|^2 \cdot (f(E - E_k) - f(E - E_m)) \qquad (1.201)$$

Eine erste ganz einfache Anwendung dieser Formel ist dann zum Beispiel die Berechnung der Tunnelstromdichte, wenn w die Übergangsrate durch eine Tunnelbarriere ist.

$$j = en \cdot w \qquad (1.202)$$

n ist die Dichte der Elektronen
e ist die Elementarladung
w Übergangsrate für ein Elektron durch eine Tunnelbarriere

Eine weitere wichtige Anwendung von Fermi's goldener Regel der Halbleiterei ist dann noch die Berechnung von Streuraten und Elektronenbeweglichkeiten im Boltzmann-Formalismus.

Kristalle

2

Inhaltsverzeichnis

2.1 Diamonds are a girl's best friend, aber nicht nur das

Diamonds are a girl's best friend hat Marilyn Monroe vor langer Zeit einmal gesagt, aber die Zeiten haben sich geändert. Während damals in den 1950ern der männlichen Bevölkerung akuter Haarausfall drohte, wenn eine attraktive Dame wie die Marilyn das Wort Diamant in den Mund nahm (Abb. 2.1a), schaut das heute anders aus: Industriediamanten sind billig und von den ausgebuddelten nicht zu unterscheiden. Diamantschmuck ist also kein wirkliches Problem mehr. Männer mögen die Diamanten inzwischen auch, vor allem in Form von diamantbeschichteten Bohrern auf jeder Baustelle und Fabrikshalle, als biokompatible Substrate in der Medizin, für sensorische Zwecke in diversen Anwendungen (Abb. 2.1b) und in meinem Labor gibt es sie in Form von abriebfesten und sogar leitfähigen Sensoren für mein Rasterkraftmikroskop. Hä, was, elektrisch leitfähige Diamanten? Jaja sowas gibt es. Einfach

Abb. 2.1 a Selbsterklärend.
b Ein Film aus
Mikrodiamanten, hergestellt
von der Besitzerin des
Ringes in Abbildung **a.**
(Reproduziert mit
freundlicher Genehmigung
von Doris Steinmüller-Nethl,
CarbonCompetence GmbH,
https://www.
carboncompetence.com)

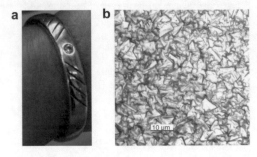

nur bei der Herstellung genug Bor in den künstlichen Diamanten hineinkippen und schon leitet das Ding tadels, vorausgesetzt, man schafft eine Dotierstoffkonzentration in der Größenordnung von 10^{20} cm^{-3}. Wie man das aber im Detail macht, ist ein Geheimnis der Herstellerfirma.

Naturwissenschaftler und Naturwissenschaftlerinnen waren natürlich schon immer flexibler als die liebe Marilyn und standen daher auch durchaus auf andere Kristalle. Nanostrukturierte Siliziumkristalle mit einem wundervoll leuchtenden, holographischen Gitter verpackt in einen schönen Ohrring aus Silber sind als Sponsionsgeschenk für unsere liebe Kollegin Ursula schon in den späten 1980er Jahren gut angekommen. Falls Sie etwas exklusives für ihren Verlobungsring suchen, so empfehle ich Galliumnitrid, das glänzt so schön wie Diamant, kostet vermutlich aber 10–100 mal so viel. Hausaufgabe: Finden Sie heraus, woher Sie das bekommen könnten.

Abseits der Luxusgüterindustrie bestimmen Kristalle aller Art unser tägliches Leben in einem ziemlich beeindruckenden Ausmaß. Wenn Sie alle Kristalle aus Ihrer Wohnung entfernen, sitzen Sie eher in der Steinzeit, denn folgende Dinge haben Sie dann nicht mehr: Computer, Internet und Telefon. Den Induktionsherd können Sie auch vergessen, Licht gibt es nur mit Kerzen, denn die Energiesparlampen verwenden GaN-Kristalle, und die Waschmaschine und der Kühlschrank funktionieren auch nicht mehr. Ihre entspiegelte Gleitsichtbrille ist dann vermutlich auch Geschichte, genauso wie die kratzfesten Uhrengläser aus Saphir.

Gut, Kristalle sind also wichtig, aber warum behandeln wir diese Thematik gerade hier in diesem Buch? Erstens: Kristalle sind eine periodische Anordnung von Atomen im Raum. Wir können also die im Kap. 1 gewonnenen Kenntnisse verwenden, um die Begriffe Bandstruktur, Leitungsband und Valenzband zu verstehen und diese zum Verständnis von Halbleitereigenschaften zweckdienlich verwenden. Zweitens: Wenn Sie einen Halbleiterkristall brauchen, dann sollten Sie besser gleich den richtigen nehmen, und nicht wahllos einen (111) oder (100) Wafer aus Silizium kaufen, das könnte sich nämlich rächen.

Kristallsystem   zugehörige Bravais-Gitter

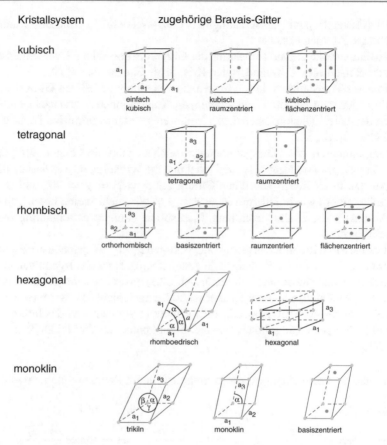

Abb. 2.2 Die 14 möglichen Bravais-Gitter mit den dazugehörenden Notationen (siehe z. B. Singh 2000 oder Gross und Marx 2014)

2.2 Gittertypen

2.2.1 Einige Definitionen

Eine periodische Anordnung von Atomen im Raum, über welche an Kristallographenstammtischen gerne mit Stichwörtern wie Gitterparameter, Gitterkonstante, Netzebenenabstand, Elementarzelle, Translationsvektor etc. diskutiert wird, nennt man Kristallgitter. Damit Sie bei solchen Gelegenheiten nicht als kompletter Dummy herumsitzen, merken Sie sich besser folgende Definitionen:

- Bravais-Gitter: Eine Menge aus Punkten, welche den Raum ausfüllt. Unabhängig von der Position sieht die Umgebung jedes Punktes (bei einatomigen Gittern) in den einzelnen Gittern immer genau gleich aus (Bravais 1848).

- Basis: Ausgangspunkt des Kristallgitters (= Bravais-Gitter). Eine Basis kann aus mehreren Atomen bestehen!
- Translationsvektor: Eine Translation des Gitters um den Vektor T verschiebt einen Punkt R nach $R + T$, verändert den Kristall als Ganzes aber nicht.
- Primitiver Translationsvektor: Ausgehend von einem beliebigen Gitterpunkt im Raum kann man Vektoren konstruieren, die Translationen zu den nächsten Nachbarn darstellen. Die kürzesten dieser Vektoren nennt man primitive Translationsvektoren $\vec{a}_1, \vec{a}_2, \vec{a}_3$.
- Gitterparameter: Als Gitterparameter bezeichnet man die Längen der primitiven Translationsvektoren $|\vec{a}_1|$, $|\vec{a}_2|$, $|\vec{a}_3|$ und die Winkel α, β, γ zwischen diesen Vektoren. In einfachen kubischen Gittern mit $\alpha = \beta = \gamma = 90°$ und auch in Diamantgittern wie in Silizium ($\alpha = \beta = \gamma \neq 90°$, siehe weiter unten), sind die Vektoren $\vec{a}_1, \vec{a}_2, \vec{a}_3$ alle gleich lang. Man spricht dann etwas schlampig von der Gitterkonstante.
- Primitive Einheitszelle: Die primitiven Vektoren $\vec{a}_1, \vec{a}_2, \vec{a}_3$ spannen ein Raumelement auf, das primitive Einheitszelle genannt wird. Hinweis: Irgendwelche Einheitszellen sind sicher nicht eindeutig (Abb. 2.3), primitive Einheitszellen sind es laut diverser Quellen im Internet aber scheinbar auch nicht. Das ist im Besonderen im Zweidimensionalen (Abb. 2.3) zwar schwer vorstellbar, aber das Internet wird wohl recht haben. Ein schönes Beispiel dafür konnte ich aber leider bisher nicht finden.

Hat man die Form einer primitiven Einheitszelle im Raum definiert, so gilt:

$$a_1 = |\vec{a}_1| \qquad\qquad a_2 = |\vec{a}_2| \qquad\qquad a_3 = |\vec{a}_3|$$

$$\alpha_1 = \arccos \frac{\vec{a}_2 \cdot \vec{a}_3}{a_2 a_3} \qquad \alpha_2 = \arccos \frac{\vec{a}_1 \cdot \vec{a}_3}{a_1 a_3} \qquad \alpha_3 = \arccos \frac{\vec{a}_1 \cdot \vec{a}_2}{a_1 a_2}$$

2.2.2   fcc- und bcc-Gitter

Von den in Abb. 2.2 dargestellten Gittertypen sind die wichtigsten Gittertypen in der Halbleiterei das bcc-Gitter (bcc steht für body centered cubic = kubisch

Abb. 2.3 Primitive Basisvektoren und verschiedene Einheitszellen für einen zweidimensionalen Kristall

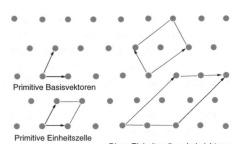

Primitive Basisvektoren

Primitive Einheitszelle

Diese Einheitszellen sind nicht nur aus den nächsten Nachbaratomen aufgebaut und daher nicht primitiv.

raumzentriert) und das fcc-Gitter (fcc steht für face centered cubic = kubisch flä-
chenzentriert). Im bcc-Gitter sind zwei einfache kubische Gitter (sc = simple cubic)
so ineinander gestellt, dass sich die Ecke des zweiten Würfels im Zentrum des ersten
Würfels befindet. Beim fcc-Gitter ist die Ecke des zweiten Würfels im Zentrum der
Seitenflächen des ersten Würfels.

- Eine mögliche Basis für das bcc-Gitter ist (Gitterkonstante a, $\vec{e}_{x,y,z}$: Einheitsvektor in die jeweilige Raumrichtung):

$$\vec{a}_1 = a \cdot \vec{e}_x$$
$$\vec{a}_2 = a \cdot \vec{e}_y$$
$$\vec{a}_3 = \frac{a}{2} \left(\vec{e}_x + \vec{e}_y + \vec{e}_z \right)$$

Wie man in den Formeln sieht, haben hier die Basisvektoren unterschiedliche
Längen, und das ist unpraktisch, weil man sich dann mit zwei Gitterparametern
statt mit nur einer Gitterkonstante herumärgern müsste (Abb. 2.4a).
- Eine andere Variante mit gleich langen Basisvektoren wäre:

$$\vec{a}_1 = \frac{a}{2} \left(\vec{e}_y + \vec{e}_z - \vec{e}_x \right)$$
$$\vec{a}_2 = \frac{a}{2} \left(\vec{e}_z + \vec{e}_x - \vec{e}_y \right)$$
$$\vec{a}_3 = \frac{a}{2} \left(\vec{e}_x + \vec{e}_y - \vec{e}_z \right)$$

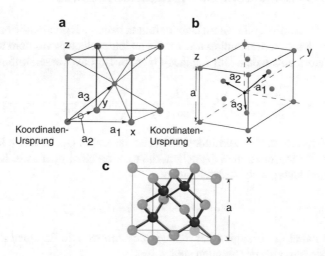

Abb. 2.4 a bcc-Gitter, **b** fcc-Gitter und **c** Zinkblendegitter mit seinen zwei Atomsorten (Mishra
und Singh 2008)

- Eine Basis mit gleich langen Basisvektoren für das fcc-Gitter ist (Abb. 2.4b):

$$\vec{a}_1 = \frac{a}{2} \left(\vec{e}_y + \vec{e}_z \right)$$

$$\vec{a}_2 = \frac{a}{2} \left(\vec{e}_z + \vec{e}_x \right)$$

$$\vec{a}_3 = \frac{a}{2} \left(\vec{e}_x + \vec{e}_y \right)$$

- Koordinationszahl = Anzahl der nächsten Nachbaratome im Gitter (coordination number):

$$sc = 6$$

$$bcc = 8$$

$$fcc = 12$$

Das Diamantgitter (Silizium) und auch das Zinkblendegitter (GaAs) sind nun Gitter, bei denen zwei fcc-Gitter ineinander gestellt sind, getrennt durch die Distanz $\left(\frac{a}{4}, \frac{a}{4}, \frac{a}{4} \right)$ entlang der Raumdiagonale (Abb. 2.4c). Anders ausgedrückt spricht man von einem Bravais-Gitter mit zweiatomiger Basis. Beide Gitter sind geometrisch identisch, beim Zinkblendegitter hat man aber zwei Atomsorten im Gitter. Die Positionen der Basisatome sind $(0, 0, 0)$ und $\left(\frac{a}{4}, \frac{a}{4}, \frac{a}{4} \right)$.

2.2.3 Das Wasserstoffatom, Orbitale und Kristalle

Gut, Silizium kristallisiert in einem Diamantgitter, haben wir gehört, die Frage ist nur: Warum? Um das zu klären, müssen wir uns nun leider doch etwas dem ungeliebten Wasserstoffatom zuwenden. Der Laplace-Operator für das Wasserstoffatom war

$$\left(\vec{\nabla} \right)^2 = \Delta = \frac{1}{r^2} \frac{\partial}{\partial r} \left(r^2 \frac{\partial}{\partial r} \right) + \frac{1}{r^2 \sin(\vartheta)} \frac{\partial}{\partial \vartheta} \left(\sin(\vartheta) \frac{\partial}{\partial \vartheta} \right) + \frac{1}{r^2 \sin^2(\vartheta)} \frac{\partial^2}{\partial \varphi^2}.$$
(2.1)

Die Wellenfunktionen sind zumindest teilweise separabel (sprich, man kann sie als Produkt von Wellenfunktionen darstellen, die nur von einer oder zwei Koordinaten abhängen) und lassen sich so anschreiben:

$$\Psi(r, \vartheta, \varphi) = \Psi(r) Y_{lm}(\vartheta, \varphi)$$
(2.2)

$\Psi(r)$ liefert dabei die Energien der Schalen des Atoms. Die Energien der radialen Wellenfunktionen, also der Schalen sind

$$E_n = \frac{m^* e^4}{8 h^2 \varepsilon_r^2 \varepsilon_0^2} \frac{1}{n^2}.$$
(2.3)

Die winkelabhängigen Teile der Wellenfunktionen sind sogenannte Kugelflächen-funktionen Y_{lm} (ϑ, φ) mit der Drehimpulsquantenzahl l und der magnetischen Quantenzahl m. Diese Quantenzahlen haben normalerweise, also ohne externes Magnetfeld oder sonstige exotischen Bedingungen, keinen Einfluss auf die Energieniveaus (das nennt man energetisch entartet), sehr wohl aber auf die Art der chemischen Bindungen und auch auf die Ausbildung des Kristallgitters. Ehe wir weitermachen können, braucht es noch etwas historischen Spektroskopie-Jargon, der sich im Laufe der Zeit einfach so entwickelt hat und keinerlei systematische Logik enthält.

Die Quantenzahl n ist verantwortlich für die Energieniveaus, und das n im quantenmechanischen Modell ist das gleiche n wie im Bohrschen Atommodell (Planetenmodell), das wir aus der Schule kennen. Im quantenmechanischen Modell sind die Planetenbahnen aber Kugelschalen mit unterschiedlichem Radius, die für $n = 1, 2, 3, 4 \ldots$ mit $K, L, M, N \ldots$ bezeichnet werden. Die Drehimpulsquantenzahl $l = 0, 1, 2, 3 \ldots$ wird mit $s, p, d, e, f \ldots$ bezeichnet. Die magnetische Quantenzahl m können wir für unsere Zwecke komplett vergessen. Das $1s$-Orbital ist eine einfache Kugelschale, das $2s$-Orbital eine zweifache Kugelschale, das $3s$-Orbital eine dreifache Kugelschale usw. Weil das langweilig ist, sind diese Orbitale in Abb. 2.5 nicht dargestellt. Die Orbitale mit höheren Drehimpulsquantenzahlen sehen deutlich besser aus. Allerdings gibt es die p-Orbitale erst ab $n = 2$, sprich erst ab der L-Schale, d-Orbitale erst ab der M-Schale usw. Die $2p$-Orbitale sind Hanteln in unterschiedlichen Raumrichtungen, und ab den d-Orbitalen wird es eher komplex, wie man in Abb. 2.5 sieht.

Jetzt kommt die wichtigste Sache überhaupt: Diese Orbitale sehen nur und nur dann so aus, wenn sie entweder leer sind oder maximal ein (1.0) Elektron enthalten. Hat man mehr Elektronen, sieht die Sache völlig anders aus. Es kommt zur Wechselwirkung zwischen den Elektronen, die Energieniveaus verschieben sich, und als Wellenfunktionen bilden sich sogenannte Hybridorbitale. Das ist deswegen möglich, weil der mathematische Satz gilt: Habe ich einen Satz von Lösungen der Schrödinger-Gleichung, so sind auch alle Linearkombinationen dieser Wellenfunktionen wieder eine Lösung der Schrödinger-Gleichung. Die allgemeine Form dieser Orbitale kann mit reinen Geometrieüberlegungen verstanden werden. Schauen wir dazu einmal auf die Abb. 2.5b. Da sich Elektronen immer abstoßen, werden zwei Elektronen im Raum immer auf einer Linie liegen und diese Forderung erfüllt genau das sp-Orbital. Drei Elektronen bilden ein gleichseitiges Dreieck, sprich ein sp^2-Orbital und vier Elektronen bilden einen Tetraeder, der sich sp^3-Orbital nennt. Die Geometrien für weitere Elektronen finden sich ebenfalls in Abb. 2.5b. Um zu sehen, wie ein Diamantgitter aus sp^3-Orbitalen aufgebaut wird, werfen wir nun einen Blick auf die Abb. 2.6a und stellen erstaunt fest, dass man sogar Kuschelorbitale für Kinder kaufen kann. 2.6b zeigt die Lage eines sp^3-Orbitals, welches in ein Diamantgitter eingebaut werden soll, und 2.6c zeigt dieses Orbital nach dem Einbau in das Gitter. Wie man hoffentlich sieht, zeigen drei der vier Enden des Orbitals in Richtung der Mittelpunkte der Würfelflächen, auf denen die nächsten Nachbaratome sitzen. Das Atom, von dem die Keulen des sp^3-Orbitals ausgehen, sitzt auf der Position $\left(\frac{a}{4}, \frac{a}{4}, \frac{a}{4}\right)$ (siehe weiter oben im Text). In Summe haben wir dann die erwähnten zwei ineinander gestellten fcc-Gitter des Diamantgitters.

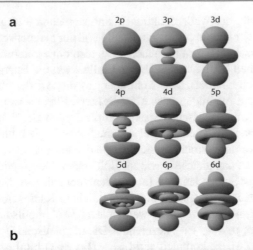

Anzahl der Elektronenwolken	Geometrie		Hybridisierung
2	············· Linie	sp	180°
3	Dreieck	sp^2	120°
4	Tetraeder	sp^3	109.5°
5	Doppel-Tetraeder	sp^3d	90° 120°
6	Oktaeder	sp^3d^2	90° 90°

Abb. 2.5 a Orbitale des Wasserstoffatoms (Mit freundlicher Genehmigung von Morhoff (2011)). Die Bilder wurden mit dem Orbital Viewer, Version 1.04 von David Manthey erstellt, siehe http://www.orbitals.com/orb/ov.htm. **b** Die wichtigsten Hybridorbitale (https://opentextbc.ca/chemistry/chapter/8-2-hybrid-atomic-orbitals/)

2.2.4   Das Periodensystem der Elemente

Wie wir oben gesehen haben, hat Kohlenstoff zwei Elektronen in der K-Schale ($n = 1$) und vier Elektronen in der L-Schale ($n = 2$) mit der Konfiguration $1s^2$, $2s^2$ und $2p^2$, wobei in der äußersten Schale (hier $n = 2$) die Elektronen in chemischen Bindungen

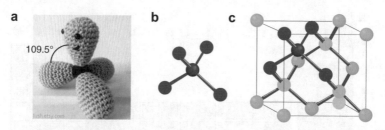

Abb. 2.6 **a** Ein Mr. sp^3 Orbital zum Kuscheln für Kinder, käuflich zu erwerben auf https://www. etsy.com. **b** Darstellung des sp^3-Hybridorbitals und **c** seine Lage im Diamantgitter. (Adaptiert nach Mishra und Singh 2008)

sich gerne in sp^3- Hybridorbitalen aufhalten, und somit für das Zustandekommen des Diamantgitters zuständig sind. Die Frage ist nun, wie die Sache weitergeht, wenn weitere Elektronen dazukommen, und dazu schauen wir nochmal auf die Abb. 2.5b. Dort sieht man die klassischen Anordnungen der Elektronen, die man erhält, wenn man annimmt, dass alle Elektronen immer den maximalen Abstand voneinander einhalten. Bei fünf Elektronen ergibt sich eine doppelte Dreieckspyramide (Doppeltetraeder), sechs Elektronen bilden eine Doppelpyramide mit quadratischer Grundfläche, die Geometrie für sieben Elektronen überlegen Sie sich als Hausaufgabe, und acht Elektronen mit der Schalenkonfiguration $2s^2, 2p^6$ bilden einen Würfel aus Hybridorbitalen. Für neun Elektronen, also $2s^2, 2p^7$, gibt es keine vernünftige geometrische und vor allem keine energetisch günstige Anordnung mehr, womit das Atom lieber die energetisch günstigere $3s$-Schale aufmacht und das ganze Spiel von vorne beginnt. Silizium hat dann die Elektronenkonfiguration $1s^2, 2s^2, 2p^6, 3s^2, 3p^2$ oder in der Hybridorbitalversion $1s^2, 2s^2, 2p^6, 3sp^3$ und bildet damit im Kristallverbund ebenfalls ein Diamantgitter.

Wer wissen will, wie es mit der Elektronenkonfiguration der anderen Elemente aussieht, muss einen Blick ins Periodensystem werfen, das in Abb. 2.7a dargestellt ist. Wie man mit einer großen Lupe eventuell sehen könnte, findet sich dort eine riesige Fülle von Informationen, die man aber trotz Lupe nur sehr schwer entziffern kann. Wir schauen also nur auf den sozusagen elektronenmikroskopischen Ausschnitt in Abb. 2.7b. Unten links in den Quadraten steht immer der Name des Elements, in der Mitte die Abkürzung davon, die gerne lateinischen oder griechischen Ursprungs ist. Sauerstoff z. B. hat das Symbol O von Oxygenium, Quecksilber hat das Symbol Hg von Hydrargyros. Links von der Abkürzung des Elements steht die Ordnungszahl, die angibt, wie viele Elektronen (eigentlich Protonen) das Element besitzt. Oben links im Quadrat steht das Atomgewicht in atomaren Masseneinheiten. Hausaufgabe: Nachschauen, was das ist. Unter dem Symbol für das Element steht dann die Elektronenkonfiguration. Angeordnet sind alle Elemente dann in der Art, dass die Spalten von links nach rechts die Gruppe des Elements, sprich, die Anzahl der Elektronen in der äußersten Schale, angeben. Die einzige Ausnahme ist Helium, das zwar in der achten Gruppe ist, aber nur zwei Elektronen in der äußersten Schale hat. Die Elemente der selben Gruppe haben meist ähnliche chemische Eigenschaften. Die Zeilen im Periodensystem sind dann die Perioden, sprich, die Anzahl der gefüllten Hauptschalen. Ab Element Nummer 21 gibt es Abweichungen vom einfachen

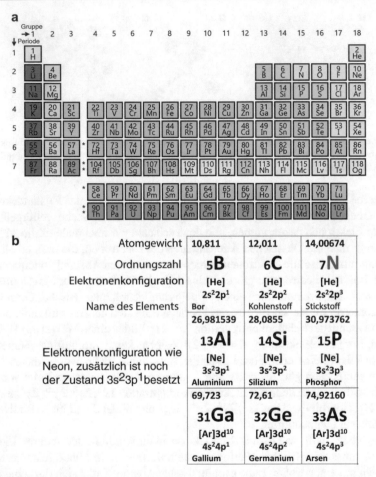

Abb. 2.7 a Periodensystem der Elemente. **b** Ausschnitt aus dem Periodensystem rund um das Element Silizium mit mehr Details (https://en.wikipedia.org/wiki/Periodic_table, Lizenz: public domain)

Auffüllverhalten der Elektronenschalen, und es werden aus energetischen Gründen erst tiefere Hauptschalen weiter gefüllt, ehe eine neue Außenschale eröffnet wird. Über das genaue Wie und Warum braucht man sich als Elektrotechniker zum Glück keine Sorgen machen, womit wir diesen Abschnitt abschließen können.

2.2.5 Miller-Indizes

Nachdem Sie sich inzwischen ein wenig auskennen, kommt jetzt eine neue Aufgabe auf Sie zu, nämlich shoppen im Halbleitersupermarkt. Damit da nichts schiefgeht, schickt der Chef seinen Lehrling (= Sie) natürlich zuerst einmal in den normalen Supermarkt mit dem Auftrag, für die Abteilung Wurstsemmeln zu besorgen. Sie stehen vor der Wursttheke, die Auswahl ist groß, und die Frage ist nun: Wer will was? Ein Anruf bei der Sekretärin liefert die Antwort: Alle wollen Salami-Semmeln. Ein Blick in die Vitrine sagt Ihnen aber, dass es da Kantsalami gibt, Ungarische Salami, leckere Mailänder Salami mit Pferdefleisch, Haussalami und sogar irgendeine vegane Salami-Attrappe etc., bla, bla, bla. Jetzt wäre es gut, die Wünsche der lieben Kollegen genau zu kennen, damit es keine Enttäuschungen gibt. Nehmen wir an, Sie haben diese Aufgabe gemeistert, und zur Belohnung geht es am nächsten Tag in die Waferabteilung des Supermarktes. Die Problematik ist dieselbe, statt Salami-semmeln werden nun aber Siliziumwafer (oder andere Materialien) benötigt, und zwar die richtigen. Alles ist gleich, wie bei der Wursttheke, nur die Bezeichnungen ändern sich. Die Salamisorte ersetzen wir durch die Bezeichnung von Kristallebenen, also z. B. Mailänder Salami mit Pferdefleisch durch (100) und die vegane Salami-Attrappe durch (666). Ok, das war gehässig. Jedenfalls ist es aber nicht wurscht, welchen Wafer man kauft. Der Wafertyp (= Wurstsorte) bzw. dessen Kristallorientierung wird in der Halbleiterei mit den sogenannten Miller-Indizes (Miller 1839) bezeichnet. Sehen Sie Bezeichnungen wie (100), ist die Kristallebene parallel zur Oberfläche gemeint, [100] ist der Vektor senkrecht zur Kristallebene, der im Allgemeinen Kristallrichtung genannt wird. Warum ist das wichtig? In vielen Kristallen, wie Silizium, sind die physikalischen Eigenschaften und ganz besonders die Elektronenbeweglichkeit krass richtungsabhängig. Salopp ausgedrückt: Hat Ihr Gegner beim Counter-Strike eine (100)-Playstation und Sie nur die (111)-Version: Pech gehabt ...

Werden wir nun wieder etwas seriöser und sehen uns an, was eine Kristallebene (manchmal auch Netzebene genannt) überhaupt ist. Abb. 2.8 zeigt ein zweidimensionales Kristallgitter. Die Gitterparameter a und b müssen nicht gleich groß sein. In dieses Gitter zeichnen wir nun beliebige Gitterlinien ein. Dazu wählen wir einen

Abb. 2.8 Gitterlinien und zugehörige Miller-Indizes für einen zweidimensionalen Kristall. Die fetten Gitterpunkte kennzeichnen die jeweiligen Ursprungskoordinaten

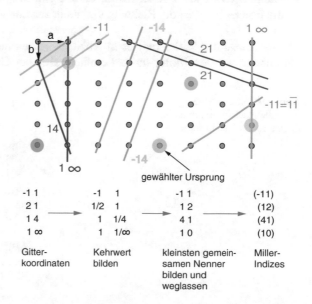

Gitter-koordinaten	Kehrwert bilden	kleinsten gemein-samen Nenner bilden und weglassen	Miller-Indizes
-1 1	-1 1	-1 1	(-11)
2 1	1/2 1	1 2	(12)
1 4	1 1/4	4 1	(41)
1 ∞	1 1/∞	1 0	(10)

beliebigen Ursprung und einen beliebigen zweiten Punkt und legen dadurch eine Gerade. Wir können das Ganze auch senkrecht dazu in die dritte Dimension erweitern und bekommen dann eine Ebene. Sofort sieht man, dass:

- Diese Gitterlinien und Gitterebenen nicht nur mit den nächsten Atomen rund um den Ursprung gebildet werden.
- Der Abstand der Atome innerhalb einer Gitterlinie und Gitterebene viel größer sein kann als die Gitterparameter a und b.
- Der Abstand der Gitterlinien und Gitterebenen nur indirekt etwas mit dem Abstand der Atome zu tun hat, und durchaus auch kleiner sein kann, als der geringste Abstand zwischen zwei Kristallatomen.

Zur Bezeichnung dieser Linien und Ebenen haben sich die sogenannten Miller-Indizes eingebürgert, welche folgendermaßen gebildet werden:

- Zuerst wählt man einen beliebigen Ursprung.
- Dann definiert man vom Ursprung aus eine Ebene (Linie im Zweidimensionalen) durch den Kristall, am einfachsten durch Vielfache der Basisvektoren entlang der Achsen, und schreibt die Vielfachen der Basisvektoren hin. Alle zu dieser Ebene (Linie) parallelen Ebenen (Linien) sind gleichwertig.
- Jetzt von den Vielfachen der Basisvektoren, z. B. $x, y, z = 3, 2, 2$ den Kehrwert bilden: $\frac{1}{x}, \frac{1}{y}, \frac{1}{z} = \frac{1}{3}, \frac{1}{2}, \frac{1}{2}$.
- Dann den kleinsten gemeinsamen Nenner (kl. g. N.) bilden. Man bekommt: $\frac{2}{6}, \frac{3}{6}, \frac{3}{6}$.
- Diesen nun weglassen, und die Miller-Indizes sind dann (233).
- Niemals vergessen: Für die Miller-Indizes gibt es zwei Schreibweisen: (100) ist die Ebene, [100] ist die Richtung senkrecht zur Ebene.

Illustriert sind die Miller-Indizes in Abb. 2.9. Für einfache kubische Gitter ist die Geschichte mit den Miller-Indizes einfach, aber bei Gittern wie Zinkblende und

Abb. 2.9 Verschiedene Kristallebenen im Raum und zugehörige Miller-Indizes

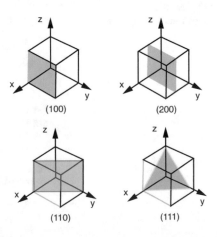

Diamant renkt man sich da schon etwas das Hirn aus, wenn man nicht gerade ein Kristallograph ist. Daher diskutieren wir das jetzt hier und jetzt auch nicht weiter im Detail.

Wie schon erwähnt, braucht man diese Bezeichnungen beim Einkaufen im Halbleitersupermarkt. Für Silizium MOSFETs sollten Sie nur (100)-Wafer kaufen, denn parallel zur (100)-Oberfläche ist die Elektronenbeweglichkeit am höchsten. Wollen Sie mikromechanische Bauteile herstellen, sind andere Kristallrichtungen hilfreich, denn die Ätzraten von z. B. KOH (Kalilauge) sind extrem richtungsabhängig. Dies ermöglicht unter anderem die einfache Herstellung von Gittern oder Lochmasken aus Silizium. Auf GaAs kann man beim Kristallwachstum die Dotierung über die Kristallrichtung ändern. Auf GaAs (100) ist Silizium ein Donator, auf GaAs (111) wird Silizium dann zum Akzeptor. Das hat unter anderem den Vorteil, dass man keine teuren und giftigen Berylliumquellen in seine Kristallzuchtanlage einbauen muss. Mehr Details zum Thema Dotierung kommen weiter hinten im Text.

2.2.6 Flats'n Notches

Kehren wir zurück zum Anfang des Abschnitts, und machen wir noch einen Besuch im Halbleitersupermarkt. Die Auswahl ist groß, die Frage ist nur: Wie finde ich meinen p-Typ (100)-Wafer mit dem Durchmesser von 300 mm? Noch viel schlimmer ist die Problematik, dass da im Reinraum, gut verstreut, irgendwo zehn Stück elend teure Wafer herumliegen, aber welcher ist welcher? Zu diesem Zweck schauen wir mal in die Abb. 2.10a. Man sieht, dass die Wafer nicht rund sind, sondern dass einzelne Seiten abgeschnitten wurden. Im Halbleiteristen-Jargon nennt man so eine abgeschnittene Seite ‚Flat'. Für diese Flats hat sich das folgende Schema eingebürgert (Abb. 2.10): Für kleinere Wafer bis zu einem Durchmesser von ca. 4 Zoll gilt:

- Habe ich einen p-Typ-Wafer mit (100)-Oberfläche, so hat der p-Typ-Wafer ein großes Flat unten und ein kleines Flat links.
- Habe ich einen n-Typ-Wafer mit (100)-Oberfläche, so hat der n-Typ-Wafer ein großes Flat unten und ein kleines Flat oben.

Abb. 2.10 a Anordnung von Flats auf verschiedenen Siliziumwafern für Waferdurchmesser bis 4 Zoll, **b** Die Position der Notches für größere Wafer

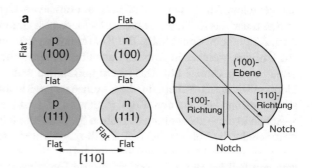

• Habe ich einen p-Typ-Wafer mit (111)-Oberfläche, so hat der p-Typ-Wafer ein
  großes Flat unten und sonst nichts.

• Habe ich einen n-Typ-Wafer mit (111)-Oberfläche, so hat der n-Typ-Wafer ein
  großes Flat unten und ein kleines Flat in einem 45 Grad Winkel links davon.

Bei einem kleinen Wafer einen Rand abzuschneiden, ist kein Problem, denn im
Randbereich kann man eh keine größeren Chips anfertigen. Bei größeren Wafern
sieht das anders aus. Hier ist das Abschneiden von Rändern eine grobe Materi-
alverschwendung, und deswegen verwendet man statt Flats sogenannte Notches,
also kleine Einkerbungen am Waferrand, siehe Abb. 2.10b. Der Notch auf modernen
Wafern zeigt normalerweise immer die [100]-Richtung an, manchmal gibt es noch
einen zusätzlichen Notch für die [110]-Richtung. Für die Dotierung gibt es keine
Unterscheidung mehr. Aber Vorsicht: Diese Notches sind nicht immer einheitlich
angebracht, man muss daher unbedingt immer das Datenblatt des jeweiligen Her-
stellers konsultieren. Nochmals zur Erinnerung: Die richtige Kristallorientierung ist
bei der Herstellung der einzelnen Transistoren extrem wichtig, da die Kristallorientierung großen Einfluss auf die Elektronenbeweglichkeit hat. Man kann also die
Chips nicht in beliebiger Orientierung auf dem Wafer fertigen, sondern man muss
dies immer einheitlich und in optimaler Orientierung tun.

2.3   Gruppentheorie, nein danke

An dieser Stelle gibt es in vielen Halbleiterbüchern einen Ausflug in die Gruppentheorie, welche zur Beschreibung der Symmetrieeigenschaften von Kristallen verwendet wird. Gruppentheorie ist praktisch (aber analytisch gar nicht einfach) zum
Einsparen von Rechenzeit bei Bandstrukturberechnungen. Ganz besonders braucht
man das bei der Berechnung von Bandstrukturen für komplexe Molekülkristalle. Im
Wesentlichen handelt es sich um komplexe Koordinatentransformationen unter der
Berücksichtigung von Kristallsymmetrien.

   Von Gruppentheorie habe ich keine Ahnung, aber ich will versuchen, ihnen zumindest einen Hauch einer Idee davon zu geben, worum es geht. Wahrscheinlich wird
man mich für dieses biblische Beispiel mal wieder lynchen wollen, aber egal, ich bin
das gewohnt. Am besten wir machen ein einfaches Experiment. Experimente sind
immer teuer, das heißt, wir brauchen Geld, das ich vermutlich völlig illegal für Sie in
Abb. 2.11 hineinkopiert habe. Ein Koordinatensystem braucht es auch, wir nehmen
das Übliche, welches in Abb. 2.11 ebenfalls eingezeichnet ist. Beginnen wir mit der
Situation 1 in Abb. 2.11a. Das ist ein hoffentlich wohlbekannter Geldschein. Dann
klappen wir diesen Schein um die x-Achse in $-y$-Richung, der Schein zeigt also die
Rückseite und liegt auf dem Kopf. (Situation 2). Jetzt klappen wir den Schein um die
y-Achse in die $-x$-Richtung (Situation 3). Der Schein liegt auf dem Kopf, und man
sieht wieder die Vorderseite. Abb. 2.11b zeigt, wie es einfacher geht. Den Schein um
die z-Achse um 180 Grad drehen, und fertig. Hinweis zum Schluß: In diesem sehr
seltenen Fall haben wir zwar Geld für ein Experiment benötigt, konnten es aber in
gesamter Menge und unbeschädigt zurück bekommen. Ein weiteres, aber deutlich

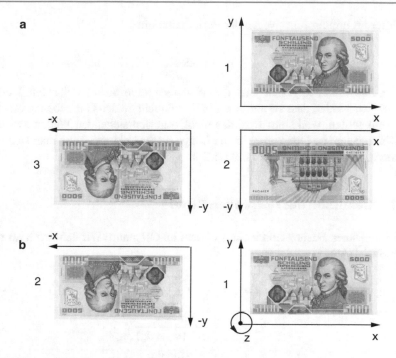

Abb. 2.11 a (1-3) Eine komplizierte Symmetrieoperation mit einem Geldschein. **b** Einfacher geht es auch, eine Rotation um die z-Achse um 180 Grad reicht

komplexeres Beispiel zur Gruppentheorie ist die mathematischen Beschreibung von Rubik's Würfel (Gymrek 2014, http://web.mit.edu/sp.268/www/rubik.pdf). Hoffen wir, dass dieser Link noch möglichst lange funktioniert, denn diese Einführung in die Gruppentheorie ist echt gut. Also: Hut ab und Verneigung. Die Originalquellen sind scheinbar Bandelow (2013) und Herstein (1996). Für uns ist die Thematik aber wieder einmal viel zu speziell, und wir wechseln daher ganz einfach das Thema.

2.4 Röntgenbeugung und das reziproke Gitter

Zur Bestimmung der Kristallorientierung und zur Bestimmung des Netzebenenabstandes im Kristall wird üblicherweise die Röntgenbeugung verwendet, und wie man in Kürze sehen wird, sind die Miller-Indizes zu diesem Zweck extrem praktisch. Dazu werfen wir aber zuerst einen Blick auf das Konzept des reziproken Gitters (siehe z. B. Kittel 1980):

- $\vec{R}$ (a_1, a_2, a_3) sei die Basis irgendeines Bravais-Gitters.
- $e^{i\vec{k}\vec{r}}$ sind die Wellenfunktionen (ebene Wellen) in diesem Gitter.

Wir suchen jetzt alle Wellenvektoren $\vec{k}$, welche die gleiche Periodizität haben wie dieses Gitter. Das sind stehende Wellen in diesem Gitter, oder anders ausgedrückt, ein Gitter im Impulsraum. Wegen der Periodizität gilt

$$e^{i\vec{k}\cdot\vec{r}} = e^{i\vec{k}\cdot\left(\vec{r}+\vec{R}\right)} \qquad\qquad \text{oder} \qquad\qquad e^{i\vec{k}\cdot\vec{R}} = 1. \qquad (2.4)$$

Welche Eigenschaften haben jetzt die Wellenvektoren dieser stehenden Wellen? Anschaulich ist klar, dass sie auf jeden Fall senkrecht zu den Gitterebenen im Ortsraum sein sollten, weil sonst wird das nichts mit den stehenden Wellen zwischen den Gitterebenen im Ortsraum. Um die Länge dieser Vektoren muss man sich auch kümmern, aber das geht einfach mit Gl. 2.4.

2.4.1 Definition des reziproken Gitters

$(\vec{a}_1, \vec{a}_2, \vec{a}_3)$ seien Basisvektoren eines Gitters im Ortsraum. Wir definieren als reziproke Basisvektoren:

$$\vec{b}_1 = 2\pi \cdot \frac{\vec{a}_2 \times \vec{a}_3}{\vec{a}_1 \cdot (\vec{a}_2 \times \vec{a}_3)} \qquad (2.5)$$

$$\vec{b}_2 = 2\pi \cdot \frac{\vec{a}_3 \times \vec{a}_1}{\vec{a}_1 \cdot (\vec{a}_2 \times \vec{a}_3)} \qquad (2.6)$$

$$\vec{b}_3 = 2\pi \cdot \frac{\vec{a}_1 \times \vec{a}_2}{\vec{a}_1 \cdot (\vec{a}_2 \times \vec{a}_3)} \qquad (2.7)$$

Die 2π und das Spatprodukt im Nenner, welches das Volumen der von den Gittervektoren aufgespannten Einheitszelle ist, brauchen wir zur richtigen Normierung und vor allem dafür, dass Gl. 2.4 erfüllt wird.

An dieser Stelle fragt sich der Anfänger gerne, wie man überhaupt auf die Idee kommen kann, das reziproke Gitter gerade in dieser Weise zu definieren. Sehen wir uns doch mal eine eindimensionale Welle genauer an:

$$\Psi = A \sin(kx), k = 2\pi/\lambda \qquad (2.8)$$

Man sieht, das ist eigentlich eine zweidimensionale Funktion der Koordinaten k und x. Jetzt machen wir, ohne nachzudenken, einen 3-D Plot dieser Funktion mit den Achsen ($x = x$, $y = k$, $z = \Psi$) und stellen fest, dass, wie sollte es auch sonst sein, die k-Achse senkrecht auf der x-Achse steht. Das reziproke Gitter ist lediglich die dreidimensionale Erweiterung dieser Idee. Weiter geht es mit den Eigenschaften des reziproken Gitters. Mit der Definition von oben gilt (δ_{ij} ist wieder dieses Kronecker-Delta mit $\delta_{ij} = 1$, wenn $i = j$ und $\delta_{ij} = 0$ sonst):

$$\vec{a}_i \cdot \vec{b}_j = 2\pi \delta_{ij} \qquad\qquad\qquad\qquad\qquad\qquad (2.9)$$

$$\vec{R} = n_1\vec{a}_1 + n_2\vec{a}_2 + n_3\vec{a}_3 \qquad\qquad\qquad \text{Gittervektor} \qquad (2.10)$$

$$\vec{G} = k_1\vec{b}_1 + k_2\vec{b}_2 + k_3\vec{b}_3 \qquad\qquad \text{reziproker Gittervektor} \qquad (2.11)$$

$$\vec{G} \cdot \vec{R} = 2\pi (k_1n_1 + k_2n_2 + k_3n_3) \qquad\qquad k \cdot n\text{: Integer} \qquad (2.12)$$

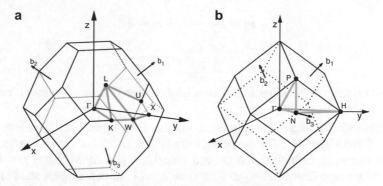

Abb. 2.12 a Brillouin-Zone eines fcc-Gitters, **b** Brillouin-Zone eines bcc-Gitters. Die wichtigsten Punkte und Richtungen im k-Raum sind mit ihren Namen im Kristallographen-Jargon ebenfalls eingezeichnet (Γ, X, L...). (Nach Sze und Ng 2007 und Setyawan 2010)

Damit ist:

$$e^{i\vec{G}\cdot\vec{R}} = 1 \qquad\qquad\qquad (2.13)$$

$$\vec{G}\cdot\vec{R} = N\cdot 2\pi \qquad\qquad \text{N\ldots Integer} \qquad (2.14)$$

Das reziproke Gitter erfüllt also die Anforderung, dass alle Wellenvektoren $\vec{k}$ die gleiche Periodizität haben wie das Gitter im Ortsraum. Der Name reziprokes Gitter kommt daher, dass die Einheit der Länge der Gittervektoren m^{-1} und damit die gleiche wie die der Vektoren im Impulsraum ist. Die primitive Einheitszelle (Wigner-Seitz-Zelle) im reziproken Gitter heißt Brillouin-Zone (Abb. 2.12). Das reziproke Gitter vom reziproken Gitter ist, bis auf die 2π, die man für den Impulsraum braucht, wieder das normale Gitter! Hier ein paar Beispiele:

- Das reziproke Gitter eines *sc*-Gitters ist wieder ein *sc*-Gitter:

$$\vec{a}_1 = a\vec{e}_x \qquad\qquad \vec{a}_2 = a\vec{e}_y \qquad\qquad \vec{a}_3 = a\vec{e}_z \qquad (2.15)$$

$$\vec{b}_1 = \frac{2\pi}{a}\vec{e}_x \qquad\qquad \vec{b}_2 = \frac{2\pi}{a}\vec{e}_y \qquad\qquad \vec{b}_3 = \frac{2\pi}{a}\vec{e}_z \qquad (2.16)$$

Beachten Sie die Länge dieser Vektoren. Die ist $\frac{2\pi}{a}$, und das klingt doch schon ganz gut nach Impulsraum oder etwa nicht?

- Das reziproke Gitter eines *f cc*-Gitters ist ein *bcc*-Gitter:

$$\vec{b}_1 = \frac{4\pi}{a}\frac{1}{2}\left(\vec{e}_y + \vec{e}_z - \vec{e}_x\right) \qquad\qquad (2.17)$$

$$\vec{b}_2 = \frac{4\pi}{a} \frac{1}{2} \left(\vec{e}_z + \vec{e}_x - \vec{e}_y \right) \qquad (2.18)$$

$$\vec{b}_3 = \frac{4\pi}{a} \frac{1}{2} \left(\vec{e}_x + \vec{e}_y - \vec{e}_z \right) \qquad (2.19)$$

- Das reziproke Gitter eines *bcc*-Gitters ist *fcc*. (Als Hausaufgabe nachrechnen!)

Jetzt noch ein wichtiges Theorem ohne Beweis (Der Beweis steht im Buch von Ashcroft und Mermin (1976), der bringt uns hier aber nichts.): Zu jeder Ebenenschar gibt es reziproke Gittervektoren $\vec{G}$, und umgekehrt gibt es zu jedem reziproken Gittervektor eine Ebenenschar, so dass $\vec{G}$ senkrecht auf den Ebenen steht und für den kürzesten reziproken Gittervektor $\vec{G}_{min}$

$$\left| \vec{G}_{min} \right| = 2\pi/d \qquad (2.20)$$

gilt, wobei d der maximale Abstand der Ebenen in der zu $\vec{G}$ senkrechten Ebenenschar ist. Außerdem gilt

$$\vec{G}_{min} = h\vec{b}_1 + k\vec{b}_2 + l\vec{b}_3, \qquad (2.21)$$

wobei die ganzen Zahlen h, k und l die Miller-Indizes der Ebenen sind!

In den Halbleiterphysik-Übungen kann es vorkommen, dass man mit reziproken Gittern in zweidimensionalen Kristallen und noch dazu mit hexagonalen Gittern gequält wird. Als armer Student fragt man sich natürlich, was das Ganze soll, und die Antwort ist einfach: Dafür gibt es einen Nobelpreis, und zwar für Graphen. Graphen ist eine monoatomare Schicht aus Kohlenstoffatomen, die in einem hexagonalen Gitter kristallisiert (Abb. 2.13). Die Elektronen in diesem Gitter haben seltsame Eigenschaften. Sie verhalten sich wie Licht und machen noch andere komische Dinge, die eben einen Nobelpreis wert waren. Details sind uns hier egal; wer mehr wissen will, besuche bitte meine Vorlesung über Halbleiterelektronik, oder lese das zugehörige Skriptum.

Jetzt und hier haben wir nur das Problem, dass wir die Übungsaufgabe aus der Halbleiterphysik-Vorlesung lösen müssen, in der nach den reziproken Gittervektoren

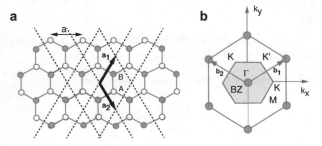

Abb. 2.13 a Das zweidimensionale Gitter von Graphen. **b** Zugehöriges reziprokes Gitter. (Nach Rao 2009)

im zweidimensionalen hexagonalen Gitter gefragt wird. Weil im Internet zu diesem Thema aber nur schwer etwas zu finden ist, gibt es hier des Rätsels Lösung: Um die reziproken Gittervektoren in zwei Dimensionen zu erhalten, wird in die Definition der dreidimensionalen reziproken Gittervektoren als dritte Dimension einfach der Einheitsvektor $\vec{n}$ eingesetzt:

$$\vec{b}_1 = 2\pi \cdot \frac{\vec{a}_2 \times \vec{n}}{|\vec{a}_1 \times \vec{a}_2|} \tag{2.22}$$

$$\vec{b}_2 = 2\pi \cdot \frac{\vec{n} \times \vec{a}_1}{|\vec{a}_1 \times \vec{a}_2|} \tag{2.23}$$

Durch Einsetzen des Einheitsvektors $\vec{n}$

$$\vec{n} = \frac{\vec{a}_1 \times \vec{a}_2}{|\vec{a}_1 \times \vec{a}_2|} \tag{2.24}$$

ergibt sich für $\vec{b}_1$

$$\vec{b}_1 = 2\pi \cdot \frac{\vec{a}_2 \times (\vec{a}_1 \times \vec{a}_2)}{|\vec{a}_1 \times \vec{a}_2|^2} \tag{2.25}$$

und für $\vec{b}_2$

$$\vec{b}_2 = 2\pi \cdot \frac{(\vec{a}_1 \times \vec{a}_2) \times \vec{a}_1}{|\vec{a}_1 \times \vec{a}_2|^2}. \tag{2.26}$$

Wer noch etwas weiterrechnen möchte, findet vermutlich folgende Formeln recht hilfreich:

$$\vec{a} \times \left(\vec{b} \times \vec{c}\right) = \vec{b}\,(\vec{a} \cdot \vec{c}) - \vec{c}\left(\vec{a} \cdot \vec{b}\right) \tag{2.27}$$

$$\left(\vec{a} \times \vec{b}\right) \times \vec{c} = \vec{b}\,(\vec{a} \cdot \vec{c}) - \vec{a}\left(\vec{b} \cdot \vec{c}\right) \tag{2.28}$$

$$\left|\vec{a} \times \vec{b}\right|^2 = |\vec{a}|^2 \left|\vec{b}\right|^2 \sin^2(\varphi) \tag{2.29}$$

φ ist der Winkel zwischen den beiden Vektoren.

2.4.2 Gegenüberstellung von direkten und reziproken Gittern

Sehen wir uns zum Schluss zusammenfassend die Unterschiede zwischen dem Gitter im Ortsraum und dem reziproken Gitter an:

Direktes Gitter	**Reziprokes Gitter**
Primitive Gittervektoren: $\vec{a}_1, \vec{a}_2, \vec{a}_3$	Primitive Gittervektoren: $\vec{b}_1, \vec{b}_2, \vec{b}_3$
Ebenenschar: (h, k, l)	Gittervektor: $\vec{G} = h\vec{b}_1 + k\vec{b}_2 + l\vec{b}_3$
Normale auf Ebenenschar	Richtung von $\vec{G}$
Abstand der Ebenen: $D = 2\pi / \left|\vec{G}\right|$	Länge von $\vec{G}$: $\left|\vec{G}\right|$
Maximaler Abstand: $d = 2\pi / \left|\vec{G}_{\min}\right|$	Länge von $\vec{G}_{\min}$: $\left|\vec{G}_{\min}\right| = 2\pi/d$
Einheit im Ortsraum: $[R] = 1$ cm	Einheit im k-Raum: $[k] = 1/$cm

2.4.3   Bragg-Reflexion im reziproken Gitter

Mit dem reziproken Gitter lässt sich die Röntgenbeugung besonders schön darstellen. In unserer Schulzeit hatten wir gelernt, dass man dazu einen Kristall mit Röntgenstrahlung aus einer fixen Richtung bestrahlt. Dann hat man zwei Möglichkeiten. Entweder wird die Wellenlänge der Röntgenstrahlung durchgestimmt (Das ist eher unüblich, aber warum?) oder der Kristall wird gedreht, wobei man aber monochromatische Röntgenstrahlung verwendet (Standardverfahren). Auf einem Bildschirm oder beweglichen Röntgendetektor gibt es dann an einzelnen Stellen Intensitätsmaxima, aus deren Lage sich der Netzebenenabstand im Kristall bestimmen lässt. Es gibt zwei Auswertungsmethoden:

- Klassische Betrachtung: Röntgenreflexe gibt es immer dann, wenn gilt dass:

$$n\lambda = 2d \sin\theta. \tag{2.30}$$

 d ist der Kristallebenenabstand (Abb. 2.14). Wieso das? Die Stichworte sind: Beugung am Einzelspalt, am Doppelspalt, und Wikipedia. Hinweis: Wenn von Strahlen geredet wird, die unter einem Winkel auf eine Fläche einfallen, nimmt man normalerweise den Winkel zwischen der Flächennormale und dem Strahl (in Abb. 2.14 ist das der Winkel α). Für die Bragg-Reflexionen ist aber der Winkel θ der zu verwendende Winkel und es gilt $\alpha + \theta = 90$.
- Die Auswertung erfolgt im Bild der reziproken Gittervektoren.

$$\vec{k}' = \vec{k} + \Delta\vec{k}, \tag{2.31}$$

wobei $\vec{k}$ die einfallende Welle und $\vec{k}'$ die reflektierte Welle repräsentiert. $\Delta\vec{k}$ ist dabei ein reziproker Gittervektor: $\Delta\vec{k} = \vec{G}$.

Dabei gelte das Theorem: Alle Röntgenreflexe werden durch reziproke Gittervektoren beschrieben. Wir bekommen dann

$$\vec{k}'^2 = \left(\vec{k} + \Delta\vec{k}\right)^2, \tag{2.32}$$

$$\vec{k}'^2 = \vec{k}^2 + \Delta\vec{k}^2 + 2\vec{k}\Delta\vec{k}. \tag{2.33}$$

Weil das alles elastisch ist, ändert sich die Länge der Wellenvektoren nicht, und es gilt $\vec{k}'^2 = \vec{k}^2$. Damit bekommt man sofort

$$2\vec{k}\Delta\vec{k} + \Delta\vec{k}^2 = 0. \tag{2.34}$$

Das ist aber wieder die altbekannte Bragg-Bedingung, die man aber nur bekommt, wenn man der wunderschönen Herleitung folgt, die mir von Martin Schneider, einem Studenten der TU-Wien, zur Verfügung gestellt wurde:

$$\Delta\vec{k}^2 = \vec{k}^2 + \vec{k}'^2 - 2\vec{k}\ \vec{k}' \tag{2.35}$$

$$\left|\Delta\vec{k}\right|^2 = \left|\vec{k}\right|^2 + \left|\vec{k}'\right|^2 - 2\left|\vec{k}\right|\left|\vec{k}'\right|\cos(2\theta) \tag{2.36}$$

Das kann man verstehen, wenn man einen Blick auf die Abb. 2.14b wirft. Dann haben wir gesagt, die Streuung sei elastisch

$$\left|\vec{k}\right|^2 = \left|\vec{k}'\right|^2. \tag{2.37}$$

Jetzt ein paar Zeilen fadeste Algebra:

$$\left|\Delta\vec{k}\right|^2 = 2\left|\vec{k}\right|^2 - 2\left|\vec{k}\right|^2\cos(2\theta) = 2\left|\vec{k}\right|^2(1 - \cos(2\theta)) \tag{2.38}$$

$$1 - \cos(2\theta) = 2\sin^2(\theta) \tag{2.39}$$

Abb. 2.14 Braggreflexionen in zwei alternativen Darstellungsformen

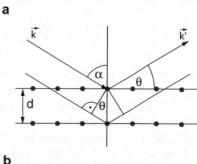

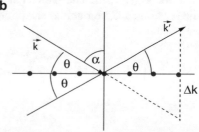

$$\left|\Delta \vec{k}\right|^2 = 4\left|\vec{k}\right|^2 \sin^2(\theta) \tag{2.40}$$

$$\left|\Delta \vec{k}\right| = 2\left|\vec{k}\right|\sin(\theta) \tag{2.41}$$

$$k = \frac{2\pi}{\lambda}, \quad \Delta k = \frac{2\pi}{d} \tag{2.42}$$

$$2d\sin(\theta) = \lambda, \tag{2.43}$$

womit wir dann wieder, bis auf den Faktor n bei der gewohnten Bragg-Beziehung $2d\sin\theta = n\lambda$ sind. Hausaufgabe: Die obige Rechnung für n Netzebenen durchziehen.

Mit diesen allgemeinen Betrachtungen über reziproke Gitter und Miller-Indizes kommt man noch zu zwei weiteren unglaublich praktischen Beziehungen, welche in allen kubischen Gittern (also $a_1 = a_2 = a_3 = a$) gelten. Ganz allgemein gilt für den Netzebenenabstand

$$d_{h,k,l} = \frac{2\pi}{\left|h\vec{b_1} + k\vec{b_2} + l\vec{b_3}\right|}, \tag{2.44}$$

$$d_{h,k,l} = \frac{2\pi}{\sqrt{(hb_1)^2 + (kb_2)^2 + (lb_3)^2}}. \tag{2.45}$$

Weil aber auch im reziproken kubischen Gitter gilt, dass $b_1 = b_2 = b_3 = b$ und außerdem $b = \frac{2\pi}{a}$, bekommt man bei bekannter Gitterkonstante a den Abstand beliebiger Gitterebenen aus den Miller-Indizes schließlich so:

$$d_{h,k,l} = \frac{a}{\sqrt{h^2 + k^2 + l^2}} \tag{2.46}$$

Diese Formel ist ganz, ganz super, weil selbst ein Hobby-Kristallograph auf seinem Röntgengerät die ($h = k = l = 1$) – Reflexe eindeutig und leicht identifizieren kann. Man bekommt damit also aus der Bragg-Beziehung auf einfache Weise experimentelle Werte für die Gitterkonstante.

Für nichtkubische Kristalle mit rechtwinkligen Achsen, also orthorhombische und höher symmetrische Gitter gilt laut Wikipedia folgende Formel (a, b, c seien die jeweiligen Gitterparameter, sprich die Längen der jeweiligen Basisvektoren):

$$d_{h,k,l} = \frac{1}{\sqrt{\left(\frac{h}{a}\right)^2 + \left(\frac{k}{b}\right)^2 + \left(\frac{l}{c}\right)^2}} \tag{2.47}$$

Auch gut ist folgende Beziehung, die man für kubische Gitter durch Einsetzen von d in die Bragg-Beziehung $2d sin(\theta) = n\lambda$ bekommt:

$$\left(\frac{\lambda}{2a}\right)^2 = \frac{\sin^2\theta}{h^2 + k^2 + l^2} \tag{2.48}$$

Aus dieser Gleichung kann die Kristallorientierung bestimmt werden. Man misst bei bekannter Wellenlänge und Gitterkonstante einfach nur den Winkel der beobachteten Reflexion und kann dann durch ein wenig Herumprobieren die richtigen Miller-Indizes finden. Das geht übrigens nicht nur für einfach kubische Gitter, sondern auch im Diamant- und Zinkblendegitter; dort bekommt man dann einfach die Reflexe von den jeweiligen Teilgittern.

Mit diesem Grundwissen über Kristalle könnte man in die Details der Röntgenbeugung einsteigen. Wir tun dies hier aber nicht und verweisen stattdessen wieder auf das wunderbare Buch Festkörperphysik von den Kollegen Gross und Marx (2014), das sich dank seiner Länge von ca. 10^3 Seiten ausführlich mit dieser Thematik beschäftigen kann.

2.5 Defekte

Im nichtperfekten Kristall existieren verschiedene Arten von Defekten (Abb. 2.15). Die Bekanntesten sind:

- Liniendefekte: Liniendefekte (Abb. 2.15b) sind immer eine Folge von Verspannungen (Strain). Strain ist manchmal unvermeidbar bei der Kristallzucht, manchmal ist er aber auch gewollt und äußerst nützlich. Das beste Beispiel hierfür ist die Herstellung von selbstorganisierten InAs Quantenpunkten. In unfreundlichen Materialien kann es auch zu komplexeren Flächendefekten kommen, wie z. B. schraubenförmigen Wachstumsflächen etc.

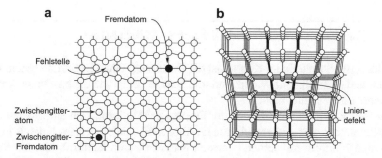

Abb. 2.15 a Typische Punktdefekte im Kristallgitter. Man unterscheidet nach Fehlstellen (vacancies), Fremdatomen im Gitter, typischerweise die Dotierung, (substitutional defects) und Atomen oder Fremdatomen auf Zwischengitterplätzen (self-interstitials und impurity-interstitials). **b** Liniendefekt im Kristallgitter (Mishra und Singh 2008)

- Thermodynamisch bedingte Punktdefekte: Punktdefekte (Abb. 2.15a) treten am häufigsten auf, und es gibt sie in mehreren Varianten. Ein Punktdefekt, den es immer gibt, ist eine thermodynamisch bedingte Fehlstelle im Kristall die beim Kristallwachstum entsteht. Die Dichte dieser Defekte kann semiempirisch beschrieben werden und ist in den üblichen Halbleitern wie Si und GaAs zum Glück sehr klein, im Detail vor allem kleiner als die kleinste technisch erreichbare Hintergrunddotierung (typischerweise 10^{14}cm^{-3}, weniger ist sehr, sehr schwierig zu erreichen):

$$\frac{N_d}{N_{TOT}} = k_d \cdot e^{-\frac{E_d}{k \cdot T}} \quad \text{(semiempirisch)} \tag{2.49}$$

N_d: Defektdichte in Atome/cm^3
N_{TOT}: Dichte des Kristalls in Atome/cm^3
T: Wachstumstemperatur
k_d: ein schwindliger Fitparameter
E_d: defect formation energy
Beispiel: $k_d = 1$, T=1000 K, $E_d = 2$ eV, $N_{TOT} = 2.5 \cdot 10^{22}$cm^{-3}
$\Longrightarrow N_D = 2.3 \cdot 10^{12}$cm^{-3} gering im Vergleich zu üblichen Dotierungen.

- Fremdatome auf Gitterplätzen (substitutional defects): Das sind einzelne Fremdatome im Halbleiter. Wenn sie absichtlich in den Kristall hineingemischt wurden, dienen sie typischerweise zur Dotierung des Halbleiters. Wenn die sich eingeschlichen haben: Pech gehabt. Das können dann nämlich auch tiefe Störstellen sein. Gold oder Chrom sind da besonders lecker. Wenn Sie das am Hals haben, werfen Sie den Wafer am besten gleich in die nächste Sandgrube, das ist am ökologischsten. Details dazu kommen später in diesem Buch.
- Kristallatome auf Zwischengitterplätzen (self-interstitials) und Fremdatome auf Zwischengitterplätzen (impurity-interstitials): Das sind z. B. Siliziumatome, oder auch Fremdatome, die aber nicht auf Gitterplätzen sitzen, sondern irgendwo im Kristall herumhängen. Diese können im Sinne von Dotierung elektrisch aktiv sein, müssen es aber nicht. Meistens verschlechtern sie nur die Elektronenbeweglichkeit und gehen einem damit sinnlos auf die Nerven.

2.6   Das Wasserstoffmodell flacher Störstellen

Die wichtigste Störstelle im Kristall ist die Dotierung. Ohne Dotierung hätten Halbleiter keinen einstellbaren Widerstand und Bauelemente wie die pn-Diode oder den Transistor gäbe es auch nicht.

Am Beispiel Silizium lässt sich der Prozess der Dotierung am einfachsten erklären. Silizium hat vier Außenelektronen (Abb. 2.16), die es sich im Kristall in einer kovalenten Bindung mit seinen nächsten Nachbarn teilt. Entfernt man ein Siliziumatom und ersetzt es durch Phosphor (fünf Außenelektronen, also ein Donator), oder Bor (drei Außenelektronen, also ein Akzeptor), bleibt ein Elektron übrig, bzw. es fehlt eines. Das überschüssige Elektron ist leicht zu entfernen, da es energetisch knapp unter der Kante des Leitungsbandes liegt. Akzeptoren liegen knapp über

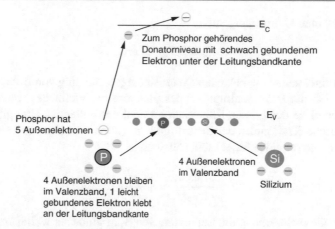

Abb. 2.16 Donatoren (substitutional defects) im Kristallgitter. Die Donatorniveaus liegen energetisch normalerweise knapp unter der Leitungsbandkante

dem Valenzband. Wichtig: Auch die vier Außenelektronen des Donators liegen im Valenzband, nur das energetische Niveau des fünften Elektrons ($=$ Donatorniveau) liegt nahe der Leitungsbandkante (Abb. 2.16).

Zur quantitativen Beschreibung der elektronischen Eigenschaften eines Donators oder Akzeptors hat sich in der Praxis das Wasserstoffmodell bewährt. Da wir uns hier nicht für Wellenfunktionen interessieren, sondern nur für Ionisierungsenergien und Bahnradien, vermeiden wir jede unnötige Quantenmechanik und bleiben beim alten, semiklassischen Modell vom Kollegen Bohr. Kollege Bohr entwickelte sein Modell genau in der Zeit, als man Elektronen je nach Bedarf als kleine grüne Kügelchen betrachtete, die einen Kern umkreisen, oder als stehende Wellen ansah. Das semiklassische Wellenbild eines Elektrons, das um einen Kern kreist, sollten Sie noch aus der Halbleiter-Übung kennen. Hier wird gefordert, dass der Umfang der Kreisbahn (r: Bahnradius) ein Vielfaches der Wellenlänge des Elektrons sein soll, also

$$2\pi r = n\lambda. \tag{2.50}$$

Das schreiben wir ein wenig um

$$\frac{1}{\lambda} = \frac{n}{2\pi r}, \tag{2.51}$$

multiplizieren es mit h und erhalten

$$\frac{h}{\lambda} = n\frac{h}{2\pi r}. \tag{2.52}$$

$\frac{h}{\lambda}$ ist aber p, der Impuls des Elektrons, also gilt

$$p = m^*v = n\frac{h}{2\pi r}. \tag{2.53}$$

Mit einer kleinen Umformung auf

$$L = m^* v r = n\hbar \tag{2.54}$$

ist diese Formel genau die bekannte Quantisierungsbedingung von Bohr, der gefordert hatte, dass der Bahndrehimpuls L des Elektrons ein Vielfaches von $\hbar$ sein soll.

Kurz zurück zu den grünen Kügelchen im Coulomb-Potential. Hier gilt, dass die elektrostatische Kraft gleich der Zentrifugalkraft (oder auch Zentripetralkraft, aber das ist eher eine religiöse Frage) sein soll, also

$$\frac{e^2}{4\pi\varepsilon_0 r^2} = \frac{m^* v^2}{r}. \tag{2.55}$$

Weil wir in diese Beziehung die Bedingung von Bohr einbauen wollen, machen wir ein paar Umformungen:

$$\frac{e^2}{4\pi\varepsilon_0 r} = \frac{(m^* v)^2}{m^*} \tag{2.56}$$

$$\frac{e^2}{4\pi\varepsilon_0 r} = \frac{1}{m^*}\left(n\frac{h}{2\pi r}\right)^2 \tag{2.57}$$

$$r = \frac{4\pi\varepsilon_0}{e^2 m^*}n^2\left(\frac{h}{2\pi}\right)^2 \tag{2.58}$$

Und etwas schöner hingeschrieben erhalten wir für die möglichen Bahnradien:

$$r = \frac{4\pi\varepsilon_0}{e^2 m^*}n^2\hbar^2 \tag{2.59}$$

Die Bahn mit $n = 1$ wird Bohr-Radius genannt. Mit diesen Ergebnissen kann man sofort die Ionisierungsenergie des Grundzustands berechnen. Die Ionisierungsenergie ist einfach die Summe aus potentieller und kinetischer Energie:

$$E_{pot} = -\frac{e^2}{4\pi\varepsilon_0 r} \tag{2.60}$$

$$E_{kin} = \frac{m^* v^2}{2} \tag{2.61}$$

$$E = E_{kin} + E_{pot} \tag{2.62}$$

Das Minuszeichen kommt daher, dass es sich um einen gebundenen Zustand handelt und das Potential im Unendlichen null sein soll. Weiteres Einsetzen liefert für die Energie des Grundzustands, oder in anderen Worten, für die Ionisierungsenergie (Hausaufgabe: Nachrechnen)

$$E_D = -\frac{m^* e^4}{2(4\pi)^2\varepsilon_0^2\hbar^2} = -13.6\text{eV}. \tag{2.63}$$

Wie kommen wir jetzt vom Wasserstoffatom zum Donator im Halbleiter? Ganz einfach, denn die Formel für den Donator ist genau die gleiche wie beim Wasserstoffatom, nur muss man statt der relativen Dielektrizitätskonstante des Vakuums ($\varepsilon_r = 1$) die Dielektrizitätskonstante des Halbleiters ($\varepsilon_r \approx 13$) und die effektive Masse m^* der Ladungsträger berücksichtigen.

Wichtig: Das Thema effektive Masse ist im Zusammenhang mit dem Wasserstoffmodell ziemlich trickreich. Diese Thematik wird im nächsten Kapitel, und im Besonderen später im Kap. 4 nochmals behandelt. Im Moment sehen Sie bitte die effektive Elektronenmasse in irgendwelchen Tabellen im Internet nach und wundern sich auch bitte nicht, wenn diese deutlich kleiner als die Masse des freien Elektrons ist (GaAs: $m^* = 0.067 m_0$). Als Energienullpunkt wird die Leitungsbandkante gewählt. Die Formel für die potentielle Energie eines Elektrons im Donatorpotential lautet also

$$U(r) = E_c - \frac{e^2}{4\pi \, \varepsilon_0 \varepsilon_r r}. \tag{2.64}$$

Mit $\varepsilon = \varepsilon_0 \varepsilon_r$ ist die Energie des Grundzustandes (= Ionisierungsenergie) im Donator gegeben durch

$$E_D = E_c - \frac{e^4 m^*}{2 \cdot (4\pi)^2 \cdot \varepsilon^2 \hbar^2} = E_c - 13.6 \cdot \frac{m^*}{m_0} \left(\frac{\varepsilon_0}{\varepsilon_0 \varepsilon_r} \right)^2 \quad \text{(eV)}. \tag{2.65}$$

Akzeptoren werden mit umgekehrten Vorzeichen analog behandelt, auch hier die effektiven Massen bitte im Internet nachsehen. Man erhält für die Ionisierungsenergie der Akzeptoren

$$E_A = E_v + \frac{e^4 m^*}{2 \cdot (4\pi)^2 \cdot \varepsilon^2 \hbar^2} = E_v + 13.6 \cdot \frac{m^*}{m_0} \left(\frac{\varepsilon_0}{\varepsilon_0 \varepsilon_r} \right)^2 \quad \text{(eV)}. \tag{2.66}$$

Falls Sie auch noch der Bahnradius des Grundzustandes eines Donators oder Akzeptors interessiert: Nehmen Sie einfach Gl. 2.59 und verwenden auch hier die richtige effektive Easse und die Dielektrizitätskonstante des jeweiligen Halbleiters. Hinweis: Die Ausdehnung einer Störstelle ist meistens erheblich größer als die Gitterkonstante im Kristall (Abb. 2.17).

Abb. 2.17 Schematische Darstellung des Wirkungsbereichs eines Phosphoratoms in einem Siliziumkristall

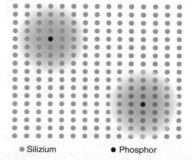

● Silizium   ● Phosphor

Das Konzept der effektiven Masse

3

Inhaltsverzeichnis

3.1 Effektive Massen? – Was soll das denn sein?

Beginnen wir mit einem Vergleich aus dem täglichen Leben: Sie gehen in den Biomarkt und kaufen 2 kg klassische Kartoffeln. Dann fahren Sie mit dem Fahrrad nach Hause, gehen in Ihre Küche, legen die Kartoffeln auf die Waage und stellen zufrieden fest: $m = 2$ kg. Jetzt kommt die quantenmechanische Version dieses Einkaufs: Sie nehmen einen Golddraht (das ist der Biomarkt mit den Kartoffeln), löten diesen auf einen Halbleiter und schütten dann 2 kg quantenmechanische Kartoffeln (Elektronen) per Stromfluss in den Halbleiter aus z. B. GaAs (der Halbleiter ist die Küche). Im Golddraht haben alle Elektronen die übliche Elektronenmasse m_0. Im Halbleiter (Küche), so sagt die Waage, ist die Elektronenmasse (Kartoffelmasse) nur noch $m = 0.067 \cdot m_0$. Ähhh, wie das? Kartoffeldiebstahl, Schädlingsbefall oder Antigravitation? Mitnichten, der Grund ist die Auswirkung der Bandstruktur auf die Elektronen im Kristall. Um dieses zu verstehen, fassen wir kurz unsere bisherigen Erkenntnisse bis zu diesem Punkt zusammen:

- Elektronen in eindimensionalen periodischen Potentialen haben eine $E(k)$-Beziehung.
- Elektronen in dreidimensionalen periodischen Potentialen haben eine kompliziertere $E(k)$-Beziehung.

© Springer-Verlag GmbH Deutschland, ein Teil von Springer Nature 2020
J. Smoliner, *Grundlagen der Halbleiterphysik*,
https://doi.org/10.1007/978-3-662-60654-4_3

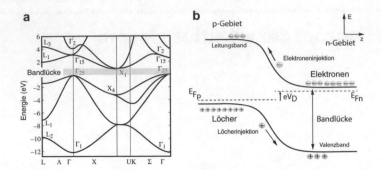

Abb. 3.1 a Bandstruktur von Silizium (E(k)-Diagramm), und **b** Bandprofil einer pn-Diode
(Energie-Ortsdiagramm) zum direkten Vergleich (Mishra und Singh 2008) E_{F_p} und E_{F_n} sind die
Fermi-Niveaus im p- und n-Gebiet, V_D ist die an die Diode angelegte Spannung

- Halbleiterkristalle sind komplizierte, dreidimensionale periodische Potential-
  strukturen.
- Folglich haben Elektronen in Halbleiterkristallen eine ziemlich komplizierte
  $E(k)$-Beziehung.
- Diese $E(k)$-Beziehung wird Bandstruktur genannt. Den Verlauf des Leitungsban-
  des E_c und des Valenzbandes E_v im Ortsraum, also $E_c(z)$ und $E_v(z)$, nennt man
  Bandprofil (Abb. 3.1). Wer das bei der Prüfung durcheinander bringt, bekommt
  ein Minus.

Na gut, aber komplizierte Bandstrukturen sind nichts für das einfache Gemüt eines
Experimentalisten und außerdem sind sie in ihrer rohen Form für die Berechnung
irgendwelcher Dioden- oder Transistorkennlinien ziemlich unpraktisch. Aus diesem
Grund wird in der Halbleiterphysik durch gnadenlose Analogiebildung zur klassischen Mechanik (deswegen heißt das ja auch Quantenmechanik) immer eine effektive Elektronenmasse verwendet, welche dann in allen Experimenten auch wirklich
gemessen wird. In dieser effektiven Elektronenmasse stecken dann alle Auswirkungen der Bandstruktur des jeweiligen Halbleiterkristalls und man kann fröhlich so
tun, als wäre der Halbleiter die perfekte Vakuumdose für freie Elektronen, die jetzt
aber eine andere Masse haben und auch eine andere Dielektrizitätskonstante sehen.
Merke: Die effektive Masse ist meist kleiner als die Masse des freien Elektrons.

Ehe wir aber die effektive Masse formal einführen, sollten wir uns vielleicht
doch überlegen, ob solch haarsträubende Vereinfachungen überhaupt erlaubt sind.
Zu diesem Zweck werfen wir als Nächstes einen Blick auf das Bloch-Theorem.

3.2   Das Bloch-Theorem

Aufgrund der Symmetrieeigenschaften der Kristallgitter sind allgemeine Aussagen
über die Wellenfunktionen möglich:

- Das Potential $U(\vec{r})$ hat die Periodizität des Gitters, daher hat auch der Hamilton-
  Operator H die Periodizität des Gitters. Die Eigenfunktionen von H sind auch

Eigenfunktionen des Translationsoperators T, definiert durch $T\left(\vec{R}\right)\Psi\left(\vec{r}\right) = \Psi\left(\vec{r}+\vec{R}\right)$, wobei $\vec{R}$ ein Gittervektor ist.

- T und H kommutieren: $\left[T(\vec{R})H - HT(\vec{R})\right] = 0$. $\Psi\left(r\right)$ ist also eine gemeinsame Eigenfunktion von T und H. Das müssen Sie hier glauben oder ein gutes Buch über Quantenmechanik lesen. Vorsicht, zu dieser Aussage gibt es ziemlich komische Sprüche hier und da. Nochmals: Ist der Kommutator zwischen zwei Operatoren Null, so haben diese Operatoren gemeinsame Eigenfunktionen. Mehr ist es nicht, aber es kann sehr praktisch sein, dieses zu wissen.

- Die Elektronendichte $|\Psi\left(\vec{r}\right)|^2 = \left|\Psi\left(\vec{r}+\vec{R}\right)\right|^2$ und hat die Periodizität des Gitters. Daher folgt $|\Psi\left(\vec{r}\right)| = \left|\Psi\left(\vec{r}+\vec{R}\right)\right|$, und man kann schreiben: $T\left(\vec{R}\right)\Psi\left(\vec{r}\right) = e^{i\vec{k}\vec{R}}\Psi\left(\vec{r}\right) = \Psi\left(\vec{r}+\vec{R}\right)$.

Zu jedem Ψ, das eine Eigenfunktion eines Elektrons im Kristall ist, gehört also genau ein $\left\langle\vec{k}\right\rangle = \int\psi^* i\vec{\nabla}\psi\,d\vec{r}$, so dass Ψ auch eine Eigenfunktion des Translationsoperators $T(\vec{R})$ zum Eigenwert $e^{i\vec{k}\vec{R}}$ ist. Ψ ist dann sowohl durch $\vec{k}$ als auch durch $\vec{r}$ klassifiziert, und man erhält ein $\Psi_n\left(\vec{k},\vec{r}\right)$ (mit einem optionalen Index n für das jeweilige Band).

Das ist auch schon das Blochsche Theorem, welches in Worten ausgedrückt lautet: Die Lösungen der Schrödinger-Gleichung für ein periodisches Potential sind gleichzeitig Eigenfunktionen des Translationsoperators.

Da $\Psi\left(\vec{k},\vec{r}\right)$ auch eine Eigenfunktion von H ist, folgt für die Energieeigenwerte

$$H\Psi\left(\vec{k},\vec{r}\right) = E(\vec{k})\Psi\left(\vec{k},\vec{r}\right), \tag{3.1}$$

was bedeutet, dass auch die Energieeigenwerte von k-abhängig sind.

Schauen wir nun, was passiert, wenn wir uns im k-Raum durch Addition eines reziproken Gittervektors $\vec{G}$ zu einem anderen Gitterpunkt bewegen. Da ja $e^{i\vec{k}\vec{R}} = e^{i(\vec{k}+\vec{G})\vec{R}}$ gilt, erhalten wir mit

$$\vec{G} = h\vec{A} + k\vec{B} + l\vec{C} \tag{3.2}$$

und

$$\vec{R} = m\vec{a} + n\vec{b} + p\vec{c} \tag{3.3}$$

für das Produkt $\vec{G}\vec{R}$

$$\vec{G}\vec{R} = hm\vec{a}\vec{A} + kn\vec{b}\vec{B} + lp\vec{c}\vec{C} + \text{gemischte Produkte.} \tag{3.4}$$

Jetzt machen wir uns das Leben einfach, und setzen zu einem schnellen Plausibilitätstest die Koeffizienten $h = k = l = m = n = p = 1$. Dann sind die gemischten

Produkte wegen der Orthogonalität der Vektoren Null und die ersten drei Terme liefern jeweils 2π (siehe Definition des reziproken Gitters). Man bekommt also

$$e^{i\vec{k}\vec{R}} \cdot e^{i\vec{G}\vec{R}} = e^{i\vec{k}\vec{R}} \cdot e^{i6\pi} = e^{i\vec{k}\vec{R}} \cdot 1. \tag{3.5}$$

Allgemein ordnet damit der Translationsoperator einer Wellenfunktion Ψ nicht nur einen k-Vektor, sondern alle Vektoren $\vec{k} + \vec{G}$ zu. Alle diese Punkte im k-Raum sind äquivalent, und es gilt:

$$\Psi\left(\vec{k}\right) = \Psi\left(\vec{k} + \vec{G}\right) \tag{3.6}$$

Die Lösungen der Schrödinger-Gleichung $\Psi\left(\vec{k}\right)$ haben also im k-Raum die Periodizität des reziproken Gitters. Daher ist $E(k)$ eine periodische Funktion von k. Das Konzept der ersten Brillouin-Zone ist somit gerechtfertigt.

Eine spezielle Wahl von $\Psi\left(\vec{k}, \vec{r}\right)$ sind die Funktionen

$$\Psi_n\left(\vec{k}, \vec{r}\right) = e^{i\vec{k}\vec{r}} u_n(\vec{k}, \vec{r}), \tag{3.7}$$

wobei $u_n(\vec{k}, \vec{r}) = u_n\left(\vec{k}, \left(\vec{r} + \vec{R}\right)\right)$ gitterperiodisch ist. Aufpassen: In der Exponentialfunktion steht jetzt irgendein beliebiges $\vec{r}$ und kein Gittervektor! Ψ und u können noch durch einen Bandindex n als $\Psi_n\left(\vec{k}, \vec{r}\right)$ und $u_n\left(\vec{k}, \vec{r}\right)$ klassifiziert werden. Diese spezielle Wahl von Wellenfunktionen erfüllt mit der Forderung der Gitterperiodizität von $u_n(\vec{k}, \vec{r})$ aber auch das Bloch-Theorem weil gilt:

$$\Psi_n\left(\vec{k}, \left(\vec{r} + \vec{R}\right)\right) = e^{i\vec{k}(\vec{r}+\vec{R})} u_n\left(\vec{k}, \left(\vec{r} + \vec{R}\right)\right) = e^{i\vec{k}\vec{R}} e^{i\vec{k}\vec{r}} u_n(\vec{k}, \vec{r}) \tag{3.8}$$

Anders ausgedrückt sind die $\Psi_n\left(\vec{k}, \vec{r}\right) = e^{i\vec{k}\vec{r}} u(\vec{k}, \vec{r})$ ebenfalls Bloch-Funktionen und deswegen steht in vielen Büchern gerne ohne irgendeine Erklärung der Satz: Das Bloch-Theorem besagt, dass in einem Kristall die Wellenfunktionen immer als Produkt einer ebenen Welle und einer gitterperiodischen Funktion geschrieben werden können. Zur Veranschaulichung dieser Geschichte zeigt Abb. 3.2 eine Bloch-Funktion mit gitterperiodischem Anteil $u(k, z)$ und überlagerter ebener Welle e^{ikz}.

Na gut, die obige Story mag ja stimmen, aber was bringt das? Mehr als man denkt: Der Kristall ist normalerweise groß und enthält damit jede Menge Eigenfunktionen zu nahezu jedem beliebigen k-Wert. Auf alle diese Eigenfunktionen kann man dann eine ebene Welle mit genau diesem k-Wert draufmultiplizieren, aber das Produkt ist dann noch immer eine Eigenfunktion. Diese ebene Welle (Wellenpakete gehen auch) ist aber gerade das Elektron, das ich mit meinem gewünschten k-Wert durch den Kristall schicken kann, und das Beste daran ist: Die ursprüngliche Eigenfunktion des Kristalls kann einem komplett wurscht sein (solange sie existiert), denn alles, was uns normalerweise interessiert, ist das Verhalten der ebenen Welle oder des Wellenpakets.

Abb. 3.2 Veranschaulichung
einer Bloch-Funktion mit
gitterperiodischem Anteil
$u(z)$ und überlagerter ebener
Welle e^{ikz}

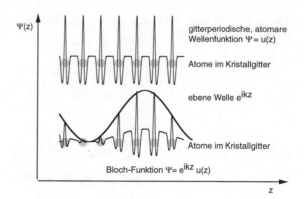

Wenn ich mich recht erinnere, wird das envelope function approximation genannt
(Kennt vielleicht jemand eine vernünftige deutsche Übersetzung?). Genau das ist
aber der zentrale Knackpunkt der Halbleiterei überhaupt, weil man nur mit dieser
Idee die effektive Masse und alles andere einführen kann.

Ehe man zur effektiven Masse gelangen kann, muss man erst darüber nachdenken, ob dieser komische $\vec{k}$-Vektor vielleicht eine klassische physikalische Bedeutung
haben könnte. Dazu verwenden wir die Lösung der zeitabhängigen Schrödinger-
Gleichung

$$\Psi(\vec{k}, \vec{r}, t) = u_k(\vec{r}) \cdot e^{i \cdot \left(\vec{k}\vec{r} - \omega \cdot t \right)}, \tag{3.9}$$

und die daraus resultierende Beziehung für die Energie und die Frequenz

$$E = \hbar\omega. \tag{3.10}$$

In der klassischen Wellenlehre haben wir folgende Beziehung für die Gruppengeschwindigkeit einer Welle gelernt:

$$v_g = \frac{\partial \omega}{\partial k} \tag{3.11}$$

$$v_g = \frac{\partial E}{\hbar \partial k} \tag{3.12}$$

In Vektorform:

$$\vec{v}_g = \frac{1}{\hbar} \vec{\nabla}_k E(k) \tag{3.13}$$

Damit lässt sich der Energiegewinn eines Elektrons im äußeren elektrischen Feld $\vec{E}$ so hinschreiben (Arbeit = Kraft · Weg):

$$dE = -e\vec{E} \cdot \vec{v}_g \cdot dt$$

$$dE = \frac{dE}{d\vec{k}}d\vec{k} = -e\vec{E} \cdot \vec{v}_g \cdot dt$$

$$E = \frac{\hbar^2 k^2}{2m} \tag{3.14}$$

$$\frac{dE}{d\vec{k}} = \frac{\hbar^2 \vec{k}}{m} = \frac{\hbar\vec{p}}{m} = \hbar\vec{v}_g$$

$$\hbar\vec{v}_g d\vec{k} = -e \cdot \vec{E} \cdot \vec{v}_g \cdot dt$$

Aus diesen Formeln bekommen wir dann

$$\hbar\frac{d\vec{k}}{dt} = -e\vec{E} = \vec{F}_{ext}. \tag{3.15}$$

$\vec{F}_{ext}$ ist die externe Kraft. Vorsicht: Nicht die Energie E mit dem Feld $\vec{E}$ verwechseln. Das Minus kommt daher, dass die Kraft auf ein Elektron wirkt. Elektrische Felder gehen immer vom Pluspol zum Minuspol, das Elektron bewegt sich in die Gegenrichtung. Weil das genauso aussieht wie in der klassischen Mechanik

$$\frac{d\vec{p}}{dt} = \vec{F}_{ext}, \tag{3.16}$$

haben wir jetzt gewonnen, da für Elektronen im periodischen Potential mit dem Bloch-Theorem und $\Psi = u_k \cdot e^{i\vec{k}\vec{r}}$ also wirklich folgt: $\hbar\frac{dk}{dt} = F_{ext}$. Das ist das Gleiche wie für freie Elektronen, lediglich die $E(k)$-Relation ist im Kristall anders und nicht nur simpel $\frac{\hbar^2 k^2}{2m} = E(k)$.

Fazit: Man kann also wirklich so tun, als wäre der Halbleiter die perfekte Vakuumdose für freie Elektronen, die jetzt aber eine andere Masse haben. Nächster Schritt: Die Einführung der effektiven Masse.

3.3 Die Definition der effektiven Masse

Um eine effektive Masse einführen zu können, starten wir bei der Gruppengeschwindigkeit, und der Einfachheit halber bleiben wir eindimensional:

$$v_g = \frac{dE}{dk} \cdot \frac{1}{\hbar} \tag{3.17}$$

Die Ableitung der Gruppengeschwindigkeit ist die Beschleunigung:

$$\frac{dv_g}{dt} = \frac{1}{\hbar} \cdot \frac{d^2 E}{dkdt} = \frac{1}{\hbar} \cdot \frac{d^2 E}{dk^2} \cdot \frac{dk}{dt} \tag{3.18}$$

Dann brauchen wir noch die Kraft auf das Teilchen:

$$\hbar \cdot \frac{dk}{dt} = F \quad \text{vgl.} \quad F = \dot{p} \tag{3.19}$$

Einsetzen liefert

$$\frac{dv_g}{dt} = \frac{1}{\hbar^2} \cdot \frac{d^2 E}{dk^2} \cdot F \tag{3.20}$$

oder

$$F = \frac{\hbar^2}{\frac{d^2 E}{dk^2}} \cdot \frac{dv_g}{dt}. \tag{3.21}$$

Analog zur berühmten Formel Kraft = Masse · Beschleunigung (Gl. 13.3)

$$F = m \cdot a \tag{3.22}$$

folgt dann sofort

$$\frac{1}{m^*} = \frac{1}{\hbar^2} \cdot \frac{d^2 E}{dk^2}. \tag{3.23}$$

Die Formel für m^* ist nur in der Nähe der Bandkanten sinnvoll. Betrachtet man die realen Bandstrukturen von GaAs oder Silizium (Abb. 3.3 und 3.4), so sieht man, dass die realen Bandstrukturen Wendepunkte besitzen. Dort wäre die effektive Masse unendlich groß, und das könnte in der Realität spannend werden. Stellen Sie sich vor, Sie sitzen hinter Ihrer Playstation, ballern sich fröhlich durch irgendein Counter-Strike Szenario und sind kurz davor, den Gegner zu besiegen. Leider erreicht in diesem Moment irgendein Elektron den Wendepunkt der Bandstruktur, wird unendlich schwer (ein Elektron reicht), der Tisch, auf dem die Playstation steht, bricht zusammen, und es bildet sich ein schwarzes Loch, welches die Playstation verschlingt. Was für ein Frust. Zum Glück reißt dabei das Stromkabel ab, das schwarze

Abb. 3.3 Bandstruktur von GaAs (Mishra und Singh 2008; Cohen und Bergstresser 1966)

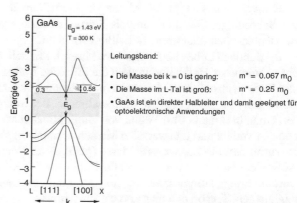

Leitungsband:

- Die Masse bei k = 0 ist gering: $m^* = 0.067\, m_0$
- Die Masse im L-Tal ist groß: $m^* = 0.25\, m_0$
- GaAs ist ein direkter Halbleiter und damit geeignet für optoelektronische Anwendungen

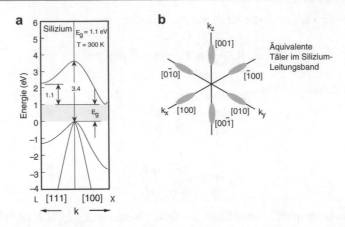

Abb. 3.4 a Bandstruktur von Silizium. **b** Äquivalente Täler im Silizium Leitungsband. (Mishra und Singh 2008; Cohen und Bergstresser 1966). Hinweis: $\left[\bar{1}\,00\right] = [-100]$.

Loch verschwindet ebenfalls und Sie sind in Sicherheit, nur die Playstation ist weg. Schwachsinnige Story? Klar, aber hoffentlich einprägsam. Die effektive Masse wird niemals unendlich, man muss nur in der Bandmitte ein anderes Modell dafür verwenden, das Stichwort ist kp-Theorie, die wir hier in diesem Text aber nicht diskutieren.

Nächstes Problem: Der obere Rand des Bandes am Rand der Brillouin-Zone. Hier wird die effektive Masse negativ, es kommt zu schweren Antigravitationseffekten, und Ihre Playstation entschwebt durch Ihr Wohnzimmerfenster von dannen. Auch hier reißt zum Glück das Stromkabel wegen seiner endlichen Länge, die Playstation fällt aus 10 m Höhe zu Boden (10 m Verlängerungskabel vorausgesetzt) und ist kaputt. Es gibt zum Glück keine Verletzten. Schwachsinnige Story? Klar, aber hoffentlich einprägsam. Das Elektron mit der negativen Masse nennt man Loch, das falsche Vorzeichen sorgt für eine scheinbar (!) positive Ladung, und Levitationen gibt es bestenfalls im Zusammenhang mit Marienerscheinungen in Altötting, Bayern, nahe der Grenze zu Österreich bei Schärding (Informationsquelle: Diverse einschlägige Postkarten im lokalen Devotionaliengeschäft).

Hinweis: Für die effektive Masse gibt es auch noch eine weitere Herleitung über die Schrödinger-Gleichung mittels Störungstheorie zweiter Ordnung, auf die der Elektrotechniker aber gerne freiwillig verzichtet.

Im richtigen Leben ist die effektive Masse leider selten eine simple Zahl. GaAs ist ein freundlicher Halbleiter, in dem die effektive Masse im Leitungsband homogen und isotrop, also überall gleich und nicht richtungsabhängig ist. Silizium (indirekter Halbleiter) ist schon deutlich unfreundlicher. Bei Silizium spricht man, vorausgesetzt man hat einen (100)-Wafer, von longitudinalen Massen senkrecht zur Oberfläche des Wafers und transversalen Massen parallel zur Waferoberfläche. Zum Glück ist zumindest die transversale Masse (parallel zur Waferoberfläche) immer gleich. Außerdem ist sie in dieser Kristallorientierung für Silizium minimal. Was das für Vorteile bringt, kommt später im Text. Mathematisch betrachtet ist m^* im Allgemeinen also ein Tensor, den man gerne so anschreibt:

$$\frac{1}{m^*} = \frac{1}{m^*_{ij}} \tag{3.24}$$

Für Silizium z. B. lässt sich die Bandstruktur im Leitungsband als Reihenentwicklung anschreiben:

$$E_n(\vec{k}) = E_n(0) + \frac{1}{2} \sum_{ij} \frac{\hbar^2}{m^*_{ij}} \cdot k_i \cdot k_j + \dots \text{ höhere Terme} \tag{3.25}$$

womit in parabolischer Näherung für das Leitungsband dann Folgendes übrig bleibt (das Valenzband verhält sich komplizierter):

$$E(\vec{k}) = E_L + \frac{\hbar^2}{2} \cdot \left(\frac{\left(k_x - k_{x0}\right)^2}{m^*_{t1}} + \frac{\left(k_y - k_{y0}\right)^2}{m^*_{t2}} + \frac{\left(k_z - k_{z0}\right)^2}{m^*_l} \right) \tag{3.26}$$

In Silizium ist dann $m^*_{t1} = m^*_{t2}$ die transversale Masse und m^*_l die longitudinale Masse. Man beachte: Bei Si ist $\frac{m^*_t}{m^*_l} = 5$, bei Ge ist $\frac{m^*_t}{m^*_l} = 20$. Die Anisotropie in beiden Halbleitern ist damit ziemlich groß.

Wichtig ist jetzt nun, die effektive Masse richtig zu verwenden. Für alle Effekte, die irgendwie mit der Leitfähigkeit des Halbleiters zu tun haben könnten, darf man nicht die Zustandsdichtemasse aus dem Kap. 4 verwenden, sondern man muss die sogenannte Leitfähigkeitsmasse m^*_{cond} verwenden, die für Silizium so definiert ist:

$$\frac{1}{m^*_{cond}} = \frac{1}{3} \left(\frac{1}{m^*_{t1}} + \frac{1}{m^*_{t2}} + \frac{1}{m^*_l} \right) \tag{3.27}$$

Gewonnen wird diese Formel für die Leitfähigkeitsmasse aus der Gesamtleitfähigkeit σ des Halbleiters unter Berücksichtigung aller Streuprozesse nach dem Motto, dass wir alle Streuprozesse parallel schalten und daher die zugehörigen Streuzeiten parallel addieren. Details darüber kommen später im Kapitel über den elektronischen Transport (Kap. 7), hier bitte das Ganze einfach glauben, und nicht darüber nachdenken. Die Gesamtleitfähigkeit ist

$$\sigma = en\mu, \tag{3.28}$$

wobei für die Gesamtbeweglichkeit μ gilt (τ ist eine inverse Streurate, auch Streuzeit genannt):

$$\mu = \frac{e\tau}{m^*} \tag{3.29}$$

Will man mit einer gemittelten Streuzeit τ und einer gemittelten Beweglichkeit arbeiten, erfolgt die Mittelung über die diversen Streuprozesse so:

$$\frac{1}{\tau} = \sum_i \frac{1}{\tau_i} = \sum_i \frac{e}{\mu_i \, m^*}, \tag{3.30}$$

d. h., die Streuprozesse werden alle parallel geschaltet, was ja ganz vernünftig ist. Diese Formel ist die sogenannte Matthiessenregel für Streuzeiten. Die effektiven Massen lassen sich aber nicht so einfach parallel schalten oder addieren, man braucht besonders für den Fall mehrfach vorhandener Leitungsbänder, wie sie gerne in indirekten Halbleitern wie Silizium auftreten, eine etwas anders gemittelte effektive Leitfähigkeitsmasse (Gl. 3.27). Die Formel für die Streuzeit wird dann für Silizium zu

$$\frac{1}{\tau} = \frac{e}{\mu m^*} = \sum_i \frac{e}{\mu_i} \left(\sum_{j=1}^{3} \frac{1}{3} \frac{1}{m_j^*} \right). \tag{3.31}$$

Aufpassen: Auf so etwas wird in diversen Büchern nur sehr selten hingewiesen.

3.4   Elektronen und Löcher

Das Konzept der effektiven Masse ist elegant und schön, aber leider nur im Leitungsband. Im Valenzband gibt es noch einen Schönheitsfehler, um den wir uns jetzt kümmern müssen. Nehmen wir dazu an, die Temperatur sei größer als 0 K und es gebe daher eine gewisse Anzahl von Elektronen im Leitungsband, welche thermisch angeregt aus dem Valenzband stammen. Wichtig: Wir befinden uns in einem reinen Bändermodell, also abstrakten $E(k)$ Strukturen; Dinge wie zurückbleibende, geladene Atome etc. existieren in diesem Modell nicht, es werden lediglich Elektronen zwischen den Bändern umverteilt.

Die Anzahl der Elektronen im Leitungsband ist natürlich genau gleich der Anzahl von freien Plätzen für Elektronen im Valenzband. Diese Annahme ist ebenfalls wichtig, denn beim Anlegen eines elektrischen Feldes werden die Elektronen beschleunigt und gewinnen Energie, aber nur, wenn im jeweiligen Band auch genügend freie Plätze bei höheren Energien zur Verfügung stehen. Gibt es keine freien Plätze, egal in welchem Band, können die Elektronen nicht beschleunigt werden, und es fließt auch kein Strom.

Kümmern wir uns zuerst um die Elektronen im Leitungsband und legen ein kleines elektrisches Feld an. Die Kraft auf die Elektronen im elektrischen Feld ist

$$F = m^* a = m_c^* \frac{dv}{dt} = -eE. \tag{3.32}$$

m_c^* ist die effektive Masse im Leitungsband. Nach einer gewissen Zeit haben die Elektronen dann die Geschwindigkeit

$$v = \int_0^{\tau} \frac{eE}{m_c^*} dt. \tag{3.33}$$

Im Valenzband kommt das Gleiche heraus, aber natürlich mit der entsprechenden effektiven Masse im Valenzband:

$$v = \int\limits_0^\tau \frac{eE}{m_v^*} dt \qquad (3.34)$$

Kümmern wir uns nun um die Elektronen im Valenzband. Da wir oben Elektronen aus dem Valenzband ins Leitungsband befördert haben, gibt es jetzt im Valenzband freie Plätze, und die Elektronen im Valenzband können sich auch dort bewegen. Jetzt kommt der Schönheitsfehler im Modell: Wie man z. B. aus Abb. 3.3 sieht, ist die effektive Masse im Valenzband wegen der negativen Krümmung des Bandes ebenfalls negativ. Die Elektronen im Valenzband bewegen sich daher, nicht wie üblich entgegen der Richtung des elektrischen Feldes (das Feld zeigt von Plus nach Minus), sondern entfliehen in Feldrichtung. Das ist zwar richtig, aber irgendwie uneinsichtig. Um sich vorstellungsmäßig und rechentechnisch unnötigen Ärger zu ersparen, greift man daher zu dem einfachen Trick, dass man einem Elektron auf einem Zustand im Valenzband eine positive effektive Masse gibt, dafür aber auch das Vorzeichen der Ladung vertauscht und das Ganze als Loch bezeichnet. Wichtig, und das wird gerne verwechselt: Nicht der unbesetzte Zustand ist also das Loch, sondern das Elektron, das in falscher Richtung von einem unbesetzten Zustand in den nächsten hoppelt!

Wir (also der Kollege Gross in seinem wunderbaren Buch über Festkörperphysik und ich) können also zusammenfassend und übereinstimmend sagen, dass ein Elektron mit einer negativen effektiven Masse und einer negativen Ladung auf äußere Felder genauso reagiert wie ein entsprechendes Teilchen mit einer positiven effektiven Masse und positiven Ladung (Gross und Marx 2014). Da wir oben gesehen haben, dass die Reaktion eines Lochs derjenigen eines Elektrons entspricht, wenn dieses sich in dem unbesetzten Zustand befinden würde, können wir folgern, dass Löcher sich in jeglicher Hinsicht wie positiv geladene Teilchen verhalten.

Wie passt das zu den üblichen Vorstellungen wie z. B. der Fotoleitung? Im üblichen Jargon heißt es: Ein Photon generiert ein Elektron-Loch-Paar, das durch ein elektrisches Feld getrennt werden kann. Diese Formulierung suggeriert, dass wirklich ein Ladungspaar erzeugt wurde und genau das stimmt eben nicht.

Präziser sollte es heißen: Ein Photon hebt ein Elektron ins Leitungsband, wo es sich frei bewegen kann. Im Valenzband bleibt ein freier Platz zurück. Dieser freie Platz hat aber keine (!) eigene Ladung, kann aber als Pausenstation für Elektronen verwendet werden. Die Elektronen im Valenzband können sich daher mit Hilfe dieses freien Platzes ebenfalls bewegen. Wegen der negativen effektiven Masse der Elektronen sieht es dann nur so aus (!), als ob sich eine positive Ladung über diesen Zustand in Richtung der negativen Elektrode bewegt. Es gibt damit also keinen Widerspruch zum üblichen schlampigen Jargon und hoffentlich etwas mehr Klarheit über die Situation.

3.5   Zyklotronresonanz

Die Standardmethode zur Bestimmung von effektiven Massen ist die winkelabhän-
gige Messung der Zyklotronresonanz (Abb. 3.5a). Zu diesem Zweck wird ein Halbleiter mit Mikrowellen durchstrahlt und die Absorption oder die Reflexion als Funktion
eines angelegten Magnetfeldes gemessen. Damit das gut funktioniert, müssen es die
Elektronen im Halbleiter schaffen, ohne Streuung einen vollen Kreis im Magnetfeld zu absolvieren. In Formeln ausgedrückt muss also das Produkt aus Streuzeit
(inverse Streurate) und Zyklotronfrequenz größer sein als eins. Tiefe Temperaturen
sind also von Vorteil, die Messung wird daher meistens im flüssigen Helium gemacht
($\omega_c \cdot \tau \gg 1$; $T = 4\,\text{K}$).

Die Zyklotronfrequenz bekommt man aus der Beziehung, dass die Lorentz-Kraft
gleich der Zentripetalkraft (fälschlich gerne Zentrifugalkraft genannt) sein muss:

$$\frac{m^* \cdot v^2}{R} = e \cdot v \cdot B = m^* \cdot \omega_c \cdot v \qquad \omega_c = \frac{e \cdot B}{m^*} \tag{3.35}$$

Die Frage ist nun, wie groß ist m^*, beziehungsweise, welche effektive Masse sehen
wir nun in diesem Experiment? Nehmen wir einmal an, wir hätten einen Halbleiter
mit einer anisotropen, aber noch parabolischen Bandstruktur:

$$E(\vec{k}) = \frac{\hbar^2}{2} \left(\frac{k_x{}^2}{m_x^*} + \frac{k_y{}^2}{m_y^*} + \frac{k_z{}^2}{m_z^*} \right) \tag{3.36}$$

Das Magnetfeld, welches wir an den Halbleiter anlegen, soll so aussehen:

$$\vec{B} = \begin{pmatrix} B_x \\ B_y \\ B_z \end{pmatrix} = B \cdot \begin{pmatrix} \cos \Theta_x \\ \cos \Theta_y \\ \cos \Theta_z \end{pmatrix} \qquad \Theta_x = \angle \left(\vec{x}\,; \vec{B} \right) \tag{3.37}$$

$\Theta_{x,y,z}$ sind die Winkel zwischen dem Magnetfeld und den jeweiligen Achsen.
Jetzt müsste man einige längliche Rechnungen mit Massentensoren durchführen, die
wir uns an dieser Stelle jedoch sparen. Wir glauben der Einfachheit halber einfach
das Ergebnis für die Zyklotronmasse in Silizium und Germanium, welche wir am
Ende messen:

$$\frac{1}{m_c^*} = \left[\frac{\cos^2 \Theta_x}{m_y^* \cdot m_z^*} + \frac{\cos^2 \Theta_y}{m_x^* \cdot m_z^*} + \frac{\cos^2 \Theta_z}{m_x^* \cdot m_y^*} \right]^{\frac{1}{2}} \tag{3.38}$$

Diese Formel sieht sehr freundlich aus. Zuerst stellen wir das Magnetfeld senkrecht zur (100)-Ebene ein, d. h. $\Theta_x = \Theta_y = 90°$ und $\Theta_z = 0$. In der obigen
Formel ist dann $\cos^2 \Theta_z = 1$, und der Rest ist null. Jetzt ist aber $m_x^* = m_y^* = m_t^*$
und damit lässt sich die transversale Masse durch eine Messung des Maximums

der Mikrowellenabsorption als Funktion des Magnetfeldes einfach bestimmen. Hat man m_t bestimmt, dreht man die Probe um 90° und bekommt auf analoge Weise $m_z = m_l$. Man könnte natürlich auch mit fixem Magnetfeld die Absorption als Funktion der Frequenz messen, aber kontinuierlich durchstimmbare Mikrowellenquellen sind kaum zu bekommen und extrem teuer. Auch Vektorfeldmagneten mit drehbaren Magnetfeldern sind nicht billig, und damit ist eine Variation des Magnetfeldes und das Drehen der Probe die einfachste Lösung. Abb. 3.5 zeigt typische experimentelle Daten von Silizium und Germanium. Wie man sieht, haben Zyklotronresonanz-Absorptionsspektren aber nicht nur eine, sondern gleich mehrere Absorptionslinien. Die Ursachen hierfür können sein:

- Elektronen
- Löcher
- Mehrere Bänder
- Mehrere Massen im gleichen Band bei Entartung

In Silizium und Germanium bekommt man wegen der bekannten Bandstruktur alle effektiven Massen mit zwei Messungen, und das ist praktisch. Unpraktischer wird es, wenn man die Bandstruktur des zu untersuchenden Materials nicht kennt. Dann helfen nur eine zusätzliche systematische Variation des Winkels und noch mehr

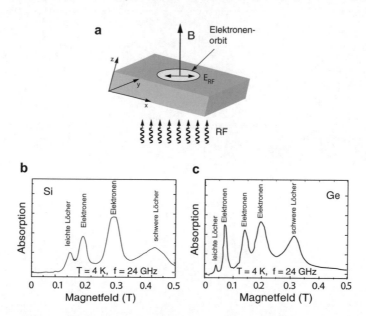

Abb. 3.5 a Schema eines Zyklotronresonanz-Experiments. Die Mikrowellenstrahlung (RF) ist parallel zum Magnetfeld $\vec{B}$, das zugehörige elektrische Feld $\vec{E}_{RF}$ steht senkrecht auf $\vec{B}$. Dann wird die Probe gedreht, aber Vorsicht, das Koordinatensystem klebt hier auf der gedrehten Probe. **b** Absorptionsspektren für Silizium und **c** für Germanium bei $f = 24$ GHz und $T = 4$ K. Silizium: B-Feld in der (110)-Ebene unter 30° Winkel zur [100]-Richtung. Germanium: B-Feld in der (110)-Ebene unter 60° zur [100]-Richtung (Nach Dresselhaus 1955)

zusätzliches Gewürge mit dem Massentensor. Ein wichtiger Hinweis zum Schluss:
Die Bestimmung der effektiven Masse mittels Zyklotronresonanz funktioniert nur
in der Nähe der Bandkanten! Die Bestimmung der effektiven Massen bei höheren
Energien ist extrem schwierig.

3.6   kp-Theorie, nein danke

Mittels kp-Theorie könnte man sich die effektive Masse bei höheren Energien ausrechnen, also vor allem in dem Bereich, in dem die Masse bereits vom parabolischen
Verhalten abweicht. Der schlaue Elektrotechnikingenieur überlässt das aber besser
den Theoretikern, und außerdem sind diese Effekte in Silizium, GaAs und GaN
relativ klein. Wer mit Schmalbandhalbleitern (narrow gap semiconductors) zu tun
hat, hat Pech gehabt; dort sind diese Effekte leider ziemlich groß. Wofür braucht
man überhaupt Schmalbandhalbleiter, wenn die eh bloß Ärger machen? Antwort:
Für Infrarotdetektoren, neuerdings auch für Anwendungen in der Spintronik, und
vor allem auch als Material für die Basis in schnellen Hetero-Bipolar-Transistoren.
Hier wird gerne InAs verwendet. Hausaufgabe: Vergleichen Sie die Bandlücke von
InAs mit der von Silizium.

Halbleiterstatistik und Dotierung

4

Inhaltsverzeichnis

4.1 Wie viele Elektronen gibt es eigentlich im Halbleiter?

In den bisherigen Betrachtungen haben wir immer angenommen, dass im ganzen Halbleiter immer nur ein einziges (!) freies Elektron existiert. Das ist kein Scherz, bisher gab es wirklich immer nur ein einziges Elektron in all unseren Betrachtungen, und wir haben trotzdem eine Menge gelernt. In einem richtigen Halbleiter kann man aber nur eher selten von so einer Situation ausgehen, und daher widmet sich dieses Kapitel den folgenden Fragen: Wie viele Energiezustände gibt es im Halbleiterkristall? Wie viele Elektronen sind dort überhaupt vorhanden? Und schließlich: Wie viele dieser Elektronen sind freie Elektronen und können zur Leitfähigkeit beitragen?

Um die Frage nach der Dichte der freien Elektronen im Halbleiterkristall beantworten zu können, nehmen wir zunächst einmal wieder an, dass die Elektronen im Halbleiter völlig freie Elektronen sind, die lediglich statt der Masse der freien Elektronen im Vakuum eben die oben eingeführte effektive Masse haben. Alles spiele sich im Leitungsband ab, Valenzbänder kennen wir derweil noch nicht. Dann nehmen wir an, dass Elektronen Fermionen sind, sprich nicht unterscheidbare Teilchen mit halbzahligem Spin, die sich nicht in identischen Energiezuständen befinden und nicht am selben Ort aufhalten dürfen. Den Spin der Elektronen vernachlässigen wir zunächst einmal fürs Erste. Irgendwelche Dotieratome gebe es zunächst auch nicht,

© Springer-Verlag GmbH Deutschland, ein Teil von Springer Nature 2020   97
J. Smoliner, *Grundlagen der Halbleiterphysik*,
https://doi.org/10.1007/978-3-662-60654-4_4

und alle freien Elektronen im Halbleiter-Leitungsband seien per thermischer Anregung irgendwie aus dem Valenzband gekommen, Details kommen weiter unten.

Vorsicht: Da oben im Text wird plötzlich über Fermionen geredet, aber was ist das überhaupt? Für Elektrotechniker im dritten Semester ein Problem, hätte ich gesagt, denn es fehlt ihnen die Vorlesung über statistische Physik. Ich bitte also höflich darum, einigen Aussagen weiter unten im Text einfach religiösen Glauben zu schenken und die Details bei Bedarf selber zu recherchieren. Das allerdings, könnte länger dauern, und daher schlage ich vor, Sie lesen erst einmal dieses Kapitel und zu Ende, ehe Sie ein Buch über statistische Physik aufschlagen.

4.2   Die Zustandsdichte des freien Teilchens

Um es uns möglichst einfach zu machen, kümmern wir uns zunächst um die Frage, wie viele Elektronen in so einen Halbleiterkristall (im Leitungsband) überhaupt hineinpassen. Betrachten wir dazu auch nur einen eindimensionalen Kristall mit der makroskopischen Kantenlänge L. Das Ganze behandeln wir dann wie einen unendlich tiefen, aber dafür recht großen Potentialtopf (siehe unseren Quantenmechanik Crash-Course im Kap. 1) mit z. B. $L = 10$ cm und wählen dafür die Randbedingung $\Psi = 0$ bei $z = 0$ und $z = L$. Die Wellenfunktionen in diesem Kristall sind dann Sinusfunktionen,

$$\Psi \sim \sin(k \cdot z), \tag{4.1}$$

aber natürlich mit genau vorgegebenen Wellenvektoren k:

$$k = \frac{n \cdot \pi}{L}; \quad n \in N \tag{4.2}$$

Wer unbedingt darauf besteht, dass der Kristall unendlich groß sein muss, kann periodische Randbedingungen $\Psi_{z=0} = \Psi_{z=L}$ annehmen und kommt aber trotzdem auf das gleiche Ergebnis für die Zahl der möglichen Zustände. Hinweis: Hier muss man die Lösungen als $\Psi = A \sin(kz) + B \cos(kz)$ ansetzen. Als Folge davon sind die erlaubten k-Werte immer Vielfache von $2n$:

$$k = n \cdot \frac{2 \cdot \pi}{L} \quad n \in Z \quad \text{(positive und negative } n \text{)} \tag{4.3}$$

Gehen wir jetzt zum dreidimensionalen Fall über. Die Anzahl der Zustände in unserem Kristall bekommt man dann folgendermaßen: Zunächst nimmt man das Volumen des niedrigsten Zustands im k-Raum $\left(\frac{2 \cdot \pi}{L}\right)^3$, der aber im Ortsraum die größte Ausdehnung hat, weil ein kleines k eine große Wellenlänge bedeutet. Ω sei dann irgendein Volumen im k-Raum. Die Anzahl der Zustände in Ω ist dann dieses Volumen dividiert durch das Volumen des niedrigsten Zustands, also $N = \Omega \cdot \frac{L^3}{(2 \cdot \pi)^3}$. So, und jetzt geht es ans Eingemachte. Die Zustandsdichte im k-Raum ist ja noch gut zu verstehen, hier werden einfach stehende Wellen abgezählt. Leider, leider braucht man aber auch manchmal die Zustandsdichte im Energieraum, und das heißt, wir müssen umrechnen.

3-D-Zustandsdichte

Statt Ω nehmen wir jetzt als Volumen d^3k und bekommen für die Anzahl der Zustände dN in d^3k:

$$dN = dN(k) = d^3k \cdot \frac{L^3}{8 \cdot \pi^3} \tag{4.4}$$

$$d^3k = 4\pi k^2 \cdot dk \quad \text{(Kugelkoordinaten)} \tag{4.5}$$

$$E = \frac{\hbar^2 \cdot k^2}{2m^*} \quad \frac{dE}{dk} = \frac{\hbar^2}{m^*} \cdot k \quad dE = \frac{\hbar^2}{m^*} \cdot k \cdot dk \quad dk = \frac{m^*}{\hbar^2} \cdot \frac{1}{k} \cdot dE \tag{4.6}$$

Ja, ja, ich wüsste auch gerne, warum man nicht bei kartesischen Koordinaten bleibt, aber alle machen das so. Als Nächstes rechnen wir also d^3k in dE um:

$$\begin{aligned} d^3k &= 4 \cdot \pi \cdot k^2 \cdot \frac{m^*}{\hbar^2} \cdot \frac{1}{k} \cdot dE \\ &= \frac{4 \cdot \pi \cdot k}{\hbar^2} \cdot m^* \cdot dE \\ &= \frac{4 \cdot \pi}{\hbar^2} \cdot \frac{\sqrt{2 \cdot m^* \cdot E}}{\hbar} \cdot m^* \cdot dE \\ &= \frac{4 \cdot \pi}{\hbar^3} \cdot m^{*\frac{3}{2}} \cdot \sqrt{2 \cdot E} \cdot dE \end{aligned} \tag{4.7}$$

Die Anzahl der Zustände im Energieintervall dE ist dann

$$dN = \frac{L^3}{8 \cdot \pi^3} \cdot \frac{4 \cdot \pi}{\hbar^3} \cdot m^{*\frac{3}{2}} \sqrt{2 \cdot E} \cdot dE \tag{4.8}$$

und nach ein bisschen Durchkürzen

$$dN = \frac{L^3}{2 \cdot \pi^2} \cdot \frac{1}{\hbar^3} \cdot m^{*\frac{3}{2}} \sqrt{2 \cdot E} \cdot dE \tag{4.9}$$

Der Faktor 2 für den Spin wurde hier ignoriert. Der Quotient $dN/dE = D(E)$ wird üblicherweise als Zustandsdichte bezeichnet. Im Dreidimensionalen ist die Zustandsdichte also (Abb. 4.1a)

$$\frac{dN}{dE} = D(E) = \frac{L^3}{2 \cdot \pi^2} \cdot \frac{1}{\hbar^3} \cdot m^{*\frac{3}{2}} \sqrt{2 \cdot E}. \tag{4.10}$$

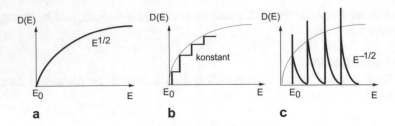

Abb. 4.1 **a** 3-D-Zustandsdichte, **b** 2-D-Zustandsdichte, **c** 1-D-Zustandsdichte

2-D-Zustandsdichte

Jetzt machen wir das Ganze noch einmal, betrachten aber Elektronen, die sich nur
in zwei Dimensionen bewegen können. Der dazu verwendete Trick ist jetzt einfach,
Polarkoordinaten zu nehmen und d^2k zu berechnen:

$$d^2k = 2 \cdot \pi \cdot k \cdot dk \quad \text{(Polarkoordinaten)} \tag{4.11}$$

$$d^2k = 2 \cdot \pi \cdot \frac{\sqrt{2 \cdot m^* \cdot E}}{\hbar} \cdot \frac{m^*}{\hbar^2} \cdot \frac{1}{k} \cdot dE \qquad k = \frac{\sqrt{2 \cdot m^* \cdot E}}{\hbar}$$

$$d^2k = \frac{2 \cdot \pi \cdot m^*}{\hbar^2} \cdot dE \tag{4.12}$$

Die Anzahl der Zustände im Energieintervall dE ist dann (ohne Spin)

$$dN = \frac{L^2}{4 \cdot \pi^2} \cdot \frac{2 \cdot \pi \cdot m^*}{\hbar^2} \cdot dE = \frac{L^2}{2 \cdot \pi \cdot \hbar^2} \cdot m^* \cdot dE. \tag{4.13}$$

Anders ausgedrückt, die Zustandsdichte im Zweidimensionalen ist (Abb. 4.1b):

$$D(E) = \frac{L^2}{4 \cdot \pi^2} \cdot \frac{2 \cdot \pi \cdot m^*}{\hbar^2} = \frac{L^2}{2 \cdot \pi \cdot \hbar^2} \cdot m^* \tag{4.14}$$

Wer genau hinsieht, bemerkt, dass die Anzahl der Zustände (eigentlich Zustandsdichte, aber jeder sagt ‚Anzahl der Zustände') im Zweidimensionalen lustigerweise
nicht von der Energie abhängt, sondern konstant ist. Soweit, so kurios, aber Vorsicht,
da könnten noch weitere, höhere zweidimensionale Zustände, man nennt das höhere
Subbänder, herumlaufen. Hausaufgabe: Bitte weiterlesen und herausfinden, wie das
für Gesamtdichte der Elektronen bei mehreren besetzten Subbändern aussieht. Das
ist nicht schwierig, ein paar Summen und Integrale helfen. Es ist wirklich einfach,
aber bitte tun Sie es als Hausaufgabe, denn es bringt wirklich ‚Erleuchtung'. Gut, ich
bin ja nicht so, ich sage Ihnen wie es geht. Die Gesamtdichte der Elektronen ist das
Integral über die Summe der Zustandsdichten von Null bis zur Fermi-Energie. Aber
Vorsicht: Die höheren Subbänder haben ihr Energieminimum eben nicht bei Null,

sondern bei irgendeinem E_n ($n = 0, 1, 2, 3, 4, \ldots$). Deswegen sollte man eigentlich sagen: Die Gesamtdichte der Elektronen ist die Summe der Integrale über die jeweiligen Zustandsdichten beginnend beim jeweiligen E_n bis hinauf zur Fermi-Energie. All das gilt natürlich nur bei $T = 0K$, weil sonst haben Sie Fermi-Funktionen am Hals, und dann wird es kompliziert.

1-D-Zustandsdichte

Jetzt machen wir das Ganze noch einmal, betrachten aber nun Elektronen, die sich nur in einer Dimension bewegen können, und erhalten:

$$\frac{dk}{dE} = \frac{d}{dE} \cdot \sqrt{\frac{2 \cdot m^* \cdot E}{\hbar^2}} = \frac{1}{2} \cdot \frac{1}{\sqrt{\frac{2 \cdot m^* \cdot E}{\hbar^2}}} \cdot \frac{2 \cdot m^*}{\hbar^2} = \frac{\sqrt{2 \cdot m^*}}{2\hbar} \cdot \frac{1}{\sqrt{E}} \qquad (4.15)$$

$$dN = \frac{L}{2 \cdot \pi} \cdot dk = \frac{L}{2 \cdot \pi} \cdot \frac{\sqrt{2 \cdot m^*}}{2 \cdot \hbar} \cdot \frac{1}{\sqrt{E}} dE \qquad (4.16)$$

oder ausgedrückt als Zustandsdichte (Abb. 4.1c):

$$D(E) = \frac{L}{2 \cdot \pi} \cdot dk = \frac{L}{2 \cdot \pi} \cdot \frac{\sqrt{2 \cdot m^*}}{2 \cdot \hbar} \cdot \frac{1}{\sqrt{E}} \qquad (4.17)$$

Na gut, die 3-D-Zustandsdichte geht mit $\sqrt{E}$, die 2-D-Zustandsdichte ist konstant, und die 1-D-Zustandsdichte geht mit $1/\sqrt{E}$, aber jetzt nochmals, wo kommen all die Stufen und die Peaks her, die man in Abb. 4.1 sieht? Ganz einfach, und wie schon kurz vorhin erwähnt, von mehreren 2-D- und 1-D-Subbändern. In Abb. 4.2 ist die Situation für eine 2-D-Struktur wie dem HEMT (High-Electron-Mobility-Transistor) dargestellt. Ein HEMT ist eine AlGaAs-GaAs-Heterostruktur mit einem dreieckigen Potentialtopf, der natürlich mehr als nur ein zweidimensionales Energieniveau enthält. Zu jedem dieser Energieniveaus gehört auch eine eigene 2-D-Zustandsdichte, wodurch in Summe diese Treppe in der Zustandsdichte entsteht. Je nach Fermi-Niveau sind dann nur eines oder mehrere 2-D-Subbänder befüllt, in Abb. 4.2 sind es z. B. drei (E_0, E_1, E_2). Wollen Sie dann die Elektronendichte berechnen, müssen Sie für jedes (!) befüllte Subband das Integral über die Zustandsdichte von E_n bis E_F berechnen. Details dazu kommen weiter hinten im Text. Die Argumentation für den 1-D-Fall läuft analog.

Abb. 4.2   a HEMT-Struktur mit mehreren Subbändern. **b** zugehörige Zustandsdichte in zwei Dimensionen. Jedes neue 2-D-Subband erzeugt eine Stufe in der Zustandsdichte

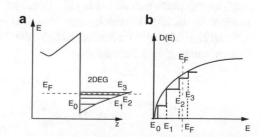

0-D-Zustandsdichte

Dieser Abschnitt ist sehr kurz, die 0-D-Zustandsdichte besteht aus einer Summe von δ-Funktionen bei den entsprechenden Energien, mit oder ohne Spin, ganz nach Wunsch. Ein, mit Spin zwei Elektronen pro Energieniveau, und das war es. Wer mehr wissen will, muss leider im Teil II dieses Buches nachlesen. Die Geschichte ist länger und an dieser Stelle eher nicht zweckdienlich.

4.3   Die Zustandsdichte im realen Halbleiter

Bisher haben wir immer vom Idealfall der freien Teilchen geredet. In jedem realistischen Halbleiter gibt es aber Dinge wie richtungsabhängige effektive Massen, energieabhängige Massen und vieles mehr. Es kann also nicht schaden, die Zustandsdichte direkt über die Bandstruktur des Halbleiters zu definieren.

Wir beginnen wieder mit der Anzahl der Zustände $dN(k)$ in d^3k, und diesmal gleich pro Einheitsvolumen. Hinweis: Wer in irgendeiner beliebigen Rechnung bei der Zustandsdichte ein L vermisst, beachte, dass gerne $L = 1$ gesetzt wird, ohne dass es explizit erwähnt wird. $D(k)$ ist die Zustandsdichte im k-Raum, $D(E_0)$ die Zustandsdichte im Energieraum. Den Spin nehmen wir auch gleich mit, daher kommt der zusätzliche Faktor 2:

$$dN(k) = \frac{2}{(2 \cdot \pi)^3} \, d^3k = D(k)d^3k \qquad (4.18)$$

Jetzt interessieren wir uns für die Zustandsdichte bei einer gewissen Energie E_0 und greifen zu einem Trick mit einer δ-Funktion:

$$D(E_0) = \int D(k) \cdot \delta(E(k) - E_0) \, d^3k. \qquad (4.19)$$

Dann schauen wir noch bei Wikipedia zum Thema δ-Funktion nach und finden:

$$\delta(f(x)) = \sum \frac{\delta(x - x_i)}{\left| \frac{\partial f}{\partial x} \right|_{x=x_i}} \qquad (4.20)$$

Im Dreidimensionalen, und besonders wenn Richtungsabhängigkeiten wichtig sind, wird aus der partiellen Ableitung ein Gradient, und wir wollen das Ganze auch nur an einer Stelle, nämlich bei k_0, also brauchen wir auch die Summe nicht. Ergo lässt sich $D(E_0)$ folgendermaßen schreiben (der Faktor 2 kommt daher, dass wir die Spinentartung gleich mitnehmen):

$$D(E_0) = \frac{2}{(2\pi)^3} \int\limits_{E=E_0} \frac{\delta\left(E\left(\vec{k}\right) - E\left(\vec{k}_0\right)\right)}{\left|\vec{\nabla} E\right|_{\vec{k}=\vec{k}_0}} d^3k \qquad (4.21)$$

Das Integral läuft über die Fläche der Energie E_0. Schauen wir doch mal, ob das im 3-D-Fall mit den Formeln von oben zusammenpasst. Das differentielle Volumenelement im k-Raum ohne irgendwelche Winkelabhängigkeiten im Dreidimensionalen ist laut mathematischer Formelsammlung (Wikipedia tut's auch)

$$d^3k = 4\pi k^2 dk, \tag{4.22}$$

und aus $\left|\vec{\nabla} E\right|$ wird

$$\left|\vec{\nabla} E\right| = \frac{dE}{dk} = \frac{\hbar^2}{m^*}k. \tag{4.23}$$

Das Ganze passt also. Machen wir mit Gl. 4.21 weiter. Einsetzen liefert, wenn man das differentielle Volumenelement nicht vergessen hat

$$D(E_0) = \frac{2}{(2\pi)^3} \int \frac{\delta\left(E\left(\vec{k}\right) - E\left(\vec{k}_0\right)\right)}{\left|\vec{\nabla} E\right|_{\vec{k}=\vec{k}_0}} d^3k, \tag{4.24}$$

und dann

$$D(E_0) = \frac{2}{(2\pi)^3} \int \frac{4\pi k^2}{\frac{k\hbar^2}{m^*}} \delta\left(E\left(\vec{k}\right) - E\left(\vec{k}_0\right)\right) dk. \tag{4.25}$$

Mit $E = E\left(\vec{k}_0\right)$ crhält man

$$D(E_0) = \frac{2}{(2\pi)^3} \frac{4\pi \frac{(2m^*E)^{1/2}}{\hbar}}{\frac{\hbar^2}{m^*}} = \frac{2}{(2\pi)^3} 4\pi \frac{m^*\sqrt{2m^*E}}{\hbar^3} = \frac{2}{(2\pi)^3} 4\pi \frac{m^{*3/2}\sqrt{2E}}{\hbar^3}. \tag{4.26}$$

Und das sieht bis auf den Spin, und die Tatsache, dass $L = 1$ gewählt wurde, tatsächlich exakt so aus wie Gl. 4.8. Im eindimensionalen Fall bleibt ganz simpel

$$D(E_0) = \frac{2}{(2\pi)} \frac{1}{\left|\frac{dE}{dk}\right|_{k=k_0}} \tag{4.27}$$

übrig, und das stimmt auch, denn

$$\frac{1}{\left|\frac{dE}{dk}\right|} = \frac{1}{\left|\frac{d}{dk}\hbar^2 k^2/2m^*\right|} = \frac{1}{\left|\hbar^2 k/m^*\right|} \approx 1/\sqrt{E}. \tag{4.28}$$

Was bringt das jetzt alles? Stellen Sie sich vor, Sie haben eine komplexere Bandstruktur, wie die nicht-parabolische Bandstruktur vom Übungszettel 6 aus der Halbleiterphysik-Übung (Vorsicht: Das ist eine 3-D (!!) Bandstruktur):

$$E \cdot (1 + \alpha E) = \frac{\hbar^2 k^2}{2m^*} \tag{4.29}$$

Sie können jetzt wie in der Lösung am Fachschaftsserver vorgehen und zwei Seiten mit Formeln vollmalen, oder es mit der Gleichung von oben versuchen. Zuerst erinnern wir uns daran, dass gilt: $\frac{dE}{dk} = \frac{1}{\frac{dk}{dE}}$ und rechnen deswegen zuerst k aus:

$$k = \sqrt{\frac{2\,m^*}{\hbar^2}\left(E + \alpha E^2\right)} \tag{4.30}$$

Jetzt die Ableitung:

$$\frac{dk}{dE} = \frac{1}{\frac{dE}{dk}} = \frac{1}{2}\frac{\frac{2\,m^*}{\hbar^2}\left(1 + 2\alpha E\right)}{\sqrt{\frac{2\,m^*}{\hbar^2}\left(E + \alpha E^2\right)}} \tag{4.31}$$

Wir nehmen nun die Zustandsdichteformel von oben (Formel 4.21) inklusive Spin:

$$D(E_0) = \frac{2}{(2\pi)^3} \int\limits_{E=E_0} \frac{\delta\left(E\left(\vec{k}\right) - E\left(\vec{k}_0\right)\right)}{\left|\vec{\nabla}E\right|_{\vec{k}=\vec{k}_0}} d^3k \tag{4.32}$$

Jetzt einsetzen und für das Volumenelement in Kugelkoordinaten die $4\pi k^2 dk$ nicht vergessen:

$$D(E_0) = \frac{2}{(2\pi)^3} \int 4\pi k^2 \frac{1}{2} \frac{\frac{2\,m^*}{\hbar^2}\left(1 + 2\alpha E\right)}{\sqrt{\frac{2\,m^*}{\hbar^2}\left(E + \alpha E^2\right)}} \delta(E(k) - E(k_0)) dk \tag{4.33}$$

Jetzt nochmals für k^2 einsetzen:

$$D(E_0) = \frac{2}{(2\pi)^3} \int 4\pi \left(\sqrt{\frac{2\,m^*}{\hbar^2}\left(E + \alpha E^2\right)}\right)^2 \frac{1}{2} \frac{\frac{2\,m^*}{\hbar^2}\left(1 + 2\alpha E\right)}{\sqrt{\frac{2\,m^*}{\hbar^2}\left(E + \alpha E^2\right)}} \delta(E(k) - E(k_0)) dk \tag{4.34}$$

Durchkürzen:

$$D(E_0) = \frac{2}{(2\pi)^3} \int 4\pi \frac{1}{2} \left(\frac{2\,m^*}{\hbar^2}\right)^{3/2} \sqrt{\left(E + \alpha E^2\right)}\left(1 + 2\alpha E\right) \delta(E(k) - E(k_0)) dk \tag{4.35}$$

Integral ausrechnen und fertig:

$$D(E_0) = \frac{2}{(2\pi)^3} 4\pi \left(\frac{2\,m^*}{\hbar^2}\right)^{3/2} \frac{1}{2}\left(\sqrt{\left(E + \alpha E^2\right)}\right)\left(1 + 2\alpha E\right) \tag{4.36}$$

$$D(E_0) = \frac{\sqrt{2}}{\pi^2} \frac{m^{*3/2}}{\hbar^3}\left(\sqrt{\left(E + \alpha E^2\right)}\right)\left(1 + 2\alpha E\right) \tag{4.37}$$

Gut, wir haben jetzt gesehen, die allgemeine Formel für die Zustandsdichte erleichtert das Leben in der Halbleiterübung erheblich. Die wirkliche Stärke der Formel liegt aber ganz woanders, nämlich in der numerischen Beschreibung der Halbleiterwelt. In der täglichen Realität liegen Bandstrukturen praktisch nur in Form von numerischen Daten vor, und dann wären Sie ohne die obige allgemeine Formel ziemlich geliefert. Als weiterer Glücksfall kommt noch hinzu, dass numerisches Ableiten viel einfacher ist, als analytische Funktionen an irgendwelche Daten anzupassen und mit denen dann herumzurechnen. Sie sehen, die allgemeine Zustandsdichteformel ist also wirklich hilfreich.

Zum Schluss nun noch ein kurzer Reality Check, weil genau betrachtet sieht der ganze Formalismus doch etwas seltsam aus: An den Bandkanten bzw. bei allen Extrema von $E(k)$ ist die Ableitung der $E(k)$-Beziehung null und damit gibt es im Integranden Singularitäten, ups. Nach dem Integrieren sind diese zum Glück aber wieder verschwunden und tauchen daher nicht in der Zustandsdichte auf! Man spricht von Van-Hove-Singularitäten bei $\left| \vec{\nabla}_k E \right|_{k=k_0} = 0$.

Machen wir zur Sicherheit zum Schluss noch einen Konsistenztest mit der alten Zustandsdichteformel in 3-D:

$$D(E_0) \sim \sqrt{E} \approx \int dE \cdot \frac{1}{\sqrt{E}} = \int dE \cdot \frac{1}{\frac{\hbar}{\sqrt{2m}} \cdot k} \approx \int dE \cdot \frac{1}{\frac{dE}{dk}} \qquad (4.38)$$

Man sieht also, diese Van-Hove-Singularitäten verschwinden wirklich.

4.4   Intrinsische und dotierte Halbleiter

4.4.1   Berechnung der Elektronendichte

Mit unseren Vorkenntnissen über die Zustandsdichte können wir jetzt bereits ausrechnen, wie hoch die intrinsische Elektronendichte in einem Halbleiter ist. Der Einfachheit halber hier nochmal die Formel für die Anzahl der Zustände in drei Dimensionen pro Einheitsvolumen im Intervall dE:

$$dN = dN(E) = \frac{2}{2 \cdot \pi^2} \cdot \frac{1}{\hbar^3} \cdot m^{*\frac{3}{2}} \sqrt{2 \cdot E} \cdot dE \qquad (4.39)$$

Der Faktor 2 berücksichtigt jetzt den Spin. Elektronen sind Fermionen, behaupten jedenfalls die Theoretiker, also muss noch die Fermi-Verteilung $f(E)$ her.

$$f(E) = \frac{1}{e^{\frac{E-E_F}{k \cdot T}} + 1} \qquad (4.40)$$

Falls es jemanden interessiert: Fermionen sind nicht unterscheidbare Teilchen für die gilt, dass nur ein Teilchen mit einer Energie an einem Ort sein darf. Diese Fermionen folgen dann eben einer Fermi-Statistik und der zugehörigen Fermi-Verteilung $f(E)$.

Es gibt auch eine thermodynamische Herleitung für $f(E)$, aber nicht in meiner Vorlesung, und damit auch nicht in diesem Buch. Außerdem: Überlegen Sie mal, wie ein Atom aussehen würde, wenn Elektronen keine Fermionen wären. Die säßen dann nämlich alle in der untersten Schale oder gleich im Atomkern. Genau das beobachtet man eben nicht im Experiment, und auf einem Neutronenstern wohnen wir auch nicht.

Zurück zum eigentlichen Thema: Zur Berechnung der intrinsischen Elektronendichte bilden wir einfach das Integral über das Produkt aus Zustandsdichte und Fermi-Verteilung zwischen der Leitungsbandkante (Energienullpunkt) und Unendlich

$$n_i = \int\limits_{E_c}^{\infty} D_c(E) \cdot f(E)\, dE. \tag{4.41}$$

Die intrinsische Löcherdichte berechnet sich zu

$$p_i = \int\limits_{-\infty}^{E_v} D_v(E) \cdot (1 - f(E))\, dE. \tag{4.42}$$

Abb. 4.3a veranschaulicht diese Situation für einen intrinsischen Halbleiter. Falls die effektiven Massen der Elektronen und Löcher und damit ihre Zustandsdichten gleich sind, liegt das Fermi-Niveau in der Mitte der Energielücke, und es gilt $n_i = p_i$. Normalerweise ist die Masse der Elektronen aber deutlich kleiner als die der Löcher, womit aber auch die Zustandsdichte der Elektronen im Leitungsband kleiner ist als die der Löcher im Valenzband. Da die Ladungsneutralität erhalten bleiben muss,

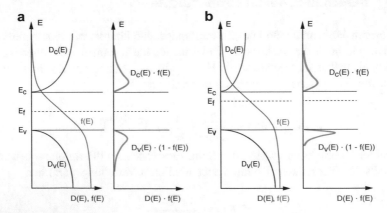

Abb. 4.3 Fermi-Verteilung, Zustandsdichten, das Produkt aus Fermi-Verteilung und Zustandsdichte $D_c(E)\, f(E)$ im Leitungsband, sowie das Produkt von $D_v(E)\, (1 - f(E))$ im Valenzband für einen intrinsischen Halbleiter. **a** Gleiche Zustandsdichten im Leitungsband und Valenzband. **b** Unterschiedliche Zustandsdichten im Leitungsband und Valenzband. Die Anzahl der Elektronen und Löcher, also die Flächen unter den Kurven ist wegen der Ladungsneutralität immer die Gleiche. (Nach Gross und Marx 2014)

verschiebt sich das Fermi-Niveau in die Richtung der Leitungsbandkante (Abb. 4.3b, siehe auch Gross und Marx 2014), so dass weiterhin gilt:

$$n_i = \int D_c\,(E) \cdot f\,(E) \cdot dE = \int D_v\,(E) \cdot (1 - f\,(E)) \cdot dE = p_i. \qquad (4.43)$$

Will man nun die Elektronen- und Löcherdichten wirklich quantitativ berechnen, so gibt es in der Praxis noch ein lästiges Detail mit der effektiven Masse zu beachten. Im Leitungsband von GaAs ist die effektive Masse isotrop und homogen, und dort gilt die obige Formel einfach so. In Silizium ist die Masse im Leitungsband aber ganz und gar nicht isotrop und im Valenzband gibt es sowohl im Silizium als auch im GaAs entartete Bänder mit unterschiedlichen effektiven Massen. Schaut man nochmals in den Abschnitt über die Zustandsdichte in Anwesenheit einer realen Bandstruktur, und zieht diesen Formalismus z. B. für Silizium zur Gänze durch, so findet man, dass man in der Formel für die Zustandsdichte die Zustandsdichtemasse m_{dos}^* und nicht die Leitfähigkeitsmasse verwenden (siehe Kap. 3) muss:

$$m_{dos}^* = (m_1 \cdot m_2 \cdot m_3)^{\frac{1}{3}} N^{2/3} \qquad (4.44)$$

N ist die Anzahl der Täler. Für das GaAs-Leitungsband ist $N = 1$ und damit egal, aber für Silizium müssen dann, weil das Leitungsband $(2 + 4) = 6$-fach entartet ist, die modifizierten Massen verwendet werden. Wieso aber nun auch noch der Faktor $N^{2/3}$? Um dieses zu klären, brauchen wir nochmals die Formel für die Zustandsdichte, die für den 3-D-Fall lautete:

$$D(E) = \frac{2}{2 \cdot \pi^2} \cdot \frac{1}{\hbar^3} \cdot m^{*\frac{3}{2}} \sqrt{2 \cdot E} \qquad (4.45)$$

Die stimmt jetzt aber nicht mehr, da wir ja die Entartung durch die Täler und die unterschiedlichen effektiven Massen mitnehmen wollen. Für Silizium ist der Entartungsfaktor für die Täler 6 oder allgemein N, also lautet die Formel:

$$D(E) = N \cdot \frac{2}{2 \cdot \pi^2} \cdot \frac{1}{\hbar^3} \left((m_1 m_2 m_3)^{\frac{1}{3}} \right)^{\frac{3}{2}} \sqrt{2 \cdot E} \qquad (4.46)$$

Wenn man jetzt das N zur effektiven Masse dazuquetscht, bekommt man, siehe da:

$$D(E) = \frac{2}{2 \cdot \pi^2} \cdot \frac{1}{\hbar^3} \left(N^{\frac{2}{3}} (m_1 m_2 m_3)^{\frac{1}{3}} \right)^{\frac{3}{2}} \sqrt{2 \cdot E}, \qquad (4.47)$$

womit wir wieder bei Formel 4.44 wären. Hier nochmal die Zusammenfassung der Situation für die Zustandsdichtemassen in Silizium, Germanium und GaAs:

- Im Leitungsband gilt für alle direkten Halbleiter wie GaAs $m_{dos}^* = m^*$.
- Für indirekte Halbleiter gilt allgemein $m_{dos}^* = N^{\frac{2}{3}} (m_1 \cdot m_2 \cdot m_3)^{\frac{1}{3}}$.

- Im Silizium-Leitungsband ist $m_{dos}^* = (m_l \cdot m_t{}^2)^{\frac{1}{3}} \cdot \underbrace{6^{\frac{2}{3}}}_{(2+4)-\text{fache Entartung des X-Valleys}}$.

- Im Silizium-Valenzband ist $m_{dos}^* = (m_{hh}{}^{\frac{3}{2}} + m_{lh}{}^{\frac{3}{2}})^{\frac{2}{3}}$ (Sze und Ng 2007).

- Im Germanium-Leitungsband ist $m_{dos}^* = (m_l \cdot m_t{}^2)^{\frac{1}{3}} \cdot 4^{\frac{2}{3}}$. Hä, was, wieso jetzt plötzlich 4, Germanium hat doch auch ein Diamantgitter wie Silizium? Antwort: Ja, schon, aber das Leitungsbandminimum von Germanium liegt am L-Punkt und nicht am X-Punkt. Wenn man dann bei den Brillouinzonen im Kapitel Kristalle nachsieht (Abb. 2.12), findet man sofort, dass es sechs X-Punkte gibt und acht L-Punkte. Ääääh, wieso jetzt acht, eben hieß es doch noch vier? Ja, jetzt muss man ganz genau hinsehen und zwar in den Bandstrukturen in Abb. 4.4. Die grünen Kreise markieren die Lage der Leitungsbandminima. In Silizium liegt das Leitungsbandminimum als Ganzes innerhalb der Brillouinzone. In Germanium ist das Leitungsbandminimum exakt am Zonenrand und liegt damit nur zur Hälfte in der Brillouin-Zone. Daher ist hier der Entartungsfaktor nur vier und nicht acht (siehe Abb. 4.4).

Die Zustandsdichtemasse für das Si-Valenzband ist übrigens genau so zusammengeschustert wie oben. Da es zwei Valenzbänder gibt, muss man die Zustandsdichten für beide Bänder addieren

$$D(E) = \frac{2}{2 \cdot \pi^2} \cdot \frac{1}{\hbar^3} \cdot m_{hh}^{\frac{3}{2}} \sqrt{2 \cdot E} + \frac{2}{2 \cdot \pi^2} \cdot \frac{1}{\hbar^3} \cdot m_{lh}^{\frac{3}{2}} \sqrt{2 \cdot E}, \qquad (4.48)$$

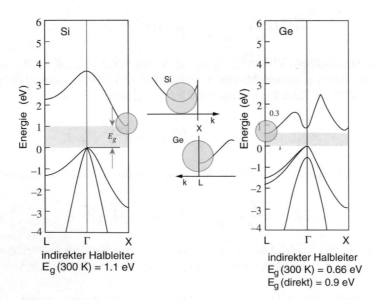

Abb. 4.4 Die Bandstrukturen von Silizium und Germanium im Vergleich. Die grünen Kreise markieren die Lage der Leitungsbandminima. In Silizium liegt das Leitungsbandminimum als Ganzes innerhalb der Brillouinzone, in Germanium nur zur Hälfte. (Nach Mishra und Singh 2008)

$$D(E) = \frac{2}{2 \cdot \pi^2} \cdot \frac{1}{\hbar^3} \cdot \left(m_{hh}^{\frac{3}{2}} + m_{lh}^{\frac{3}{2}} \right) \sqrt{2 \cdot E}, \tag{4.49}$$

wobei in der Formel für das Silizium-Valenzband hh heavy holes, also schwere Löcher bedeutet, und lh steht für light holes, also für leichte Löcher. Dann fügen wir trickreich die Exponenten $1 = \frac{2}{3} \cdot \frac{3}{2}$ hinzu und bekommen folgendes:

$$D(E) = \frac{2}{2 \cdot \pi^2} \cdot \frac{1}{\hbar^3} \cdot \left(m_{hh}^{\frac{3}{2}} + m_{lh}^{\frac{3}{2}} \right)^{\frac{2}{3} \cdot \frac{3}{2}} \sqrt{2 \cdot E} \tag{4.50}$$

Den Ausdruck

$$m_{dos}^* = \left(m_{hh}^{\frac{3}{2}} + m_{lh}^{\frac{3}{2}} \right)^{\frac{2}{3}} \tag{4.51}$$

bezeichnen wir als Zustandsdichtemasse im Valenzband.

Kehren wir wieder zurück zu unserem Integral für die intrinsische Elektronendichte,

$$n_i = \int\limits_{E_c}^{\infty} D(E) \cdot f(E) dE, \tag{4.52}$$

setzen die richtige Masse ein, wursteln dann noch den Faktor 2 für den Spin direkt vor die Masse, und wählen die Leitungsbandkante als Energienullpunkt

$$n_i = \frac{2\sqrt{2}}{2 \cdot \pi^2} \cdot \left(\frac{m_{dos}^*}{\hbar^2} \right)^{\frac{3}{2}} \cdot \int\limits_{E_c}^{\infty} \frac{(E - E_c)^{\frac{1}{2}}}{e^{\frac{E - E_F}{k \cdot T}} + 1} dE \quad \text{(inkl. Spin)} . \tag{4.53}$$

Dann stellen wir leider fest, dass das Integral analytisch nicht zu bewältigen ist. Das freut einen halbdeutschen Wiener wie mich nicht, und den Rest der Welt freut das auch nicht. Kurz nachdenken, und wir erinnern uns: Zum Glück gibt es hier doch diese Boltzmann-Näherung für wenige Elektronen, die angeblich (Hausaufgabe: Nachsehen warum?) eine ausgezeichnete Näherung für den Schwanz der Fermi-Verteilung darstellt:

$$\frac{1}{e^{\frac{(E - E_F)}{k \cdot T}} + 1} \approx e^{-\frac{E - E_F}{k \cdot T}} \tag{4.54}$$

Das Integral ist jetzt anscheinend analytisch lösbar (kann das bitte mal jemand in einer guten Integraltafel nachkontrollieren?) und man bekommt angeblich

$$n_i = N_c \cdot e^{-\frac{E_c - E_F}{k \cdot T}}, \tag{4.55}$$

wobei man N_c gerne das Bandgewicht oder, auf Englisch, effective density of states nennt

$$N_c = 2 \cdot \left(\frac{m_{dos,e}^* \cdot k \cdot T}{2 \cdot \pi \cdot \hbar^2} \right)^{\frac{3}{2}} . \tag{4.56}$$

Analoges gilt für Löcher, also

$$p_i = N_v \cdot e^{+\frac{E_v - E_F}{k \cdot T}}. \tag{4.57}$$

mit

$$N_v = 2 \cdot \left(\frac{m_{dos,h}^* \cdot k \cdot T}{2 \cdot \pi \cdot \hbar^2} \right)^{\frac{3}{2}}. \tag{4.58}$$

Die Bandgewichte selber auszurechnen macht übrigens wenig Sinn, weil man nie die richtigen Formeln und Daten findet und man alle möglichen Bandgewichte ohnehin in jedem Tabellenwerk über Halbleiter nachsehen kann. Eine graphische Darstellung der intrinsischen Ladungsträgerkonzentrationen in Germanium, Silizium, und GaAs als Funktion der Temperatur findet sich in Abb. 4.5.

Manchmal kommt es vor, dass die Elektronen und Löcher nicht miteinander im thermischen Gleichgewicht sind. Man stelle sich zum Beispiel die Situation in einem beleuchteten Halbleiter, typischerweise einer Solarzelle, nahe der Oberfläche vor. Elektronen und Löcher werden zwar gemeinsam generiert, durch die elektrischen Felder in der Solarzelle werden die Elektronen und Löcher aber an unterschiedliche Orte verfrachtet, wo sie dann mit der Zeit zu ihren jeweiligen Kontakten wandern. Sind die Elektronen und die Löcher dort zumindest noch im thermischen Gleichgewicht mit sich selbst, kann man getrennte Fermi-Niveaus für Elektronen und Löcher einführen. Man nennt das dann Quasi-Fermi-Niveaus (E_{Fn} und E_{Fp}). Die Formeln für die jeweiligen Elektronen- und Löcherdichten lauten dann analog zu oben:

$$n = N_c \cdot e^{-\frac{E_c - E_{Fn}}{k \cdot T}}, \quad p = N_v \cdot e^{+\frac{E_v - E_{Fp}}{k \cdot T}} \tag{4.59}$$

Abb. 4.5 Intrinsische Ladungsträgerkonzentration in Germanium, Silizium, und GaAs als Funktion der Temperatur. (Nach Hall 1964; Morin 1954a, b. Siehe auch Müller 1995a; Sze und Ng 2007)

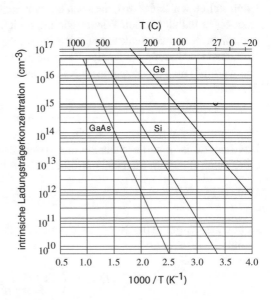

4.4.2 Das Massenwirkungsgesetz

Der Vollständigkeit halber hier nochmals die wichtigsten Formeln im Zusammenhang mit intrinsischen (= undotierten) Halbleitern. Ist der Halbleiter intrinsisch, gibt es nur thermisch generierte Elektronen und Löcher. Wegen der Ladungsneutralität ist deren Dichte natürlich gleich. Jetzt berechnen wir das Produkt aus Elektronendichte und Löcherdichte und stellen fest: Hurra, es ist unabhängig von E_F und berechnet sich zu

$$n_i \cdot p_i = 4 \cdot \left(\frac{k \cdot T}{2 \cdot \pi \cdot \hbar^2} \right)^3 \cdot (m_e \cdot m_h)^{\frac{3}{2}} \cdot e^{-\frac{E_g}{k \cdot T}}. \tag{4.60}$$

Die Formel ist extrem praktisch, denn das Fermi-Niveau kennt man ja nicht, ganz im Gegenteil, man muss es erst ausrechnen. Jetzt kommt ein guter Trick, und zwar das sogenannte Massenwirkungsgesetz.

Wenn Formel 4.60 gilt, dann gilt sie immer, also auch für nicht intrinsische Halbleiter:

$$n \cdot p = 4 \cdot \left(\frac{k \cdot T}{2 \cdot \pi \cdot \hbar^2} \right)^3 \cdot (m_e \cdot m_h)^{\frac{3}{2}} \cdot e^{-\frac{E_g}{k \cdot T}} \tag{4.61}$$

Fasst man beides zusammen, bekommt man ganz einfach

$$n_i \cdot p_i = n \cdot p. \tag{4.62}$$

Und wenn $n_i = p_i$, dann ist

$$n \cdot p = n_i^2. \tag{4.63}$$

Die Formel $n \cdot p = n_i^2$ wird Massenwirkungsgesetz genannt, weil sie genauso aussieht wie die Formel für die Dissoziation von Wasser aus der Chemie. Man vergleiche

$$H_2O = H^+ + OH^- \tag{4.64}$$

und für die Konzentrationen

$$[H^+][OH^-] = k_{H_2O}[H_2O] = konstant. \tag{4.65}$$

Im Silizium wäre das dann sinngemäß und schlampig ausgedrückt

$$Si = p^+ + e^-. \tag{4.66}$$

Und für die Ladungsträgerkonzentrationen würde man dann schreiben:

$$n \cdot p = n_i \cdot p_i = konstant, \tag{4.67}$$

und das ist genau das, was wir weiter oben schon hatten (Gl. 4.62). Mit dem Massenwirkungsgesetz kann man nun die intrinsischen Ladungsträgerkonzentrationen berechnen, ohne das Fermi-Niveau kennen zu müssen. Man bekommt:

$$n_i = p_i = 2 \cdot \left(\frac{k \cdot T}{2 \cdot \pi \cdot \hbar^2} \right)^{\frac{3}{2}} \cdot (m_e \cdot m_h)^{\frac{3}{4}} \cdot e^{-\frac{E_g}{2 \cdot k \cdot T}} \qquad (4.68)$$

Oben hatten wir gesehen, dass auch die Formel

$$n_i = N_c \cdot e^{-\frac{E_c - E_{Fi}}{k \cdot T}} \qquad (4.69)$$

gilt, und durch Gleichsetzen dieser beiden Formeln lässt sich das intrinsische Fermi-Niveau ebenfalls ausrechnen:

$$E_{Fi} = \frac{E_c + E_v}{2} + \frac{3}{4} \cdot k \cdot T \cdot \ln \left(\frac{m_h}{m_e} \right) \qquad (4.70)$$

Zwei wichtige Punkte, die man sich unbedingt merken sollte:

• Das intrinsische Fermi-Niveau liegt immer so in etwa (je nach Zustandsdichte) in der Nähe der Mitte der Bandlücke.
• Die Frage, wie viele Elektronen es bei einer bestimmten Energie gibt, wird immer durch das Produkt aus Zustandsdichte und Fermi-Verteilung bestimmt.

4.5   Besetzungsstatistik von Donatoren und Akzeptoren

Als Nächstes wollen wir berechnen, wie es mit den Elektronenkonzentrationen in dotierten Halbleitern aussieht. Vorher zur Erinnerung nochmals die Ionisierungsenergie von Donatoren aus dem Wasserstoffmodell für Störstellen:

$$E_D = E_c - \frac{e^4 \cdot m^*}{2 \cdot (4 \cdot \pi \cdot \varepsilon)^2 \cdot \hbar^2} = E_c - 13.6\,\text{eV} \cdot \left(\frac{m^*}{m_e} \right) \cdot \left(\frac{\varepsilon_0}{\varepsilon_0 \varepsilon_r} \right)^2 \qquad (4.71)$$

Für den Durchmesser einer Störstelle bekommt man dann mit

$$a_0 = \frac{4\pi \varepsilon_0 \hbar^2}{m_e e^2} \qquad (4.72)$$

einen effektiven Bohr-Radius von

$$a_{eff} = a_0 \cdot \frac{m_e}{m^*} \cdot \varepsilon_r = \frac{4\pi \varepsilon_0 \hbar^2}{m_e e^2} \cdot \frac{m_e}{m^*} \cdot \varepsilon_r = \frac{4\pi \varepsilon_0 \varepsilon_r \hbar^2}{m^* e^2}. \qquad (4.73)$$

Analoges gilt für Akzeptoren.

Halt, Stop und Auszeit! In der obigen Formel wird unauffällig und elegant einfach die effektive Masse verwendet, aber die ist ziemlich problematisch, weil:

- Die effektiven Massen im Leitungsband und Valenzband sind unterschiedlich.
- Die effektiven Massen hängen von der Kristallorientierung ab.
- Es kann durchaus mehrere effektive Massen gleichzeitig geben.
- Es gibt noch dazu unterschiedliche Typen von effektiven Massen.

In der Praxis ist wegen der normalerweise größeren effektiven Masse der Löcher die Ionisierungsenergie der Akzeptoren ($E_A^{ion} = E_A - E_v$) deutlich gräßer als die Ionisierungsenergie der Donatoren ($E_D^{ion} = E_c - E_D$). Ebenso sind die Ionisierungs-energien der Donatoren im Silizium wegen der deutlich größeren effektiven Masse viel höher als die Ionisierungsenergien der Donatoren im GaAs. Der Massenunter-schied macht hier fast einen Faktor vier aus. Dann beachten Sie bitte weiters, dass in der Formel für die Ionisierungsenergien für die effektive Masse die sogenannte Leitfähigkeitsmasse eingesetzt werden muss:

$$\frac{1}{m_{cond}} = \frac{1}{3}\left(\frac{1}{m_1} + \frac{1}{m_2} + \frac{1}{m_3}\right), \tag{4.74}$$

und nicht die Zustandsdichtemasse aus dem ersten Abschnitt dieses Kapitels.

$$m^*_{dos} = (m_1 \cdot m_2 \cdot m_3)^{\frac{1}{3}} N^{2/3} \tag{4.75}$$

Wie schaut die Situation mit der Masse in Silizium aus? Wenn Sie mal kurz nach vorne zum Kap. 3 blättern und sich nochmals kurz den Abschnitt über die effektive Masse in Silizium durchlesen, werden Sie sehen, dass die effektive Masse für eine Elektronenbewegung senkrecht zur (100)-Oberfläche (also in z-Richtung in das Substrat hinein) als longitudinale Masse bezeichnet wird. Die Masse der Elektronen bei einer Bewegung parallel zur Oberfläche (in x- und y-Richtung) ist die transversale Masse. Für Silizium ist $m_l = 0.91m_0$ und $m_t = 0.19m_0$, wobei aber die transversale Masse m_t wegen der gleichwertigen x- und y-Richtungen zweifach entartet ist. Die Leitfähigkeitsmasse, die wir in die Formel für die Ionisierungsenergie der Störstelle einsetzen müssen, berechnet sich damit zu

$$\frac{1}{m_{cond}} = \frac{1}{3}\left(\frac{1}{m_t} + \frac{1}{m_t} + \frac{1}{m_l}\right). \tag{4.76}$$

Als Resultat bekommt man dann einen gemittelten Wert von $0.26m_0$.

Werfen wir nochmals einen Blick auf den Bohr-Radius und bauen in die Formel für den Bohr-Radius die effektive Leitfähigkeitsmasse und die relative Dielektrizi-tätskonstante ein. Wir erhalten

$$r_n = \frac{4\pi\varepsilon_0\varepsilon_r}{e^2 m^*} n^2 \hbar^2. \tag{4.77}$$

Setzen wir mal ein paar Zahlen für Silizium ein: $\varepsilon_r^{Si} = 12$. Die Leitfähigkeitsmasse der Elektronen in Silizium ist $0.26m_0$. $\varepsilon_r^{Si}/0.26 = 46$, d. h., der Bohr-Radius in Sili-zium ist 46-mal größer als der für Wasserstoff ($0.53 \cdot 10^{-10}$ m). Heraus kommt dann

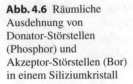

Abb. 4.6 Räumliche
Ausdehnung von
Donator-Störstellen
(Phosphor) und
Akzeptor-Störstellen (Bor)
in einem Siliziumkristall

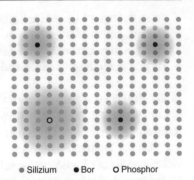

• Silizium   • Bor   ○ Phosphor

ein Wert von $24 \cdot 10^{-10}$ m, und das ist sogar viel größer als die Gitterkonstante im Siliziumkristall $(5.3 \cdot 10^{-10}$ m). Das Elektron eines Donators (Phosphor) ist also, wie in Abb. 4.6 dargestellt, wirklich eher eine größere Wolke um die Position des Donators und nicht nur ein punktförmiges Objekt. In dieser Elektronenwolke befinden sich dann natürlich eine ganze Menge von Si-Atomen. (Hausaufgabe: Bitte abschätzen wie viele!) Die Löcherwolke im Valenzband ist wegen der höheren effektiven Masse deutlich kleiner (Abb. 4.6).

Vergleicht man die mit dem Wasserstoffmodell berechneten Ionisierungsenergien mit den experimentellen Daten in Abb. 4.7, stellt man fest, dass die Werte zwar qualitativ recht gut übereinstimmen, es aber manchmal recht kräftige quantitative Unterschiede gibt. Die wichtigsten Gründe hierfür sind:

- Eine anisotrope effektive Masse wie z. B. im Leitungsband von Silizium.
- Nichtparabolische effektive Massen in Schmalbandhalbleitern wie Indiumarsenid (InAs).

Gemessene Ionisierungsenergien üblicher flacher Donatoren und Akzeptoren in Si

Donator	Ionisierungsenergie E_D (eV)	Akzeptor	Ionisierungsenergie E_A (eV)
Wasserstoffmodell	0.025	Wasserstoffmodell	0.053
P	0.045	B	0.045
As	0.049	Al	0.057
Sb	0.039	Ga	0.065
Bi	0.069	In	0.160

Gemessene Ionisierungsenergien üblicher flacher Donatoren und Akzeptoren in GaAs

Donator	Ionisierungsenergie E_D (eV)	Akzeptor	Ionisierungsenergie E_A (eV)
Wasserstoffmodell	0.005	Wasserstoffmodell	0.041
C	0.006	C	0.026
Si	0.006	Si	0.035
S	0.006	Be	0.028
Se	0.006	Zn	0.031

Abb. 4.7 Ionisierungsenergien von typischen Donatoren und Akzeptoren. (Daten von: Yacobi 2003; Faulkner 1969; Baldereschi und Lipari 1973; Schechter 1962)

- · Kein ideales Coulomb-Potential wie z. B. im Fall des abgeschirmten Coulomb-potentials bei höheren Elektronendichten.
- Es gibt einen individuellen Einfluss der verschiedenen Donator- oder Akzeptoratome durch die unterschiedlichen Atomgrößen, oder durch die unterschiedliche elektronische Struktur in der Umgebung des Donators (Akzeptors). Man spricht hier von chemischer Verschiebung oder auf Englisch von chemical shift.

Mehr darüber finden Sie z. B. bei Sauer (2009) im Kapitel über die Effektive Massen Theorie (EMT).

Jetzt kommt die Besetzungsstatistik (occupation statistics) für Donatoren, und die ist leider etwas trickreich. An sich wollte ich mich wieder auf das Nötigste beschränken, das man z. B. im Buch von Sauer (2009) findet. Leider wirft das, was dort steht, aber eher mehr Fragen auf, als es erklärt, und die meisten anderen Quellen sind auch nicht besser. Angeblich findet man etwas Erleuchtung zu diesem Thema im Buch von Misra (2011), das ich aber leider nicht auftreiben konnte.

Zunächst gehen wir analog vor wie bei der Berechnung der Elektronendichte. Wir nehmen die bekannte Formel $n(E) = \int D(E) \cdot f(E)dE$ und setzen die entsprechenden Donatordichten und Energien ein. Zur Berechnung der Dichte der besetzten Donatoren wird aus der Elektronendichte $n(E)$ die Donatorkonzentration N_D^0, die Zustandsdichte schreibt sich als $D(E) = N_D\delta(E - E_D)$ und damit bekommen wir nach der Auswertung des Integrals

$$N_D^0 = N_D \cdot f(E_D). \tag{4.78}$$

N_D^0 ist die Anzahl der besetzten (also neutralen) Donatorzustände bei endlicher Temperatur, N_D die Anzahl aller Donatoren und $f(E)$ die Fermiverteilung. So bekommen wir für die Besetzungsstatistik f_D

$$f_D = \frac{N_D^0}{N_D} = \frac{1}{\frac{1}{2}e^{\frac{(E_D-E_F)}{k \cdot T}} + 1}. \tag{4.79}$$

Der Faktor $1/2$ wurde künstlich dazugewürgt und stammt aus der zweifachen Spin-Entartung des Donatorzustands. Damit haben wir auch schon das erste Problem: Pro Donatoratom gibt es bekannterweise ja nur ein Elektron, aber trotzdem passen doch zwei Elektronen in den Zustand? Dass sich das elektrostatisch ausgeht und sich die Elektronen nicht gegenseitig verdrängen, wundert schon sehr. Weiter unten sieht man dann, dass in einen Akzeptorzustand sogar vier Löcher hineinpassen und das versteht man intuitiv wirklich nicht mehr. Im KOMA-Skript der Uni Basel (KOMA steht für Kondensierte Materie) findet man zur Erklärung dann sinngemäß folgendes: Qualitativ ausgedrückt ist es dem Donator völlig wurscht, ob ein Spin-up oder ein Spin-down Elektron daherkommt, der nimmt beide, und deshalb ist die Wahrscheinlichkeit, dass ein Donator inklusive Spin besetzt wird, höher als in der Betrachtung ohne Spin. Aber Vorsicht: Die Besetzungsstatistik für Donatoren und Akzeptoren ist keine(!) einfache Fermi-Statistik mit Spinentartung, die sieht nur so aus, und mit

genügend komplizierter Thermodynamik kann man zeigen, dass das alles wirklich
stimmt.

Glauben wir das erst einmal. Mit Hilfe von f_D wird nun die Anzahl der Elektronen,
die an einen Donator gebunden sind, oder in anderen Worten die Konzentration der
neutralen Donatoren, so berechnet:

$$N_D^0 = \frac{N_D}{\frac{1}{2}e^{\frac{E_D-E_F}{kT}} + 1} \approx 2N_D \cdot e^{-\frac{E_D-E_F}{k \cdot T}}. \tag{4.80}$$

Die Konzentration der ionisierten Donatoren ist $N_D^* = N_D - N_D^0$ und berechnet sich
nach kurzer Umformung zu (Vorsicht, jetzt positives Vorzeichen im Exponenten!!)

$$N_D^* = \frac{N_D}{2e^{-\frac{E_D-E_F}{kT}} + 1} \approx \frac{1}{2}N_D \cdot e^{+\frac{E_D-E_F}{k \cdot T}}. \tag{4.81}$$

Die Anzahl der Löcher, die an einen Akzeptor gebunden sind, oder in anderen Worten
die Konzentration der neutralen Akzeptoren ist

$$N_A^0 = \frac{N_A}{\frac{1}{4}e^{-\frac{(E_A-E_F)}{k \cdot T}} + 1} \approx 4N_A \cdot e^{+\frac{E_A-E_F}{k \cdot T}} \tag{4.82}$$

Die Konzentration der ionisierten Akzeptoren ist $N_A^* = N_A - N_A^0$ und berechnet sich
nach kurzer Umformung zu (Vorsicht, jetzt negatives Vorzeichen im Exponenten!!)

$$N_A^* = \frac{N_A}{4e^{+\frac{E_A-E_F}{kT}} + 1} \approx \frac{1}{4}N_A \cdot e^{-\frac{E_A-E_F}{k \cdot T}}. \tag{4.83}$$

Der Faktor $1/4$ kommt davon, dass das Akzeptorniveau zweifach entartet ist. und
man es im Valenzband mit schweren Löchern (heavy holes), leichten Löchern (light
holes) und der Spinentartung zu tun hat. Das ist plausibel, denn zwei unterschiedliche Massen liefern zwei unterschiedliche Energieniveaus, und somit hat man keinen
Ärger mit dem Herrn Pauli. Reinpassen in den Akzeptor tut aber genau wie oben nur
ein Loch und nicht zwei oder gar vier. Hinweis: Die Literatur scheint hier uneinheitlich zu sein. Selbst im Buch von Sauer (2009) wird darauf hingewiesen, dass man
statt $1/4$ manchmal andere Werte findet.

So, jetzt geht es richtig ans Eingemachte: Weiter oben im Abschnitt über die
Zustandsdichtemassen hatten wir doch gelernt, dass man die Valley-Entartung (in
Silizium = 6) mitnehmen sollte. Wieso braucht man das hier bei den Störstellen nicht?
Nachdem ich weder im Internet noch in irgendeinem Buch etwas Gegenteiliges zu
diesem Thema gefunden habe, nehmen wir mal an, die Aussage sei richtig (ein
Publikumsjoker sozusagen). Was man aber hier und da findet, ist die Aussage: Ein
Donator ist ein im Ortsraum stark lokalisierter Zustand. Das ist gut, denn dann ist er
im k-Raum ein extrem delokalisierter Zustand, der im $E(k)$-Diagramm eine Gerade
quer durch das ganze Diagramm mit all seinen Tälern darstellt. Die Valley-Entartung

interessiert damit nicht mehr. Im Valenzband hat man zwei effektive Massen und damit zwei verschiedene Zustände und die muss man natürlich schon mitnehmen. Hausaufgabe also: Unschärferelation nehmen, für Δx den Bohr-Radius einsetzen und sehen, ob sich das mit der Delokalisierung für die erste Brillouin-Zone ausgeht.

Nach dem ganzen Blabla von oben sieht die Ladungsneutralität dann schließlich so aus (Hinweis: Ionisierte Akzeptoren sind negativ, ionisierte Donatoren sind positiv geladen):

$$(n + N_A^*) = (p + N_D^*) \tag{4.84}$$

Mit eingesetzten Formeln bekommt man

$$N_c \exp\left(-\frac{E_c - E_F}{kT}\right) + \frac{N_A}{4 \exp\left(+\frac{E_A - E_F}{kT}\right) + 1}$$

$$= N_v \exp\left(+\frac{E_v - E_F}{kT}\right) + \frac{N_D}{1 + 2 \exp\left(-\frac{E_D - E_F}{kT}\right)}. \tag{4.85}$$

Zur Berechnung des Fermi-Niveaus muss diese implizite Gleichung für E_F mit dem Computer gelöst werden. Für entartete Halbleiter (entartet heißt: Das Fermi-Niveau liegt über der Leitungsbandkante, auf Englisch ‚degenerate‘.) bieten Sze und Ng (2007) zwei praktische Näherungen für die Lage des Fermi-Niveaus:

$$E_F - E_c \approx kT \left[\ln\left(\frac{n}{N_c}\right) + 2^{-3/2}\left(\frac{n}{N_c}\right) \right] \tag{4.86}$$

und

$$E_v - E_F \approx kT \left[\ln\left(\frac{p}{N_v}\right) + 2^{-3/2}\left(\frac{p}{N_v}\right) \right] \tag{4.87}$$

Hinweis: Besonders bei der Beschreibung von MOS Systemen sind diese Formeln extrem hilfreich.

Zurück zur Ladungsträgerkonzentration: Ist E_F für eine gegebene Temperatur und Dotierung gefunden, so berechnet sich die Elektronenkonzentration ganz einfach zu

$$n = N_c \exp\left(-\frac{E_c - E_F}{kT}\right), \tag{4.88}$$

Die analoge Formel für die Löcher ist

$$p = N_v \exp\left(+\frac{E_v - E_F}{kT}\right). \tag{4.89}$$

Zur Illustration der Lage zeigt Abb. 4.8 die Elektronendichte als Funktion der inversen Temperatur für Silizium mit einer Dotierung von 10^{16} cm^{-3}. Für genügend hohe Temperaturen verhält sich jeder Halbleiter intrinsisch und die Dotierung spielt keine Rolle. Für mittlere Temperaturen befinden wir uns im Sättigungsbereich (saturation

Abb. 4.8 Elektronendichte
als Funktion der inversen
Temperatur für Silizium mit
einer Dotierung von
10^{16} cm^{-3}. (Nach Smith
1979; Sze und Ng 2007;
Mishra und Singh 2008)

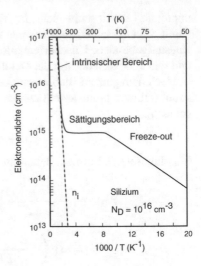

range) und die Ladungsträgerkonzentration entspricht in etwa der Dotierung und ist
somit konstant. Bei tiefen Temperaturen beginnen die Ladungsträger auszufrieren,
erkennbar an der Steigung $-E_D/2$ in Abb. 4.8. Mehr Details dazu finden sich bei
Sauer (2009), im Kapitel über die Besetzungsstatistik.

4.6   Höher dotierte Halbleiter

Bei höheren Dotierungen treten einige Effekte auf, die hier nur kurz erwähnt werden
sollen:

- Der Mott-Übergang (Mott 1990)
  Ab einer gewissen Dotierung N_{crit} wird der Abstand der Donatoren zueinan-
  der kleiner als der effektive Bohr-Radius a_{eff} der Störstelle (Abb. 4.9). Dieser
  Bereich wird als Mott-Übergang (Mott-transition) bezeichnet. Überlappen sich
  die Ausdehnungen der Störstellen, führt das zu einem Störstellenband und zu
  Stromleitung selbst bei T = 0K. Dieses Phänomen ist auch unter dem Begriff

Abb. 4.9 Mott-Übergang in
einem Silizium-Kristall

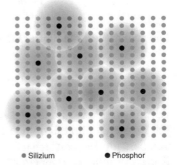

Kaninchentransport (hopping transport) bekannt. Die Störstellenkonzentration am Mott-Übergang bekommt man aus folgender Überlegung: Am Mott-Übergang kann man sich die Donatoren als Kugeln vorstellen, welche beginnen, sich zu berühren und damit den ganzen Kristall ausfüllen. Also gilt (V_D Volumen der Störstelle):

$$N_{crit} = \frac{1}{V_D} = \frac{1}{(4\pi/3) \cdot a_{eff}^3} \qquad (4.90)$$

$$N_{crit} = \frac{3}{4\pi} \left(\frac{m^* e^2}{4\pi \varepsilon_r \varepsilon_0 \hbar^2} \right)^3 \qquad (4.91)$$

- Degenerierte Halbleiter
  Manchmal braucht man hier und da sehr hohe Leitfähigkeiten, und da helfen nur sehr hohe Dotierstoffkonzentrationen im Bereich 10^{20} cm^{-3}, oder mehr. Da Sie mit der Bedeutung einer Konzentration von 10^{20} cm^{-3} vermutlich spontan nichts anfangen können, hier die Erklärung: Wir befinden uns in einem Bereich, wo 1 % bis 10 % der Atome im Halbleiter Dotierstoffatome sind. Dass das zu diversen Problemchen führen kann, ist wohl nicht überraschend. Was passiert? Zunächst einmal wandert das Fermi-Niveau bei n-Typ Halbleitern is Leitungsband, bei p-Typ Halbleitern ins Valenzband. Man nennt das gerne einen degenerierten Halbleiter. Sie werden sich denken: Das kann mir doch völlig wurscht sein, Hauptsache der Halbleiter leitet gut. Ja, ja schon, aber Vorsicht, hier gilt das seltsame Motto ‚praktisch ja, theoretisch leider nicht'. Versuchen Sie doch einmal mit dem Formelwerk aus diesem Kapitel das Fermi-Niveau für hochdotierte Halbleiter zu berechnen. Niemals werden Sie es mit diesen Formeln schaffen, das Fermi-Niveau über die Leitungsbandkante zu befördern. Was ist der Grund? Die Boltzmann-Näherung gilt hier einfach nicht mehr, und sie müssen die Fermi-Verteilung in die Formeln einsetzen. Alle analytischen Formeln sind damit obsolet, und daher braucht es einen halbwegs schnellen Computer und fortgeschrittene Programmierkünste. Viel Spaß dabei!

- Abschirmeffekte
  Die Ionisierungsenergie der Donatoren sinkt durch Abschirmeffekte. Dieser Effekt wird mit folgender semiempirischen Formel beschrieben:

$$E_D = E_{D_0} \cdot \left[1 - \left(\frac{N_D}{N_{Crit}} \right)^{\frac{1}{3}} \right] \qquad (4.92)$$

- Dann gibt es noch das Absinken des Leitungsbandes durch $e^- - e^-$ Wechselwirkung (wieder eine semiempirische Formel):

$$E_c = E_{c0} - 1{,}6 \cdot 10^{-8} \cdot \left(p^{\frac{1}{3}} + n^{\frac{1}{3}} \right) eV \qquad (4.93)$$

Abb. 4.10 Band tailoring effects in hochdotierten Halbleitern. Diese verschmieren je nach Dotierung die Zustandsdichte rund um die jeweilige Bandkante

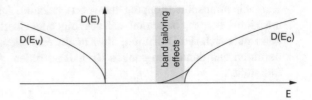

- Band tailoring effects

  Band tailoring effects, auf Deutsch vermutlich Bandkantenverbreiterung oder besser Bandkantenverschmierung: Darunter versteht man eine eher ungewollte Verschmierung der Leitungsbandkante in Richtung Bandmitte bei hohen Dotierungen (Abb. 4.10). Auf anderen Materialien als Silizium macht man das zuweilen jedoch absichtlich, dann bekommt das Wort tailoring eher die Bedeutung von Maßschneidern.

Der pn-Übergang und seine Freunde

5

Inhaltsverzeichnis

5.1 pn-Übergänge – wozu sind die gut?

Ohne pn-Übergänge geht in der Elektronik gar nichts. Keine Dioden, keine Transistoren, keine regelbaren Kapazitäten, keine Solarzellen, keine Laser und, am allerschlimmsten, keine Mobiltelefone, keine Computer, keine freizeitorientierten Internetseiten und auch kein Counter-Strike und sonstige Ballerspiele (Hausaufgabe: Mailen Sie mir bitte, welches Computerspiel gerade besonders in ist, damit ich mein Buch up to date halten kann). Sich als Elektrotechniker oder Physiker etwas Halbwissen über den pn-Übergang anzueignen, ist also durchaus angebracht.

Mit dieser Motivation ist der ganze Halbleiterstatistikkram von weiter vorne plötzlich gar nicht mehr so langweilig und öde, denn er ermöglicht es uns z. B., auf einfache Weise die eingebaute Spannung (entspricht der Durchlassspannung) oder, genauer und auf Englisch gesagt, die built in voltage einer pn-Diode zu berechnen, und wie Sie später sehen werden, noch vieles mehr.

Wir lernen dazu zunächst etwas über die physikalischen Vorgänge bei der Bildung eines pn-Übergangs, denn dann werden wir verstehen, dass man damit einen durchstimmbaren Kondensator hat, der es noch dazu erlaubt, die Dotierung im Halbleiter zu bestimmen. Am Ende kümmern wir uns dann um das eine oder andere Transistorbauelement, welches man mit pn-Übergängen auf einfache Weise zusammenbasteln

© Springer-Verlag GmbH Deutschland, ein Teil von Springer Nature 2020
J. Smoliner, *Grundlagen der Halbleiterphysik*,
https://doi.org/10.1007/978-3-662-60654-4_5

kann. Wichtig: Alles, was wir hier machen, ist klassische Elektrostatik, wir berechnen also noch keine Diodenkennlinien und kümmern uns an dieser Stelle schon gar nicht um den klassischen, diffusionsgetriebenen npn-Transistor.

5.2   Der pn-Übergang und die eingebaute Spannung

Kümmern wir uns zunächst um die eingebaute Spannung, die auch gerne Diffusionsspannung genannt wird, und beginnen wir dazu mit einem p-Typ- und n-Typ-Halbleiter, die wir einfach nebeneinander auf den Tisch legen (Abb. 5.1a). Im p-Gebiet liegt das Fermi-Niveau knapp oberhalb der Valenzbandkante, im n-Gebiet knapp unterhalb des Leitungsbandes. Die Elektronenaffinität $e\chi$ ist die Energiedifferenz zwischen der Leitungsbandkante und dem Vakuumniveau. Die Austrittsarbeiten (work function) $e\Phi_{sp}$ oder $e\Phi_{sn}$ sind definiert als die Energiedifferenz zwischen Fermi-Niveau und dem Vakuumniveau. Jetzt schauen wir, was passiert, wenn wir diese p- und n-dotierten Halbleiterstücke zusammenkleistern. Als Regel dafür gilt: Das Fermi-Niveau im Gleichgewicht muss quer durch die Probe konstant sein; anderenfalls fließt Strom und wir hätten ein Perpetuum Mobile.

Betrachten wir nun Abb. 5.1b, die den Bandverlauf eines fertigen pn-Übergangs zeigt. Um diese Situation mit konstantem Fermi-Niveau zu erreichen, müssen zumindest kurzfristig Elektronen ins p-Gebiet und Löcher ins n-Gebiet übertreten. Zurück bleiben die ionisierten Donatoren und Akzeptoren, die aber langsam ein Gegenfeld aufbauen, so lange, bis das Fermi-Niveau in beiden Gebieten gleich hoch liegt. In

Abb. 5.1 Formation eines pn-Übergangs. **a** Die p- und n-Gebiete vor der Formation des Übergangs. Im p-Gebiet liegt das Fermi-Niveau knapp oberhalb der Valenzbandkante, im n-Gebiet knapp unterhalb des Leitungsbandes. Die Elektronenaffinitäten $e\chi$ und Austrittsarbeiten $e\Phi_{sp}$ und $e\Phi_{sn}$, sowie das Fermi-Niveau sind ebenfalls eingezeichnet. **b** Bandprofil des fertigen pn-Übergangs inklusive Vakuumniveau. Die Bandlücke ist überall die gleiche und, wichtig, Valenzband und Leitungsband verlaufen immer parallel. (Mishra und Singh 2008)

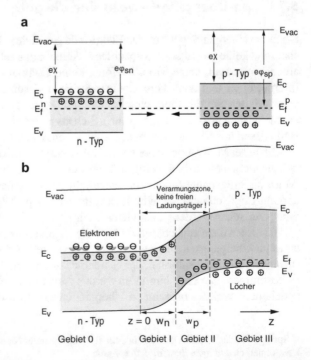

dieser Übergangszone verlaufen Valenzband und Leitungsband immer parallel und auch die Bandlücke ist überall die gleiche. Im Gebiet der ionisierten Donatoren (positiv geladen) und Akzeptoren (negativ geladen) gibt es keine freien Ladungsträger mehr. Die Ladungen dort sind alle ortsfest, und man spricht daher von einer Raumladungszone oder auch Verarmungszone (depletion zone), die einen Isolator darstellt (Abb. 5.2). Das elektrische Feld in der Raumladungszone sorgt dafür, dass alle zufällig in der Verarmungszone generierten Ladungsträger sei es thermisch oder durch Licht oder sonst wie, sofort wieder hinausbefördert werden und die Zone isolierend bleibt. Schauen wir nochmals auf Abb. 5.1b:

- In der p-Typ-Region rechts ist alles neutral, und die Bänder sind flach. Die Dichte der ionisierten Akzeptoren ist genau gleich hoch wie die Löcherkonzentration.
- In der n-Typ-Region ganz links herrschen genau die gleichen Verhältnisse, und die Elektronenkonzentration ist genau gleich hoch wie die Konzentration der ionisierten Donatoren.
- Im Bereich der Raumladungszone in der Mitte sind die Bänder verbogen. Freie Ladungsträger gibt es keine, und die Bandverbiegung stammt ausschließlich von der Elektrostatik der ortsfesten Raumladungen. Die Verarmungszonen erstrecken sich sowohl in das n- als auch in das p-Gebiet. Die jeweilige Breite der Verarmungszone wird mit w_n und w_p bezeichnet.

Nun wollen wir das elektrische Feld, die eingebaute Spannung und vor allem die Breite der Raumladungszone ausrechnen. Wie Sie sehen werden, ist das keine Beschäftigungstherapie, sondern wichtig, denn die Breite der Raumladungszone in einer Diode hängt von diversen Parametern wie der Dotierung und der angelegten Spannung ab. Damit lassen sich spannungsgesteuerte Kondensatoren realisieren, oder es lässt sich umgekehrt durch Messung der Kapazität die Dotierung in der Diode ausrechnen. Vorher brauchen wir aber noch ein paar vereinfachende Annahmen:

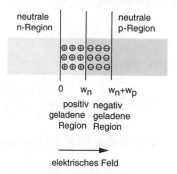

Abb. 5.2 Das Gebiet eines pn-Übergangs ohne angelegte Spannung. Wichtig: In der n-Region bleiben positiv geladene Donatoren zurück, in der p-Region negativ geladene Akzeptoren. Niemals vergessen: Innerhalb des pn-Übergangs gibt es keine freien Elektronen oder Löcher, das Gebiet ist isolierend. (Mishra und Singh 2008)

- Die dotierten Gebiete seien homogen dotiert, und der Übergang sei abrupt und atomar glatt.
- Mobile Ladungsträger in der Raumladungszone gebe es keine, bzw. sei deren Dichte vernachlässigbar. Diese Annahme ist als Verarmungsnäherung (depletion approximation) bekannt. Es fließt keinerlei Strom, und selbst wenn zufällig einer fließen sollte, so löschen sich Elektronen und Löcherstrom per Rekombination sofort gegenseitig aus.

5.2.1 Die eingebaute Spannung und die Halbleiterstatistik

Um die eingebaute Spannung (built in voltage) auszurechnen, haben wir jetzt zwei Möglichkeiten: Entweder wir verwenden die Halbleiterstatistik, oder wir benutzen die Verarmungsnäherung und die Poisson-Gleichung. Sehen wir, was dabei heraus-kommt und beginnen wir mit der Halbleiterstatistik. Die eingebaute Spannung lässt sich ausrechnen durch:

$$eV_{bi} = E_g - (E_c - E_F)_n - (E_F - E_v)_p \tag{5.1}$$

Mit der Boltzmann Näherung im n-Gebiet

$$n_{n0} = N_c \exp\left(-\frac{(E_c - E_F)_n}{k_B T}\right), \tag{5.2}$$

bekommt man für das Fermi-Niveau

$$(E_c - E_F)_n = -k_B T \ln\left(\frac{n_{n0}}{N_c}\right), \tag{5.3}$$

wobei n_{n0} die Elektronendichte auf der n-Seite des Bauteils bezeichnet. Wenn wir annehmen, dass alle Donatoren ionisiert sind, gilt

$$n_{n0} = N_D^* = N_D. \tag{5.4}$$

Für das p-Gebiet gilt dann ganz analog

$$(E_F - E_v)_p = -k_B T \ln\left(\frac{p_{p0}}{N_v}\right) \tag{5.5}$$

mit p_{p0} der Löcherdichte im p-Gebiet. Sind alle Akzeptoren ionisiert, gilt

$$p_{p0} = N_A^* = N_A. \tag{5.6}$$

und man erhält für die eingebaute Spannung die Formel

$$eV_{bi} = E_g + k_B T \ln\left(\frac{n_{n0}}{N_c} \frac{p_{p0}}{N_v}\right). \tag{5.7}$$

Um E_g loszuwerden, verwenden wir nun die Formel für n_i^2:

$$n_i^2 = N_c N_v \exp\left(-\frac{E_g}{k_B T}\right) \tag{5.8}$$

Umgeformt auf E_g liefert das

$$E_g = -k_B T \ln\left(\frac{n_i^2}{N_c N_v}\right). \tag{5.9}$$

Nun setzen wir alles ein und wir bekommen

$$eV_{bi} = k_B T \ln\left(\frac{n_{n0} p_{p0}}{n_i^2}\right), \tag{5.10}$$

oder mit $n_{n0} = N_D$ und $p_{p0} = N_A$

$$eV_{bi} = k_B T \ln\left(\frac{N_D N_A}{n_i^2}\right). \tag{5.11}$$

Nachdem wir jetzt die eingebaute Spannung aus der Dotierung ausrechnen können, brauchen wir noch die Breite der Raumladungszone.

5.2.2   Berechnung der Raumladungszone mit Hilfe der Poisson-Gleichung

Berechnen wir nun die eingebaute Spannung mit Hilfe der Poisson-Gleichung. Zunächst brauchen wir einmal die Poisson-Gleichungen für die jeweiligen Gebiete 0, I, II und III, welche in Abb. 5.3a eingezeichnet sind. Jetzt aber Vorsicht und genau hinschauen. Für diese Herleitung wurde der Nullpunkt absichtlich, und nicht wie allgemein üblich, in der Mitte der Raumladungszone gewählt, sondern links am Anfang der Raumladungszone. Ich sage jetzt mal, das macht die Rechnung einfacher und durchschaubarer. Im Gebiet 0 gilt

$$\frac{d^2 V(z)}{dz^2} = 0 \quad (-\infty < z < 0). \tag{5.12}$$

Im Gebiet I gilt mit $N_D^* = N_D$ (alle Donatoren seien ionisiert, oder die Gleichung wird unlösbar)

$$\frac{d^2 V(z)}{dz^2} = +e\frac{N_D}{\varepsilon_r \varepsilon_0} \quad (0 < z < w_n). \tag{5.13}$$

Abb. 5.3 a pn-Übergang, **b** Ladungsverteilung, und **c** das elektrische Feld in der Raumladungszone. (Mishra und Singh 2008)

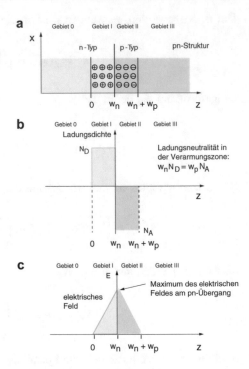

Im Gebiet II gilt mit $N_A^* = N_A$ (alle Akzeptoren seien ebenfalls ionisiert)

$$\frac{d^2V(z)}{dz^2} = -e\frac{N_A}{\varepsilon_r\varepsilon_0} \quad (w_n < z < w_n + w_p). \tag{5.14}$$

Im Basketball oder Eishockey würde man jetzt sagen, wir brauchen dringend eine Auszeit. Schauen Sie doch bitte nochmal genau hin was da für das Gebiet I steht, nämlich $+e\frac{N_D}{\varepsilon_r\varepsilon_0}$ (positives Vorzeichen!), und das ist genau das Gegenteil zu dem, was man gerne in Wikipedia oder sonst wo findet, weil da steht immer ein Minus. Des Rätsels Lösung: Bei den üblichen Problemen betrachtet man immer ein Elektron, welches auf eine positive Ladung geschoben wird, oder umgekehrt. Wir haben aber das Problem, dass wir in der Raumladungszone ausschließlich gleiche Ladungsträger auf einen Haufen packen müssen, und daher kommt das umgekehrte Vorzeichen. Rechnen Sie nach; wenn Sie das nicht so machen, bekommen Sie nicht die Bildchen, die man in den üblichen Halbleiterbüchern sieht.

Zurück zum eigentlichen Problem. Im Gebiet 0 galt

$$\frac{d^2V(z)}{dz^2} = 0 \quad (-\infty < z < 0). \tag{5.15}$$

Die Lösung ist einfach, denn man braucht nur zweimal integrieren und man bekommt

$$\frac{dV(z)}{dz} = 0z + c_0, \tag{5.16}$$

$$V(z) = c_0 z + d_0. \tag{5.17}$$

$c_0\, d_0$ sind irgendwelche Integrationskonstanten, die wir uns noch besorgen müssen. Jetzt braucht es vernünftige Randbedingungen, und die heißen, $V(z) = 0$ überall im Gebiet 0, und das elektrische Feld soll auch null sein, also $\frac{dV(z)}{dz} = 0$. Damit ist die Lösung im Gebiet 0 einfach flächendeckend gleich null. Das ist erfreulich einfach und damit problemlos.

Gehen wir nun zur Lösung des Problems im Gebiet I. Die Gleichung lautet

$$\frac{d^2 V(z)}{dz^2} = +e\frac{N_D}{\varepsilon_r \varepsilon_0}. \tag{5.18}$$

Wieder braucht man nur zweimal integrieren und man bekommt

$$V(z) = +e\frac{N_D}{2\varepsilon_r \varepsilon_0} z^2 + c_1 z + d_1. \tag{5.19}$$

c_1 und d_1 sind wieder irgendwelche Integrationskonstanten, die wir aus den Rand- und Anfangsbedingungen gewinnen können. Die Randbedingungen lauten wegen der gewählten Verhältnisse im Gebiet 0: Links der Raumladungszone gibt es kein elektrisches Feld ($E = -\frac{d\varphi}{dz}$) und das Potential sei ebenfalls null. Jetzt hilft uns die geschickte Wahl des Koordinatennullpunkts, denn man erhält, dass c_1 und d_1 im Gebiet I gleich null sein müssen. Also bekommt man für das Potential im Gebiet I

$$\Phi^I = \frac{eN_D}{2\varepsilon_r \varepsilon_0} z^2, \tag{5.20}$$

$$\Phi^I(w_n) = \frac{eN_D}{2\varepsilon_r \varepsilon_0} w_n^2. \tag{5.21}$$

Im Gebiet II beginnt das Spiel von Neuem, und die Lösung für das Potential lautet auch hier

$$\Phi^{II} = \frac{-eN_A}{2\varepsilon_r \varepsilon_0}(z - w_n)^2 + c_2(z - w_n) + d_2. \tag{5.22}$$

Vorsicht: Der Koordinatenursprung muss korrekt gewählt werden und deswegen steht hier $(z - w_n)$ und nicht nur z.

Dann brauchen wir noch die üblichen Anpassbedingungen, nämlich die Stetigkeit des Potentials und dessen Ableitung bei w_n (die Dielektrizitätskonstante ist überall die gleiche):

$$\Phi^I\Big|_{w_n} = \Phi^{II}\Big|_{w_n} \tag{5.23}$$

$$\frac{d\Phi^I}{dz}\Big|_{w_n} = \frac{d\Phi^{II}}{dz}\Big|_{w_n} \tag{5.24}$$

Aus der Stetigkeit der Ableitungen bei $z = w_n$ bekommen wir

$$\frac{eN_D}{\varepsilon_r \varepsilon_0} w_n = \frac{-eN_A}{\varepsilon_r \varepsilon_0}(w_n - w_n) + c_2, \tag{5.25}$$

$$c_2 = \frac{eN_D}{\varepsilon_r \varepsilon_0} w_n. \tag{5.26}$$

Die Stetigkeit des Potentials bei $z = w_n$ liefert

$$\Phi^I \Big|_{w_n} = \Phi^{II} \Big|_{w_n}, \tag{5.27}$$

und weil Φ^{II} proportional zu $(z - w_n)^2$ ist, haben wir schließlich

$$\frac{eN_D}{2\varepsilon_r \varepsilon_0} w_n^2 = d_2. \tag{5.28}$$

Alle Integrationskonstanten sind nun bekannt, und wir können somit die eingebaute Spannung V_{bi} ausrechnen, die einfach das Potential an der Stelle $z = w_n + w_p$ darstellt, also:

$$V_{bi} = \Phi^{II} \left(w_n + w_p \right). \tag{5.29}$$

Nun alles einsetzen:

$$V_{bi} = \frac{-eN_A}{2\varepsilon_r \varepsilon_0} \left(w_n + w_p - w_n \right)^2 + \frac{eN_D}{\varepsilon_r \varepsilon_0} w_n \left(w_n + w_p - w_n \right) + \frac{eN_D}{2\varepsilon_r \varepsilon_0} w_n^2 \tag{5.30}$$

Man kann hier so einiges vereinfachen:

$$V_{bi} = \frac{-eN_A}{2\varepsilon_r \varepsilon_0} \left(w_p \right)^2 + \frac{eN_D}{\varepsilon_r \varepsilon_0} w_n \left(w_p \right) + \frac{eN_D}{2\varepsilon_r \varepsilon_0} w_n^2 \tag{5.31}$$

Die Formel für die Ladungsneutralität ist auch recht hilfreich. A ist die Querschnittsfläche des pn-Übergangs, und N_A und N_D sind die jeweiligen Dotierungen:

$$AN_D w_n = AN_A w_p \tag{5.32}$$

Damit ergibt sich

$$w_n = \frac{N_A w_p}{N_D}. \tag{5.33}$$

Jetzt nochmal alles einsetzen und durchkürzen:

$$V_{bi} = \frac{-eN_A}{2\varepsilon_r \varepsilon_0} \left(w_p \right)^2 + \frac{eN_D}{\varepsilon_r \varepsilon_0} \frac{N_A w_p}{N_D} \left(w_p \right) + \frac{eN_D}{2\varepsilon_r \varepsilon_0} \left(w_n \right)^2 \tag{5.34}$$

$$V_{bi} = \frac{-eN_A}{2\varepsilon_r \varepsilon_0} w_p^2 + \frac{eN_A w_p}{\varepsilon_r \varepsilon_0} w_p + \frac{eN_D}{2\varepsilon_r \varepsilon_0} w_n^2 \tag{5.35}$$

Und am Ende erhalten wir, was Sie auch in anderen Büchern finden können, nämlich

$$V_{bi} = \frac{eN_A}{2\varepsilon_r\varepsilon_0}w_p^2 + \frac{eN_D}{2\varepsilon_r\varepsilon_0}w_n^2 \tag{5.36}$$

oder, wenn wir nochmal die Ladungsneutralität $w_p = \frac{N_D w_n}{N_A}$ aus Gl. 5.33 einsetzen,

$$V_{bi} = \frac{eN_A}{2\varepsilon_r\varepsilon_0}\left(\frac{N_D w_n}{N_A}\right)^2 + \frac{eN_D}{2\varepsilon_r\varepsilon_0}w_n^2 \tag{5.37}$$

oder

$$V_{bi} = \frac{eN_A}{2\varepsilon_r\varepsilon_0}w_p^2 + \frac{eN_D}{2\varepsilon_r\varepsilon_0}\left(\frac{N_A w_p}{N_D}\right)^2. \tag{5.38}$$

Weiter oben hatten wir mit Hilfe der Halbleiterstatistik berechnet, dass:

$$eV_{bi} = k_B T \ln\left(\frac{N_D N_A}{n_i^2}\right). \tag{5.39}$$

Hiermit sind wir fertig und können aus der Dotierung die eingebaute Spannung V_{bi} ausrechnen und mit Hilfe von eV_{bi} auch die Breite der einzelnen Raumladungszonen bestimmen. Hausaufgabe: Bitte den Taschenrechner nehmen, einsetzen und schauen, was für eine Dicke der Raumladungszonen für eine mittlere Dotierung von $N_A = N_D = 1 \cdot 10^{17}$ cm^{-3} herauskommt.

5.3 Dotierungsbestimmungen auf Schottky-Dioden

5.3.1 CV-Kurven und Dotierungsbestimmungen

Schauen wir uns den pn-Übergang einmal als Kondensator an. Wie Sie gleich sehen werden, lohnt sich das, denn mit einer einfachen Kapazitätsmessung lässt sich die Dotierung im Halbleiter bestimmen, und das zur Not sogar in einem fertigen Bauelement irgendwo auf einem großen Chip.

Wie schon weiter vorne, soll die Raumladungszone komplett isolierend sein und keine freien Ladungsträger enthalten. Weiterhin nehmen wir wieder an, dass alle Donatoren und Akzeptoren in der Raumladungszone ionisiert sind, also die Beziehungen $N_D^* = N_D$ und $N_A^* = N_A$ gelten. Die Kapazität der Raumladungszone ist also

$$C_{RLZ} = \frac{\varepsilon_0\varepsilon_r A}{w_n + w_p}. \tag{5.40}$$

Legt man eine Spannung in Durchlassrichtung an (positive Spannung am p-Gebiet damit die Raumladungszone kleiner wird), so gilt

$$V_{bi} - V = \frac{eN_A}{2\varepsilon_r\varepsilon_0} w_p^2 \, (V) + \frac{eN_D}{2\varepsilon_r\varepsilon_0} w_n^2 \, (V) \,, \tag{5.41}$$

wobei sich natürlich die Breite der Raumladungszonen ändert. Damit ändert sich aber auch die Kapazität in Abhängigkeit von der Spannung, und wir haben damit einen spannungsgesteuerten Kondensator. Das ist praktisch, nur die zugehörigen Formeln sind es nicht. Machen wir uns das Leben leichter und nehmen an, wir hätten eine eine sogenannte n-p^{++}-Diode, das ist eine Diode mit einem extrem hochdotierten p-Gebiet, in dem die Breite der Raumladungszone praktisch null ist. Das p^{++}-Gebiet hat noch eine praktische Eigenschaft, es verhält sich nämlich metallisch. n-p^{++}-Dioden sind damit der Grenzfall eines Halbleiter-Metall-Übergangs, auch Schottky-Diode genannt. Alles bleibt genau gleich wie früher, nur kann man in den Formeln jetzt $w_p = 0$ setzen, und aus der eingebauten Spannung wird die Schottky-Barrierenhöhe V_b.

Hinweis: In einem p^{++}-Halbleiter verhalten sich die Elektronen im Valenzband deswegen metallisch, weil es ist nicht komplett mit Elektronen gefüllt ist, und es vom letzten besetzten Zustand bis zur Valenzbandkante hinreichend Platz für metallischen Elektronentransport gibt. Auch das Fermi-Niveau liegt unter der Valenzbandkante und man redet gerne von einem degenerierten Halbleiter. Mit einem n^{++}-Halbleiter geht das alles auch, wobei nun das Fermi-Niveau über der Leitungsbandkante liegt. Unter der Leitungsbandkante liegt natürlich die Bandlücke. Für die elektrischen Eigenschaften der Diode ist das komplett wurscht, aber sie werden einsehen, dass ein p^{++}-Halbleiter modellmäßig näher am Metall liegt, und damit das elegantere Beispiel ist.

Um die üblichen Bildchen zu bekommen, dieman auch in anderen Halbleiterbüchern findet, schauen wir uns nun den Potentialverlauf eines Schottky-Kontakts im Leitungsband eines n-Typ-Halbleiters an. Wir setzen voraus, dass das Potential (die Schottky-Barrierenhöhe) an der Halbleiteroberfläche irgendeinen materialabhängigen Wert V_b haben soll. Für die Poisson-Gleichung bekommt man, wenn man annimmt, dass es in der Raumladungszone nur ionisierte Donatoren mit der räumlich konstanten Dichte $N_D^* = N_D$ und keine beweglichen Ladungsträger gibt (depletion approximation):

$$\Delta\phi(z) = \frac{+eN_D}{\varepsilon_r\varepsilon_0} \tag{5.42}$$

Das positive Vorzeichen kommt von den positiv geladenen Donatoratomen. Jetzt wird die Poisson-Gleichung zweimal integriert und man erhält mit den Anfangsbedingungen Potential = null und Feld = null bei $z = 0$:

$$\phi(z) = \frac{eN_D \, z^2}{2\varepsilon_0\varepsilon_r} \tag{5.43}$$

Am Ende der Raumladungszone hat $\phi(z) = \phi(d)$ den Wert von $\phi(d) = V_b$. Wir lösen nun nach d auf und erhalten

$$d = \sqrt{V_b \frac{2\varepsilon_r\varepsilon_0}{N_D e}}, \tag{5.44}$$

wobei d die Dicke der Raumladungszone ist. Als Faustregel für die Schottky-Barriere gilt, dass das Fermi-Niveau auf nackten Halbleiteroberflächen, wie z. B. GaAs (100), in der Mitte der Bandlücke fixiert ist (midgap pinning)

$$eV_b \approx \frac{E_g}{2} \approx 0.7\,\text{eV}. \tag{5.45}$$

Mit einem Metall auf dem Halbleiter gilt z. B.

- $eV_b \approx 0.9\,\text{eV}$ für Au auf n-GaAs,
- $eV_b \approx 1.0\,\text{eV}$ für Fe auf n-GaAs.

Hat man die Dicke der Raumladungszone berechnet, erhält man mit dem Plattenkondensatormodell ganz einfach die zugehörige Kapazität:

$$C = \varepsilon_r\varepsilon_0 A / d = \varepsilon_r\varepsilon_0 A / \sqrt{V_b \frac{2\varepsilon_r\varepsilon_0}{N_D e}} \tag{5.46}$$

Mit extern angelegter Spannung wird die Formel zu

$$C(V) = \varepsilon_r\varepsilon_0 A / d = \varepsilon_r\varepsilon_0 A / \sqrt{(V - V_b)\frac{2\varepsilon_r\varepsilon_0}{N_D e}}. \tag{5.47}$$

Hinweis: Hier muss man, vor allem wenn man die Formeln programmiert, aufpassen, ob es sich um Potentiale oder Energien in Einheiten von eV handelt. Die Barrierenhöhe ist ein Potential, die Bandlücke eine Energie.

Gut verwenden lassen sich solche $C(V)$-Kurven zur Bestimmung der Dotierung im Halbleiter. Man plottet einfach das gemessene $1/C^2$ über der Spannung V und erhält aus der Steigung dieser Geraden die Dotierung im Halbleiter und aus dem Achsenabschnitt die Barrierenhöhe. Die Formeln lauten

$$C^2(V) = (\varepsilon_r\varepsilon_0 A)^2 / \left((V - V_b)\frac{2\varepsilon_r\varepsilon_0}{N_D e} \right) \tag{5.48}$$

und

$$\frac{1}{C^2(V)} = \left((V - V_b)\frac{2\varepsilon_r\varepsilon_0}{N_D e} \right) / (\varepsilon_r\varepsilon_0 A)^2 \tag{5.49}$$

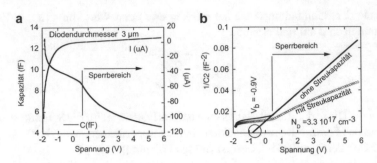

Abb. 5.4 **a** I(V) und C(V) Kurven einer scheibenförmigen Schottky-Diode auf Silizium mit einem Durchmesser von 3 μm. **b** Zugehöriger $1/C^2$-Plot mit und ohne Korrektur der Hintergrundkapazität

Die Steigung dieser Gerade, nennen wir sie kurz s, ist

$$s = \frac{\frac{2\varepsilon_r\varepsilon_0}{N_De}}{(\varepsilon_r\varepsilon_0 A)^2} = \frac{2\varepsilon_r\varepsilon_0}{(\varepsilon_r\varepsilon_0 A)^2 N_D e}. \tag{5.50}$$

N_D will ich haben, die Steigung s liefert mir die Messung, also bekomme ich die Dotierung aus der simplen Formel

$$N_D = \frac{2\varepsilon_r\varepsilon_0}{(\varepsilon_r\varepsilon_0 A)^2 s \cdot e}. \tag{5.51}$$

Abb. 5.4a zeigt die I(V)- und C(V)-Kurve einer scheibenförmigen Schottky-Diode auf Silizium mit einem Durchmesser von 3 μm. Man beachte, dass nur der Sperrbereich zur Bestimmung der Dotierung genutzt werden kann. Wie man in Abb. 5.4b erkennen kann, ist der $1/C^2$-Plot der Rohdaten auch im Sperrbereich nicht wirklich linear. Erst nach Abzug einer Streukapazität (1 fF) bekommt man ein wirklich lineares Verhalten. Die Ursache für den großen Einfluss der Streukapazität liegt in der Kleinheit der Dioden (10 fF bei $V = 0$ V). Das Beispiel wurde absichtlich gewählt, um zu zeigen, in welche Schwierigkeiten man bei Messungen kleiner Kapazitäten, z. B. mit dem Mikrowellenmikroskop (Scanning Microwave Microscope), gelangen kann. Makroskopische Dioden mit Kapazitäten im nF-Bereich haben solche Probleme nicht.

Ein Tip zum Schluss: So eine $C(V)$-Messung, am besten auf verschiedenen Dioden, ist immer ein netter Praktikumsversuch für einen ganzen Nachmittag. Am besten, man nimmt irgendwelche Photodioden, die haben alle ein Fenster, und damit kann kann man die Diodenfläche leicht abmessen. Bei eingepackten Dioden geht das natürlich nicht. Im Dunkln messen, sonst funktioniert die Messung nicht! Bei der Datenauswertung sollte man auf die Einheiten (cm^{-3} oder m^{-3}) achten. Ach ja, sein Kapazitätsmessgerät sollte man auch bedienen können. Die Stichwörter heissen Modulationsspannung und Durchlassspannung.

5.3.2 C(V)-Tiefenprofile

C(V)-Messungen eignen sich auch bestens zur Bestimmung eines Tiefenprofils der Probendotierung, und wir folgen dazu den Ideen von Blood (1986). C(V)-Tiefenprofile funktionieren gut entweder auf Schottky-Kontakten, oder auf einem MOS-System mit dünnem Oxid, bei dem der Spannungsabfall im Oxid vernachlässigt werden kann. Betrachten wir hier den Fall des Schottky-Kontakts. Die Poisson-Gleichung der Originalveröffentlichung von Blood (1986) lautet

$$\frac{\partial^2 \phi}{\partial z^2} = -e\rho(z)/\varepsilon_r \varepsilon_0. \tag{5.52}$$

In dieser Notation stiftet diese Gleichung hier aber nur Verwirrung, da $\rho(z)$ bei Blood (1986) die Nettokonzentration der Ladungsträger ist, Um mit den bisherigen Betrachtungen über Schottky-Kontakte konsistent zu bleiben, nehmen wir wie immer an, dass die netto Ladungsträgerkonzentration gleich der Donatorkonzentration ist, und schreiben wir diese Gleichung so:

$$\frac{\partial^2 \phi}{\partial z^2} = -e N_D(z)/\varepsilon_r \varepsilon_0 \tag{5.53}$$

Wenn die Ladungsdichte nicht vom Potential abhängt, braucht man zur Lösung der Gleichung diese, wie immer, nur zweimal zu integrieren. Die Probe sei beliebig dick, und das Substrat beginnt bei $-\infty$ und damit ist die untere Integrationsgrenze ebenfalls $-\infty$. Die Probenoberfläche, zweckdienlicher Weise ein dünner, metallisierter Kontakt, liege bei $z = 0$ und z'' sei irgend ein willkürlicher Endpunkt für das Integrationsgebiet. Wir erhalten damit als Ergebnis:

$$\phi(z'') - \phi(-\infty) = -\frac{e}{\varepsilon_r \varepsilon_0} \int\limits_{-\infty}^{z''} \left(\int\limits_{-\infty}^{z} N_D(z')dz' \right) dz. \tag{5.54}$$

Umsteigen auf partielle Integrale hilft bei der Lösung dieses Problems ein bisschen weiter. Wir erinnern uns an etwas Mathe aus dem Gymnasium, der AHS, der HTL oder sonst einer österreichischen Schule:

$$\int\limits_{a}^{b} f'(z)g(z)dz = [f(z)g(z)]_a^b - \int\limits_{a}^{b} f(z)g'(z)dz. \tag{5.55}$$

Hinweis: Diese Formel scheint auch außerhalb von Österreich und an anderen Schultypen zu stimmen. Jedenfalls erhalten wir mit $f'(z) = 1$ und $g(z) = \int N_D(z')dz'$

$$\phi(z'') - \phi(-\infty) = -\frac{e}{\varepsilon_r \varepsilon_0} \left[z \int\limits_{-\infty}^{z} N_D(z')dz' \right]_{-\infty}^{z''} - \frac{e}{\varepsilon_r \varepsilon_0} \int\limits_{-\infty}^{z''} z N_D(z)dz. \tag{5.56}$$

In jeder beliebigen realen Halbleiterprobe ist ohne angelegte äußere Spannung die Gesamtladung null. Wegen dieser Ladungsneutralität ist der erste Term in Gl. 5.56 (also das Integral über die Ladungsdichte) ebenfalls null und fällt weg. Jetzt interessierten wir uns nur für den aktiven Bereich der Probe, der zwischen der Oberfläche bei $z = 0$ und $-z_d$ liegt. Wichtig dabei: Die Gesamtladung im aktiven Gebiet (Halbleiter plus der dünne Metallkontakt) ist weiterhin null und die Potentialänderung im Metallfilm ist wegen der hohen Ladungsdichte verschwindend klein. Formel 5.56 wird dann zu

$$\phi(0) - \phi(-z_d) = + \frac{e}{\varepsilon_r \varepsilon_0} \int\limits_{-z_d}^{0} z N_D(z) dz. \tag{5.57}$$

Legen wir nun eine kleine Spannung ΔV an unseren Schottky-Kontakt an, welche das Raumladungsprofil um $\Delta N_D(z)$ ein wenig ändert. Die zugehörige Ladungsänderung in unserer Probe (Vorsicht: ΔQ ist eine Flächenladungsdichte) ist dann:

$$\Delta Q = e \int\limits_{-\infty}^{z''} \Delta N_D(z) dz \tag{5.58}$$

Umgerechnet auf ΔV bekommt man

$$\Delta V = \frac{e}{\varepsilon_r \varepsilon_0} \int\limits_{-\infty}^{z''} z \Delta N_D(z) dz. \tag{5.59}$$

Mit diesen Formeln kann man nun zur Bestimmung eines Dotierprofils schreiten. Wichtig: Was am Ende gemessen wird, ist immer die Konzentration der freien (!) Ladungsträger, und nicht die Dotierung. Bei Raumtemperatur kann man aber annehmen, dass alle Donatoren oder Akzeptoren ionisiert sind, und dass die Donatorkonzenttration gleich der Konzentration der freien Ladungsträger ist. Betrachten wir nun die Situation für einen n-dotierten Halbleiter, die Rechnung für einen p-Typ Halbleiter läuft analog.

Wir legen die Probenoberfläche willkürlich an die Stelle $z = 0$ und nehmen an, die Raumladungszone sei bis in eine Tiefe von z_d ausgedehnt. Dort herrsche die Dotierung $N_D(z_d)$. Durch eine kleine Spannungsänderung wird in der Tiefe z_d das Ladungsprofil ein wenig geändert. $\Delta N_D(z)$ werden wir also mit Hilfe einer δ-Funktion intelligenterweise so anschreiben:

$$\Delta N_D(z) = N_D(z) \delta(z - z_d) \Delta z_d \tag{5.60}$$

Nach Einsetzen und Ausrechnen des Integrals bekommt man dann für den Zusammenhang zwischen der Spannungsänderung ΔV und der Änderung der Tiefe der Raumladungszone Δz_d

$$\Delta V = \frac{e}{\varepsilon_r \varepsilon_0} z_d N_D(z_d) \Delta z_d. \tag{5.61}$$

Noch ein bisschen an der Kapazität herumdifferenzieren liefert

$$\frac{\Delta C}{\Delta V} = \left(\frac{\Delta C}{\Delta z_d}\right)\left(\frac{\Delta z_d}{\Delta V}\right), \tag{5.62}$$

$$\frac{\Delta C}{\Delta V} = -\frac{\varepsilon_r \varepsilon_0 A}{z_d^2} \cdot \frac{\varepsilon_r \varepsilon_0}{e z_d N_D(z_d)}. \tag{5.63}$$

Im Nenner erkennt man in Summe ein z_d^3, das man aber mit der Formel für den Plattenkondensator $C = \varepsilon_r \varepsilon_0 A / z_d$ in ein C^3 im Zähler umschreiben kann:

$$\frac{\Delta C}{\Delta V} = -\frac{\varepsilon_r \varepsilon_0 A}{z_d^2} \cdot \frac{\varepsilon_r \varepsilon_0}{e z_d N_D(z_d)} \cdot \frac{\varepsilon_r \varepsilon_0 A^2}{\varepsilon_r \varepsilon_0 A^2} = -\frac{C^3}{e \varepsilon_r \varepsilon_0 A^2 N(z_d)} \tag{5.64}$$

Nach dem Umformen auf $N(z_d)$ erhält man

$$N(z_d) = -\frac{C^3}{e \varepsilon_r \varepsilon_0 A^2}\left(\frac{\Delta C}{\Delta V}\right)^{-1}. \tag{5.65}$$

Durch eine Auswertung der gemessenen C(V)-Kurve gemäß Formel 5.65 bekommt man dann direkt das Tiefenprofil der Dotierung. Anmerkung: Ich habe das mal mit ein paar Studenten in einem Laborpraktikum ausprobiert. Ganz so locker vom Hocker geht das aber nicht. Am besten besorgen Sie sich vorher eine passende und wohlbe kannte Testprobe von einer MBE-Gruppe Ihrer Wahl.

5.4   JFETs und MESFETs

Mit steuerbaren Raumladungszonen lassen sich nicht nur steuerbare Kondensatoren bauen, sondern auch recht praktische Feldeffekt-Transistoren (FETs), sogenannte JFETs (junction-FETs) und MESFETs (metal-semiconductor-FETs), realisieren. Das Prinzip ist in Abb. 5.5 dargestellt. JFETs und MESFETs sind

Abb. 5.5 Typischer Aufbau eines JFET oder MESFET. Der JFET besitzt ein Gate aus hochdotiertem Silizium, der MESFET nutzt einen Schottky-Kontakt (Mishra und Singh 2008)

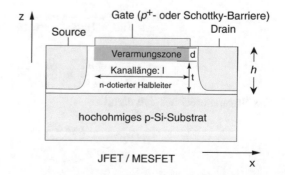

(normally-on) Feldeffekttransistoren, deren Elektronenkanal durch die Raumladungszone der Gate-Kanaldiode abgeschnürt wird. Da die Gate-Elektrode beim JFET immer sehr hoch dotiert ist, oder gleich ein metallischer Schottky-Kontakt (MESFET) verwendet wird, breitet sich die Raumladungszone nur im Kanal aus, und die Berechnung wird einfach. Die Breite der Raumladungszone ist wie früher ($N_D^* \approx N_D$ war die Dichte der ionisierten Donatoren)

$$d\left(V_G\right) = \sqrt{2\varepsilon_0\varepsilon_r\left(V_{bi} - V_G\right)/\left(eN_D^*\right)}. \tag{5.66}$$

Positive Gatespannungen verkleinern die Dicke der Raumladungszone, negative Gatespannungen machen sie breiter. Die Kanaldicke ist somit $t = h - d$. Will man den Stromfluss abschnüren, benötigen wir die Kanaldicke null, also $t = 0$. Damit ist $h = d$ und wir bekommen (V_{po} ist die (negative) Pinch-off-Spannung)

$$h = \sqrt{2\varepsilon_0\varepsilon_r\left(V_{bi} - V_{po}\right)/\left(eN_D^*\right)}, \tag{5.67}$$

$$h^2 = 2\varepsilon_0\varepsilon_r\left(V_{bi} - V_{po}\right)/\left(eN_D^*\right), \tag{5.68}$$

und für die Pinch-off-Spannung V_{po}

$$V_{po} = -\frac{h^2 e N_D^*}{2\varepsilon_0\varepsilon_r} + V_{bi}. \tag{5.69}$$

Ist V_{DS} kleiner als V_G, kann man auf einfache Weise die Stromkennlinie dadurch ausrechnen, dass man den JFET als einen Draht steuerbarer Dicke und damit als steuerbaren (ohmschen) Widerstand betrachtet. Der Strom zwischen Drain und Source (Drainstrom I_D) schreibt sich als

$$I_D\left(V_G\right) = \frac{V_{DS}}{R}. \tag{5.70}$$

Der Widerstand ist (w ist die Kanalbreite)

$$R = \frac{\rho l}{tw} = \frac{l}{tw\sigma} == \frac{l}{w\left(h - d\right)}\frac{1}{eN_D^*\mu}, \tag{5.71}$$

$$\frac{1}{R} = \frac{tw}{l}\sigma = \frac{\left(h - d\right)w}{l}eN_D^*\mu \tag{5.72}$$

Der Strom berechnet sich damit zu

$$I_D\left(V_G\right) = \frac{V_{DS}eN_D^*\mu w}{l}\left(h - d\left(V_G\right)\right), \tag{5.73}$$

und alles zusammen liefert für $I_D (V_G)$

$$I_D (V_G) = \frac{V_{DS} e N_D^* \mu w}{l} \left(h - \sqrt{2\varepsilon_0 \varepsilon_r (V_{bi} - V_G) / (e N_D^*)} \right). \tag{5.74}$$

Sehen wir jetzt einmal, wie wir den Kanalstrom I_D als Funktion von V_{DS} ausrechnen können. Exakt ist das leider gar nicht einfach, weil bei größerem V_{DS} am Anfang des Kanals für die Breite der Raumladungszone gilt:

$$d (V_G) = \sqrt{2\varepsilon_0 \varepsilon_r (V_{bi} - V_G) / (e N_D^*)} \tag{5.75}$$

Am Ende gilt jedoch

$$d (V_G) = \sqrt{2\varepsilon_0 \varepsilon_r (V_{bi} - V_G - V_{DS}) / (e N_D^*)}. \tag{5.76}$$

Die Auswirkungen dieses Effekts sind schematisch in Abb. 5.6 dargestellt. Was man noch in Abb. 5.6 sieht ist, dass die Verarmungszone ein etwas unförmiges zweidimensionales Gebilde ist und man deswegen auch eigentlich eine zweidimensionale Poisson-Gleichung lösen müsste. Wenn wir jetzt zu finite Elemente Methoden greifen würden, brächte das vielleicht schöne bunte Bilder vom Potential, aber wenig Verständnis. Deswegen nehmen wir lieber einen extrem altmodischen und sehr langen JFET, bei dem man annehmen kann, dass die Spannung $V_C(x)$ im Kanal linear zwischen Drain und Source abfällt (gradual channel approximation).

Der Drain-Strom ist dann einfach das Produkt aus der Dichte der mobilen Ladungsträger und Kanalfläche multipliziert mit der Beweglichkeit und dem

Abb. 5.6 Einfluss der Drain-Source Spannung auf die Form der Raumladungszone im Kanal. **a** Zwischen Source und Drain liegt nur eine kleine Spannung V_{DS} an. Hier bleibt die Raumladungszone praktisch unbeeinflusst. **b** und **c** zeigen die veränderte Form der Raumladungszone für zwei größere Spannungswerte von V_{DS} (Mishra und Singh 2008)

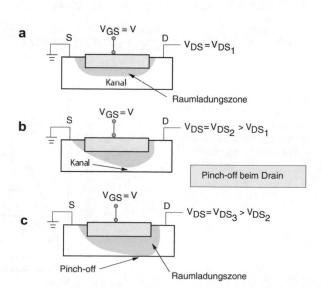

elektrischen Feld. V_C ist die lokale Spannung im Kanal. Zur Erinnerung: Der Source-Kontakt soll auf Masse liegen und dient als Referenzpunkt:

$$I_D = w \left(h - d \left(V_{CG}(x) \right) \right) e N_D^* \mu \frac{dV_{CG}(x)}{dx} \qquad (5.77)$$

Die Breite der Raumladungszone war

$$d\left(V_{CG} \right) = \sqrt{2\varepsilon_0\varepsilon_r \left(V_{bi} - \left(V_{GS} - V_{CG}(x) \right) \right) / \left(e N_D^* \right)}. \qquad (5.78)$$

Man sieht, dass die lokale Breite der Raumladungszone vom lokalen Potential im Kanal abhängt. Jetzt alle Formeln einsetzen und dann integrieren:

$$I_D = w \left(h - \sqrt{2\varepsilon_0\varepsilon_r \left(V_{bi} - \left(V_{GS} - V_{CG}(x) \right) \right) / \left(e N_D^* \right)} \right) e N_D^* \mu \frac{dV_{CG}(x)}{dx}$$
$$(5.79)$$

$$\int_0^L I_D dx = e N_D^* \mu w \int_0^{V_{DS}} \left(h - \left(\frac{2\varepsilon_0\varepsilon_r}{e N_D^*} \left(V_{bi} - \left(V_{GS} - V_{CG}(x) \right) \right) \right)^{\frac{1}{2}} \right) dV_{CG}(x)$$
$$(5.80)$$

Die Integration liefert

$$I_D = \frac{e N_D^* \mu w}{L} \left(h V_{CG}(x) - \frac{2}{3} \left(\frac{2\varepsilon_0\varepsilon_r}{e N_D^*} \right)^{\frac{1}{2}} \left(V_{bi} - \left(V_{GS} - V_{CG}(x) \right) \right)^{\frac{3}{2}} \right) \Bigg|_0^{V_{DS}}. \qquad (5.81)$$

Schließlich bekommen wir für den Drain-Strom

$$I_D = \frac{e N_D^* \mu w}{L} \left(h V_{DS} - \frac{2}{3} \left(\frac{2\varepsilon_0\varepsilon_r}{e N_D^*} \right)^{\frac{1}{2}} \left(\left(V_{bi} - \left(V_{GS} - V_{DS} \right) \right)^{\frac{3}{2}} - \left(V_{bi} - V_{GS} \right)^{\frac{3}{2}} \right) \right). \qquad (5.82)$$

Abb. 5.7 Typische Kennlinien eines MESFET. V_B (B steht für breakdown) ist die Durchbruchspannung (Mishra und Singh 2008)

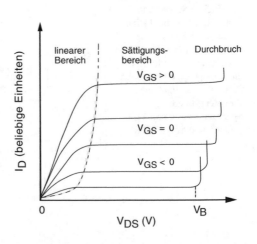

Nicht vergessen: Diese Formel gilt nur, wenn wir uns spannungsmäßig unterhalb der pinch-off-Bedingungen, also im linearen Bereich (Abb. 5.7) befinden. Dass die Formel hier ein halbwegs lineares Verhalten liefert, ist irgendwie nicht ganz offensichtlich, also Hausaufgabe: Programmieren Sie die Kennlinie und schauen Sie, ob das stimmt.

Streuprozesse

6

Inhaltsverzeichnis

6.1 Elektronen im Kneipenviertel

In unseren bisherigen Betrachtungen waren die Elektronen ziemlich einsam und gelangweilt unterwegs. Es gab entweder nur ein einsames Elektron im Kristall, oder wenn es mehrere gab, wollten die nichts miteinander zu tun haben, und mit ihrer Umwelt schon mal gar nichts. In der Realität ist das natürlich nicht so. Elektronen interagieren durchaus kräftig mit ihrer Umgebung, mit anderen Teilchen und auch mit sich selbst. Alle diese Wechselwirkungen werden unter dem Begriff Streuprozesse zusammengefasst.

Streuprozesse jeder Art sind jedem Elektrotechniker allerdings ein absoluter Graus. Im Bauelement verschlechtern sie die Beweglichkeit der Elektronen und damit die Performance des Bauteils und am Ende auch noch den Highscore bei Counter-Strike und sonstigen Ballerspielen. Noch dazu ist die theoretische Berechnung der Streuzeiten, Streuraten und der zugehörigen Beweglichkeiten extrem schwierig, und zwar so schwierig, dass es hier keinen Sinn macht, sich damit im Detail herumzuplagen.

Um dies zu verstehen, greifen wir am besten mal wieder zu biblischen Gleichnissen, die zwar nicht wörtlich zu nehmen sind, aber dennoch ein Gefühl für die Situation vermitteln. Stellen Sie sich einfach ein Kneipenviertel vor, in dem Fußballfans (Elektronen) nach dem Spiel ziemlich ausgelassen feiern. Auf der Straße torkeln die Fans dann zu später Stunde etwas unkontrolliert in Richtung ihrer Wohnung. Nicht überraschend kollidieren sie gelegentlich mit sich selbst (Elektron-Elektron-Streuung), mit den Wänden der Häuser (Grenzflächen im Kristall), oder treffen auf irgendwelche Hooligans (Phononen) und sonstiges angeheitertes Gesindel (z. B. ionisierte Störstellen). Genau diese randalierenden Hooligan-Banden sind aber das Problem, denn die haben alle ihre speziellen Methoden: Die einen lieben Boxkämpfe, manche bevorzugen Kettensägen, die anderen Baseballschläger, wieder andere bevorzugen Klappmesser, und Schusswaffen gibt es auch etc. Klarerweise sind diese Bewaffnungen und Vorgangsweisen der Hooligan-Banden unterschiedlich effizient, oder wissenschaftlich ausgedrückt, entspricht das den unterschiedlichen Streuraten für die verschiedenen Streuprozesse im Halbleiter, welche die Beweglichkeit reduzieren.

Schlechte Beweglichkeiten braucht, wie schon erwähnt, niemand. Es lohnt sich also eine primitive, bilderbuchmäßige Behandlung der Streuprozesse, denn alle Streuprozesse haben eine charakteristische Temperaturabhängigkeit und können damit über temperaturabhängige Beweglichkeitsmessungen identifiziert werden. Wenn man die Streuprozesse in seiner Probe kennt, kann man ja vielleicht etwas dagegen tun. Werfen wir deswegen nun einen kleinen Blick in das Bilderbuch der Streuprozesse und verzichten dabei absichtlich und weitgehend auf jedwede Ableitung der Formeln.

6.2   Elastische Streuprozesse

6.2.1   Störstellenstreuung

Der einzige Streuprozess, der sich sogar klassisch halbwegs freundlich behandeln lässt, ist die Streuung an ionisierten Störstellen. Hier gibt es einen guten Trick, und der heißt Rutherford-Streuung. Die gibt es in der Atomphysik und ist gemacht für die Streuung von α-Teilchen an Goldfolien. Mathematisch ist das aber genau das Gleiche wie unsere Streuung von Elektronen an ionisierten Störstellen im Halbleiter. Eine Schemazeichnung davon sieht man in Abb. 6.1. Als Nächstes schreiben wir wieder einmal gemütlich und kritiklos ein paar Formeln aus einem Buch über Atomphysik ab, z. B. aus dem Buch von Resnick (1985), oder auch aus dem Buch von Sauer (2009). Dann ignorieren wir alle Hintergrunddetails, welche man sonst noch in den Büchern und manchmal auch auf Wikipedia finden kann, und akzeptieren in

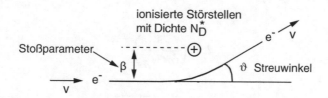

$$\text{Beweglichkeit:} \quad \mu \sim T^{+3/2}$$

Abb. 6.1 Schema der Störstellenstreuung analog zur Rutherford-Streuung in der Atomphysik, zu finden bei z. B. Resnick (1985)

tiefgläubiger und demütiger Haltung, dass sich der sogenannte Streuwinkel in der Rutherford-Streuung (Abb. 6.1) folgendermaßen berechnet:

$$\tan(\vartheta/2) = \frac{e^2}{2\pi\varepsilon_r\varepsilon_0 m^* v^2 \beta} \tag{6.1}$$

Jetzt geht man auf den Wirkungsquerschnitt σ über, der folgendermaßen definiert ist:

$$w = \sigma \frac{N}{A} \tag{6.2}$$

w ist die Streuwahrscheinlichkeit und N die Anzahl der Teilchen, die auf eine Fläche A einfallen, in deren Mitte das Streuzentrum sitzt. Der Wirkungsquerschnitt für den Streuwinkel in unserem Problem berechnet sich zu

$$\sigma(v, \vartheta) = \left(\frac{e^2}{2\pi\varepsilon_r\varepsilon_0 m^* v^2} \right) \sin^{-4}(\vartheta/2). \tag{6.3}$$

Wenn man will, kann man jetzt die Streurate für diesen Streuwinkel ausrechnen. Streuraten werden gerne als inverse Streuzeiten angeschrieben. Wenn Sie also irgendwo auf den Ausdruck Streuzeit treffen: Das ist eben nicht die Zeit, die ein Elektron braucht, um von hier nach dort gestreut zu werden, sondern der Kehrwert der Anzahl der Streuprozesse pro Sekunde. Vor diesem Hintergrund bekommen wir dann für die Streurate bei gegebenem Streuwinkel (komplizierte Herleitung, Ergebnis bitte einfach glauben)

$$\frac{1}{\tau(\vartheta)} = N_D^* v \sigma(\vartheta). \tag{6.4}$$

Die Streurate für den gesamten Raumwinkel $d\Omega = \sin(\vartheta)\, d\vartheta\, d\varphi$ ist

$$\frac{1}{\tau} = N_D^* v \int (1 - \cos(\vartheta))\, \sigma(\vartheta)\, \sin(\vartheta)\, d\vartheta\, d\varphi. \tag{6.5}$$

Nach dem Integrieren erhält man angeblich

$$\frac{1}{\tau_{ion.imp.}} = \frac{2 N_D^* \pi e^4}{(\varepsilon_r\varepsilon_0)^2 m^{*2} v^3} \ln\left(1 + \left(\frac{\varepsilon_r\varepsilon_0 m^* v^2 d}{2e^2} \right)^2 \right), \tag{6.6}$$

wobei

$$d = \left(\frac{3}{4\pi N_D^*} \right)^{1/3} \tag{6.7}$$

und

$$v = \sqrt{\frac{2\,(E - E_c)}{m^*}} \tag{6.8}$$

die Geschwindigkeit der Elektronen im Leitungsband ist. Jetzt kommt der Knackpunkt für die Anwendung der Rutherford-Streuung in der Halbleiterei: Wir nehmen an, die Elektronen hätten praktisch nur eine thermische Energie und alle Energiebeiträge aus elektrischen Feldern seien klein, also

$$\frac{m}{2}v^2 = kT. \tag{6.9}$$

Tatsächlich ist das eine gute Näherung, denn man muss bei den üblichen Beweglichkeiten schon ziemlich große elektrische Felder anlegen, um auf eine Elektronenenergie von kT zu kommen. Damit ist $\frac{1}{\tau} \sim (kT)^{-3/2}$ und schließlich

$$\mu \sim T^{+3/2}. \tag{6.10}$$

Hausaufgabe: Die Beweglichkeit von Silizium nachsehen, Streuzeit ausrechnen, und dann das elektrische Feld bestimmen, das man braucht, um innerhalb der Streuzeit ein Elektron auf eine kinetische Energie von $E = kT$ zu bringen. Hinweis: In der Halbleiterei haben die relevanten physikalischen Größen gerne etwas komische Einheiten. Die Dotierung hat die Einheit cm^{-3} statt m^{-3} und die Einheit der Beweglichkeit ist $\mathrm{cm}^2/\mathrm{Vs}$. Für quantitative Rechnungen lohnt es sich vorher immer alles auf SI-Einheiten umzustellen; das reduziert die Fehlerrate erheblich.

Abb. 6.2 zeigt typische Messdaten einer Beweglichkeitsmessung an n-dotiertem GaAs für verschiedene Dotierungen. Zwischen $T = 30\,\mathrm{K}$ und $T = 70\,\mathrm{K}$ sieht man das typische Verhalten für Störstellenstreuung, d. h., die Beweglichkeit steigt mit $T^{\frac{3}{2}}$ an. Bei noch höheren Temperaturen wird die Phononenstreuung dominant, und die Beweglichkeit sinkt wieder. Der umgekehrte Argumentationsweg gilt natürlich auch: Steigt die Beweglichkeit einer unbekannten Probe mit $T^{\frac{3}{2}}$, dann weiß man, dass die Störstellenstreuung in dieser Probe der dominante Prozess ist.

Nicht sehr überraschend gibt es bei der Störstellenstreuung natürlich auch einen Einfluss der Störstellenkonzentration. Hier nimmt die Streurate $1/\tau$ linear mit der Dotierung zu. Abb. 6.3 zeigt typische experimentelle Daten, wobei Silizium bei hohen Dotierungen vom berechneten Verhalten etwas abweicht. Wer herausfindet, warum, möge mir bitte eine E-Mail schicken.

Abb. 6.2 Typische Beweglichkeitsdaten von n-Typ-GaAs für verschiedene Dotierungen. Nach Kranzer (1971) und Müller (1995a)

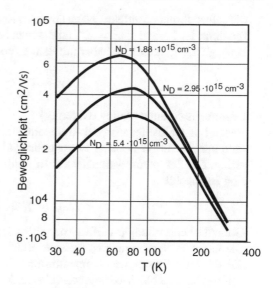

Abb. 6.3 Beweglichkeit der Ladungsträger in Silizium und GaAs in Abhängigkeit von der Störstellen-konzentration (Sze und Ng 2007; Sze und Irvin 1968; Wolfstirn 1968 und Prince 1953)

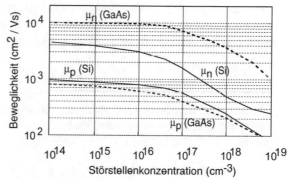

6.2.2 Weitere elastische Streuprozesse

- Deformationspotential-Streuung (deformation potential scattering)
  Ein weiterer elastischer Streuprozess, den wir hier nur sehr qualitativ behandeln wollen, ist die Streuung an akustischen Phononen (Schallwellen), auch Deformationspotential-Streuung genannt. Langwellige akustische Phononen (siehe Abb. 6.7a) erfüllen ungefähr die Bedingung elastischer Stöße, kurzwellige eher nicht. Details zu den nicht-elastischen Streuprozessen mit akustischen Phononen kommen etwas später in (Abschn. 6.3). Betrachten wir zuerst longitudinal-akustische LA-Phononen mit einer gewissen Gitterauslenkung. Diese stellen Kompressionswellen in Ausbreitungsrichtung dar, wogegen transversal-akustische TA-Phononen Scherwellen sind. Die LA-Phononen bewirken daher leicht einsehbar eine Änderung der Gitterkonstante, die sich auf eine lokale Änderung der Bandlücke überträgt und somit zu Streuungseffekten führt. Für die Scherwellen der TA-Phononen ist die Situation auf den ersten Blick nicht ganz so offensichtlich, da die Kompressionen senkrecht zur Ausbreitungsrichtung stattfinden. Am Ende hat man aber auch eine Modulation der Bandlücke und damit

die selben Streuungseffekte. Nach längeren Rechnereien, und wieder unter Zuhilfenahme der Formel $\frac{m}{2}v^2 = kT$, landet man bei der Temperaturabhängigkeit der Beweglichkeit, dieses Mal aber mit dem Exponenten $-3/2$:

$$\mu \sim T^{-3/2} \tag{6.11}$$

- Legierungs-Streuung (alloy scattering)
  Besteht ein Halbleiter aus zwei Atomsorten (z. B. GaAs), so kann es lokale Potentialunterschiede auf atomarer Ebene geben (Abb. 6.4). Man spricht von alloy scattering. Das Temperaturverhalten der Beweglichkeit für dominantes alloy scattering ist angeblich

$$\mu \sim T^{-\frac{1}{2}}. \tag{6.12}$$

- Grenzflächenstreuung (interface roughness scattering)
  Die Grenzflächenstreuung ist typischerweise im MOSFET dominant (Abb. 6.5). Sie scheint weitestgehend temperaturunabhängig zu sein, zumindest findet sich dahingehend nichts Wiedersprechendes in der Literatur.
- Streuung an neutralen Störstellen (neutral impurity scattering)
  Bei der Streuung an neutralen Störstellen ist die Beweglichkeit proportional zu $T^{+\frac{1}{2}}$ und invers proportional zur Störstellenkonzentration:

$$\mu \sim T^{+\frac{1}{2}} \cdot N_{imp}^{-1} \tag{6.13}$$

- Elektron-Elektron-Streuung (carrier-carrier-scattering)
  Das sind Streuprozesse zwischen Elektronen ($e^- - e^-$-Streuung) aber auch Streuprozesse zwischen Löchern ($h^+ - h^+$-Streuung).

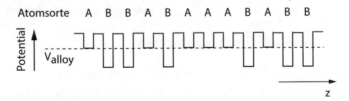

Abb. 6.4 Schematischer Potentialverlauf im Fall von Legierungs-Streuung. A und B sind unterschiedliche Atomsorten

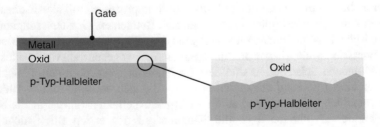

Abb. 6.5 Schematische Darstellung der Grenzflächenrauhigkeit an der Grenzfäche zwischen Silizium und Siliziumdioxid, wie sie typischerweise in einem MOSFET auftritt

Abb. 6.6 Schematische
Darstellung des
Auger-Prozesses

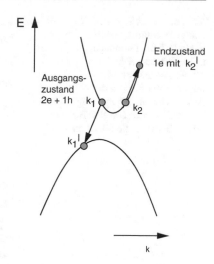

- Auger-Prozesse
  Bei einem Auger-Prozess (Abb. 6.6) rekombiniert ein Elektron auf nichtstrahlende Weise mit einem Loch. Mit der überbleibenden Energie wird dann ein
  weiteres Elektron zu höheren kinetischen Energien befördert, wo aber dann die
  LO-Phononenstreuung sehr effizient zuschlägt (LO-Phonon: Longitudinal-
  optisches Phonon, siehe Abschn. 6.3). Durch diese LO-Phononen wird das
  zusätzliche Elektron thermalisiert, sprich, das Elektron verliert seine Energie stu-
  fenweise über Streuprozesse mit den Phononen. Auger-Prozesse werden extrem
  dominant bei hohen Elektronendichten und begrenzen die Effizienz von Halbleiterlasern. Für den Elektronentransport in Bauelementen sind Auger-Prozesse
  jedoch eher unbedeutend. Von einer Temperaturabhängigkeit habe ich bisher auch
  noch nichts gehört. Hausaufgabe: Im Internet nachsehen, ob das auch wirklich
  stimmt.

6.3   Nichtelastische Streuprozesse: Phononen

Eine kurze Bemerkung vorab: Schallwellen in Festkörpern können auf zwei verschiedene Arten beschrieben werden. Klassisch macht man das mit irgendwelchen
Schub- und Elastizitätsmodulen, und das ist mal wieder eine Wissenschaft für sich.
Als Anwendung hat man hier z. B. Musikinstrumente oder auch Methoden zur Werk-
stoffprüfung (Ultraschall) – einfach bei Wikipedia nachsehen.

Wir kümmern uns hier aber um die quantenmechanische und atomistische
Beschreibung von Schallwellen im Halbleiterkristall mit Hilfe von Phononen. Phononen sind mechanische Schwingungen der Gitteratome rund um ihre Ruhelage.
Abb. 6.7 zeigt die verschiedenen eindimensionalen Schwingungen von Phononen
in einem zweidimensionalen Gitter. Der Einfachheit halber lassen wir die Atome
hier aber nur entweder in x-Richtung, oder in y-Richtung schwingen. Im richtigen

Abb. 6.7 a LA-Phononen in einem zweidimensionalen Kristall. **b** TA-Phononen, **c** LO-Phononen. Hier schwingen die Gitterlinien mit den verschiedenen Atomen immer gegenphasig. Die Federkonstanten sind für alle Situationen die Gleichen

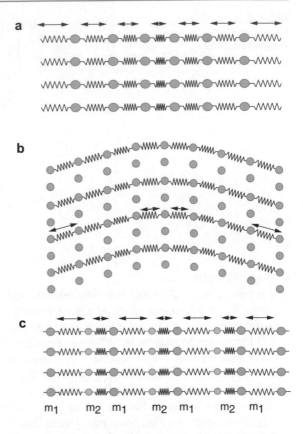

Leben und besonders in dreidimensionalen Kristallen gibt es die Schwingungen natürlich in jede beliebige Richtung, was die Sache aber nicht leichter macht. In Gittern mit nur einer Atomsorte gibt es nur longitudinal-akustische (LA)- und transversal akustische (TA)-Phononen, (Abb. 6.7a, b). Abb. 6.7c zeigt die Bewegung der Gitterlinien für longitudinal-optische (LO)-Phononen in einem zweiatomigen Gitter mit Atomen unterschiedlicher Masse. Nicht gezeigt ist die Bewegung der Atome im Fall von transversal-optischen Phononen. Als Hausaufgabe machen Sie diese Schemazeichnung bitte selbst. Wichtiger Hinweis zum Schluss: Im eindimensionalen Federkettenmodel (Abschn. 6.3.1) gibt es immer nur LA- oder LO-Phononen. Für TA- und TO-Phononen braucht es eine zweidimensionale Bewegung, also auch eine Bewegung senkrecht zur Ausrichtung der Federkette.

Ein simples Temperaturverhalten hat die nicht-elastische Streurate der Phononenstreuung nicht, denn die diversen Phononenarten streuen alle in einer anderen Art und Weise. Generell gilt aber: Je höher die Temperatur, desto höher ist die Streurate durch Phononen. Die wichtigste Spezialvariante der Phononen sind die optischen Phononen, welche besonders dominant in Halbleiter Mischkristallen wie GaAs auftauchen. Diese Phononen haben eine flache Dispersion, sprich, sie haben, egal für welchen Wellenvektor immer, in etwa die gleiche Energie (36 meV in GaAs). Optische Phononen sind so ziemlich der effizienteste Streuprozess überhaupt, und jedes Elektron, welches durch elektrische Felder die kinetische Energie von 36 meV erreicht, verliert diese sofort an ein optisches Phonon und wird damit sofort gestoppt. Mehr dazu kommt im Abschn. 6.5 über die Sättigungsdriftgeschwindigkeit.

Wichtiger Hinweis: Die Berechnung von Streuzeiten für die Phononenstreuung und der zugehörigen Beweglichkeiten im Drudemodell ($\mu = \frac{e\tau}{m^*}$) ist für experimentelle Halbleiteristen ein Ding der absoluten Unmöglichkeit. Experimentalisten messen die Phononenstreuzeiten oder holen sie sich vom Theoretiker. Was man aber schon haben sollte, ist ein gewisses Grundwissen über Phononen, und das gibt es in den folgenden Abschnitten. Im Besonderen werden wir uns um die Berechnung der $E(k)$-Beziehungen kümmern, die zwar keine Streuzeiten liefern, aber zumindest die Zustandsdichten der diversen Phononenarten, und das ist auch schon recht hilfreich.

6.3.1 Atome im Kristall: Ein Feder-Masse-System

Betrachten wir zunächst das Potential eines Atoms, welches an ein Nachbaratom gebunden ist (Abb. 6.8). Dieses Potential ist in der Atom- und Molekülphysik unter dem Namen Lennard-Jones Potential bekannt und wird dort flächendeckend verwendet. Details darüber finden sich in jedem beliebigen Lehrbuch über Atomphysik und sogar im Buch von Gross und Marx (2014).

Für uns wichtig ist die Potentialform rund um die Ruhelage des Atoms bei R_0. Dort sieht das Potential wunderbar parabolisch aus, und wir bemühen also mal wieder den harmonischen Oszillator zur Beschreibung der Situation. Zunächst entwickeln wir das Potential in eine Taylorreihe (ja, das ist tatsächlich diese Übungsaufgabe aus der Halbleiterphysik im dritten Semester):

$$U(R) = U(R_0) + \underbrace{\left[\frac{dU}{dR}\right]_{R_0}}_{0} \Delta R + \frac{1}{2}\left[\frac{d^2U}{dR^2}\right]_{R_0} \Delta R^2 \qquad (6.14)$$

Abb. 6.8 Das Lennard-Jones Potential

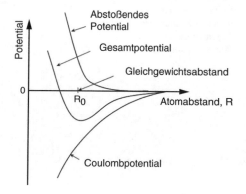

Weil wir im Potentialminimum sitzen, ist die erste Ableitung klarerweise null und
wir haben mit

$$C = \left[\frac{d^2U}{dR^2}\right]_{R_0},\tag{6.15}$$

$$U(R) = U(R_0) + \frac{1}{2}C(\Delta R)^2\tag{6.16}$$

einen tadellosen harmonischen Oszillator mit dem Energienullpunkt $U(R_0)$. Weil ja
die Formel $Energie = Kraft \cdot Weg$ gilt, ist die örtliche Ableitung des Oszillator-
potentials (potentielle Energie) die Kraft (Rückstellkraft, daher das Minuszeichen):

$$F = -C\Delta R\tag{6.17}$$

Diese Formel kennen wir aber schon aus der Schule, denn was haben wir damals über
Federn gelernt, an denen ein Gewicht hängt? Richtig, die Federkraft ist proportional
der Auslenkung und das ist genau die Formel 6.17 von eben. Wir können also Atome
in einem Halbleiterkristall als Massenpunkte behandeln, die irgendwie über Federn
miteinander zusammenhängen.

6.3.2 Akustische Phononen: Die einatomige Kette

Das einfachste Modellsystem für akustische Phononen im Halbleiter ist eine lineare
Federkette mit identischen Massen und Federkonstanten, wie sie in Abb. 6.9 dargestellt ist. Dann nehmen wir noch an, dass allfällige Auslenkungen eines Atoms sich
nur auf die nächsten Nachbarn auswirken und nicht weiter. Die Summe der Kräfte,

Abb. 6.9 a Lineare
Federkette mit identischen
Massen und Federkonstanten
als Modellsystem für
akustische Phononen. **b**
Zugehörige
Dispersionsrelation

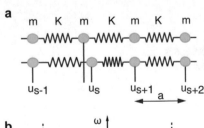

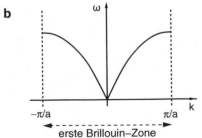

welche die Atome an den Stellen $s - 1, s$ und $s + 1$ auf das Atom an der Stelle s ausüben, ist damit null:

$$F_s + F_{s-1} + F_{s+1} = 0 \tag{6.18}$$

$$F_{s-1} = K\,(u_s - u_{s-1}) \tag{6.19}$$

$$F_{s+1} = K\,(u_s - u_{s+1}) \tag{6.20}$$

Die Kraftgleichung sieht damit folgendermaßen aus:

$$m\frac{\partial^2 u_s}{\partial t^2} + K\,(u_s - u_{s-1}) + K\,(u_s - u_{s+1}) = 0 \tag{6.21}$$

Als physikalisch sinnvollen Ansatz wählen wir eine laufende Welle, denn Schallwellen bewegen sich ja erfahrungsgemäß immer vorwärts. Hinweis: Die x-Koordinate ist hier mit $x = sa$ (s: ganzzahlig) diskret gewählt, denn zwischen den Atomen existiert ja nichts Materielles. Wir setzen also an:

$$u_s = A \cdot \exp\left(i\,(ksa - \omega t)\right) \tag{6.22}$$

Dann einsetzen und die zweite Ableitung ausrechnen

$$m\frac{\partial^2 u_s}{\partial t^2} = -m\omega^2 A \cdot \exp\left(i\,(ksa - \omega t)\right). \tag{6.23}$$

Diese zweite Ableitung muss nun gleich groß sein wie die Summe der Federkräfte:

$$+ m\omega^2 A \cdot \exp\left(i\,(ksa - \omega t)\right) = K\,(u_s - u_{s-1}) + K\,(u_s - u_{s+1}) \tag{6.24}$$

$$+ m\omega^2 A \cdot \exp\left(i\,(ksa - \omega t)\right) = K\,(2u_s - u_{s-1} - u_{s+1}) \tag{6.25}$$

Jetzt wollen wir unseren Ansatz für u_s einsetzen:

$$u_s = A \cdot \exp\left(i\,(ksa - \omega t)\right) \tag{6.26}$$

Wir bekommen:

$$+ m\omega^2 A \cdot \exp\left(i\,(ksa - \omega t)\right) = K\,(2u_s - u_{s-1} - u_{s+1}) = \tag{6.27}$$

$$K\,(2A \exp\left(i\,(ksa - \omega t)\right) - A \exp\left(i\,(k(s-1)a - \omega t)\right) - A \exp\left(i\,(k(s+1)a - \omega t)\right)) \tag{6.28}$$

Durchkürzen liefert

$$\frac{m\omega^2}{K} = 2 - (\exp\left(ika\right) + \exp\left(-ika\right)) = 2 - 2\cos(ka) = 4\sin^2\left(\frac{ka}{2}\right), \tag{6.29}$$

und schließlich bekommt man für die Frequenz:

$$\omega = \left| 2\sqrt{\frac{K}{m}} \sin\left(\frac{ka}{2}\right) \right|. \tag{6.30}$$

Der Absolutbetrag kommt einfach aus der Argumentation, dass negative Frequenzen unphysikalisch sind. Der Vollständigkeit halber berechnen wir noch die Gruppengeschwindigkeit (Schallgeschwindigkeit):

$$v_g = \frac{d\omega}{dk} = a\sqrt{\frac{K}{m}} \cos\left(\frac{ka}{2}\right) = c_s \cos\left(\frac{ka}{2}\right) \tag{6.31}$$

$$c_s = a\sqrt{\frac{K}{m}} \tag{6.32}$$

Die Schallgeschwindigkeit, bitte beachten, ist für kleine k groß, am Rand der Brillouin-Zone geht sie gegen null.

$$k \to \pm\frac{\pi}{a}, \quad v_g(k) \to 0 \tag{6.33}$$

Das Modell ist Ihnen zu primitiv, und Wechselwirkungen mit dem nächsten Nachbarn sind Ihnen zu wenig? Kein Problem, dann nehmen wir eben die übernächsten Nachbarn auch noch mit. Passen Sie aber genau auf, wie man das macht und schauen Sie dazu in Abb. 6.10. Man sieht, dass nun das Atom an der Stelle s mit weiteren Federn an die Atome an den Stellen $s + 2$ und $s - 2$ gebunden ist. Um die Rechnung möglichst einfach zu halten, sollen alle Federkonstanten gleich sein. Das ist zwar etwas unphysikalisch, aber Sie können ja als Hausaufgabe die Rechnung mit einer schwächeren Feder für den übernächsten Nachbarn durchziehen, und mir dann die Lösung zuschicken.

Wie früher sollen sich die Atome an den Stellen $s + 1$ und $s - 1$ besser nicht aus der Ruhelage bewegen. Die Gitterkonstante a entspricht dann dem einfachen

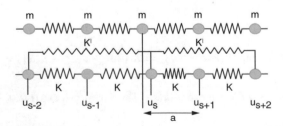

Abb. 6.10 Lineare Federkette mit identischen Massen und entsprechenden Federkonstanten für Wechselwirkungen auch mit dem übernächsten Nachbaratom. Dennoch enthält die Einheitszelle hier nur ein Atom, da sich die Position der übernächsten Nachbaratome in diesem Modell nicht verändern soll. Vergleichen Sie das bitte mit der Situation der zweiatomigen Kette weiter hinten im Abschn. 6.3.6 und Sie werden sehen, was gemeint ist

Atomabstand. Wenn Sie erlauben, dass sich das übernächste Atom auch bewegen darf, bekommen Sie eine Gitterkonstante von $2a$ und gratis dazu noch ein ganzes System aus gekoppelten und besonders ekligen Differentialgleichungen, die es sich an dieser Stelle wirklich nicht zu lösen lohnt. Stellen wir also zunächst die Kraftgleichung auf:

$$m\frac{\partial^2 u_s}{\partial t^2} = K\,(u_{s+1} - u_s) - K\,(u_s - u_{s-1}) + K\,(u_{s+2} - u_s) - K\,(u_s - u_{s-2})$$

$$(6.34)$$

Ausmultiplizieren liefert:

$$m\frac{\partial^2 u_s}{\partial t^2} = Ku_{s+1} - Ku_s - Ku_s + Ku_{s-1} + Ku_{s-2} - Ku_s - Ku_s + Ku_{s+2} \quad (6.35)$$

Jetzt braucht es ein paar Lösungsansätze aus laufenden Wellen, und die sind:

$$u_s = Ae^{i(ska-\omega t)} \tag{6.36}$$

$$u_{s+1} = Ae^{i((s+1)ka-\omega t)} = Ae^{i(ska-\omega t)}e^{ika} \tag{6.37}$$

$$u_{s+2} = Ae^{i((s+2)ka-\omega t)} = Ae^{i(ska-\omega t)}e^{i2ka} \tag{6.38}$$

$$u_{s-1} = Ae^{i((s-1)ka-\omega t)} = Ae^{i(ska-\omega t)}e^{-ika} \tag{6.39}$$

$$u_{s-2} = Ae^{i((s-2)ka-\omega t)} = Ae^{i(ska-\omega t)}e^{-i2ka} \tag{6.40}$$

Einsetzen liefert auf der linken Seite der Gl. 6.34

$$m\frac{\partial^2 u_s}{\partial t^2} = -m\omega^2 u_s. \tag{6.41}$$

Wenn man jetzt auf der rechten Seite der Gl. 6.34 einsetzt und alle Anteile von u_s durchkürzt, bekommt man:

$$-m\omega^2 = K\left(e^{ika} - 1\right) - K\left(1 - e^{-ika}\right) + K\left(e^{-i2ka} - 1\right) - K\left(1 - e^{i2ka}\right)$$

$$(6.42)$$

Nun etwas umsortieren

$$-m\omega^2 = K\left(e^{ika} + e^{-ika}\right) - 2K + K\left(e^{i2ka} + e^{-i2ka}\right) - 2K, \tag{6.43}$$

und sich daran erinnern, was man über Kosinüsse und sonstiges Studentenfutter gelernt hat:

$$-m\omega^2 = 2K\cos(ka) - 2K + 2K\cos(2ka) - 2K \tag{6.44}$$

$$+m\omega^2 = 2K(1 - \cos(ka)) + 2K(1 - \cos(2ka)) \tag{6.45}$$

Nun brauchen wir wieder uralte Formeln aus dem Geometrieunterricht in der Schule:

$$\cos(2x) = 1 - 2\sin^2(x) \tag{6.46}$$

$$\cos(x) = 1 - 2\sin^2(x/2) \tag{6.47}$$

Einsetzen liefert

$$+ m\omega^2 = 2K(1 + 2\sin^2(ka/2) - 1) + 2K(1 + 2\sin^2(ka) - 1), \tag{6.48}$$

$$+ m\omega^2 = 2K(2\sin^2(ka/2)) + 2K(2\sin^2(ka)), \tag{6.49}$$

$$+ \omega^2 = \frac{4K}{m}(\sin^2(ka/2)) + \frac{4K}{m}(\sin^2(ka)), \tag{6.50}$$

und fertig. Wie man sieht, schaut das aus wie die Dispersionsrelation der ursprünglichen einatomigen Kette mit Wechselwirkung zum nächsten Nachbarn, nur gibt es jetzt einen Zusatzterm, was ja ganz vernünftig klingt.

6.3.3 Die Phononenzustandsdichte und der schwarze Strahler

An dieser Stelle können wir einen eleganten Rückblick auf den schwarzen Strahler aus Kap. 1 werfen, und vor allem darauf, woher die Plancksche Strahlungsformel kommt. Wir erinnern uns, die war der Auslöser dafür, dass es schließlich hieß, $E = hf$, und damit war das die Grundlage der ganzen Quantenmechanik. Planck war damals genau an der gleichen Stelle wie wir hier in diesem Buch, denn er behandelte die Wärme im schwarzen Körper auch als Gitterschwingungen im Federmodell. Dann beschloss er, sich das Leben nicht unnötig kompliziert zu machen, und blieb beim ersten Modell, bei dem nur die Wechselwirkung zum nächsten Nachbaratom berücksichtigt wurde. Dann nahm er unsere schöne $\omega(k)$-Beziehung für die Phononen, die wir oben hergeleitet haben, und berechnete aus dieser $E(k)/\hbar$-Beziehung die Zustandsdichte für Phononen. Die Vorgangsweise dazu ist ganz genau die gleiche wie bei den Elektronen im 3-D-Fall. Für die Zustandsdichte der Elektronen hatten wir

$$dN(k) = \frac{L^3}{8 \cdot \pi^3}d^3k = \frac{L^3}{8 \cdot \pi^3}4\pi k^2 dk, \tag{6.51}$$

bekommen, und das merken wir uns mal kurz. Die Frequenz der Phononen war

$$\omega = 2\sqrt{\frac{K}{m}}\sin\left(\frac{ka}{2}\right) \approx ka\sqrt{\frac{K}{m}}, \tag{6.52}$$

und damit berechnet sich die Gruppengeschwindigkeit zu

$$\frac{d\omega}{dk} = a\sqrt{\frac{K}{m}}\cos\left(\frac{ka}{2}\right) \approx a\sqrt{\frac{K}{m}} = v_g. \tag{6.53}$$

Also ist für kleine k-Werte

$$\omega = k v_g \tag{6.54}$$

und

$$d\omega = v_g dk. \tag{6.55}$$

Damit bekommt man dann für das Volumenelement im k-Raum:

$$4\pi k^2 dk = 4\pi k^2 \frac{d\omega}{v_g} = 4\pi \frac{\omega^2}{v_g{}^2} \frac{d\omega}{v_g} = 4\pi \frac{\omega^2}{v_g{}^3} d\omega. \tag{6.56}$$

Daraus folgt dann die Zustandsdichte $D(\omega) = D(E(k)/\hbar)$ für die Phononen im 3-D-Fall

$$D(k)d^3k = \frac{V}{(2\pi)^3} 4\pi \frac{\omega^2}{v_g{}^3} d\omega = D(\omega)d\omega. \tag{6.57}$$

Hinweis: Diese Rechnung gilt im Bereich der linearen Dispersion und ist daher formal gleich für Phononen, Photonen und sogar Elektronen in Graphen, die auch eine lineare $E(k)$-Beziehung haben.

Jetzt kann man darüber diskutieren, ob man für die lineare Kette vielleicht nicht doch besser den 1-D-Fall nehmen sollte, also machen wir auch das. Für die 1-D-Zustandsdichte der Elektronen hatten wir bekommen:

$$dN = dN(k) = \frac{L}{2 \cdot \pi} dk \tag{6.58}$$

Mit den Näherungen für die Phononen von oben haben wir

$$\omega \approx k a \sqrt{\frac{K}{m}}, \tag{6.59}$$

$$\frac{\omega}{a\sqrt{\frac{K}{m}}} = k, \tag{6.60}$$

$$\frac{d\omega}{dk} \approx a\sqrt{\frac{K}{m}} = v_g. \tag{6.61}$$

Dann brauchen wir den Kehrwert

$$\frac{dk}{d\omega} = \frac{1}{a\sqrt{\frac{K}{m}}} = \frac{1}{v_g}, \tag{6.62}$$

$$dN = \frac{L}{2 \cdot \pi} dk = \frac{L}{2 \cdot \pi} \frac{1}{v_g} d\omega. \tag{6.63}$$

Die 1-D-Zustandsdichte ist somit

$$D(\omega) = \frac{L}{2 \cdot \pi} \frac{1}{v_g}. \tag{6.64}$$

Um zur Planckschen Formel zu kommen, muss man wissen (also eine Vorlesung über statistische Physik inklusive Übung besucht haben), wie viele Phononen es gibt, bzw. deren Dichte ausrechnen. Phononen sind Bosonen und haben eine spezielle Verteilungsfunktion, die phonon occupation number. Die sieht fast so aus, wie die Fermiverteilung, hat aber ein -1 im Nenner, und nicht $+1$ wie bei der Fermi-Statistik:

$$< n_\omega > = \frac{1}{e^{\frac{\hbar\omega}{kT}} - 1} \tag{6.65}$$

Die 3-D-Zustandsdichte für Phononen im Federkettenmodell inklusive der Besetzungswahrscheinlichkeit ist also

$$D(\omega)d\omega \cdot < n_\omega > = \frac{V}{(2\pi)^3} \frac{4\pi\omega^2}{v_g{}^3} \frac{1}{e^{\frac{\hbar\omega}{kT}} - 1} d\omega. \tag{6.66}$$

Das ist zwar richtig und schön, aber Kollege Planck war damals an der Energiedichte interessiert, weil er ja wissen wollte, wie viel Leistung pro Quadratmeter und Frequenzintervall aus seinem schwarzen Loch herauskommt. Kollege Planck hatte aber noch keine Quantenmechanik zur Verfügung, den Schrödinger konnte er auch nicht fragen, denn der lag zu dieser Zeit noch nicht einmal im Kinderwagen. Sonst kannte sich auch niemand aus und so musste er zähneknirschend postulieren, dass gilt $E = hf$. Man stelle sich vor: Er als Theoretiker in höheren Sphären ist gezwungen, primitive Steinzeitmethoden von Experimentalphysikern, also von diesen Untermenschen in den Kellerlabors, zu verwenden. Er hat einen widerlichen Hilfsfaktor h am Hals, den er nicht ausrechnen kann, und der noch dazu als ekliger Fitparameter gut sichtbar mitten in seinen überaus eleganten Theorien herumsteht und damit das Auge beleidigt. Da regt sich schon ein wenig Mitleid, aber der Nobelpreis, den er am Ende dafür bekommen hat, wird ihn wohl getröstet haben. Wir hingegen haben es leicht, denn wir kennen den quantenmechanischen harmonischen Oszillator und seine Schrödinger-Gleichung, welche lautet:

$$\left(\frac{p^2}{2m} + \frac{1}{2}Cx^2\right) \Psi = E\Psi \tag{6.67}$$

Die Wellenfunktionen sind uns hier egal, wir wollen nur die Energieeigenwerte, die, wie schon früher erwähnt, für Theoretiker angeblich nicht schwierig zu berechnen sind. Bekanntlich sind die Energieniveaus im harmonischen Oszillator äquidistant, und man bekommt

$$E_n = (n + \frac{1}{2})\hbar\omega. \tag{6.68}$$

n ist eine natürliche Zahl. Im üblichen Jargon für Phononen schreibt man das aus mir unbekannten Gründen manchmal ein wenig anders

$$E_k = (n_k + \frac{1}{2})\hbar\omega, \tag{6.69}$$

was aber keinerlei Unterschied macht. Alles, was zählt ist: Der Energieunterschied zwischen zwei Zuständen im harmonischen Oszillator ist $E = \hbar\omega$, und die Energie, die beim Übergang zwischen benachbarten Zuständen im Oszillator an ein Photon im schwarzen Strahler abgegeben wird, ist ebenfalls $E = \hbar\omega$. Übergänge mit $\Delta n > 1$ sind angeblich unwahrscheinlich, was sich durch Berechnung des Übergangsmatrix-elements mit Hilfe der Wellenfunktionen, Fermi's Goldener Regel und jeder Menge Rechenzeit bei *Wolfram Alpha* vermutlich auch beweisen ließe.

Da jedes Phonon im ersten angeregten Zustand die Energie $\hbar\omega$ trägt, kann man nun die Zustandsdichteformel 6.66 mit der Energie multiplizieren und man bekommt

$$D(E)dE \cdot <n_\omega> = \frac{V}{(2\pi)^3} \frac{4\pi\omega^3}{v_g{}^3} \frac{\hbar}{e^{\frac{\hbar\omega}{kT}} - 1} dE \tag{6.70}$$

Planck wollte mit diesem Wissen jetzt ein für alle Mal ausrechnen, was sein schwarzes Loch so abstrahlt, und nahm an, dass die Phononenenergie 1:1 in Photonenenergie (ebenfalls Bosonen mit der selben Statistik) umgesetzt wird. Damit wird aus der Gruppengeschwindigkeit die Lichtgeschwindigkeit und mit $\omega = 2\pi f$ und dem Volumen für den Raumwinkel von $V = 4\pi$ bekommen wir

$$D(f)df = \frac{8\pi f^3}{c^3} \frac{h}{e^{\frac{hf}{kT}} - 1} df. \tag{6.71}$$

Und das ist auch schon die Plancksche Formel für die Energiedichte. Hinweis: Mit der 1-D-Zustandsdichte für Phonomen kommt man nicht auf die Plancksche Formel.

6.3.4 Die Zustandsdichte im Debye-Modell

Da ich Ihnen den Spaß an Plancks privatem schwarzen Loch nicht verderben und Sie vor allem nicht verwirren wollte, muss ich jetzt zugeben, dass ich Ihnen im letzten Abschnitt ganz unauffällig und elegant das Debye-Modell für die Zustandsdichte untergejubelt habe. Hier nochmal die Eckdaten dieses Modells:

- Alle k-Werte sind klein, die Wellenlängen sind groß, und die Schallgeschwindigkeit (Gruppengeschwindigkeit) sei konstant, also

$$\omega = kv_g, \tag{6.72}$$

$$\frac{d\omega}{dk} = a\sqrt{\frac{K}{m}} = v_g. \tag{6.73}$$

- Die Zustandsdichte wird damit zu:

$$D(k)d^3k = \frac{V}{(2\pi)^3}4\pi \frac{\omega^2}{v_g^3}d\omega = D(\omega)d\omega \qquad (6.74)$$

Die Zustandsdichte wächst also quadratisch mit der Frequenz.

Im Debye-Modell wird außerdem angenommen, dass die Gruppengeschwindigkeit v_g (Schallgeschwindigkeit) und damit die Zustandsdichte im k-Raum isotrop ist. Es gibt aber einen maximalen Wert für den Wellenvektor, der physikalisch sinnvoll ist und dem Rand der ersten Brillouin-Zone entspricht. Die Form der Brillouin-Zone wird im Debye-Modell durch eine Kugel ersetzt, wobei der Radius der Kugel so gewählt wird, dass die Zahl der Moden innerhalb dieser Kugel der Zahl der Moden im Kristall entspricht, d. h. (ohne Berücksichtigung der Polarisation) gleich der Anzahl N_z der Atome im Kristall ist:

$$N_z = \frac{L^3}{(2\pi)^3}\frac{4\pi k_D^3}{3} = \frac{Vk_D^3}{6\pi^2} \qquad (6.75)$$

$$k_D = \left(6\pi^2 N_z\right)^{1/3}/L = \left(6\pi^2 N_z/V\right)^{1/3} \qquad (6.76)$$

k_D ist der sogenannte Debye-Wellenvektor. Die Phononenfrequenzen haben im Debye-Modell ein oberes Limit (Hausaufgabe: Herausfinden warum?), welches sich so berechnet:

$$\omega_D = v_s\left(6\pi^2 N_z/V\right)^{1/3} \qquad (6.77)$$

Damit beenden wir die Rechnereien zu diesem Thema. Wichtiger Hinweis zum Schluss: Das Debye-Modell hat wichtige Anwendungen auch außerhalb der Halbleiterphysik, ganz besonders in der Berechnung der spezifischen Wärme, aber das ist ein Thema, das wieder ganz klar außerhalb dieses Buches liegt.

6.3.5 Die Zustandsdichte im Modell der linearen Kette

Wie berechnet man jetzt die Zustandsdichte der Phononen im Modell der linearen Kette auf exakte Weise? Dazu brauchen wir zunächst wieder die $\omega(k)$-Beziehung der linearen Kette

$$\omega(k) = 2\sqrt{K/m}\,\sin\left(\frac{ka}{2}\right), \qquad (6.78)$$

und natürlich auch die Ableitung, die ja die Gruppengeschwindigkeit v_g darstellt:

$$v_g = \frac{d\omega}{dk} = 2\sqrt{K/m}\,\frac{a}{2}\cos\left(\frac{ka}{2}\right) \qquad (6.79)$$

oder

$$dk = \frac{1}{2\sqrt{K/m}\, \frac{a}{2}\cos\left(\frac{ka}{2}\right)}\, d\omega \tag{6.80}$$

Für kleine k ist der Kosinus ungefähr gleich eins, also

$$v_g \approx a\sqrt{K/m} \tag{6.81}$$

und

$$\frac{d\omega}{dk} = a\sqrt{K/m}. \tag{6.82}$$

Jetzt müssen wir $k(\omega)$ ausrechnen:

$$\frac{\omega}{2}\sqrt{\frac{m}{K}} = \sin\left(\frac{ka}{2}\right) \tag{6.83}$$

$$\arcsin\left(\frac{\omega}{2}\sqrt{\frac{m}{K}}\right) = \left(\frac{ka}{2}\right) \tag{6.84}$$

$$k = \frac{2}{a}\arcsin\left(\frac{\omega}{2}\sqrt{\frac{m}{K}}\right) \tag{6.85}$$

Jetzt berechnen wir die Zustandsdichte genauso wie früher bei den Elektronen, verwenden aber nun die Dispersion der Phononen:

$$D\,(k)\,d^3k = \frac{V}{(2\pi)^3}4\pi k^2 dk = \frac{4\pi V}{(2\pi)^3}\left(\frac{2}{a}\arcsin\left(\frac{\omega}{2}\sqrt{\frac{m}{K}}\right)\right)^2 dk \tag{6.86}$$

Jetzt dk auf $d\omega$ umrechnen:

$$D\,(k)\,d^3k = \frac{4\pi V}{(2\pi)^3}\frac{\left(\frac{2}{a}\arcsin\left(\frac{\omega}{2}\sqrt{\frac{m}{K}}\right)\right)^2}{v_g}\, d\omega \tag{6.87}$$

Passt dieses Resultat irgendwie mit dem Debye-Modell von oben zusammen? Antwort: Ja, wenn man die Näherung für die Gruppengeschwindigkeit bei kleinem k verwendet. Zunächst gilt:

$$\left(\frac{2}{a}\arcsin\left(\frac{\omega}{2}\sqrt{\frac{m}{K}}\right)\right)^2 = \left(\frac{2}{a}\frac{\omega}{2}\sqrt{\frac{m}{K}}\right)^2 = \frac{\omega^2}{a^2}\frac{m}{K}. \tag{6.88}$$

Damit bekommt man

$$D\,(k)\,d^3k = \frac{4\pi V}{(2\pi)^3}\frac{\omega^2}{a^2}\frac{m}{K}\frac{1}{v_g}\, d\omega. \tag{6.89}$$

K berechnet sich aus der Gruppengeschwindigkeit zu

$$K = \frac{v_g^2}{a^2} m,$$

(6.90)

und somit erhält man nach ein wenig Durchkürzen

$$D(k) \, d^3k = \frac{4\pi V}{(2\pi)^3} \frac{\omega^2}{v_g^3} d\omega,$$

(6.91)

und das schaut doch jetzt genau wieder gleich aus wie im Debye-Modell (Gl. 6.74):

$$D(k) \, d^3k = \frac{4\pi V}{(2\pi)^3} \omega^2 \frac{1}{v^3} d\omega$$

(6.92)

Uff, damit ist die einatomige Kette abgearbeitet und es geht zum nächsten Thema.

6.3.6 LO-Phononen: Die zweiatomige Kette

In vielen Halbleitern (z. B. GaAs) gibt es mehr als nur eine Atomsorte und fast alle haben mehrere Atome pro Elementarzelle (Silizium: 8. Hausaufgabe: Wie viele Atome hat GaAs pro Elementarzelle?). Wir betrachten als Modell für eine zweiatomige Elementarzelle nun eine Federkette, die an Massenpunkte mit zwei verschiedenen Massen gekoppelt ist (Abb. 6.11). Die Federkonstante soll für alle Atome dieselbe sein; allfällige Abhängigkeiten von irgendwelchen Kristallrichtungen ignorieren wir völlig. Die Atome schwingen also nun in der Federkette hin und her, und u_s und v_s sind die Auslenkungen von der jeweiligen Ruhelage:

$$m_1 \frac{d^2 u_s}{dt^2} = K(v_s + v_{s-1} - 2u_s)$$

(6.93)

$$m_2 \frac{d^2 v_s}{dt^2} = K(u_{s+1} + u_s - 2v_s)$$

(6.94)

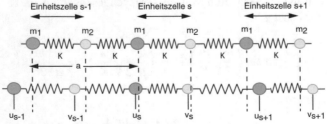

Abb. 6.11 Federkette mit zwei Atomen pro Elementarzelle

Das sind zwei, leider gekoppelte Kraftgleichungen, die wir aber mit dem Lösungsansatz in Gl. 6.96 in den Griff bekommen. a ist der Abstand der Einheitszellen, s
die Nummer der Einheitszelle und damit eine ganze Zahl. k ist der Wellenvektor
des Phonons, sa ist damit eine Ortskoordinate in irgendeine Raumrichtung und der
Ansatz sieht daher genauso aus wie der Wellenansatz für die Elektronen. Wichtig:
Der Wellenvektor k für Phononen und Elektronen ist ganz genau der gleiche, weil
sich ja beide Teilchen im selben Kristall befinden. Hinweis: In manchen Büchern
wird der Wellenvektor für Phononen als q bezeichnet, was dann gerne Verwirrung
stiftet.

$$u_s = u \exp(iksa) \exp(-i\omega t) \qquad (6.95)$$

$$v_s = v \exp(iksa) \exp(-i\omega t) \qquad (6.96)$$

Die obigen Lösungsansätze sind vorwärts laufende Wellen mit unterschiedlicher
Amplitude, da sich in unendlichen Federketten die Wellen immer in irgendeine Richtung ausbreiten können. Barrieren, wie bei den Elektronen in der Quantenmechanik,
gibt es nicht und damit gibt es auch keine Reflexionen und stehende Wellen. Weil es
wegen der Periodizität des Gitters egal ist, in welcher Einheitszelle wir das Phonon
betrachten, können wir gleich die mit der Nummer 1 nehmen und sind damit das
lästige s los.

Ok, das ist doch wohl etwas zu schlampig formuliert. Zuerst einmal darf man
nicht vergessen, dass im Gegensatz zu Elektronenwellen, die Phononenwelle nur auf
den Gitterpunkten definiert ist; zwischen den Atomen gibt es keine Schwingung oder
sonst etwas, was auch nur auf ein Phonon hindeutet. Aber: Die Phononenschwingung
muss dennoch gitterperiodisch sein, also

$$u_s \exp(iksa) = u_{s+N} \exp(ik(s + N)a), \qquad (6.97)$$

$$v_s \exp(iksa) = v_{s+N} \exp(ik(s + N)a). \qquad (6.98)$$

N ist die Nummer einer anderen Einheitszelle. Das geht aber nur, wenn $\exp(ikNa) =$
1 oder $kNa = n \cdot 2\pi$, wobei n eine ganze Zahl ist. Damit reicht es also, in der ersten
Einheitszelle zu bleiben, und alle Lösungen sind durch k-Werte im Intervall von
$-\pi/a .... +\pi/a$ gegeben. Höhere k-Werte führen nur zu den periodischen Lösungen.

Kehren wir zurück zu unseren nun einfacheren Ansätzen für die Wellen und
setzen diese in die gekoppelten Kraftgleichungen ein (das $\exp(-ika)$ kommt von
der Stützstelle $s - 1$):

$$-\omega^2 m_1 u_s = K v[1 + \exp(-ika)] - 2K u_s \qquad (6.99)$$

$$-\omega^2 m_2 v_s = K u[\exp(+ika) + 1] - 2K v_s \qquad (6.100)$$

Das Ganze jetzt in Matrixschreibweise:

$$\begin{bmatrix} -\omega^2 m_1 + 2K & -K[1 + \exp(-ika)] \\ -K[\exp(+ika) + 1] & -\omega^2 m_2 + 2K \end{bmatrix} \begin{pmatrix} u_s \\ v_s \end{pmatrix} = 0 \qquad (6.101)$$

Für eine nichttriviale Lösung des Gleichungssystems muss die Determinante null sein. Die Determinante ist

$$m_1 m_2 \omega^4 - 2K(m_1 + m_2)\omega^2 + 2K^2(1 - \cos(ka)) = 0. \qquad (6.102)$$

Mit der Lösungsformel für quadratische Gleichungen sollte Folgendes herauskommen:

$$\omega^2 = \frac{2K\,(m_1 + m_2) \pm \left[4K^2(m_1 + m_2)^2 - 8K^2\,(1 - \cos\,(ka))\,m_1 m_2\right]^{1/2}}{2m_1 m_2}$$

$$(6.103)$$

Hausaufgabe: Nachrechnen. Jetzt kann man nochmals die Wurzel ziehen und bekommt ziemlich lange Formelwürste für zwei verschiedene $\omega(k)$-Beziehungen (negative $\omega(k)$-Werte sind unphysikalisch), welche in Abb. 6.12a besichtigt werden können. Die verschiedenen Äste der Dispersionsrelationen entsprechen den LA- und LO-Phononen in unserer eindimensionalen Kette. Die Bezeichnung optische Phononen kommt daher, dass diese auch bei $k = 0$ eine Energie aufweisen und somit durch ein Photon (mit $k = 0$) im infraroten Spektralbereich angeregt werden können. Erlaubt man Auslenkungen der Atome nicht nur in x-Richtung (Abb. 6.11) sondern auch in y-Richtung, so bekommt man auch noch TA- und TO-Phononen, wie sie in Abb. 6.12b zu sehen sind. Was man hier besonders anschaulich sieht, ist, dass die Auslenkungen u_s und v_s unterschiedlich groß sind. Das ist zwar bereits im Ansatz der Lösung so eingebaut, wird aber bei den meisten Darstellungen in der Literatur oft nur unklar oder gar falsch dargestellt.

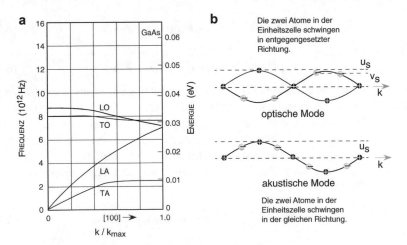

Abb. 6.12 a Typische Dispersionsrelationen für Phononen und **b** Schematische Darstellung von TA und TO Schwingungsmoden (Mishra und Singh (2008))

Die Grenzwerte für ω lauten:

$$
\begin{aligned}
k \approx 0 &\rightarrow \omega_1 \approx \sqrt{2K\left(\frac{1}{m_1} + \frac{1}{m_2}\right)} \\
k \approx 0 &\rightarrow \omega_2 \approx \sqrt{\frac{K}{2}\frac{1}{m_1+m_2}}\,ka \\
k \approx \frac{\pi}{a} &\rightarrow \omega_1 = \sqrt{\frac{2K}{m_2}} \\
k \approx \frac{\pi}{a} &\rightarrow \omega_2 = \sqrt{\frac{2K}{m_1}}
\end{aligned}
\tag{6.104}
$$

Für den akustischen Zweig (ω_1) lässt sich eine Schallgeschwindigkeit (Gruppenge-schwindigkeit) berechnen:

$$
v_s = \frac{d\omega}{dk} = \sqrt{\frac{K}{m_{av}}}\,a
\tag{6.105}
$$

m_{av} ist die gemittelte Masse aus den beiden Atomen, siehe Gl. 6.104. Für den opti-schen Zweig kann man das auch tun, erhält aber einen Wert von praktisch null. Merke: Akustische Phononen sind fortlaufende Schwingungen, optische Phononen schwin-gen nur am Ort. Eine kleine Hausaufgabe: Finden Sie die Schallgeschwindigkeit für Silizium und vergleichen Sie den Wert mit dem Ergebnis der Rechnung.

- Wegen $u = \frac{-m_2}{m_1}v$ folgt:
- Die Atome bewegen sich gegeneinander.
- Das Massenzentrum bleibt auf der Stelle.

Ein Hinweis zum Schluss: Ein echter Siliziumkristall hätte acht Atome pro Ele-mentarzelle und damit auch entsprechend mehr Äste für die Dispersionsrelationen.

6.3.7   LO-Phononen: Die Molekülkette mit zwei Kraftkonstanten

Statt eine Federkette mit unterschiedlichen Massen als Modell für Phononen zu ver-wenden, kann man auch eine einatomige Kette mit alternierenden Federkonstanten verwenden. Dies entspräche dann einer Kette von Molekülen, bei der ein Molekül aus zwei Atomen, welche mit einer hohen Federkonstante verbunden sind, mit einer schwachen Federkonstante an das nächste Molekül gekoppelt ist (Abb. 6.13). Die Tatsache, dass Moleküle normalerweise aus zwei verschiedenen Atomen mit ver-schiedenen Massen bestehen, ignorieren wir hier der Einfachheit halber. Die Kraft-gleichungen lauten hier

$$
m\frac{\partial^2 u_s}{\partial t^2} = K_1\left(v_s - u_s\right) - K_2\left(u_s - v_{s-1}\right),
\tag{6.106}
$$

$$
m\frac{\partial^2 v_s}{\partial t^2} = K_2\left(u_{s+1} - v_s\right) - K_1\left(v_s - u_s\right).
\tag{6.107}
$$

Abb. 6.13 Federkette mit identischen Atomen, aber abwechselnd unterschiedlichen Federkonstanten. Je zwei Atome bilden dadurch ein Molekül

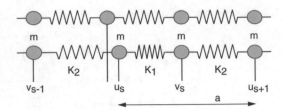

Als Lösungsansätze verwendet man wie bisher:

$$u_s = A_u e^{i(\omega t - ksa)}, \tag{6.108}$$

$$v_s = A_v e^{i(\omega t - ksa)}. \tag{6.109}$$

Vorsicht: u_s und v_s haben nicht die gleichen Amplituden. Jetzt heißt es wie immer einsetzen. Wir erhalten für die beiden Kraftgleichungen:

$$-m\omega^2 A_u e^{i(\omega t - ksa)}$$
$$= K_1 A_v e^{i(\omega t - ksa)} - K_1 A_u e^{i(\omega t - ksa)} - K_2 A_u e^{i(\omega t - ksa)} + K_2 A_v e^{i(\omega t - k(s-1)a)} \tag{6.110}$$

$$-m\omega^2 A_v e^{i(\omega t - ksa)}$$
$$= K_2 A_u e^{i(\omega t - k(s+1)a)} - K_2 A_v e^{i(\omega t - ksa)} - K_1 A_v e^{i(\omega t - ksa)} + K_1 A_u e^{i(\omega t - ksa)} \tag{6.111}$$

Die Exponentialfunktionen lassen sich weitestgehend durchkürzen:

$$-m\omega^2 A_u = +K_1 A_v - K_1 A_u - K_2 A_u + K_2 A_v e^{+ika} \tag{6.112}$$

$$-m\omega^2 A_v = +K_2 A_u e^{-ika} - K_2 A_v - K_1 A_v + K_1 A_u \tag{6.113}$$

Jetzt sortiert man die Terme ein wenig um,

$$m\omega^2 A_u = +K_1 A_u + K_2 A_u - K_1 A_v - K_2 A_v e^{+ika}, \tag{6.114}$$

$$m\omega^2 A_v = -K_2 A_u e^{-ika} - K_1 A_u + K_1 A_v + K_2 A_v, \tag{6.115}$$

schafft dann alles auf eine Seite,

$$0 = +K_1 A_u + K_2 A_u - m\omega^2 A_u - K_1 A_v - K_2 A_v e^{+ika}, \tag{6.116}$$

$$0 = -K_2 A_u e^{-ika} - K_1 A_u + K_1 A_v + K_2 A_v - m\omega^2 A_v, \tag{6.117}$$

und erhält dann ein homogenes Gleichungssystem,

$$0 = \begin{pmatrix} +K_1 + K_2 - m\omega^2 & -K_1 - K_2 e^{+ika} \\ -K_2 e^{-ika} - K_1 & +K_1 + K_2 - m\omega^2 \end{pmatrix} \begin{pmatrix} A_u \\ A_v \end{pmatrix}, \tag{6.118}$$

das sich natürlich nur lösen lässt, wenn die Koeffizientendeterminante gleich null ist

$$0 = \begin{vmatrix} +K_1 + K_2 - m\omega^2 & -K_1 - K_2 e^{+ika} \\ -K_2 e^{-ika} - K_1 & +K_1 + K_2 - m\omega^2 \end{vmatrix}. \tag{6.119}$$

Die Koeffizientendeterminante berechnet sich zu

$$0 = \left(K_1 + K_2 - m\omega^2\right)^2 - \left|K_1 + K_2 e^{+ika}\right|^2. \tag{6.120}$$

Einmal Wurzel ziehen

$$\pm \left|K_1 + K_2 e^{+ika}\right| = \left(K_1 + K_2 - m\omega^2\right), \tag{6.121}$$

und nach $m\omega^2$ auflösen liefert

$$m\omega^2 = (K_1 + K_2) \pm \left|K_1 + K_2 e^{+ika}\right|. \tag{6.122}$$

Jetzt etwas komplexe Algebra für den Term $\left|K_1 + K_2 e^{+ika}\right|$:

$$\left|K_1 + K_2 e^{+ika}\right| = \sqrt{\left(K_1 + K_2 e^{+ika}\right)\left(K_1 + K_2 e^{-ika}\right)} \tag{6.123}$$

$$\left|K_1 + K_2 e^{+ika}\right| = \sqrt{K_1^2 + K_2^2 + 2K_1 K_2 \cos(ka)} \tag{6.124}$$

Das Ganze einsetzen, und schließlich erhalten wir für ω die Formel

$$\omega = \sqrt{\frac{1}{m}(K_1 + K_2) \pm \frac{1}{m}\sqrt{K_1^2 + K_2^2 + 2K_1 K_2 \cos(ka)}}, \tag{6.125}$$

deren Ergebnis in Abb. 6.14 dargestellt ist. Qualitativ sieht das genau gleich aus wie bei der zweiatomigen Federkette, was aber nicht weiter verwundert.

Abb. 6.14 Dispersion der Federkette mit identischen Atomen aber abwechselnd unterschiedlichen Federkonstanten. Der lineare Zweig gehört zu den akustischen Phononen, der flache Zweig bei höheren Energien zu den optischen Phononen

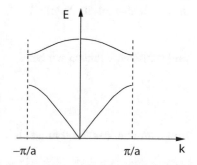

Jetzt ein Reality Check, bereitgestellt vom Studenten Gerd Fuchs, TU Wien, der vorschlug, $K_1 = K_2$ zu setzen und zu schauen, ob wir wirklich zurück zur normalen einatomigen Kette kommen. Setzen wir also in die Formel für ω von oben $K_1 = K_2$ und wir erhalten

$$\omega = \sqrt{\frac{2K_1}{m} \pm \frac{1}{m}\sqrt{2K_1^2\left(1 + \cos(ka)\right)}}. \tag{6.126}$$

Mit

$$\cos^2(x) = \frac{1}{2}\left(1 + \cos(2x)\right) \tag{6.127}$$

bekommt man

$$\omega = \sqrt{\frac{2K_1}{m} \pm \frac{1}{m}\sqrt{2K_1^2\left(2\cos^2\left(\frac{ka}{2}\right)\right)}} \tag{6.128}$$

und

$$\omega = \sqrt{\frac{2K_1}{m} \pm \frac{2K_1}{m}\cos\left(\frac{ka}{2}\right)} = \sqrt{\frac{2K_1}{m}\left(1 \pm \cos\left(\frac{ka}{2}\right)\right)}, \tag{6.129}$$

und mit noch einem Sinussatz

$$\sin^2(x) = \frac{1}{2}\left(1 - \cos(2x)\right) \tag{6.130}$$

landen wir bei

$$\omega = \sqrt{\frac{2K_1}{m}2\sin^2\left(\frac{ka}{4}\right)}, \tag{6.131}$$

$$\omega = 2\sqrt{\frac{K_1}{m}}\sin\left(\frac{ka}{4}\right). \tag{6.132}$$

Jetzt müssen wir noch berücksichtigen, dass die Gitterkonstante a mit zwei Federkonstanten doppelt so groß ist wie die Gitterkonstante a der einatomigen Kette (Abb. 6.13 und 6.9), also gilt in Wahrheit

$$a = 2a, \tag{6.133}$$

und schließlich landen wir bei

$$\omega = 2\sqrt{\frac{K_1}{m}}\sin\left(\frac{ka}{2}\right), \tag{6.134}$$

und damit bei der einatomigen Kette. Die Sache passt also.

6.4   Gesamtleitfähigkeit und Streuprozesse

Will man die Gesamtleitfähigkeit seiner Probe bei gleichzeitiger Anwesenheit verschiedener Streuprozesse berechnen, so muss man die Leitfähigkeiten für die einzelnen Streuprozesse addieren. Für die Streuzeiten heißt das, es müssen die Kehrwerte addiert werden. In der Literatur ist dies unter dem Stichwort Matthiessen-Regel bekannt

$$\sigma = \sum_i e \cdot n \cdot \mu_i; \quad \mu_i = \frac{e\tau_i}{m_i} \tag{6.135}$$

$$\frac{1}{\tau} = \sum_i \frac{1}{\tau_i} \qquad \text{Matthiessen-Regel für Streuzeiten.} \tag{6.136}$$

Aufpassen: In diversen Büchern (z. B. bei Ashcroft und Mermin 1976) wird auf so etwas nicht immer extra hingewiesen.

Abb. 6.15 zeigt nun, wie sich die gemessene Beweglichkeit einer Probe aus den verschiedenen Streuprozessen zusammensetzt. Fast alle Streuprozesse werden mit steigender Temperatur stärker, nur für die Streuung an ionisierten Störstellen ist es genau umgekehrt. Das führt dann dazu, dass praktisch alle Volumenmaterialien (bulk materials) bei mittleren Temperaturen ein Maximum in der Beweglichkeit aufweisen. Einzige Ausnahme ist der HEMT. Hier wird schon bei der Kristallzucht dafür gesorgt, dass sich im Bereich des Elektronenkanals keine Störstellen befinden und somit Streuung an ionisierten Störstellen erst gar nicht stattfinden kann. Als Konsequenz steigt die Beweglichkeit in einem solchen System mit sinkender Temperatur bis auf beeindruckende Werte an. Ein Wert von $\mu = 1 \cdot 10^6 \, \text{cm}^2/\text{Vs}$ ist in GaAs-AlGaAs Heterostrukturen kein Problem.

Abb. 6.15 Beweglichkeit in Abhängigkeit von der Temperatur und von den verschiedenen Streuprozessen (Wolfe (1970), auch Sauer (2009))

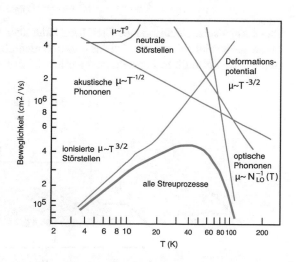

6.5   Sättigungsdriftgeschwindigkeit und Beweglichkeit

Die hohe Effizienz der Phononenstreuung und die Tatsache, dass Phononen sowohl emittiert als auch absorbiert werden können, führt zum Phänomen der sogenannten Sättigungsdriftgeschwindigkeit. Beschleunigt ein Elektron durch äußere Felder auf Geschwindigkeiten, die Energien oberhalb der LO-Phononenenergie entsprechen, so schlägt die Phononenstreuung ganz besonders effizient zu und bremst die Elektronen auf eine mittlere Sättigungsgeschwindigkeit. Betrachten wir zur Erklärung dieses Effekts einmal die Halbleiterprobe in Abb. 6.16 und machen für die Messung ein ganz primitives Modell. Zunächst nehmen wir an, dass die Probe irgendeinen Widerstand habe und dass wir die Messung mit irgendeinem, aber konstantem Strom durchführen. Für die Spannung zwischen den Kontakten (Abb. 6.16) gilt also

$$I = V_x/R_x, \quad V_x = I R_x \tag{6.137}$$

R_x ist der Widerstand der Probe zwischen den Stromkontakten links und rechts. Für das elektrische Feld bekommen wir

$$E_{feld} = V_x/L. \tag{6.138}$$

Nehmen wir nun an, dass die Probe eine gute Qualität und damit ziemlich hohe Beweglichkeit habe. Außer der Phononenstreuung (Emission) sollen für diese Betrachtung andere Streuprozesse keine Rolle spielen. Man bekommt für die Elektronengeschwindigkeit und die kinetische Energie

$$v = E_{feld} \cdot \mu, \tag{6.139}$$

$$E_{kin} = \frac{m^*}{2}v^2 = \frac{m^*}{2}\big(E_{feld} \cdot \mu\big)^2. \tag{6.140}$$

Diese kinetische Energie eines Elektrons kann aber nur maximal die LO-Phononenenergie erreichen, danach wird das Elektron nichtelastisch gestreut und die Energie ist dann wieder null. In Formeln ausgerückt ist das

$$\frac{m^*}{2}\big(E_{feld} \cdot \mu\big)^2 = (\hbar\omega_{LO}) \tag{6.141}$$

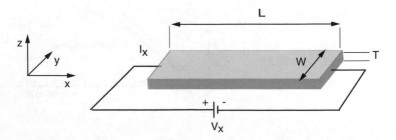

Abb. 6.16 Geometrie einer Halbleiterprobe zur Bestimmung der Driftgeschwindigkeit

mit $\hbar\omega_{LO} = 36\,\text{meV}$ in GaAs. In anderen Halbleitern ist die LO-Phononenenergie nicht viel anders. Aus dieser maximalen Energie kann man eine maximale Geschwindigkeit v_{max} ausrechnen,

$$v_{\text{max}} = \sqrt{2\,(\hbar\omega_{LO})\,/m^*}. \tag{6.142}$$

Die obige Betrachtung gilt aber nur für ein Elektron. Will man für alle Elektronen im Halbleiter eine mittlere maximale Geschwindigkeit, die Sättigungsdriftgeschwindigkeit v_{sat}, definieren, muss man berücksichtigen, dass, sehr vereinfacht gesagt, zu jeder Zeit die Hälfte der Elektronen irgendwo faul herumliegt, während die andere Hälfte durch den Kristall hetzt. Es gilt also

$$v_{sat} = \frac{v_{\text{max}}}{2}, \tag{6.143}$$

$$v_{sat} = \sqrt{\hbar\omega_{LO}/2m^*}. \tag{6.144}$$

Das elektrische Feld, ab dem dieser Effekt eintritt, ist dann

$$E^{sat}_{feld} = V_x/L = \frac{\sqrt{(\hbar\omega_{LO})\,/2\,m^*}}{\mu}. \tag{6.145}$$

Die zugehörige Spannung zwischen den Kontakten ergibt sich zu

$$V^{sat}_x = \frac{\sqrt{(\hbar\omega_{LO})\,/2\,m^*}}{\mu}L. \tag{6.146}$$

Wenn man das mit dem Probenwiderstand auf den Probenstrom umrechnet, erhält man

$$I^{sat} = V^{sat}_x/R_x = \frac{\sqrt{(\hbar\omega_{LO})\,/2\,m^*}}{\mu}\frac{L}{R_x}. \tag{6.147}$$

Und als Konsequenz davon bekommt man für die Beweglichkeit

$$\mu = v_{sat}/E_{feld}, \tag{6.148}$$

das heißt, oberhalb der Sättigungsgeschwindigkeit geht die Beweglichkeit mit $1/E_{Feld}$ gegen null (Abb. 6.17).

Setzen wir doch mal ein paar Zahlen ein, und zwar: $L = 100\,\mu\text{m}$, $\mu = 1 \cdot 10^6\,\text{cm}^2/\text{Vs}$, $R_x = 100\,\Omega$, $m^* = 0.067m_0$, und wir bekommen einen Strom von $I = 0.39\,\text{mA}$. Die Moral aus der Geschichte: Besser kleinere Ströme nehmen, oder man misst Mist.

In der Praxis hat man aber das Problem, dass man die Beweglichkeit ja gerade nicht kennt, sondern diese messen will. Wie geht man also vor, um zu vermeiden, dass einem die Sättigungsgeschwindigkeit Streiche spielt? Man nimmt zuerst irgendeinen eher kleinen Strom (z. B. 1 mA) und misst V_x (Abb. 6.16). Anschließend halbiert man den Strom. Sinkt V_x auch um die Hälfte, ist man im grünen Bereich, wenn nicht, muss

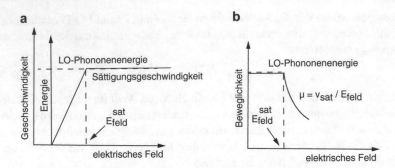

Abb. 6.17 a Elektronengeschwindigkeit als Funktion des elektrischen Feldes. **b** Elektronenbeweglichkeit als Funktion des elektrischen Feldes. Oberhalb der Sättigungsgeschwindigkeit sinkt die Beweglichkeit mit $1/E_{Feld}$

man den Strom weiter reduzieren, bis dem so ist. In der Praxis können die Ströme leicht in den μA-Bereich kommen, auf sehr hochbeweglichen Proben können es auch noch weniger sein.

Ganz so digital und einfach, wie oben beschrieben, läuft die Sache natürlich nicht ab, aber die Idee sollte jetzt einmal verstanden sein. Ein korrekteres Modell der feldabhängingen Beweglichkeit findet sich bei Sze und Ng (2007), der es aber auch aus einem nur mehr schwer erhältlichen Buch aus der Frühsteinzeit (Moll 1964) abgeschrieben hat.

Die Idee ist die folgende: Die Elektronen nehmen im elektrischen Feld Geschwindigkeit und Energie auf, und diese Energie entspricht einer erhöhten Temperatur. Es wird also eine eigene effektive Elektronentemperatur eingeführt, die laut Sze und Ng (2007) so aussieht (keine Ahnung warum):

$$\frac{T_{eff}}{T} = \frac{1}{2}\left[1 + \sqrt{1 + \frac{3\pi}{8}\left(\frac{\mu_0 E_{Feld}}{c_s}\right)}\right] \tag{6.149}$$

c_s ist die Schallgeschwindigkeit. Jetzt sagt man, dass für die mittlere freie Weglänge gilt, dass diese das Produkt aus der thermischen Geschwindigkeit und der Stoßzeit (eigentlich der Zeit zwischen zwei Stößen) sei:

$$\lambda_m = \tau v_{th} \tag{6.150}$$

Die thermische Geschwindigkeit bekommt man üblicherweise aus folgenden Beziehungen:

$$E = \frac{3kT}{2} = \frac{m^*}{2}v_{th}^2, \; v_{th} = \sqrt{3kT/m^*} \tag{6.151}$$

Jetzt brauchen wir noch das τ, und das besorgen wir uns aus der Formel für die Beweglichkeit aus dem Drude-Modell, welches weiter hinten im Kap. 7 ausführlich diskutiert wird. Die Formel für die Beweglichkeit lautet:

$$\mu_0 = \frac{e\tau}{m^*} \tag{6.152}$$

In dieser Formel ersetzen wir nun das τ durch $\tau = \frac{\lambda_m}{v_{th}}$ und bekommen

$$\mu_0 = \frac{e\tau}{m^*} = \frac{e\lambda_m}{\sqrt{3kTm^*}}. \tag{6.153}$$

Für die Elektronen mit der effektiven Temperatur T_{eff} ist das dann sinngemäß

$$\mu_{eff} = \frac{e\lambda_m}{\sqrt{3kT_{eff}m^*}}. \tag{6.154}$$

Jetzt nimmt man ganz einfach an, dass sich die Driftgeschwindigkeit um das Verhältnis μ_{eff}/μ_0 ändert, und bekommt dann für die Driftgeschwindigkeit

$$v_d = \mu_0 E_{Feld}\sqrt{\frac{T}{T_{eff}}}. \tag{6.155}$$

Für die Sättigungsgeschwindigkeit, behaupten Sze und Ng (2007), liefert das Modell von Moll (1964) angeblich die Formel

$$v_s = \sqrt{\frac{8\hbar\omega_{LO}}{3\pi m_0}}. \tag{6.156}$$

Das schaut etwas anders aus als die einfache Formel 6.144 für die Sättigungsdriftgeschwindigkeit aus dem letzten Abschnitt, aber nicht viel. Zunächst ist da ein Fehler in der Formel, weil ich mir sehr sicher bin, dass das m_0 ganz bestimmt ein m^* sein sollte. Dann schreiben wir die Formel etwas um:

$$\frac{m^* v_s{}^2}{2} = \frac{4\hbar\omega_{LO}}{3\pi} \approx \frac{\hbar\omega_{LO}}{2} \tag{6.157}$$

Durch die kleine Näherung, dass $4/3\pi \approx 4/9.42 \approx 1/2$ sieht man, dass auch hier die Sättigungsgeschwindigkeit aus der halben Maximalgeschwindigkeit gewonnen wurde, und das ist nicht unvernünftig, denn das entspricht wie im einfachen Modell von vorhin, der mittleren Geschwindigkeit der Elektronen. Hausaufgabe: Irgendwo das alte Buch vom Moll finden und herunterladen, nachsehen, was dort zu diesem Thema steht und mir dann eine E-Mail schicken.

Wichtig: Die obige Formel stimmt nur für nicht allzu große elektrische Felder. In der Nähe der Sättigungsgeschwindigkeit wird gerne folgende semiempirische Formel verwendet:

$$v_d = \frac{\mu_0 E_{Feld}}{\left[1 + (\mu_0 E_{Feld}/v_s)^{C_2}\right]^{1/C_2}} \tag{6.158}$$

C_2 ist ein Parameter mit dem Wert $C_2 = 2$ bei Raumtemperatur. Sze und Ng (2007) meinen noch, C_2 sei temperaturabhängig, mehr wird dazu aber nicht gesagt.

Abb. 6.18 Elektronen- und
Löchergeschwindigkeit als
Funktion des elektrischen
Feldes in Silizium und GaAs.
(Nach Sze und Ng 2007)

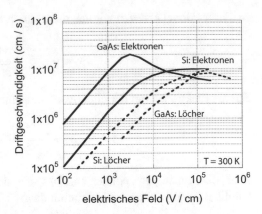

Abb. 6.18 zeigt die ganze Geschichte in bildlicher Form. In Abb. 6.18 kann man
die Elektronengeschwindigkeit als Funktion des elektrischen Feldes sehen. Beachten
Sie besonders die GaAs-Kurve in Abb. 6.18. Dort hat die Sättigungsgeschwindigkeit
ein Maximum, das velocity overshoot genannt wird und von einem Ladungsträger-
transfer in andere Täler, hier im Besonderen in das L-Tal, stammt. In Silizium sieht
man diesen Effekt nicht (Hausaufgabe: Herausfinden, warum!).

6.6   Optische Übergänge und Streuprozesse

Streuprozesse sind auch bei optischen Übergängen im Halbleiter wichtig, vor allem
beim Thema Lumineszenzmessungen zur Bestimmung der Bandlücke als Funktion
der Temperatur oder sonst einem Parameter. Bei einem Luminenzexperiment bal-
lert man mit einem Laser auf eine Halbleiterprobe. Die Energie der Photonen muss
über der Bandlücke des unbekannten Halbleiters liegen, aber das ist leicht zu verifizieren, denn unterhalb der Bandlücke ist der Halbleiter für den Laser transparent.
Ist diese Bedingung erfüllt, gibt es irgendwo einen optisch induzierten Übergang
eines Elektrons vom Valenzband ins Leitungsband, wie in Abb. 6.19 dargestellt. Wie
das genau funktioniert, ist hier egal, Details gibt es dann im Kap. 9 über optische
Übergänge. Diese hoch ins Leitungsband (CB) angeregten Elektronen könnten jetzt
natürlich auch wieder optisch ins Valenzband (VB) übergehen, aber, wie man im
Kap. 9 nachlesen kann, dauert das ein Weilchen. Sehr viel schneller sind hingegen
die Streuprozesse mit den optischen Phononen mit typischen Streuzeiten von 135
fs. Dies hat zur Folge, dass die Elektronen ziemlich schnell eine ganze Kette von
LO-Phononen abgeben und, wie in Abb. 6.19 dargestellt, schließlich an der Bandkante landen, von wo aus sie mittels Lumineszenz ins Valenzband zurückkehren. Mit
welcher Laserenergie Sie anregen, ist also egal, die Lumineszenz kommt immer von
der Bandkante. Eine kleine Delikatesse gibt es aber doch noch: Auf der linken Seite
von Abb. 6.19 ist die Anregung derart, dass drei LO-Phononen das Elektron direkt an
die Bandkante bringen. Auf der rechten Seite von Abb. 6.19 geht sich das nicht aus,
und das Elektron behält eine restliche kinetische Energie, die dann nicht mehr über

Abb. 6.19 Relaxation von optisch angeregten Elektronen über Streuprozesse mit LO-Phononen in einem direkten Halbleiter

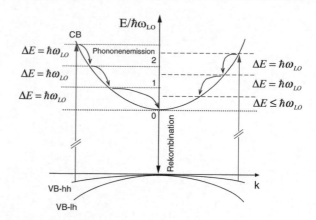

optische, aber bequem über akustische Phononen abgebaut werden kann (Hausaufgabe: Nachdenken, warum). Die Energieabgabe über die LO-Phononen hat dann noch Einfluss auf die Photoleitfähigkeit des Halbleiters und erzeugt dort ein oszillatorisches Verhalten. Das ist aber eine ganz andere und hier nicht relevante Geschichte. Wer es unbedingt wissen will, suche bitte nach den Stichwörtern photoconductivity und sequential phonon emission.

Klassischer Elektronentransport

7

Inhaltsverzeichnis

Modellmäßig gesehen sind wir schon recht weit in diesem Buch. Wir haben einen Halbleiter, wir wissen wie viele Elektronen sich in welchen Bändern herumtreiben, und wir haben inzwischen gelernt, dass die Elektronen gelegentlich Raufereien in ihrer Umgebung anzetteln, sonst wo anecken und dadurch Streuprozesse erleiden. Nur um eines haben wir uns bisher nicht gekümmert, nämlich den Stromfluss und dessen physikalische Ursachen. Dieses Kapitel widmet sich also der Frage, mit welchen Mechanismen die Elektronen zum Stromfluss beitragen, wie Leitfähigkeit und Widerstand entstehen, und was der Begriff der Beweglichkeit bedeutet. Wir gehen dazu vorerst rein klassisch vor und ignorieren jegliche Quantenmechanik soweit wie möglich. Quantenmechanische Ideen kommen dann später im Kapitel über die Boltzmann-Transportgleichung.

7.1 Strom! Endlich gibt es Strom!

Ehe wir uns zur Beschreibung des Elektronentransports und zur Berechnung von Strömen in die nächste Formelorgie stürzen, sollten wir nochmals im Detail rekapitulieren, wo wir modellmäßig stehen. Wir haben gesagt: Ein Halbleiter ist ein Kristall mit räumlich regelmäßig angeordneten Atomen. Diese formen ein dreidimensionales Gitter aus Potentialtöpfen, und daher haben wir ein dreidimensionales Kronig-Penney-Modell als Beschreibung. Dieses Modell liefert eine richtungsabhängige

© Springer-Verlag GmbH Deutschland, ein Teil von Springer Nature 2020
J. Smoliner, *Grundlagen der Halbleiterphysik*,
https://doi.org/10.1007/978-3-662-60654-4_7

effektive Masse für die Elektronen, die gerne kleiner (!) als die freie Elektronenmasse ist. In Summe ist ein Halbleiter jetzt also eine Dose mit einem Elektronengas, in dem sich die Elektronen frei bewegen können wie in einem klassischen Gas. Der einzige Unterschied ist, dass wir eine effektive Masse statt der freien Elektronenmasse benutzen müssen und im Zweifelsfall eben kein klassisches Gas, sondern ein quantenmechanisches Fermi-Gas haben. Für das folgende Drude-Modell (Drude 1900) können wir aber zum Glück alle quantenmechanischen Effekte ignorieren, rein klassisch vorgehen und alle Elektronen als Gasteilchen betrachten, welche statistisch durch den Halbleiter schweben. Streuprozesse seien aber, wie oben erwähnt, auch erlaubt. Die Gasteilchen können mit sich selbst kollidieren, an Wände stoßen, oder zufällig auf irgendwelche Hooligans (das sind ungesittete und unhöfliche Phononen) und sonstige Störenfriede (Störstellen) stoßen, die mit ihnen irgendeine Prügelei anzetteln und sie dadurch aufhalten. Für die Beschreibung sei das aber egal: Wir brauchen für die klassische Betrachtung nur eine mittlere Zeitdauer für solche Raufereien, oder wissenschaftlicher ausgedrückt, eine Stoßzeit, welche, wie schon erwähnt, eigentlich eine inverse Streurate ist, also so etwas wie die Anzahl der Raufereien pro Stunde im Kneipenviertel und eben nicht deren Dauer. Um die mikroskopischen Ursachen dieser Streuraten kümmern wir uns hier nicht, diese findet man dann im Kapitel über die Boltzmann-Gleichung.

7.2 Das Drude-Modell

Legen wir nun ein externes elektrisches Feld an unser Elektronengas an und sehen, was mit den Elektronen passiert. Wir gehen von der Kraftgleichung mit effektiver Masse aus und setzen für die Kraft ein elektrisches Feld ein:

$$\vec{F} = -e\vec{E} = \frac{d\vec{p}_{Feld}}{dt} \tag{7.1}$$

Diese Gleichung beschreibt die Zunahme (Änderung) des Impulses durch das elektrische Feld. Das ist zwar richtig, aber nach kurzer Zeit würden die Elektronen die Lichtgeschwindigkeit überschreiten oder wegen der relativistischen Massenzunahme ein schwarzes Loch bilden. Da dies experimentell unrealistisch ist, muss eine mathematische Bremse für die Elektronen her, zum Beispiel durch einen Streuterm (Reibungsterm). Die Änderung des Impulses durch Streuung ist üblicherweise gegeben durch

$$\frac{d\vec{p}_{Streu}}{dt} = -\frac{\vec{p}}{\tau}, \tag{7.2}$$

wobei τ eine mittlere Streuzeit (eigentlich eine inverse Streurate) und $\vec{p}$ der Impuls der Elektronen ist. Im stationären Fall ist die Summe der Zunahme und Abnahme des Impulses gleich null

$$\frac{d\vec{p}_{Feld}}{dt} + \frac{d\vec{p}_{Streu}}{dt} = 0. \tag{7.3}$$

Also:

$$-e\vec{E} - \frac{\vec{p}}{\tau} = 0, \tag{7.4}$$

$$\vec{p} = -e\vec{E}\tau, \tag{7.5}$$

$$m^*\vec{v} = -e\vec{E}\tau. \tag{7.6}$$

Schließlich bekommen wir für die Elektronengeschwindigkeit

$$\vec{v} = -e\frac{\tau\vec{E}}{m^*}. \tag{7.7}$$

Definieren wir nun die Stromdichte für Elektronen als

$$\vec{j} = -en\vec{v}, \tag{7.8}$$

so folgt

$$\vec{j} = -en(-e)\frac{\tau\vec{E}}{m^*}, \tag{7.9}$$

$$\vec{j} = \frac{e^2 n\tau}{m^*}\vec{E}. \tag{7.10}$$

Daraus folgt das Ohmsche Gesetz:

$$\vec{j} = \sigma \cdot \vec{E} \quad \text{mit} \quad \sigma = \frac{e^2 n\tau}{m^*} \tag{7.11}$$

Die Leitfähigkeit σ wird auch gerne über die Beweglichkeit μ ausgedrückt:

$$\sigma = e \cdot n \cdot \mu \quad \text{mit} \quad \mu = \frac{e \cdot \tau}{m^*} \tag{7.12}$$

und das ist eine der wichtigsten Formeln der Halbleiterei überhaupt. Merke: Bei direkten Halbleitern kann die Leitfähigkeit immer als skalare Größe angenommen werden. Bei indirekten Halbleitern oder in höheren Tälern von direkten Halbleitern wird die Leitfähigkeit zumeist zu einem Tensor in Matrixform, sprich, sie wird richtungsabhängig.

Im Halbleiter gibt es aber nicht nur Elektronen, sondern auch Löcher, und für die Gesamtstromdichte muss man den Elektronenstrom und den Löcherstrom addieren. Die Trägergeschwindigkeiten im Halbleiter für Elektronen und Löcher mit ihren unterschiedlichen effektiven Massen sind (Vorsicht mit den Vorzeichen)

$$\vec{v}_n = -e\frac{\tau}{m_n^*}\vec{E}, \qquad \vec{v}_p = +e\frac{\tau}{m_p^*}\vec{E}. \tag{7.13}$$

Für die Stromdichte folgt daraus

$$\vec{j}_n = -e \cdot n \cdot \vec{v}_n, \qquad \vec{j}_p = e \cdot p \cdot \vec{v}_p. \tag{7.14}$$

Oder anders ausgedrückt über die Beweglichkeit:

$$\vec{v}_n = -\mu_n \cdot \vec{E} \qquad \vec{v}_p = \mu_p \cdot \vec{E} \tag{7.15}$$

$$\vec{J} = \vec{j}_n + \vec{j}_p = e(n\mu_n + p\mu_p)\vec{E}\,\vec{j}_n = -e \cdot n \cdot (-\mu_n) \cdot \vec{E} \quad , \qquad \vec{j}_p = e \cdot p \cdot \mu_p \cdot \vec{E}. \tag{7.16}$$

Für die gesamte Stromdichte folgt dann:

$$\vec{J} = \vec{j}_n + \vec{j}_p = e(n\mu_n + p\mu_p)\vec{E} \tag{7.17}$$

Üblicherweise definiert man auch eine Gesamtleitfähigkeit in folgender Weise:

$$\sigma = e(n\mu_n + p\mu_p) \tag{7.18}$$

Die reziproke Leitfähigkeit wird spezifischer Widerstand genannt:

$$\rho = \frac{1}{\sigma} \tag{7.19}$$

Mit $I = j \cdot A$ (A Querschnittsfläche des Leiters) und $V_x = E \cdot L$ ergibt sich für einen quaderförmigen Leiter das Ohmsche Gesetz:

$$I = \frac{V_x}{R} \quad \text{mit} \quad R = \rho\frac{L}{A} \tag{7.20}$$

7.3   Der klassische Hall-Effekt

Jetzt wissen wir zwar schon jede Menge über das Drude-Modell, aber leider nicht wie man Elektronenkonzentrationen, Beweglichkeiten und damit die Streuzeiten misst. Um dieses Problem zu beheben, einigen wir uns zuerst darauf, dass jeder Donator und Akzeptor wirklich ein Elektron oder ein Loch produziert. Das ist zwar nicht ganz richtig, wie wir im Kapitel Halbleiterstatistik (Kap. 4) gesehen haben, aber hier muss es genügen.

Zur Messung der Dotierung wird üblicherweise der klassische Hall-Effekt verwendet. Wir erinnern uns dunkel daran, dass bewegte Elektronen (Löcher natürlich auch) im Magnetfeld abgelenkt werden und sich gerne auf Kreisbahnen bewegen. Schuld daran ist die Lorentz-Kraft, die sich berechnet zu ($\vec{E}$ ist das elektrische Feld)

$$\vec{F} = -e(\vec{E} + \vec{v}\times\vec{B}). \tag{7.21}$$

Jetzt gibt es aber, so sagen die Theoretiker, noch andere externe Kräfte, die im Drude-Modell beschrieben werden durch $m^*\frac{d\vec{v}}{dt}$, und Stöße, welche beschrieben werden durch $m^*\frac{\vec{v}}{\tau}$. In Summe bekommt man

$$\vec{F} = m\left(\frac{d\vec{v}}{dt} + \frac{\vec{v}}{\tau}\right). \tag{7.22}$$

Das Gleichgewicht aller Kräfte lautet somit

$$m\left(\frac{d\vec{v}}{dt} + \frac{\vec{v}}{\tau}\right) = -e\left(\vec{E} + \vec{v}\times\vec{B}\right). \tag{7.23}$$

Für das Magnetfeld nehmen wir $\vec{B} = (0, 0, B_z)$ (Abb. 7.1) und setzen ein:

$$m^*\left(\frac{dv_x}{dt} + \frac{v_x}{\tau}\right) = -e(E_x + Bv_y) \tag{7.24}$$

$$m^*\left(\frac{dv_y}{dt} + \frac{v_y}{\tau}\right) = -e(E_y - Bv_x) \tag{7.25}$$

$$m^*\left(\frac{dv_z}{dt} + \frac{v_z}{\tau}\right) = -eE_z \tag{7.26}$$

Im stationären Fall ist $\frac{dv}{dt} = 0$, somit bleibt übrig:

$$v_x = -\frac{e\tau}{m^*}E_x - \omega_c\tau\cdot v_y \tag{7.27}$$

$$v_y = -\frac{e\tau}{m^*}E_y + \omega_c\iota\cdot v_x \tag{7.28}$$

$$v_z = -\frac{e\tau}{m^*}E_z \tag{7.29}$$

Abb. 7.1 Typische Hall-Geometrie, in welcher sich die Elektronen in die negative x-Richtung bewegen und das Magnetfeld in der z-Richtung liegt. Die Hall-Spannung wird auf der y-Achse abgegriffen

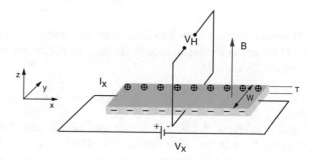

Dabei berechnet sich die Zyklotronfrequenz ω_c folgendermaßen:

$$\omega_c = \frac{eB}{m^*} \tag{7.30}$$

In der Hall-Geometrie gilt, dass der Querstrom und auch die Geschwindigkeit der Elektronen in y-Richtung null sein sollen, also: $j_y = 0$; $v_y = 0$. Einsetzen liefert dann

$$E_y = -\omega_c \tau E_x = \frac{-eB\tau}{m^*} E_x. \tag{7.31}$$

Außerdem war ja

$$j_x = en\mu E_x = \frac{ne^2\tau E_x}{m^*}. \tag{7.32}$$

Mit dem Einsetzen von E_x in die Formel für E_y bekommt man für die Elektronenkonzentration

$$n = -\frac{j_x B}{e E_y}. \tag{7.33}$$

Zum Schluss definieren wir noch die Hall-Konstante:

$$R_H = \frac{E_y}{j_x B} = -\frac{1}{ne} \tag{7.34}$$

Vorsicht: j_x ist die Stromdichte, also $j_x = I_x/(WT)$ wobei I_x der Probenstrom (typischerweise < 1mA), W die Probenbreite und T die Probendicke ist. Hinweis: Typische Waferdicken liegen bei 300–500 µm. Somit gilt für die Elektronenkonzentration:

$$n = -\frac{I_x B}{WTeE_y} \tag{7.35}$$

Mit $E_y = V_H/W$ (V_H ist die Hall-Spannung) landet man bei:

$$n_{3D} = -\frac{I_x B}{TeV_H} \tag{7.36}$$

Hinweis: Dies ist eine 3-D-Elektronenkonzentration in der Einheit m^{-3}. Für eine 2-D-Elektronenkonzentration muss man die Formel nur mit der Probendicke T multiplizieren und erhält

$$n_{2D} = -\frac{I_x B}{eV_H} \tag{7.37}$$

in der Einheit m^{-2}. Letzter Hinweis: Sollten Sie einmal eine Hall-Messung machen, passen Sie mit den Vorzeichen, Stromrichtungen und Magnetfeldrichtungen auf. Ein Fehler, und Sie glauben, Sie haben einen p-typ Halbleiter anstatt eines n-typ Halbleiters. Vorschlag: Das Experiment vorher immer mit einer bekannten Probe testen.

7.3.1   Hall-Effekt und Leitfähigkeitstensor

Für weiterführende Zwecke, wie einen Nobelpreis für den Quanten-Hall-Effekt, wird der Hall-Effekt auch gerne mit Hilfe eines Leitfähigkeitstensors beschrieben. Folgen wir dem Buch vom Sauer (2009) und beginnen mit der Formel für die Stromdichte

$$\vec{j} = ne\vec{v} = \sigma \vec{E}, \tag{7.38}$$

wobei σ jetzt ein Tensor ist:

$$\sigma = \begin{pmatrix} \sigma_{xx} & \sigma_{xy} \\ \sigma_{yx} & \sigma_{yy} \end{pmatrix} \tag{7.39}$$

Um zu den Komponenten des Tensors zu kommen, gehen wir zurück zum Gleichungssystem bestehend aus den Formeln 7.27 und 7.28 und lösen dieses nach v_x und v_y auf. Mit $\omega_c = \frac{eB}{m^*}$ bekommt man

$$v_x = \frac{1}{1 + (\omega_c \tau)^2} \left(-\frac{e\tau}{m^*} E_x + \frac{(\omega_c \tau)^2}{B} E_y \right) \tag{7.40}$$

und

$$v_y = \frac{1}{1 + (\omega_c \tau)^2} \left(-\frac{(\omega_c \tau)^2}{B} E_x - \frac{e\tau}{m^*} E_y \right). \tag{7.41}$$

Daraus bekommen wir die Komponenten des Leitfähigkeitstensors

$$\sigma_{xx} = \sigma_{yy} = \frac{ne^2 \tau}{m^*} \frac{1}{1 + (\omega_c \tau)^2} \tag{7.42}$$

und

$$\sigma_{xy} = -\sigma_{yx} = \frac{ne}{B} \cdot \frac{1}{1 + (\omega_c \tau)^2} (\omega_c \tau)^2. \tag{7.43}$$

Eine ziemlich mühsame analytische Matrixinversion lieferte dann die Komponenten des Widerstandstensors, der den Nobelpreis für den Quanten-Hall-Effekt gebracht hat:

$$\rho_{xx} = \frac{\sigma_{xx}}{\sigma_{xx}{}^2 + \sigma_{xy}{}^2} \tag{7.44}$$

$$\rho_{xy} = \frac{\sigma_{xy}}{\sigma_{xx}{}^2 + \sigma_{xy}{}^2} \tag{7.45}$$

$$\rho_{xx} = \frac{1}{ne\mu} = -\frac{R_H}{\mu}, \quad R_H = -\frac{1}{en} \tag{7.46}$$

$$\rho_{xy} = \frac{B}{en} = -R_H \cdot B \tag{7.47}$$

Ja, gut, ok, Sie wollen jetzt wissen, wie man analytisch eine 2×2-Matrix invertiert. Da Sie kein Mathematiker, sondern ein angehender Elektroklempner sind, ist die Antwort: Sicher nicht händisch auf einem Blatt Papier. Dunkel kann ich mich erinnern, dass ich irgendwann im Jahre 1980 in der Vorlesung Lineare Algebra beim Kollegen Munk in Innsbruck das einmal für Matrizen mit Zahlen gemacht habe. Das war bereits ziemlich mühsam und ich bekomme das auch sicher heute nicht mehr hin. Darüber, wie man das symbolisch mit der Hand erledigt, habe ich nicht die geringste Ahnung, aber, dank moderner Zeiten, gibt es ja *Wolfram Alpha* oder *Mathematica* für den, der genug Geld für die Lizenz hat. Tippen wir also bei *Wolfram Alpha* (gratis im Internet) den Befehl *inverse (a,b) (c,d)* ein. Für die genaue Syntax werfen Sie bitte einen Blick auf Abb. 7.2. Für alle, die den Screenshot nicht entziffern können:

$$\begin{pmatrix} a & b \\ c & d \end{pmatrix}^{-1} = \frac{1}{ad - cb} \begin{pmatrix} d & -b \\ -c & a \end{pmatrix} \tag{7.48}$$

Jetzt setzen wir in die allgemeine Lösung unsere Leitfähigkeiten ein:

$$\begin{pmatrix} \sigma_{xx} & \sigma_{xy} \\ \sigma_{yx} & \sigma_{yy} \end{pmatrix}^{-1} = \frac{1}{\sigma_{xx}\sigma_{yy} - \sigma_{yx}\sigma_{xy}} \begin{pmatrix} \sigma_{yy} & -\sigma_{xy} \\ -\sigma_{yx} & \sigma_{xx} \end{pmatrix} \tag{7.49}$$

Dann benutzen wir noch die Beziehungen

$$\begin{aligned} \sigma_{xx} &= \sigma_{yy}, \\ \sigma_{yx} &= -\sigma_{xy}, \end{aligned} \tag{7.50}$$

und erhalten

$$\begin{pmatrix} \sigma_{xx} & \sigma_{xy} \\ \sigma_{yx} & \sigma_{yy} \end{pmatrix}^{-1} = \begin{pmatrix} \rho_{xx} & \rho_{xy} \\ \rho_{yx} & \rho_{yy} \end{pmatrix} = \frac{1}{\sigma_{xx}\sigma_{xx} + \sigma_{xy}\sigma_{xy}} \begin{pmatrix} \sigma_{yy} & -\sigma_{xy} \\ +\sigma_{xy} & \sigma_{xx} \end{pmatrix} \tag{7.51}$$

Abb. 7.2 Matrixinversion mit *Wolfram Alpha,* einem im Internet gratis verfügbaren *Mathematica* Front-End von Wolfram Research (www.wolframalpha.com)

sowie

$$\rho_{xx} = \rho_{yy} = \frac{\sigma_{yy}}{\sigma_{xx}^2 + \sigma_{xy}^2} = \frac{\sigma_{xx}}{\sigma_{xx}^2 + \sigma_{xy}^2} \tag{7.52}$$

und

$$\rho_{xy} = \frac{\sigma_{xy}}{\sigma_{xx}^2 + \sigma_{xy}^2}. \tag{7.53}$$

Das ist das gleiche Ergebnis wie in der Literatur; ob aber die *Wolfram Alpha*-Leute nur beim unbekannten Helden der Matrixinversion abgeschrieben oder sich selbst die Lösung überlegt haben, weiß ich wirklich nicht.

7.3.2 Hall-Messungen in Van-der-Pauw-Geometrie

Machen wir zuerst Hall-Messungen auf die billige Tour, nämlich in der Van-der-Pauw-Geometrie (Van der Pauw 1958). In einer Van-der-Pauw-Geometrie hat man eine ungefähr quadratische Probe und kleine Kontakte am Probenrand (Abb. 7.3). Wir nummerieren die Kontakte entgegen dem Uhrzeigersinn und verwechseln für dieses Experiment ja nicht die Nummern der jeweiligen Kontakte. Es gilt dann die Bezeichnung, dass V_{13} die Spannung zwischen den Kontakten 1 und 3 ist und $V_{13} = -V_{31}$ gilt. Ist weiters I_{24} der Strom durch die Probe, dann ist senkrecht dazu V_{13} die Hall-Spannung. Das Magnetfeld sei senkrecht zum Strom und zur Hall-Spannung. Wie immer gilt: $-e(\vec{v} \times \vec{B}) = e\vec{E}$, $E = \frac{V_H}{W}$; W ist der Abstand der Hall-Kontakte, also die Probendiagonale (!) bei quadratischen Proben. Mit $\vec{j} = -en\vec{v}$ und dem Strom $\vec{I} = \vec{j}WT$ bekommt man

$$\frac{\vec{I} \times \vec{B}}{nT} = -e\vec{V}_H. \tag{7.54}$$

T ist die Probendicke, j die Stromdichte und n die Ladungsträgerkonzentration. Elektronen und Löcher führen zu unterschiedlichen Vorzeichen in der Hall-Spannung!

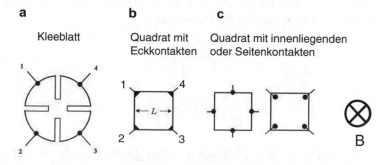

Abb. 7.3 Verschiedene Van-der-Pauw-Geometrien für Hall-Messungen. **a** Sehr empfehlenswert. **b** Akzeptabel. **c** So gehts nicht. (https://www.nist.gov/image-20.713)

3-D: Jetzt nehmen wir einfach an, das B-Feld zeige in die z-Richtung, und der Strom möge in die x-Richtung fließen. Für die Hallkonstante 3-dimensionaler Proben bekommt man dann:

$$R_H = -\frac{1}{en} = \frac{V_H T}{I B} \left[\frac{cm^3}{C}\right] \tag{7.55}$$

2-D: Für die Hallkonstante 2-dimensionaler Proben bekommt man

$$R_{H2D} = \frac{R_H}{T} = \frac{V_H}{I B}, \tag{7.56}$$

$$n_{2D} = -\frac{1}{e R_{H2D}}. \tag{7.57}$$

Die Hallbeweglichkeit ergibt sich dann aus der Hall-Spannung mit Gl. 7.55 ($\rho = 1/\sigma, \sigma_x = j_x/E_x$):

$$\sigma_x = j_x / (V_x/L) = \frac{I L}{W T V_x} = -en\mu_H = -e\mu_H \frac{I B}{e V_H T} \tag{7.58}$$

Hinweis: In der ganzen Berechnung wurde die Konvention benutzt, dass die Hall-Spannung für Elektronen negativ ist:

$$\mu_H = \frac{V_H L}{V_x W B} \tag{7.59}$$

Neben der Möglichkeit, die Beweglichkeit aus der Hall-Messung zu bestimmen, hat man noch die zweite Möglichkeit, die Beweglichkeit aus einer reinen Widerstandsmessung ohne Magnetfeld zu errechnen. Der spezifische Probenwiderstand, in welchem die Driftbeweglichkeit enthalten ist, schreibt sich bei der Van-der-Pauw-Methode so:

$$\rho = \frac{\pi T}{2\ln(2)} \left[\frac{V_{43}}{I_{12}} + \frac{V_{32}}{I_{41}}\right] F\left[\frac{V_{43} I_{32}}{I_{12} V_{32}}\right] [\Omega cm] \tag{7.60}$$

Die Begründung dieser Formel ist eher kompliziert; man braucht z. B. konforme Abbildungen und noch weitere Tricks. Um das zu verstehen, muss man jedoch das Originalpapier vom Kollegen Van der Pauw lesen.

$$Q := \frac{V_{43} I_{41}}{I_{12} V_{32}} \tag{7.61}$$

$$A := \left(\frac{Q-1}{Q+1}\right)^2 \tag{7.62}$$

$$F = 1 - 0.346 A - 0.09236 A^2 \tag{7.63}$$

In der Praxis ist jedoch fast immer $F = 1$ (quadratische Proben). Der spezifische Flächenwiderstand (sheet resistance) berechnet sich mit Formel 7.60 zu:

$$\rho_S = \frac{\rho}{T} \tag{7.64}$$

Nimmt man den Strom $I_{12} = I_{23} = \ldots = I$ aus einer Konstantstromquelle, so bekommt man:

$$\rho_s = \frac{2.2662}{I}(V_{43} + V_{32})F\left[\frac{V_{43}}{V_{32}}\right]. \tag{7.65}$$

Für den Spezialfall von stabförmigen Proben (W Breite, T Dicke, L Länge) bekommt man, unter der Annahme, dass es keine Kontaktwiderstände gibt

$$\rho = \frac{E}{j} = \frac{V_{12}}{I_{12}} \cdot \frac{WT}{L}. \tag{7.66}$$

Mit

$$\sigma = \frac{1}{\rho} = en\mu_{drift} \tag{7.67}$$

landen wir dann bei

$$\mu_{drift} = \frac{I_{12}L}{neWTV_{12}}. \tag{7.68}$$

Merke: μ_{drift} ist nicht notwendigerweise gleich groß wie μ_H. Die Begründung kommt dann im nächsten Kapitel.

7.3.3 Hall-Messungen in Hall-Geometrie

Mit einer ordentlichen Hall-Geometrie (Abb. 7.4) läuft die Berechnung gleich wie bei der Van-der-Pauw-Methode, nur die Nomenklatur ist etwas anders und die Messergebnisse sind schöner. In Hall-Geometrie gilt (T Probendicke):

$$n^{3D} = \frac{BI}{eV_H} \cdot \frac{1}{T}\left[cm^{-3}\right] \tag{7.69}$$

Dabei ist $V_H = V_{26}$ oder V_{35} (Vorsicht mit dem Vorzeichen). Für typische Stromwerte auf 2-D-Proben (HEMTs, Quantentrögen (quantum wells)) von $I \approx 1\mu A$ ist $V_H \approx 1mV - 1\mu V$. Hinweis: Wer hier seinen Differenzverstärker nicht sorgfältig abgeglichen hat, hat ziemlich verloren! Hausaufgabe: Warum braucht man hier unbedingt einen guten Differenzverstärker?

Für die Flächendichte der Elektronen in 2-D-Systemen bekommt man:

$$n^{2D} = \frac{BI}{eV_H}\left[cm^{-2}\right], \tag{7.70}$$

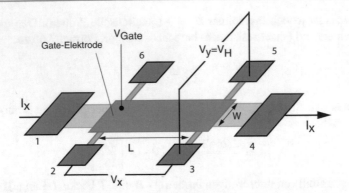

Abb. 7.4 Typische Hall-Geometrie für Hall-Messungen an dünnen Proben und zweidimensionalen Elektronengasen. Die Nummerierung der Kontakte, klassisch wie bei integrierten Schaltungen gegen den Uhrzeigersinn, ist ebenfalls angegeben

$$v_{drift}^{2D} = \frac{I_{14}}{W n^{2D} e} \tag{7.71}$$

W ist die Kanalbreite. Mit $\vec{v}_{drift} = \mu_{drift} \vec{E}$ ist

$$\mu_{drift} = \frac{L I_{14}}{W n^{2D} e V_{23}} = \frac{L}{W} \frac{1}{n^{2D} e R}. \tag{7.72}$$

Die Boltzmann-Gleichung

8

Inhaltsverzeichnis

8.1 Stromtransport im mikroskopischen Weltbild

Der Halbleiterhorror nähert sich dem Höhepunkt, und das ist die Boltzmann-Transportgleichung. Warum müssen wir uns das antun? Die Antwort ist einfach, schuld ist das Institut für Mikroelektronik. Dort kümmert man sich um die Simulation der Kennlinien von Halbleiterbauelementen, und dort geht ohne Boltzmann-Gleichung rein gar nichts. Zukünftige Simulanten sollten jetzt also besser gut aufpassen, alle anderen sollten versuchen, zumindest die Ideen hinter den folgenden Formelwürsten zu verstehen.

Ok, ok, Schuldzuweisungen an die Nachbarinstitute sind immer gut, um die eigene Unfähigkeit zu kaschieren, ich gebe das ja sehr wohl zu. Die Boltzmann-Transportgleichung ist aber einfach die Schnittstelle zwischen dem klassischen Elektronentransport in der Halbleiterei und der Quantenmechanik, und genau darum kümmert sich das Institut für Mikroelektronik mit wirklich hoher Kompetenz. Wer dort seine Masterarbeit machen will, dem schaden ein paar primitive Grundlagen vorher sicher nicht.

Am Ende der Boltzmann-Gleichung steht jedenfalls eine Streuzeit $\tau_{Boltzmann}$, die aber mit dem τ_{Drude} nach ziemlich wüsten Mittelungsprozeduren in direkter

© Springer-Verlag GmbH Deutschland, ein Teil von Springer Nature 2020
J. Smoliner, *Grundlagen der Halbleiterphysik*,
https://doi.org/10.1007/978-3-662-60654-4_8

Beziehung steht. Für die Berechnung der Streuzeiten für die diversen Streuprozesse im $\tau_{Boltzmann}$ werden quantenmechanische Modelle verwendet. Der Weg dorthin ist aber eher zäh, wie Sie gleich sehen werden. Zum Glück kommt aber am Ende fast das Gleiche heraus wie in der klassischen Betrachtung, so dass ein Elektroklempner wie ich, trotz mangelnder tieferer Einsicht aber dennoch keine Probleme damit hat. Ganz nebenbei werden Sie noch lernen, dass wir in einer siebendimensionalen (!) Welt leben. Drei Ortskoordinaten, die Zeit, und dann noch drei Impulskoordinaten. Lassen Sie die Impulskoordinaten weg, wird es schwierig, sich ein neues Bier an der Bar zu holen, bzw. dessen Reaktionsprodukte in der Latrine zu entsorgen. Damit es nicht langweilig wird, sind diese Koordinaten auch noch irgendwie miteinander verknüpft. Willkommen im Phasenraum!

8.2   Die Boltzmann-Transportgleichung

Die wichtigste Größe im Halbleiter neben der Elektronendichte ist die Elektronenbeweglichkeit. Dieser Abschnitt des Buches widmet sich daher der Berechnung der Elektronenbeweglichkeit unter dem Einfluss verschiedener Streuprozesse. Zu diesem Zweck wird, ähnlich der Fermi-Verteilung, eine verallgemeinerte Verteilung f eingeführt, welche die lokale Besetzung der Elektronen im Ortsraum und Impulsraum beschreibt. Gesucht wird dann die Änderung dieser Verteilung mit der Zeit, und wir folgen dazu am besten den Ausführungen im Buch von Singh (2003).

$f_k(\vec{r}, t)$ sei diese lokale Besetzung der Elektronen im Zustand $\vec{k}$ am Ort $\vec{r}$. Um die zeitliche Änderung von $f_k(\vec{r}, t)$ zu berechnen, nehmen wir folgende Prozesse an:

- Die Elektronen bewegen sich durch ein Volumenelement durch Diffusion.
- Der Impuls ändert sich gemäß $F_{ext} = \hbar \cdot \frac{d\vec{k}}{dt}$, ($F_{ext}$ sei die externe Kraft).
- Der $\vec{k}$-Vektor kann auch durch Streuung geändert werden.

Die Änderung der Verteilung durch Diffusion kann folgendermaßen beschrieben werden:

$$f_k(\vec{r}, \delta t) = f_k(\vec{r} - \vec{v}_k \delta t, 0) \tag{8.1}$$

Das Ganze in eine Taylor-Reihe entwickeln liefert

$$f_k(\vec{r}, \delta t) = f_k(\vec{r}, 0) - \frac{\partial f_k(\vec{r}, t)}{\partial t} \delta t. \tag{8.2}$$

Mit

$$\frac{\partial}{\partial t} = \frac{\partial}{\partial \vec{r}} \frac{\partial \vec{r}}{\partial t} \tag{8.3}$$

bekommt man

$$f_k(\vec{r}, \delta t) = f_k(\vec{r}, 0) - \frac{\partial f_k(\vec{r}, t)}{\partial \vec{r}} \frac{\partial \vec{r}}{\partial t} \delta t = f_k(\vec{r}, 0) - \frac{\partial f_k(\vec{r}, t)}{\partial \vec{r}} \vec{v}_k \delta t. \tag{8.4}$$

Und wir erhalten für die Änderung von $f_k(\vec{r}, \delta t)$ unter dem Einfluss von Diffusion:

$$\left.\frac{\partial f_k(\vec{r}, t)}{\partial t}\right|_{Diffusion} = -\frac{\partial f_k(\vec{r}, t)}{\partial \vec{r}}\vec{v}_k \tag{8.5}$$

Externe Felder werden ähnlich behandelt:

$$f_k(\vec{r}, \delta t) = f_{k-\dot{k}\cdot\delta t}(\vec{r}, 0) \tag{8.6}$$

Woher bekommen wir $\dot{k} = \frac{\partial k}{\partial t}$? Natürlich aus der Kraftgleichung:

$$\hbar\frac{\partial \vec{k}}{\partial t} = e\left[\vec{E} + \vec{v} \times \vec{B}\right] \tag{8.7}$$

$$\left.\frac{\partial f_k}{\partial t}\right|_{Field} = -\frac{\partial f_k}{\partial \vec{k}}\frac{\partial \vec{k}}{\partial t} = -\frac{e}{\hbar}\left[\vec{E} + \vec{v} \times \vec{B}\right]\frac{\partial f_k}{\partial \vec{k}} \tag{8.8}$$

Für die Streuung bekommt man, so sagen die Theoretiker, folgenden Term:

$$\left.\frac{\partial f_k}{\partial t}\right|_{Scattering} = \int (f_{k'}(1 - f_k)\cdot\omega_{k'k} - f_k\cdot(1 - f_{k'})\cdot\omega_{kk'})\cdot\frac{d^3k}{(2\cdot\pi)^3} \tag{8.9}$$

$w_{kk'}$:   Übergangsrate $k \to k'$
$w_{k'k}$:   Übergangsrate $k' \to k$
f_k: Verteilung der besetzten Ausgangszustände
$1 - f_{k'}$:   Verteilung der leeren Endzustände

In Summe gilt

$$\frac{\partial f_k}{\partial t} = \left.\frac{\partial f_k}{\partial t}\right|_{Scattering} + \left.\frac{\partial f_k}{\partial t}\right|_{Field} + \left.\frac{\partial f_k}{\partial t}\right|_{Diffusion}. \tag{8.10}$$

Dies ist die sogenannte Boltzmann-Gleichung. Im stationären Fall gilt natürlich

$$\left.\frac{\partial f_k}{\partial t}\right|_{Scattering} + \left.\frac{\partial f_k}{\partial t}\right|_{Field} + \left.\frac{\partial f_k}{\partial t}\right|_{Diffusion} = 0. \tag{8.11}$$

Die Abweichung von der Gleichgewichtsverteilung wird gerne als g bezeichnet:

$$g_k = f_k - f_0 \tag{8.12}$$

f_k hat durchaus eine Bedeutung in der Realität, denn mit Hilfe dieser Verteilungsfunktion lassen sich folgende Größen sofort berechnen:

- Elektronendichte: $n(\vec{r}, t) = \int f_k(\vec{r}, t)\, d^3k$
- Stromdichte: $\vec{j} = -\int e\vec{v} \cdot g_k(\vec{r}, t)\, d^3k$
- Kontinuitätsgleichung: $\int$ Boltzmann $-$ Gleichung d^3k (∗)
- Kraftgleichung: $\int \hbar\vec{k} \cdot$ Boltzmann $-$ Gleichung d^3k (∗∗)

(∗): Ohne Streuung, ohne Generation und ohne Felder bekommt man

$$\int \frac{\partial f}{\partial t}\bigg|_{diff} d^3k = -\frac{\partial n|_{diff}}{\partial t} = -\int \frac{\partial f}{\partial \vec{r}} \cdot \vec{v}_k d^3k = \underbrace{-\frac{\partial}{\partial \vec{r}} \int v_k \cdot f_k\, d^3k}_{\frac{1}{e}\vec{\nabla}\cdot\vec{j}}. \quad (8.13)$$

$$\frac{\partial n}{\partial t} = \frac{1}{e} \cdot \vec{\nabla} \cdot \vec{j}_n. \quad (8.14)$$

Dies ist die Kontinuitätsgleichung für Elektronen in ihrer einfachsten Form.

(∗∗): In einer Dimension, und für den Fall, dass $B = 0$, erhält man als Resultat
die Kraftgleichung für Elektronen:

$$m \cdot \frac{dv_n}{dt} = -e\vec{E} - \frac{m_n{}^* \cdot v}{\tau} - \frac{k \cdot T}{en(x)} \cdot \frac{dn}{dx} \quad (8.15)$$

8.3   Relaxationszeitnäherung für Streuprozesse

Die exakte Lösung der Boltzmann-Gleichung ist sehr schwierig. Will man das wirklich tun, tauchen Stichworte auf wie:

- Relaxationszeitnäherung
- Bilanzgleichungen (balance equations)
- Iterative Methoden
- Monte-Carlo-Methoden (gut, aber extrem rechenaufwändig)
- Gedriftete Verteilungen
- Diffusionsnäherung ($f = f_0 + \vec{f}_1 \cdot \vec{k}$)

Die Prozedur, die man als Experimentalist noch einigermaßen verstehen kann, ist die
Relaxationszeitnäherung zur Bestimmung von Streuzeiten und damit von Elektronenbeweglichkeiten. Wichtig: Streuzeiten sind immer inverse Streuraten und nicht
die Zeit, welche das Elektron braucht, um durch eine Streuung von hier nach dort zu

kommen. Die Relaxationszeitnäherung betrifft nur den Streuterm in der Boltzmann-Gleichung und lautet

$$\left| -\frac{\partial f_{\vec{k}}}{\partial t} \right|_{Scattering} = -\frac{f_{\vec{k}}(t) - f_{\vec{k}}(t=0)}{\tau} = -\frac{\partial g_{\vec{k}}}{\partial t} = \frac{g_{\vec{k}}}{\tau}, \tag{8.16}$$

also

$$-\frac{\partial g_{\vec{k}}}{\partial t} = \frac{g_{\vec{k}}}{\tau}. \tag{8.17}$$

Die Lösung dieser Differentialgleichung ist einfach:

$$g_{\vec{k}}(t) = g_{\vec{k}}(0) \cdot e^{-\frac{t}{\tau}} \tag{8.18}$$

Durch diverses undurchsichtiges Differentialgerechne kann man zeigen, dass es einen Zusammenhang zwischen dem τ aus dem $\mu = \frac{e \cdot \tau}{m^*}$ im Drude-Modell und dem τ aus der Boltzmann-Gleichung gibt. Das τ in der Boltzmann-Gleichung ist ein mikroskopisches τ für ein Elektron mit definiertem Anfangs- und Endzustand in einem speziellen Streuprozess. Das makroskopische τ im Drudemodell ist dann ein über alle Anfangs- und Endzustände gemitteltes mikroskopisches τ. Zur Mittelung verwendet man, wie Sie gleich sehen werden, allerdings etwas dubiose Methoden. Das so gewonnene τ wird am Ende dann nochmals, aber in anderer Weise, über alle möglichen Arten von Streuprozessen gemittelt.

Der nächste Schritt ist also die Berechnung der Streuzeiten τ für die verschiedenen möglichen Streuprozesse.

8.4 Elastische Streuprozesse im elektrischen Feld

Ehe wir weitermachen, erinnern wir uns kurz daran, was wir mit diesen Unmengen von Formeln eigentlich tun wollten: Ziel der ganzen Rechnereien ist es, genau wie beim Drude-Modell die Bewegung eines Elektrons in einem elektrischen Feld zu beschreiben und dabei die Streuung zu berücksichtigen, und zwar dieses Mal im Boltzmann-Formalismus. Alles, was mit Diffusion zu tun hat, ignorieren wir der Einfachheit halber komplett.

Wir beginnen mit Elektronen in einem elektrischen Feld, die nur elastischen Streuprozessen ausgesetzt sind. In diesem Fall bleibt der Betrag der Wellenvektoren vor und nach dem Streuprozess erhalten. Machen wir zuerst ein paar allgemeine Betrachtungen. Die Beträge der k-Vektoren vor und nach der Streuung

$$\left| \vec{k} \right| = \left| \vec{k}' \right|, \tag{8.19}$$

und auch die Wahrscheinlichkeiten für Vorwärts- und Rückwärtsstreuung sind die gleichen, also

$$w(\vec{k}, \vec{k}') = w(\vec{k}', \vec{k}). \tag{8.20}$$

Dann schauen wir im Buch von Singh (2003) nach und finden und glauben folgende
Formeln, die unter der Annahme leerer Zielzustände der Gl. 8.9 entsprechen:

$$\left|\frac{\partial f}{\partial t}\right|_{Scattering} = \int \frac{d^3k}{(2 \cdot \pi)^3} \cdot \left[f(\vec{k}') - f(\vec{k})\right] \cdot w(\vec{k}, \vec{k}') \qquad (8.21)$$

$$\left|\frac{\partial f}{\partial t}\right|_{Scattering} = \int \frac{d^3k}{(2 \cdot \pi)^3} \cdot \left[g(\vec{k}') - g(\vec{k})\right] \cdot w(\vec{k}, \vec{k}') \qquad (8.22)$$

Da sich die Elektronen im Gleichgewichtsfall mit irgendeiner mittleren Geschwindigkeit im elektrischen Feld bewegen, muss die Änderung von $f_{\vec{k}}$ durch Streuung
gleich groß sein wie die Änderung von $f_{\vec{k}}$ durch das elektrische Feld, also

$$\left.\frac{\partial f_{\vec{k}}}{\partial t}\right|_{Scattering} = \left.\frac{\partial f_{\vec{k}}}{\partial t}\right|_{Field}. \qquad (8.23)$$

Zum Thema $\left.\frac{\partial f_{\vec{k}}}{\partial t}\right|_{Field}$ finden wir weiter oben im Abschn. 8.2 die Formel

$$\left.\frac{\partial f_{\vec{k}}}{\partial t}\right|_{Field} = -\frac{\partial f_{\vec{k}}}{\partial \vec{k}}\frac{\partial \vec{k}}{\partial t} = -\frac{e}{\hbar}\left[\vec{E} + \vec{v} \times \vec{B}\right]\frac{\partial f_{\vec{k}}}{\partial \vec{k}}, \qquad (8.24)$$

wobei wir zur leichteren Lesbarkeit der Formeln die Schreibweise $\vec{\nabla}_k f_{\vec{k}} = \frac{\partial f_{\vec{k}}}{\partial \vec{k}}$
verwendet haben. Für weiteres Differentialgenudel graben wir zusätzlich die Formel
für die Gruppengeschwindigkeit aus:

$$\frac{1}{\hbar}\frac{\partial E}{\partial \vec{k}} = \vec{v}_k, \qquad (8.25)$$

die dann Folgendes liefert:

$$\frac{\partial f_{\vec{k}}}{\partial \vec{k}} = \frac{\partial f_{\vec{k}}}{\partial E}\frac{\partial E}{\partial \vec{k}} = \frac{\partial f_{\vec{k}}}{\partial E}\hbar\vec{v}_k \qquad (8.26)$$

Wenn wir $B = 0$ wählen und alles einsetzen, sieht die Formel 8.24 nach etwas
Umformen so aus:

$$\left.\frac{\partial f_{\vec{k}}}{\partial t}\right|_{Field} = \left.\frac{\partial f_{\vec{k}}}{\partial t}\right|_{Scattering} = \frac{\partial f_{\overleftarrow{k}}}{\partial E_{\vec{k}}} \cdot \vec{v}_k \cdot e\vec{E} \qquad (8.27)$$

Weil wir ja $f_{\vec{k}}$ nicht kennen, ist das alles noch immer viel zu kompliziert. Daher
machen wir jetzt zwei Näherungen

$$\left.\frac{\partial f_{\vec{k}}}{\partial t}\right|_{Scattering} = \frac{\partial f_0}{\partial E_{\vec{k}}} \cdot \vec{v}_k \cdot e\vec{E}, \qquad (8.28)$$

wobei f_0 die Fermi-Verteilung ist. Für nicht allzu große Felder und Streuraten sagen wir, dass hoffentlich gilt:

$$-\frac{\partial f_{\vec{k}}}{\partial t}\bigg|_{Scattering} = \frac{\partial g_{\vec{k}}}{\partial t} = \frac{g_{\vec{k}}}{\tau} \tag{8.29}$$

Eine etwas undurchsichtige Begründung dafür, warum man das alles darf, findet sich zwar bei Singh (2003), aber ich sage jetzt mal, diese Näherungen sind auch ohne den Singh irgendwie plausibel. Es gilt also

$$\left|\frac{\partial g_{\vec{k}}}{\partial t}\right|_{Scattering} = \frac{g_{\vec{k}}}{\tau} = -\frac{\partial f_0}{\partial E} \cdot \vec{v}_k \cdot e \cdot \vec{E}. \tag{8.30}$$

Nicht vergessen: $\vec{E}$ ist das elektrische Feld und nicht die Energie. Jetzt wird es Zeit, das alles in Gl. 8.22 einzusetzen, und man erhält

$$\left|\frac{\partial f}{\partial t}\right|_{Scattering} = \frac{\partial f_0}{\partial E} e\tau \vec{E} \int \frac{d^3k}{(2\pi)^3}(\vec{v_k} - \vec{v_{k'}}) \cdot w(k, k'). \tag{8.31}$$

$$\frac{\partial f_0}{\partial E_{\vec{k}}} \cdot \vec{v}_k \cdot e\vec{E} = \frac{\partial f_0}{\partial E_k} e\tau \int \frac{d^3k}{(2\pi)^3}(\vec{v_k} - \vec{v_{k'}}) \cdot w(k, k') \tag{8.32}$$

Und schließlich erhält man für die Streuzeit

$$\frac{1}{\tau} = \int \left(1 - \frac{\vec{v}_{k'} \cdot \vec{E}}{\vec{v}_k \cdot \vec{E}}\right) \cdot w(k, k') \frac{d^3k}{(2\pi)^3}. \tag{8.33}$$

Mit der Annahme, dass sich die Geschwindigkeit vor und nach dem elastischen Stoß nicht ändert, bekommt man

$$the \; |\vec{v}_k| = |\vec{v}_{k'}|, \tag{8.34}$$

$$\frac{\vec{v}_{k'} \; \vec{E}}{\vec{v}_k \; \vec{E}} = \frac{\cos\theta'}{\cos\theta}, \tag{8.35}$$

$$\frac{1}{\tau} = \int \frac{d^3k'}{(2\pi)^3} w\left(\vec{k}, \vec{k}'\right) \cdot (1 - \cos\alpha). \tag{8.36}$$

Warum $\frac{\cos\theta'}{\cos\theta} = \cos\alpha$ sein soll, kann man laut dem Kollegen Singh mit Hilfe der Beziehungen

$$\cos\theta' = \sin\theta \sin\alpha \sin\varphi + \cos\theta \cos\alpha \tag{8.37}$$

Abb. 8.1 Unser
Koordinatensystem zur
Betrachtung von elastischen
Streuprozessen

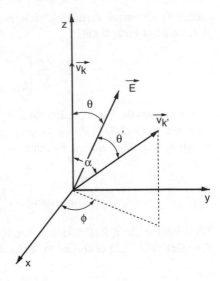

oder

$$\frac{\cos\theta'}{\cos\theta} = \tan\theta \sin\alpha \sin\varphi + \cos\alpha \qquad (8.38)$$

angeblich wie immer leicht aus dem Koordinatensystem in Abb. 8.1 ersehen. Ich sehe
das aber nicht, tut mir leid. Hausaufgabe: Wer herausfindet, wie das geht, schickt
mir bitte eine E-Mail und erspart sich damit eine Prüfungsfrage.

Als Zusammenfassung merken wir uns also: Formel 8.36 beschreibt ganz allge-
mein die Streurate eines Elektrons mit dem Ausgangswellenvektor $\vec{k}$ auf alle verfüg-
baren Zielzustände mit $\vec{k}'$. Weil der Prozess elastisch sein soll, hat $\vec{k}'$ den gleichen
Betrag wie $\vec{k}$, aber eine beliebige Richtung. Was wir aber noch immer brauchen ist
$w(\vec{k}, \vec{k}')$. Vorher kümmern wir uns aber noch ganz allgemein um die nichtelastische
Streuung.

8.5   Inelastische Streuung im elektrischen Feld

Der Streuterm der Boltzmann-Gleichung sieht hier etwas anders aus, weil die Streuraten für die Vorwärts- und Rückwärtsstreuung eben nicht mehr die gleichen sind,
und es gilt $w(\vec{k}, \vec{k}') \neq w(\vec{k}', \vec{k})$. Damit bekommt man:

$$\left.\frac{\partial f}{\partial t}\right|_{Scattering} = \int \left[g_{\vec{k}'} \cdot w(\vec{k}', \vec{k}) - g_{\vec{k}} \cdot w(\vec{k}, \vec{k}') \right] \cdot \frac{d^3 k'}{(2 \cdot \pi)^3} \qquad (8.39)$$

Jetzt glauben wir wieder dem Buch vom Singh (2003) und nehmen an, dass im
Gleichgewicht die Beziehung $f_k^0 \cdot w(\vec{k}', \vec{k}) = f_k^0 \cdot w(\vec{k}, \vec{k}')$ eine gute Näherung ist.
Angeblich gilt das sogar noch außerhalb des Gleichgewichts bei nicht zu großen
äußeren Feldern (Jaja, die Glaubensbekenntnisse nehmen langsam etwas überhand,

aber was soll ich dagegen machen?). Somit wird der Streuterm in der Boltzmann-Gleichung für nichtelastische Streuung in der Relaxationszeitnäherung zu

$$\left.\frac{\partial f_{\vec{k}}}{\partial t}\right|_{Scattering} = \int \frac{d^3 k'}{(2 \cdot \pi)^3} \cdot w(\vec{k}, \vec{k}') \cdot \left[g_{\vec{k}'} \cdot \frac{f_{\vec{k}}^0}{f_{\vec{k}'}^0} - g_{\vec{k}} \right]. \qquad (8.40)$$

Genau wie oben bei der elastischen Streuung machen wir wieder die Näherung

$$-\left.\frac{\partial f_{\vec{k}}}{\partial t}\right|_{Scattering} = \frac{\partial g_{\vec{k}}}{\partial t} = \frac{g_{\vec{k}}}{\tau} \qquad (8.41)$$

und bekommen

$$\frac{1}{\tau} = \int \frac{d^3 k'}{(2 \cdot \pi)^3} \cdot w(\vec{k}, \vec{k}') \cdot \left[-\frac{g_{\vec{k}'}}{g_{\vec{k}}} \cdot \frac{f_{\vec{k}}^0}{f_{\vec{k}'}^0} + 1 \right]. \qquad (8.42)$$

Jetzt noch eine Kleinigkeit, die nicht im Buch von Singh (2003) diskutiert wird: Wir interessieren uns ja immer noch für den Elektronentransport im elektrischen Feld. Alle Betrachtungen für die nichtelastische Streuung laufen ziemlich analog ab wie für den elastischen Fall, und bei all den schwindligen Näherungen sehe ich mal keinen Grund, warum hier die Gl. 8.31 nicht auch gelten sollte. Zur Erinnerung: Gl. 8.31 liefert die Beziehung

$$g_{\vec{k}} = -\frac{\partial f_0}{\partial E} \cdot \vec{v}_k \cdot e \cdot \vec{E} \tau. \qquad (8.43)$$

Eingesetzt in Gl. 8.42 bekommt man

$$\frac{1}{\tau} = \int w(\vec{k}, \vec{k}') \left[1 - \frac{\vec{v}_{k'} \cdot \vec{E}}{\vec{v}_k \cdot \vec{E}} \frac{f_{\vec{k}}^0}{f_{\vec{k}'}^0} \right] \frac{d^3 k'}{(2 \cdot \pi)^3}. \qquad (8.44)$$

Und das ist bis auf den Faktor $\frac{f_{\vec{k}}^0}{f_{\vec{k}'}^0}$ das gleiche Resultat wie für die elastische Streuung.

Natürlich fragt man sich sofort, wie groß ist denn $\frac{f_{\vec{k}}^0}{f_{\vec{k}'}^0}$ bzw. was ist $f_{\vec{k}'}^0$? Wenn man im Schema der schon verwendeten, wüsten Näherungen bleibt, wird man vernünftigerweise für $f_{\vec{k}}^0$ die Fermi-Verteilung einsetzen. Für $f_{\vec{k}'}^0$ finde ich in den Büchern nichts, aber meiner Meinung nach wäre ein guter Ansatz vielleicht ebenfalls eine Fermi-Verteilung, aber mit einer um den Energieverlust reduzierten Fermi-Energie, also z. B. für die LO-Phononenstreuung:

$$f_{\vec{k}'}^0 = 1 - \frac{1}{e^{\frac{E - (E_F - \hbar \omega_{LO})}{kT}} + 1} \qquad (8.45)$$

Hausaufgabe: Einen Boltzmann-Experten am Institut für Mikroelektronik aufsuchen und bei dem Kollegen herausfinden, ob das Schwachsinn ist oder nicht.

8.6   Mittelungsprozeduren für die Streuzeit τ

Wir haben jetzt wegen des unbekannten $w(\vec{k}, \vec{k}')$ zwar noch immer keine Streuzeit τ explizit ausgerechnet, tun aber mal so, als könnten wir das, und kümmern uns jetzt darum, wie man von dem mikroskopischen τ aus dem Boltzmann Formalismus zu einem experimentell gemessenen makroskopischen τ kommt. τ steht ja bekanntlich im Drude-Modell in der Formel für die Beweglichkeit, und diese wiederum braucht man in den Gleichungen $\vec{j} = e \cdot n \cdot \mu \vec{E} = -e \cdot n \cdot \vec{v}$ für die Stromdichte mit $\mu = \frac{e \cdot \tau}{m}$. Wir beginnen mit der Stromdichte j und schreiben diese im Boltzmann-Formalismus:

$$\vec{j} = -e \int \vec{v}_k \, g_{\vec{k}} \frac{d^3 k}{(2 \cdot \pi)^3} \tag{8.46}$$

Dann recyclen wir Formel 8.31:

$$g_{\vec{g}} = -\frac{\partial f_0}{\partial E_k} \cdot \tau \cdot e\vec{v} \cdot \vec{E} \tag{8.47}$$

f_0 ist aber gerade die Fermi-Verteilung, die wir auch gleich in Boltzmann-Näherung verwenden:

$$f_0 = \frac{1}{e^{\frac{E-E_f}{k \cdot T}} + 1} \sim e^{-\frac{E-E_f}{k \cdot T}} \tag{8.48}$$

Also bekommt man für (Vorsicht: E_k ist eine Energie):

$$\frac{\partial f_0}{\partial E_k} = -\frac{1}{kT} \cdot f_0 \tag{8.49}$$

Der Strom soll nur in x-Richtung fließen, da wir nur ein elektrisches Feld $\vec{E}$ in x-Richtung angelegt haben:

$$\langle j_x \rangle = \frac{e^2}{k \cdot T} \cdot \int \tau \cdot v_x^2 \cdot f_0(\vec{k}) \cdot E_x \cdot \frac{d^3 k}{(2 \cdot \pi)^3}, \quad v_x : \text{mittleres } |\vec{v}_x| \tag{8.50}$$

Für kleine Felder kann man nun annehmen, dass die mittlere Elektronenenergie ungefähr der thermischen Energie der Elektronen entspricht und sich auf jede Bewegungsrichtung gleichmäßig aufteilt, also

$$\frac{m}{2} \cdot \langle v^2 \rangle = \frac{3}{2} \cdot k \cdot T. \tag{8.51}$$

Für die Geschwindigkeit in x-Richtung folgt

$$v_x^2 = \frac{|v|^2}{3}. \tag{8.52}$$

Damit ist die mittlere Stromdichte in x-Richtung

$$\langle j_x \rangle = \frac{e^2}{3 \cdot k \cdot T} \cdot \int \tau \cdot v^2 \cdot f_0(\vec{k}) \cdot E_x \cdot \frac{d^3 k}{(2 \cdot \pi)^3}. \tag{8.53}$$

Jetzt wird furchtlos und munter weitergemittelt:

$$\langle v^2 \cdot \tau \rangle = \frac{\int v^2 \cdot \tau \cdot f_0(\vec{k}) \cdot \frac{d^3 k}{(2 \cdot \pi)^3}}{\underbrace{\int f_0(\vec{k}) \cdot \frac{d^3 k}{(2 \cdot \pi)^3}}_{\text{Normierung}}} \tag{8.54}$$

Wir erinnern uns, die Elektronendichte war $n = \int \frac{d^3 k}{(2 \cdot \pi)^3} \cdot f_0(\vec{k})$. Dann muss man noch v^2 im Geiste mit $m/2$ im Zähler und Nenner erweitern. Da $m v^2/2$ eine Energie ist, bekommt man damit

$$\langle j_x \rangle = \frac{n e^2}{m^*} \cdot \frac{\langle v^2 \cdot \tau \rangle}{\langle v^2 \rangle} \cdot E_x = \frac{n e^2}{m^*} \cdot \frac{\langle E \cdot \tau \rangle}{\langle E \rangle} \cdot E_x \tag{8.55}$$

Schließlich und endlich ist dann

$$\langle\langle \tau \rangle\rangle = \frac{\langle E \cdot \tau \rangle}{\langle E \rangle} \tag{8.56}$$

die relevante makroskopische Streuzeit. Na endlich etwas Handfestes!

8.7 Berechnung von τ für diverse Streuprozesse

Die komplizierte Arbeit beginnt jetzt, weil wir nun τ und damit das $w(\vec{k}, \vec{k}')$ für die diversen Streuprozesse ausrechnen müssen. Um es gleich vorweg zu nehmen, das ist ein absoluter Albtraum und nur etwas für eingefleischte Theoretiker. Für einen einzigen Streuprozess, und das ist die Coulomb-Streuung, kann man das aber auch als Elektrotechniker halbwegs verstehen. Aus diesem Grund wird hier nur die Coulomb-Streuung als bestes Beispiel im Detail diskutiert, alle anderen Streuprozesse überlassen wir den Experten.

8.7.1 Streuung an ionisierten Störstellen

Für Streuung an ionisierten Störstellen ist der Streuoperator in der Schrödinger-Gleichung einfach das Coulomb-Potential der Störstelle:

$$V(r) = \frac{e^2}{4\pi \cdot \varepsilon_0 \varepsilon_r \cdot r} \tag{8.57}$$

Weil sich aber im Halbleiter die Elektronen frei bewegen können, bildet sich um eine positiv geladene Störstelle gerne ein See von Elektronen, der die Störstelle abschirmt. Die Reichweite des Potentials wird dadurch exponentiell gedämpft:

$$V(r) = \frac{Z \cdot e^2 \cdot e^{-\lambda \cdot r}}{4 \cdot \pi \cdot \varepsilon_0 \varepsilon_r \cdot r} \tag{8.58}$$

In obiger Formel ist Z die Anzahl der Ladungen und λ der sogenannte Abschirmparameter.

Jetzt müssen wir zu Fermi's Goldener Regel greifen, die man in unserem Quantenmechanik Schnellkurs im Kap. 1 nachlesen kann. Die Übergangswahrscheinlichkeit (Rate) für alle Zustände ist

$$w_{\vec{k},\vec{k}'} = \frac{2 \cdot \pi}{\hbar} \cdot \sum \delta(E_k - E_{k'}) |\langle k| H' |k'\rangle|^2. \tag{8.59}$$

Das Übergangsmatrixelement

$$\langle k| H' |k'\rangle = M_{\vec{k},\vec{k}'} \tag{8.60}$$

berechnet sich einfach aus dem Integral des Produkts der Wellenfunktionen (einlaufende und auslaufende ebene Wellen) und dem abgeschirmten Coulomb-Potential. Mit

$$\langle k| = e^{i\vec{k}\vec{r}}, \ |k'\rangle = e^{-i\vec{k}'\vec{r}}, \ H' = V(\vec{r}) \tag{8.61}$$

ergibt sich für das Matrixelement

$$M_{\vec{k},\vec{k}'} = \frac{Z \cdot e^2}{4 \cdot \pi \cdot V \cdot \varepsilon} \cdot \int e^{-i \cdot \left(\vec{k}' - k\right) \cdot \vec{r}} \cdot \frac{e^{-\lambda \cdot r}}{r} \cdot r^2 \, dr \cdot \sin \theta' d\theta' d\Phi'. \tag{8.62}$$

V ist ein Volumen und dient der Normierung der Raten. Jetzt müssen wir das Integral ausrechnen und benutzen wegen der elastischen Streuung (wegen der Winkel sehen Sie bitte im Koordinatensystem in Abb. 8.1 nach)

$$\left|\vec{k}\right| = \left|\vec{k}'\right|, \ \left|\vec{k} - \vec{k}'\right| = 2k \sin \left(\tfrac{\theta}{2}\right). \tag{8.63}$$

Damit lautet das Matrixelement für die elastische Streuung schließlich und endlich:

$$M_{\vec{k},\vec{k}'} = \frac{Z \cdot e^2}{V \cdot \varepsilon} \cdot \frac{1}{4 \cdot k^2 \cdot \sin^2 \left(\tfrac{\theta}{2}\right) + \lambda^2} \tag{8.64}$$

Und die Übergangswahrscheinlichkeit ist

$$w_{\vec{k},\vec{k}'} = \frac{2 \cdot \pi}{\hbar} \cdot \left(\frac{Z \cdot e^2}{V \cdot \varepsilon}\right)^2 \cdot \frac{\delta(E_k - E_k)}{\left(4 \cdot k^2 \cdot \sin^2 \left(\tfrac{\theta}{2}\right) + \lambda^2\right)^2}. \tag{8.65}$$

Man kann dann noch die Grenzwerte für die Fälle perfekter und gar keiner Abschirmung (screening) betrachten. Im Falle von nicht vorhandener Abschirmung ($\lambda \to 0$) bekommt man

$$w_{\vec{k},\vec{k}'} \sim \frac{1}{16 \cdot k^4 \cdot \sin^4\left(\frac{\theta}{2}\right)}. \tag{8.66}$$

Das Matrixelement ist also groß für kleine Winkel θ, und die Vorwärtsstreuung dominiert. Für starke Abschirmung bekommt man

$$w_{\vec{k},\vec{k}'} \sim \frac{1}{\lambda^4}. \tag{8.67}$$

Als allerletzter Schritt muss nun die Streuzeit ausgerechnet werden. Wir erinnern uns an das Integral aus der Boltzmann-Gleichung:

$$\frac{1}{\tau} = \frac{V}{(2 \cdot \pi)^3} \cdot \int (1 - \cos\alpha) \cdot w_{\vec{k},\vec{k}'} \cdot d^3k' \quad \text{(elastisch)} \tag{8.68}$$

Dieses Integral auszurechnen, ist aber ekelhaft kompliziert, selbst der Singh (2003) braucht über drei Seiten dazu, und er geht dort auch nicht ins letzte Detail. Wir glauben also mal wieder unserem großen Guru Singh und kopieren von ihm völlig hirn- und furchtlos die folgende, abschreckende Formel für τ:

$$\frac{1}{\tau} = \frac{1}{V \cdot 16 \cdot \sqrt{2} \cdot \pi} \cdot \left(\frac{Z \cdot e^2}{\varepsilon}\right)^2 \cdot \frac{1}{\sqrt{m^*} \cdot E_k^{\frac{3}{2}}}. \tag{8.69}$$

$$\cdot \left[\ln\left(1 + \left(\frac{8 \cdot m^* \cdot E_k}{\hbar^2 \cdot \lambda}\right)^2\right) - \frac{1}{1 + \left(\frac{\hbar^2 \cdot \lambda}{8 \cdot m^* \cdot E_{ss_k}}\right)^2}\right] \tag{8.70}$$

Wer sich fragt, was E_{SS_k} ist, der muss es leider beim Singh nachlesen. Hier brauchen wir das nicht und können es daher ignorieren. Was wir aber schon brauchen, ist die Mittelung für ein makroskopisches τ und das natürlich über alle Streuzentren (N_i: Zahl der Störstellen):

$$\frac{1}{\langle\langle\tau\rangle\rangle} = \frac{N_i}{V \cdot 128 \cdot \sqrt{2} \cdot \pi} \left(\frac{Z \cdot e^2}{\varepsilon}\right)^2 \frac{1}{\sqrt{m^*} \cdot (k \cdot T)^{\frac{3}{2}}}.$$

$$\cdot \left[\ln\left(1 + \left(\frac{8 \cdot m^* \cdot kT}{\hbar^2 \cdot \lambda}\right)^2\right) - \frac{1}{1 + \left(\frac{\hbar^2 \cdot \lambda}{8 \cdot m^* \cdot k \cdot T}\right)^2}\right] \tag{8.71}$$

An dieser langen Wurst aus der noch viel längeren Herleitung im Buch von Singh (2003) interessiert nur eines, nämlich die Temperaturabhängigkeit:

$$\frac{1}{\langle\langle\tau\rangle\rangle} \sim \frac{N_i}{(k\mathrm{T})^{\frac{+3}{2}}} \qquad (8.72)$$

Und damit bekommt auch die Elektronenbeweglichkeit ein für den Streuprozess charakteristisches Temperaturverhalten von

$$\mu = \frac{e \cdot \langle\langle\tau\rangle\rangle}{m} \sim \frac{T^{\frac{3}{2}}}{N_i}, \qquad (8.73)$$

welches man tatsächlich nachmessen kann. Umgekehrt gilt auch: Steigt die Beweglichkeit mit $T^{\frac{3}{2}}$, dann weiß man, dass die Störstellenstreuung in dieser Probe der dominante Prozess ist. Was man noch sieht, ist der Einfluss der Störstellenkonzentration. Hier nimmt die Streurate $\frac{1}{\langle\langle\tau\rangle\rangle}$ linear mit der Dotierung zu. Das ist schön, und vor allem kompatibel zu dem, was wir aus der klassischen Behandlung von früher wissen.

8.8   Der Hall-Effekt und die Boltzmann-Gleichung

Die klassische Anwendung für den Boltzmann-Formalismus ist der klassische Hall-Effekt. Herauskommen tut im Wesentlichen das Gleiche wie mit der üblichen Betrachtung ohne Boltzmann-Gleichung, aber es wird sich zeigen, dass die Streuung das Ergebnis durchaus um einen Faktor 2 verfälschen kann. Außerdem brauchen wir ein paar Formeln aus diesem Kapitel später noch einmal beim Quanten-Hall Effekt. Folgen wir also dem Boltzmann-Formalismus aus dem Buch von Singh (2003), Kapitel Hall-Effekt. Dazu sagen sollte man aber noch, dass im Buch von Singh (2003) nicht immer alles so schön vorgerechnet wird, wie hier in diesem Buch.

Unser Ziel ist die Berechnung des Stromes bzw. der Stromdichte im Magnetfeld mit Hilfe der Boltzmann-Gleichung, und die Formel dazu war:

$$\vec{j} = -e \int \vec{v}(f - f_0) d^3 k \qquad (8.74)$$

Wir müssen uns also dazu die Funktion f besorgen und starten am besten mit dem Gleichgewicht der Kräfte in Anwesenheit eines Magnetfeldes im Boltzmann-Formalismus:

$$e\left[\vec{E} + \vec{v} \times \vec{B}\right] \cdot \vec{\nabla}_p f = \frac{(f - f_0)}{\tau} \qquad (8.75)$$

Nehmen wir jetzt an, wir hätten ein Magnetfeld in z-Richtung, $\vec{B} = (0, 0, B_z)$, und für die Verteilungsfunktion nehmen wir folgende Näherung (es muss einem aber erst einmal einfallen, dass das hier hilfreich ist):

$$f = f_0 + a_1 v_x + a_2 v_y \qquad (8.76)$$

Jetzt setzen wir in die Boltzmann-Gleichung ein und erhalten

$$e\tau[\vec{E} + \vec{v} \times \vec{B}] \cdot \vec{\nabla}_p \left(f_0 + a_1 v_x + a_2 v_y\right) = (a_1 v_x + a_2 v_y). \tag{8.77}$$

Wenn man am Anfang dieses Kapitels nachsieht, findet man auch noch die hilfreiche Beziehung

$$\vec{\nabla}_p f_0 = \vec{v} \frac{\partial f_0}{\partial E}, \tag{8.78}$$

und schon kann man mit ein wenig Vektorrechnung aus der Mittelschule erkennen, dass $\left(\vec{v} \times \vec{B}\right)$ senkrecht auf dem Vektor $\vec{v}$ steht. Somit gilt

$$\left(\vec{v} \times \vec{B}\right) \vec{\nabla}_p f_0 = \left(\vec{v} \times \vec{B}\right) \vec{v} \frac{\partial f_0}{\partial E} = 0. \tag{8.79}$$

Übrig bleibt damit die Gleichung

$$e\tau \vec{E} \cdot \vec{\nabla}_p f_0 + e\tau \left(\vec{v} \times \vec{B}\right) \cdot \vec{\nabla}_p \left(a_1 v_x + a_2 v_y\right) = \left(a_1 v_x + a_2 v_y\right), \tag{8.80}$$

die dann nach dem Einsetzen so aussieht:

$$e\tau \vec{E} \cdot \vec{v} \frac{\partial f_0}{\partial E} + e\tau (\vec{v} \times \vec{B}) \cdot \vec{\nabla}_p \left(a_1 v_x + a_2 v_y\right) = (a_1 v_x + a_2 v_y) \tag{8.81}$$

Jetzt ein wenig langweilige Algebra zum Nachrechnen:

$$\tau \vec{E} \cdot \vec{v} \frac{\partial f_0}{\partial E} + e\tau (\vec{v} \times \vec{B}) \cdot \vec{\nabla}_p \left(a_1 \frac{m^* v_x}{m^*} + a_2 \frac{m^* v_y}{m^*}\right) = (a_1 v_x + a_2 v_y) \tag{8.82}$$

$$e\tau \vec{E} \cdot \vec{v} \frac{\partial f_0}{\partial E} + \frac{e\tau}{m^*} (\vec{v} \times \vec{B}) \cdot \vec{\nabla}_p \left(a_1 p_x + a_2 p_y\right) = (a_1 v_x + a_2 v_y) \tag{8.83}$$

$$\tau \vec{E} \cdot \vec{v} \frac{\partial f_0}{\partial E} + \frac{e\tau}{m^*} (\vec{v} \times \vec{B}) \cdot \vec{a} = (a_1 v_x + a_2 v_y) \tag{8.84}$$

$$\left(v_x e\tau E_x \frac{\partial f_0}{\partial E} + v_y e\tau E_y \frac{\partial f_0}{\partial E}\right) + \frac{e\tau}{m^*} \begin{pmatrix} v_y B \\ -v_x B \\ 0 \end{pmatrix} \cdot \begin{pmatrix} a_1 \\ a_2 \\ 0 \end{pmatrix} = (a_1 v_x + a_2 v_y) \tag{8.85}$$

$$\left(v_x e\tau E_x \frac{\partial f_0}{\partial E} + v_y e\tau E_y \frac{\partial f_0}{\partial E}\right) + \frac{e\tau}{m^*} \left(a_1 v_y B - a_2 v_x B\right) = (a_1 v_x + a_2 v_y) \tag{8.86}$$

Nun trennen wir die Gleichung in die Komponenten von v_x und v_y:

$$v_x e\tau E_x \frac{\partial f_0}{\partial E} = v_x a_1 + v_x a_2 B \frac{e\tau}{m^*} \tag{8.87}$$

$$v_y e\tau E_y \frac{\partial f_0}{\partial E} = -a_1 v_y B \frac{e\tau}{m^*} + a_2 v_y \tag{8.88}$$

Und übrig bleibt das Gleichungssystem für die Koeffizienten:

$$a_1 + \frac{e\tau B}{m^*} a_2 = e\tau E_x \frac{\partial f_0}{\partial E} \tag{8.89}$$

$$\frac{-e\tau B}{m^*} a_1 + a_2 = e\tau E_y \frac{\partial f_0}{\partial E} \tag{8.90}$$

Jetzt kann man das Gleichungssystem nach a_1 und a_2 auflösen, und man erhält mit $\omega_c = eB/m^*$

$$a_1 = -e\tau \frac{\partial f_0}{\partial E} \cdot \frac{E_x - \omega_c \tau E_y}{1 + (\omega_c \tau)^2}, \tag{8.91}$$

$$a_2 = -e\tau \frac{\partial f_0}{\partial E} \cdot \frac{E_y + \omega_c \tau E_x}{1 + (\omega_c \tau)^2}. \tag{8.92}$$

Hinweis: Im Buch von Singh (2003) sind a_1 und a_2 positiv, dafür ist auch die Stromdichte positiv angenommen. Da Elektronen nun einmal negativ sind, erschien mir meine Vorzeichenkonvention einleuchtender.

Die Funktion f wäre damit jedenfalls berechnet; nun brauchen wir den Strom im Magnetfeld. Früher hatten wir einmal für den Strom geschrieben $(g = f - f_0)$:

$$\vec{j} = -e \int \vec{v} g(r,t) d^3 k \tag{8.93}$$

Das wird jetzt zu

$$\vec{j} = -e \int \frac{d^3 k}{(2\pi)^3} \vec{v}(a_1 v_x + a_2 v_y) \tag{8.94}$$

Besser sieht das Ganze in Matrixform aus:

$$j_i = \sigma_{ij} E_j, \ \sigma_{i,j} = \begin{pmatrix} \sigma_{xx} & -\sigma_{xy} \\ \sigma_{yx} & \sigma_{yy} \end{pmatrix} \tag{8.95}$$

Wichtiger Hinweis: Das mit dem $-\sigma_{xy}$ hat keinerlei spezielle Bedeutung, außer dass dieses Element der Matrix auch schon beim klassischen Hall-Effekt negativ ist. Da Tensorkomponenten scheinbar aus traditionellen Gründen immer positiv sein müssen, oder negative Tensorelemente vielleicht als obszön empfunden werden, bringt man das Minuszeichen künstlich vor das Element in der Matrix. In Komponenten aufgeteilt bekommt man

$$j_x = \sigma_{xx} E_x - \sigma_{xy} E_y, \tag{8.96}$$

$$j_y = \sigma_{yx} E_x + \sigma_{yy} E_y. \tag{8.97}$$

Jetzt brauchen wir die einzelnen Elemente des Tensors. Ziehen wir als Beispiel die Berechnung von j_x im Detail durch, der Rest läuft analog. Die Stromdichte war

$$\vec{j} = -e \int \frac{d^3k}{(2\pi)^3} \vec{v}(a_1 v_x + a_2 v_y). \tag{8.98}$$

Jetzt konzentrieren wir uns zuerst auf j_x und setzen gleich für a_1 und a_2 ein:

$$j_x = -e \int \frac{d^3k}{(2\pi)^3} v_x \left(-e\tau \frac{\partial f_0}{\partial E} \cdot \frac{E_x - \omega_c \tau E_y}{1 + (\omega_c \tau)^2} v_x - e\tau \frac{\partial f_0}{\partial E} \cdot \frac{E_y + \omega_c \tau E_x}{1 + (\omega_c \tau)^2} v_y \right). \tag{8.99}$$

Danach räumen wir die Formel ein wenig auf

$$j_x = e^2 \tau \frac{\partial f_0}{\partial E} \int \frac{d^3k}{(2\pi)^3} \left(\frac{v_x{}^2 + \omega_c \tau v_y v_x}{1 + (\omega_c \tau)^2} E_x + \frac{+v_y v_x - \omega_c \tau v_x{}^2}{1 + (\omega_c \tau)^2} E_y \right), \tag{8.100}$$

erinnern uns, und das ist wichtig, dass beim Hall-Effekt $v_y = 0$ ist, und wir bekommen nach weiteren Aufräumarbeiten

$$j_x = \int \frac{d^3k}{(2\pi)^3} \left(\frac{\partial f_0}{\partial E} \frac{e^2 \tau v_x{}^2}{1 + (\omega_c \tau)^2} E_x - \frac{\partial f_0}{\partial E} \frac{\omega_c e^2 \tau^2 v_x{}^2}{1 + (\omega_c \tau)^2} E_y \right). \tag{8.101}$$

Jetzt müssen wir nur noch die Vorfaktoren von E_x und E_y herausklauben und wir bekommen damit das, was wir suchen, nämlich

$$\sigma_{xx} = \int \frac{\partial f_0}{\partial E} \frac{d^3k}{(2\pi)^3} \frac{e^2 \tau}{1 + (\omega_c \tau)^2} v_x^2, \tag{8.102}$$

und ganz analog bekommt man für σ_{xy}

$$\sigma_{xy} = \int \frac{\partial f_0}{\partial E} \frac{d^3k}{(2\pi)^3} \frac{e^2 \tau^2 \omega_c}{1 + (\omega_c \tau)^2} v_x^2 = \int \frac{\partial f_0}{\partial E} \frac{d^3k}{(2\pi)^3} \frac{e^3 \tau^2}{m^*} v_x^2 \cdot \frac{B}{1 + (\omega_c \tau)^2}. \tag{8.103}$$

So, jetzt die ganze Prozedur nochmal für j_y. Wir müssen dazu nur die Formel 8.100 nehmen und statt v_x die Komponente v_y einsetzen:

$$j_y = e^2 \tau \frac{\partial f_0}{\partial E} \int \frac{d^3k}{(2\pi)^3} \left(\frac{v_x v_y + \omega_c \tau v_y^2}{1 + (\omega_c \tau)^2} E_x + \frac{+v_y{}^2 - \omega_c \tau v_x v_y}{1 + (\omega_c \tau)^2} E_y \right) \tag{8.104}$$

Jetzt gilt wieder $v_y = 0$, und nach einer weiteren Entrümpelungsaktion bekommen wir

$$j_y = \int \frac{d^3k}{(2\pi)^3} \left(\frac{\partial f_0}{\partial E} \frac{e^2 \omega_c \tau^2 v_y^2}{1 + (\omega_c \tau)^2} E_x + \frac{\partial f_0}{\partial E} \frac{e^2 \tau v_y^2}{1 + (\omega_c \tau)^2} E_y \right), \qquad (8.105)$$

und schließlich

$$\sigma_{yx} = \int \frac{\partial f_0}{\partial E} \frac{e^2 \tau^2 \omega_c}{1 + (\omega_c \tau)^2} v_y^2 \frac{d^3k}{(2\pi)^3} \qquad (8.106)$$

sowie

$$\sigma_{yy} = \int \frac{\partial f_0}{\partial E} \frac{e^2 \tau}{1 + (\omega_c \tau)^2} v_y^2 \frac{d^3k}{(2\pi)^3}. \qquad (8.107)$$

Vergleicht man all diese Ausdrücke so sieht man, dass gilt:

$$\begin{aligned} \sigma_{xx} &= \sigma_{yy} \\ \sigma_{xy} &= -\sigma_{yx} \end{aligned} \qquad (8.108)$$

Zusammenfassend kann man jetzt sagen, dass wir nun eine wunderbar komplizierte Theorie des Hall-Effekts haben, mit der wir sogar als Elektroklempner an einem Physiker-Biertisch Eindruck schinden können. Was machen wir aber, wenn uns irgendein theoriephober Ignorant fragt, ob das auch zur klassischen Beschreibung das Hall-Effekts passt? Richtig, man muss mal wieder zu diversen Vereinfachungen greifen, und zwar zu denen, die wir schon im Abschnitt über die Mittelungsproze-duren gesehen haben.

Zuerst nimmt man an, dass die Elektronen im Mittel einfach nur ihre thermische Energie besitzen also:

$$\frac{m v^2}{2} = \frac{3kT}{2} \qquad (8.109)$$

und ganz gleich wie im Abschn. 8.6 über die Mittelungsprozeduren von Streuzeiten verwenden wir

$$v_x^2 = \frac{|v|^2}{3}. \qquad (8.110)$$

Da es sich bei f_0 um die Fermi-Verteilung handelt, bekommt man

$$\frac{\partial f_0}{\partial E} = -\frac{f_0}{kT}. \qquad (8.111)$$

Jetzt alles zusammenmischen, und wir erhalten

$$\frac{3 m v_x^2}{2} = \frac{3kT}{2}, \qquad (8.112)$$

$$v_x^2 = \frac{kT}{m}. \qquad (8.113)$$

Zum Schluss kümmern wir uns noch um das Integral (bitte vorne im Abschn. 8.2 nachsehen, woher das n kommt):

$$\int v_x^2 \frac{\partial f_0}{\partial E} \frac{d^3k}{(2\pi)^3} = -\int \frac{kT}{m} \frac{f_0}{kT} \frac{d^3k}{(2\pi)^3} = \frac{n}{m}, \qquad (8.114)$$

und heraus kommt am Ende tatsächlich der klassische Ausdruck für σ_{xx} (siehe z. B. Sauer 2009). Die Rechnung für σ_{xy} läuft analog:

$$\sigma_{xx} = \frac{n}{m} \frac{e^2\tau}{\left(1 + (\omega_c\tau)^2\right)} \qquad (8.115)$$

$$\sigma_{xy} = \frac{n}{m} \frac{e^2\tau^2\omega_c}{\left(1 + (\omega_c\tau)^2\right)} \qquad (8.116)$$

Wenn man außerdem die Näherung $(\omega_c\tau)^2 \ll 1$ für hohe Beweglichkeiten verwendet, kann man das Ganze auch noch ein wenig anders hinschreiben. Für diesen Fall kann man B^2 und höhere Terme ignorieren, und es gilt $\omega_c = \frac{eB}{m}$, $(\omega_c\tau)^2 \ll 1$ und $\sigma_{xx} = \sigma_0$. Für σ_{xy} bekommt man dann

$$\sigma_{xy} = \frac{e^3}{m^*} \frac{B}{3kT} \int \tau^2 v^2 f_0 \frac{d^3k}{(2\pi)^3} = \frac{e^3}{m^*} \frac{B}{3kT} n \left\langle v^2\tau^2 \right\rangle. \qquad (8.117)$$

Jetzt verwenden wir mal wieder eine dieser üblichen Mittelungen

$$3kT = m^* \left\langle v^2 \right\rangle, \qquad (8.118)$$

und erhalten

$$\sigma_{xy} = \frac{e^3}{(m^*)^2} Bn \frac{\left\langle v^2\tau^2 \right\rangle}{\left\langle v^2 \right\rangle} \approx \frac{e^3}{(m^*)^2} Bn \frac{\left\langle E\tau^2 \right\rangle}{\left\langle E \right\rangle} = \frac{e^3}{(m^*)^2} Bn \left\langle\!\left\langle \tau^2 \right\rangle\!\right\rangle. \qquad (8.119)$$

Schließlich muss man sich an die Formel 8.55 zurückerinnern, aus der man den Ausdruck für σ_0, also den Ausdruck für die Leitfähigkeit ohne Magnetfeld, erhält:

$$\sigma_0 = \frac{ne}{m^*} \left\langle\!\left\langle \tau \right\rangle\!\right\rangle = ne\mu \qquad (8.120)$$

Daraus folgt schließlich

$$\sigma_{xy} = \mu_H \sigma_0 B \quad \text{mit} \quad \mu_H = \mu \frac{\left\langle\!\left\langle \tau^2 \right\rangle\!\right\rangle}{\left\langle\!\left\langle \tau \right\rangle\!\right\rangle^2}. \qquad (8.121)$$

Für die Hallbeweglichkeit bekommt man dann:

$$\mu_H = \frac{\left\langle\!\left\langle \tau^2 \right\rangle\!\right\rangle}{\left\langle\!\left\langle \tau \right\rangle\!\right\rangle^2} \mu = r_H \mu \qquad (8.122)$$

Im Wert von r_H steckt der Einfluss aller nur möglichen Streuprozesse auf den Wert von τ. Da τ aber von k abhängen kann, werden obige Mittelungen ziemlich schnell ziemlich kompliziert. Die Theoretiker behaupten, r_H liege immer im Intervall r_H : $[1 \ldots 2]$. In der Praxis und auf guten Proben (also bei GaAs und Silizium, aber nicht unbedingt auf exotischeren Materialien wie GaN oder SiC) gilt aber zum Glück immer $r_H = 1$.

Optische Übergänge in Halbleitern

9

Inhaltsverzeichnis

9.1 Halbleiteroptik ist wichtiger, als man meint

Etwas weiter hinten im Text, im Abschnitt über die Diffusionsprozesse in Halbleitern (Kap. 10), hat man andauernd das Problem am Hals, dass Ladungsträgerpaare generiert werden oder diese rekombinieren. Sowohl die Generation als auch Rekombination von Ladungsträgern findet gerne auf optischem Wege statt, und deswegen müssen wir uns in diesem Kapitel ein wenig um optische Prozesse kümmern. Esoterisch ist das ganz und gar nicht, denn ohne optische Absorption gäbe es keine Solarzellen oder Photodetektoren und ohne optische Rekombination keine LEDs und natürlich auch keine Halbleiterlaser. Damit wäre unsere Welt ziemlich trostlos und finster, denn LED-Beleuchtung, Glasfaserkommunikation und das Internet gäbe es damit auch nicht.

Wie wir auch noch in diesem Kapitel sehen werden, verhalten sich direkte und indirekte Halbleiter bezüglich ihrer optischen Eigenschaften grundsätzlich anders. Direkte Halbleiter leuchten, indirekte Halbleiter eher nicht. Die Absorptionslängen in direkten Halbleitern sind kurz, dafür sind die Lebensdauern der optisch generierten Ladungsträger in indirekten Halbleitern hoch, was der Grund dafür ist, dass Siliziumsolarzellen heutzutage effizient und billig sind. All das ist weder gut noch

© Springer-Verlag GmbH Deutschland, ein Teil von Springer Nature 2020
J. Smoliner, *Grundlagen der Halbleiterphysik*,
https://doi.org/10.1007/978-3-662-60654-4_9

schlecht, man muss einfach nur wissen, welches Material man für welchen Zweck verwenden will.

Ein kleiner Hinweis zum folgenden Formelwerk: Da im Rest des Kapitels der Buchstabe f an allen Ecken und Enden irgendwo auftaucht, und damit Verwirrung stiften kann, wurde für die Frequenz eines Photons einheitlich die Bezeichnung v, und für die Energie hv verwendet.

9.2 Optische Übergänge in indirekten Halbleitern

9.2.1 Absorption

Kümmern wir uns zunächst um die optische Absorption in indirekten Halbleitern wie Silizium; die Hauptanwendung sind hier Solarzellen.

Wegen des verschwindend kleinen Photonenimpulses von $k_{ph} \approx 0$ sind optische Übergänge zwischen Valenzband und Leitungsband in indirekten (!) Halbleitern praktisch nur mit Hilfe von Phononen möglich. Akustische Phononen gibt es in jedem Halbleiter in einem Energiebereich von Null bis ca. 50 meV. Da praktisch alle Halbleiter mehrere Atome pro Elementarzelle besitzen, gibt es optische Phononen ebenfalls im gleichen Energiebereich, jedoch verläuft deren Dispersionsrelation praktisch waagrecht. Optische Phononen können daher bei festem hv, aber variablem k_{phonon} nahezu beliebige optische Übergänge zwischen Löchern und Elektronen vermitteln, obwohl diese im k-Raum um Δk getrennt sind. Abb. 9.1 zeigt die Bandstruktur eines indirekten Halbleiters inklusive einiger Beispiele für phononenunterstützte optische Übergänge für ein Photon der Energie hv. Wie man sieht, liegt der maximale Energiebereich im Valenzband und im Leitungsband, in dem Elektronen und Löcher für solche optischen Übergänge zur Verfügung stehen, zwischen Null und $hv - E_g$.

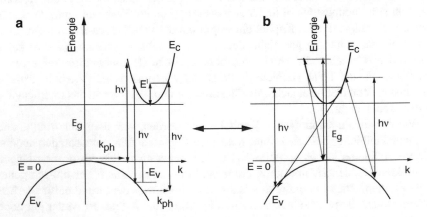

Abb. 9.1 a $E(k)$-Schema eines indirekten Halbleiters zu Illustration von Absorptionsprozessen. **b** Alternative Darstellung der Absorptionsprozesse als Übergänge in einem virtuellen direkten Halbleiter mit diagonalen Übergängen. (Nach Sauer 2009)

Zum besseren Verständnis kann man auch eine alternative Darstellung der optischen Übergänge im indirekten Halbleiter wählen, wie sie in Abb. 9.1b dargestellt ist. Hier wurde das Leitungsbandminimum zu $k = 0$ verschoben, wodurch im Gegenzug dazu aber nun diagonale Übergänge erlaubt sind.

Die Beschreibung praktisch jedes optischen Übergangs, egal ob Absorption oder Emission, läuft über die Verwendung von Fermi's Goldener Regel. Wir sehen im Kapitel über Quantenmechanik (Kap. 1) nach, und finden in Bracket-Schreibweise die Formel:

$$w_{km} = \frac{2\pi}{\hbar} \int \sum \delta(E_k - E_m) \left|\langle k|H'|m \rangle\right|^2 \cdot (f(E - E_k) - f(E - E_m)) dE \quad (9.1)$$

wobei w_{km} eine Übergangsrate zwischen dem Ausgangszustand Ψ_k und einem Endzustand Ψ_m ist. Die Fermi-Verteilungen berücksichtigen die Besetzungen in den jeweiligen Zuständen, und die Delta-Funktion sorgt für die Energieerhaltung. $\left|\langle k|H'|m \rangle\right|^2$ ist das sogenannte Übergangsmatrixelement mit dem Störoperator oder Streuoperator H'. Warum man das so hinschreibt, ist eine Frage der Störungstheorie erster Ordnung, die man in einer Quantenmechanik Vorlesung lernt. Wir sparen uns das und fragen uns lieber, wie das H' aussieht. H' ist immer ein passendes Potential. Um z. B. Streuraten für die Coulomb-Streuung zu berechnen, müsste man hier ein Coulomb-Potential einsetzen. Wir brauchen aber ein Potential für optische Übergänge und verwenden dafür folgende und recht plausible Aussage: Ein Atom ist ein Dipol, bestehend aus positivem Kern und negativer Elektronenhülle und die Wellenlänge des Lichts ist viel größer als der Durchmesser des Atoms.

Als elektromagnetische Welle produziert Licht natürlich auch eine elektrische Feldstärke, und diese kann man dann wegen der großen Ausdehnung der Welle im Bereich des Atoms als konstant annehmen. Wir erinnern uns nun an die Poisson-Gleichung und vor allem daran, dass die elektrische Feldstärke ja die Ableitung des Potentials φ ist, also $\varphi = \int e E dx$. E ist aber konstant, also lautet die Formel für H'

$$H' = e\vec{E}\vec{x}. \quad (9.2)$$

Und das Übergangsmatrixelement M ist damit

$$M = \left|\langle k|e\vec{E}\vec{x}|m \rangle\right|^2. \quad (9.3)$$

Behandeln wir also die Absorption von Licht mit der Photonenenergie $h\nu$ in Halbleitern mit Fermi's Goldener Regel und dem oben erwähnten Dipolmatrixelement. Statt der Übergangsrate definiert man sich aber gleich eine Ladungsträgergenerationsrate $G(h\nu)$, für die wir ein hoffentlich konstantes optisches Dipolmatrixelement $M = \left|\langle k|H'|m \rangle\right|^2$ annehmen. Weil wir aber nicht wissen, welche Wellenfunktionen wir nehmen sollen, kümmern wir uns um die Berechnung von M nicht selbst, sondern bestechen besser einen Theoretiker, denn das ist schneller und effizienter. Gegen genügend Bier bekommen wir dann das Matrixelement M, und das ist, weil wir ja angenommen haben, dass es konstant ist, eine einfache Zahl wie z. B. $1{,}35 \cdot 10^{-6}$.

Hausaufgabe (eher schwierig): Finden Sie heraus, womit man eine Theoretikerin am effizientesten bestechen kann.

Für die Ladungsträgergenerationsrate setzen wir an:

$$G(h\nu) = \frac{2\pi}{\hbar} \int\limits_{E_g}^{h\nu} D_e(E') \left(1 - f_e(E')\right) \cdot D_h(E) f_h(E) |\langle k|H'|m\rangle|^2 dE \qquad (9.4)$$

D_e und D_h sind die Zustandsdichten für Elektronen und Löcher, f_e und f_h sind die Fermi-Verteilungen für Elektronen und Löcher. Weil Photonen mit Energien unter E_g nicht absorbiert oder emittiert werden, läuft der Integrationsbereich nur von E_g bis $h\nu$. Zum besseren Verständnis dieser Lage betrachte man bitte das Energieschema in Abb. 9.1. Für einen intrinsischen oder schwach dotierten Halbleiter gilt dann wegen $E_g \gg kT$ auch bei Raumtemperatur noch in sehr guter Näherung $f_h(E) = 1$ und $f_e(E) = 0$. Das Valenzband sei also komplett voll und das Leitungsband leer. Die Zustandsdichte für Elektronen und Löcher sehen wir im Kap. 4 über Halbleiterstatistik nach:

$$D_e = \frac{L^3}{2 \cdot \pi^2} \cdot \frac{1}{\hbar^3} \cdot m_e^{3/2} \sqrt{2 \cdot E'} = A_e \sqrt{E'} \qquad (9.5)$$

$$D_h = \frac{L^3}{2 \cdot \pi^2} \cdot \frac{1}{\hbar^3} \cdot m_h^{3/2} \sqrt{2 \cdot E} = A_h \sqrt{E} \qquad (9.6)$$

Die Größen A_e und A_h dienen nur zur Vereinfachung und haben keine besondere Bedeutung. Um weniger schreiben zu müssen und weil es in unserer Näherung eh nur eine einfache Zahl ist, nennen wir das Übergangsmatrixelement einfach nur M. Jetzt schauen wir noch schnell im Energieschema in Abb. 9.1 nach, verwenden die Beziehung $E' - E = h\nu$ und erhalten für die Generationsrate

$$G(h\nu) = \frac{2\pi}{\hbar} \int\limits_{E_g}^{h\nu} M \cdot A_v \sqrt{-E} \cdot A_c \sqrt{E' - E_g} dE. \qquad (9.7)$$

Das Integral löst man am effizientesten mit *Wolfram Alpha* und man erhält

$$G(h\nu) = \frac{2\pi}{\hbar} M \cdot A_v A_c \frac{\pi}{8} \left(h\nu - E_g\right)^2. \qquad (9.8)$$

9.2.2 Emission (strahlende Rekombination)

Berechnen wir, noch immer für den indirekten Halbleiter, zunächst die totale Rekombinationsrate $R(h\nu)$, d. h. die Überschussrate plus die Rekombinationsrate im thermodynamischen Gleichgewicht. Die Formeln sehen ähnlich aus wie oben, aber passen Sie auf bei der Besetzung. Die Rekombinationsrate ist proportional zur

Elektronenkonzentration im Leitungsband und zur Löcherkonzentration im Valenzband. Irgendwelche Probleme mit freien Plätzen gibt es hier nicht, und deswegen
steht auch in der Gleichung das Produkt aus $D_e(E')$ und $f_e(E') \cdot D_h$.

$$R(h\nu) = \frac{2\pi}{\hbar} M \int_{E_g}^{h\nu} D_e(E') f_e(E') \cdot D_h(E) f_h(E) dE \tag{9.9}$$

Mit Hilfe der Boltzmann-Näherung lässt sich diese Gleichung analytisch lösen. Wir
setzen ein:

$$f_e(E') = e^{-\frac{(E'-E_F^e)}{kT}} \tag{9.10}$$

$$f_h(E) = e^{-\frac{(E_F^h-E)}{kT}} \tag{9.11}$$

Na hoffentlich stimmen die Vorzeichen in den Exponenten. Dann bekommen wir mit

$$\Delta E_F = E_f^e - E_f^h, \tag{9.12}$$

$$f_e(E') \cdot f_h(E) = e^{-\frac{E'-E-\Delta E_F}{kT}} = e^{-\frac{h\nu-\Delta E_F}{kT}} \tag{9.13}$$

die neue Gleichung für die totale Rekombinationsrate,

$$R(h\nu) = \frac{2\pi}{\hbar} M \cdot A_v A_c e^{-\frac{h\nu-\Delta E_F}{kT}} \int_{E_g}^{h\nu} \sqrt{h\nu - E'} \cdot \sqrt{E' - E_g} dE'. \tag{9.14}$$

die genauso aussieht wie die Gleichung für die Generationsrate, aber noch eine
Exponentialfunktion als Vorfaktor hat:

$$R(h\nu) = e^{-\frac{h\nu-\Delta E_F}{kT}} G(h\nu) \tag{9.15}$$

Im thermischen Gleichgewicht mit $\Delta E_F = 0$ gilt dann $R_0(h\nu) = e^{-\frac{h\nu}{kT}} G_0(h\nu)$. Dies
scheint dem Prinzip des detaillierten Gleichgewichts (principle of detailed balance)
zu widersprechen, wonach im thermischen Gleichgewicht $R_0(h\nu) = G_0(h\nu)$ gilt,
also bei jeder Übergangsenergie die Rekombinations- und Generationsraten gleich
groß sein sollen. Tatsächlich sind hier aber durch Benutzung der Verteilungsfunktio-
nen $f_e(E)$ und $f_h(E)$ praktischerweise die sehr schnellen Relaxationsprozesse mit
Intraband-Relaxationszeiten $\tau = 10^{-12} \dots 10^{-13} s \ll \tau_{\text{life}}$ bereits implizit eingebaut (τ_{life}: Lebensdauer der Elektron-Loch-Paare). Ladungsträger, die bei $h\nu \geq E_g$
im Überschuss generiert werden, haben nur eine verschwindend kleine Chance, bei
derselben Energie $h\nu$ zu rekombinieren, stattdessen relaxieren sie sehr viel effizien-
ter in den Bändern und stellen so das Quasigleichgewicht her. Betrachten wir nun
die Netto-Rekombinationsrate, welche mit

Abb. 9.2 Spektrale
Abhängigkeit der
Rekombinationsstrahlung in
indirekten Halbleitern
(Gl. 9.20) für $\Delta k \neq 0$ mit
Maximumsposition und
Halbwertsbreite $\Delta \nu$. (Nach
Sauer 2009)

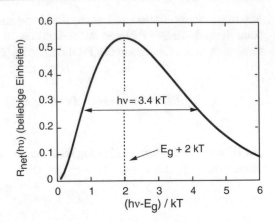

$$R_0(h\nu) = e^{-\frac{h\nu}{kT}} G_0(h\nu) \tag{9.16}$$

die beobachtbare Rekombinationsstrahlung beschreibt:

$$R_{net}(h\nu) = R(h\nu) - R_0(h\nu) \tag{9.17}$$

Einsetzen liefert

$$R_{net}(h\nu) = \left(e^{\frac{\Delta E_F - h\nu}{kT}} - e^{-\frac{h\nu}{kT}} \right) G(h\nu). \tag{9.18}$$

Jetzt noch für die Generationsrate einsetzen:

$$R_{net}(h\nu) = \left(e^{\frac{\Delta E_F - h\nu}{kT}} - e^{-\frac{h\nu}{kT}} \right) \frac{2\pi}{\hbar} M \cdot A_v A_c \frac{\pi}{8} \left(h\nu - E_g \right)^2 \tag{9.19}$$

Wenn wir das jetzt noch ein wenig umformen, bekommt die Gleichung etwas mehr physikalischen Sinn. Man sieht so nämlich, dass die Netto-Rekombinationsrate ein Produkt aus dem Anregungsniveau und einem Faktor ist, der die spektrale Abhängigkeit beschreibt (Abb. 9.2):

$$R_{net}(h\nu) = \frac{2\pi}{\hbar} M \cdot A_v A_c \underbrace{\left(e^{+\frac{\Delta E_F}{kT}} - 1 \right) e^{-\frac{E_g}{kT}}}_{\text{Anregungsmaß}} \cdot \underbrace{e^{-\frac{h\nu - E_g}{kT}} \left(h\nu - E_g \right)^2}_{\text{Spektrale Abhängigkeit}} \tag{9.20}$$

9.3   Optische Übergänge in direkten Halbleitern

Sogenannte Interband-Übergänge mit $\Delta k = 0$ sind charakteristisch für direkte Halbleiter. Sie verbinden Elektronen und Löcher bei gleichem k-Wert (senkrechte Übergänge in der Bandstruktur in Abb. 9.3), eine Beteiligung von Phononen ist nicht nötig. Als Prozesse erster Ordnung im quantenmechanischen Sinn sind sie daher 10^3- bis

Abb. 9.3 Bandschema und
optische Übergänge im
direkten Halbleiter

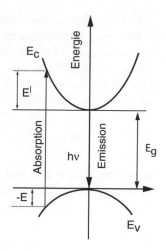

10^4- mal stärker als Übergänge mit Delta $\Delta k \neq 0$. Die Berechnung der Generations-
und Rekombinationsraten läuft ganz analog wie bei den indirekten Halbleitern. Die
Formel für die Generationsrate war

$$G(h\nu) = \frac{2\pi}{\hbar} \int\limits_{E_g}^{h\nu} M \cdot D_e(E')(1 - f_e(E')) \cdot D_h(E) f_h(E) dE. \qquad (9.21)$$

Da wir im direkten Halbleiter keine phononenunterstützten Prozesse brauchen, können wir auf die Integration verzichten, und die obige Formel vereinfacht sich mit
$f_e(E') = 0$ und $f_h(E) = 1$ zu

$$G(h\nu) = \frac{2\pi}{\hbar} M \cdot D_e(E') \cdot D_h(E). \qquad (9.22)$$

Fragt sich nur noch, wie berechne ich E und E' und dazu brauchen wir die kombinierte Zustandsdichte.

9.3.1 Die kombinierte Zustandsdichte

Zwei Copyright-Anmerkungen vorweg: 1) Einige Teile dieses Abschnitts sind weitgehend und dankenswerterweise vom wirklich grandiosen Buch meines Kollegen
Georg (Reider 2012) inspiriert. 2) Die kombinierte Zustandsdichte heißt auf Englisch
joint density of states. Meiner Meinung nach ist diese Übersetzung aber verwirrend,
viel besser wäre die Formulierung gemeinsame Zustandsdichte, denn wie wir sehen
werden, ist im direkten Halbleiter die Zustandsdichte für einen optischen Übergang
zwischen dem Valenzband und dem Leitungsband in beiden Bändern erstaunlicherweise gleich groß.

Bei einer gegebenen Übergangsenergie $\hbar\omega$ zwischen einem Anfangs- und einem Endzustand gibt es nur ganz bestimmte energetische Zustandspaare E_{Anf} im Valenzband und E_{End} im Leitungsband, die für einen direkten optischen Übergang zur Verfügung stehen, d. h., dass sie sowohl die Resonanzbedingung $\hbar\omega = E_{End} - E_{Anf}$ als auch die Auswahlregel $\Delta k = 0$ erfüllen (Abb. 9.3). Diese beiden Bedingungen lassen sich zu folgender Gleichung zusammenfassen:

$$\hbar\omega = \left(E_c + \frac{\hbar^2 k^2}{2m_c} \right) - \left(E_v - \frac{\hbar^2 k^2}{2m_v} \right) = \frac{\hbar^2 k^2}{2m_r} + E_g \qquad (9.23)$$

Im zweiten Teil der Gleichung verwenden wir dann die sogenannte reduzierte Masse (Zustandsdichtemassen nehmen!) m_r:

$$\frac{1}{m_r} = \frac{1}{m_c} + \frac{1}{m_v} \qquad (9.24)$$

Diese reduzierte Masse ist nichts Exotisches und wird gerne bei Zwei-Körper-Problemen verwendet, wie z. B. zur Berechnung der Umlaufbahnen von Erde und Mond. Die Gleichung

$$E_g = E_c - E_v \qquad (9.25)$$

gilt natürlich auch noch, und mit diesen Beziehungen lassen sich E_{Anf} und E_{End} schreiben als:

$$E_v^{kin} = \frac{\hbar^2 k_{Anf}^{\;2}}{2m_v} \qquad (9.26)$$

E_v^{kin} ist vielleicht nicht der beste Name für diese Energie im Valenzband, wo alle Elektronen gebunden sind, aber es macht zumindest klar, dass dieser Beitrag von den Elektronen mit einem k-Wert $\neq 0$ kommt. Die Energie des Anfangszustands für den einzig erlaubten Übergang ist also

$$E_{Anf} = E_v - E_v^{kin} = E_v - \frac{m_r}{m_v} \left(\hbar\omega - E_g \right). \qquad (9.27)$$

Im Leitungsband gilt sinngemäß

$$E_{End} = E_c + E_c^{kin} = E_c + \frac{m_r}{m_c} \left(\hbar\omega - E_g \right) \qquad (9.28)$$

mit

$$E_c^{kin} = \frac{\hbar^2 k_{End}^{\;2}}{2m_c}. \qquad (9.29)$$

Die Ableitungen dieser Formeln zu bilden, schadet an dieser Stelle auch nicht, denn wir werden die gleich noch brauchen:

$$\frac{dE_{Anf}}{d\omega} = -\frac{m_r}{m_v}\hbar \qquad (9.30)$$

$$\frac{dE_{End}}{d\omega} = \frac{m_r}{m_c}\hbar \tag{9.31}$$

Wie schon gesagt, für einen optischen Übergang mit einem Photon der Energie $\hbar\omega$ gibt es nur einen speziellen k-Wert, bei dem dieser Übergang überhaupt stattfinden kann. Die Frage ist nun, wie stark ist dieser Übergang? Zu diesem Zweck betrachten wir die Zustandsdichte für diesen speziellen k-Wert, im üblichen Jargon kombinierte Zustandsdichte genannt, weil diese im Valenzband und Leitungsband gleich groß ist. Wir schauen also im Buch weiter vorne nach und finden für die Zustandsdichte $D(E)$ bei E_{Anf} im Valenzband

$$D(E) = D\left(E_v - E_{Anf}\right) = D\left(\frac{m_r}{m_v}\left(\hbar\omega - E_g\right)\right). \tag{9.32}$$

Einsetzen in die Zustandsdichteformel liefert

$$D\left(E_v - E_{Anf}\right) = \frac{1}{2\pi^2}\left(\frac{2m_v}{\hbar^2}\right)^{3/2}\sqrt{\frac{m_r}{m_v}\left(\hbar\omega - E_g\right)}. \tag{9.33}$$

Jetzt umrechnen von $D(E)\,dE$ auf $D(\omega)\,d\omega$ mit

$$dE_{Anf} = -\frac{m_r}{m_v}\hbar d\omega \tag{9.34}$$

liefert

$$D\left(E_v - E_{Anf}\right)dE = -\frac{1}{2\pi^2}\left(\frac{2m_v}{\hbar^2}\right)^{3/2}\sqrt{\frac{m_r}{m_v}\left(\hbar\omega - E_g\right)}\frac{m_r}{m_v}\hbar d\omega. \tag{9.35}$$

Mit etwas Durchkürzen bekommt man schließlich

$$D(\omega) = -\frac{1}{2\pi^2}\left(\frac{2m_r}{\hbar^2}\right)^{3/2}\sqrt{\left(\hbar\omega - E_g\right)}. \tag{9.36}$$

Zum selben Ergebnis, bis auf das Vorzeichen, kommen wir, wenn wir einen Zustand im Leitungsband als Ausgangszustand nehmen und einen passenden Zielzustand im Valenzband voraussetzen. Hinweis: Das Vorzeichen stört nicht, denn am Ende will man die Ladungskonzentration im Valenzband oder Leitungsband ausrechnen, und die hat natürlich das umgekehrte Vorzeichen.

Die kombinierte Zustandsdichte ist also die Dichte der Zustandspaare, die an einem optischen Übergang (Absorption oder Emission) im Frequenzintervall $[d\omega, \omega + d\omega]$ teilnehmen können. Ist diese kombinierte Zustandsdichte groß, sind die Übergänge stark, wenn nicht, dann nicht. Frage als Hausaufgabe: Wo ist die kombinierte Zustandsdichte in einem direkten Halbleiter immer am größten?

9.3.2   Absorption und Emission in direkten Halbleitern

Zurück zur Generationsrate. Diese war

$$G(h\nu) = \frac{2\pi}{\hbar} M \cdot D_e(E) \cdot D_h(E). \tag{9.37}$$

und wenn wir jetzt die kombinierte Zustandsdichte einsetzen, erhalten wir folgendes Ergebnis:

$$G(h\nu) = \frac{2\pi}{\hbar} M \cdot \frac{1}{2\pi^2} \left(\frac{2m_r}{\hbar^2}\right)^{3/2} \sqrt{(\hbar\omega - E_g)} \tag{9.38}$$

Für die Netto-Rekombinationsrate bekommen wir formal das gleiche Ergebnis wie bei den indirekten Halbleitern:

$$R_{net}(h\nu) = \left(e^{\frac{\Delta E_F - h\nu}{kT}} - e^{-\frac{h\nu}{kT}}\right) G(h\nu) \tag{9.39}$$

Jetzt noch für die Generationsrate einsetzen:

$$R_{net}(h\nu) = \frac{2\pi}{\hbar} M \cdot \frac{1}{2\pi^2} \left(\frac{2m_r}{\hbar^2}\right)^{3/2} \left(e^{\frac{+\Delta E_F - h\nu}{kT}} - e^{-\frac{h\nu}{kT}}\right) \sqrt{(\hbar\omega - E_g)} \tag{9.40}$$

Wenn wir das jetzt wieder ein wenig umformen, um der Gleichung etwas mehr physikalischen Sinn zu geben, bekommen wir, ganz ähnlich wie bei den indirekten Halbleitern, ein Produkt aus dem Anregungsniveau und einem Faktor, der die spektrale Abhängigkeit beschreibt. Die spektrale Abhängigkeit hat aber eine andere Form:

$$R_{net}(h\nu) = \frac{2\pi}{\hbar} M \cdot \frac{1}{2\pi^2} \left(\frac{2m_r}{\hbar^2}\right)^{3/2} \underbrace{\left(e^{+\frac{\Delta E_F}{kT}} - 1\right)}_{\text{Anregungsmaß}} \underbrace{e^{-\frac{E_g}{kT}} \cdot e^{-\frac{h\nu - E_g}{kT}} \sqrt{(\hbar\omega - E_g)}}_{\text{Spektrale Abhängigkeit}}$$

$$\tag{9.41}$$

Einen Plot der spektralen Verteilung der Emissionsrate findet man in Abb. 9.4. Wie man sieht, ist die spektrale Verteilung der direkten Emission deutlich schmaler als die Verteilung der indirekten Emission. Auch das Maximum liegt an einer anderen Stelle. Nicht vergessen: Diese Abbildung zeigt nur das spektrale Verhalten. Um Absolutwerte für die Raten zu bekommen, müssen die jeweiligen Spektren mit den entsprechenden Vorfaktoren multipliziert werden.

9.3.3   Berechnung der Dielektrizitätskonstante im Drude-Modell

Als letzten Punkt zum Thema Optik in Halbleitern werden wir versuchen, die Dielektrizitätskonstante und den Brechungsindex eines Halbleiters oder, genauer gesagt, des

Abb. 9.4 Spektrale Linienform der Rekombinationsstrahlung (Gl. 9.41) für direkte Halbleiter. Zum Vergleich ist das Spektrum der indirekten Rekombinationsstrahlung ebenfalls eingezeichnet. (Nach Sauer 2009)

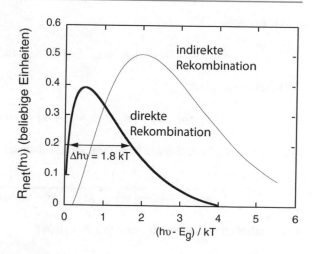

freien Elektronengases im Halbleiter wieder mit Hilfe des ausgezeichneten Photonik-Buchs meines Kollegen Georg Reider (2012) zu berechnen. Beides läuft auf das Gleiche hinaus, denn bereits in der Schule sollten Sie gelernt haben, dass gilt:

$$n^2 = \varepsilon_r \tag{9.42}$$

Das freie Elektronengas, wie war das noch, wird mit dem Drude-Modell beschrieben. Hier machen wir das Ganze für Elektronen in einem Lichtstrahl und fangen auch etwas anders an, indem wir sagen, das Elektron sei vorerst einmal nicht frei, sondern elektrostatisch an den Atomkern mit einer Federkraft ($F_{Feder} = ax$) gebunden. Das Elektron werde dann von einem äußeren elektrischen Feld (Lichtwelle) mit der Kraft $-eE_oe^{i\omega t}$ hin und her geschüttelt. Zusätzlich erlauben wir eine geschwindigkeitsabhängige Dämpfung. Die Bewegungsgleichung für diesen, schon wieder harmonischen Oszillator, lautet dann

$$m_e\frac{\partial^2 x}{\partial t^2} + b\frac{\partial x}{\partial t} + ax = -eE_oe^{i\omega t}. \tag{9.43}$$

Oh je, eine eklige Differentialgleichung. Wir gehen also mal wieder zum freundlichen Mathematiker, nehmen genug Bier mit, bitten ihn um einen Lösungsansatz, und hilfsbereit wie er ist, sagt er:

$$x(w, t) = x_0 E_0 e^{i\omega t} \tag{9.44}$$

Jetzt müssen wir das x_0 ausrechnen, also setzen wir einmal ein und erhalten

$$-m_e\omega^2 x_0 E_0 e^{i\omega t} + bi\omega x_0 E_0 e^{i\omega t} + ax_0 E_0 e^{i\omega t} = -eE_0 e^{i\omega t}. \tag{9.45}$$

Um weniger schreiben zu müssen, vereinfachen wir das Ganze ein wenig mit

$$E_0 e^{i\omega t} = E(\omega) \tag{9.46}$$

und bekommen

$$- m_e \omega^2 x_0 E\,(\omega) + bi\omega x_0 E\,(\omega) + ax_0 E\,(\omega) = -eE\,(\omega)\,. \tag{9.47}$$

Ausklammern liefert:

$$x_0 E\,(\omega)\left(-m_e \omega^2 + bi\omega + a\right) = -eE\,(\omega)\,. \tag{9.48}$$

Nach ein wenig Durchkürzen berechnet sich x_0 dann zu

$$x_0 = \frac{-e}{\left(-m_e \omega^2 + bi\omega + a\right)} = \frac{-e}{m_e\left(-\omega^2 + i\omega b/m_e + a/m_e\right)}\,. \tag{9.49}$$

Und schließlich erhalten wir mit $x\,(\omega) = x_0 E(\omega)$

$$x\,(\omega) = \frac{-eE\,(\omega)}{m_e\left(-\omega^2 + i\omega b/m_e + a/m_e\right)}\,. \tag{9.50}$$

Jetzt führen wir weitere Abkürzungen ein, damit man auch sieht, dass dies ein schöner harmonischer Oszillator wird:

$$a/m_e = \omega_0^2,\quad b/m_e = \Gamma \tag{9.51}$$

Damit bekommt man ein komplexes $x\,(\omega)$ in der Form von

$$x\,(\omega) = \frac{-e/m_e}{\left(\omega_0^2 - \omega^2 + i\omega\Gamma\right)} E\,(\omega)\,. \tag{9.52}$$

Die Auslenkung $x\,(\omega)$ des an ein Atom gebundenen Elektrons wird also mit obiger Formel beschrieben, und das merken wir uns einmal für ein kleines Weilchen.

Um zu unserem Ziel, der Dielektrizitätskonstante bzw. dem Brechungsindex des Halbleiters, näher zu kommen, schauen wir in einem guten Optik-Buch nach und finden mit Begeisterung, dass die Polarisation des einzelnen Atoms so berechnet wird:

$$p = -ex\,(\omega) \tag{9.53}$$

Das schaut doch schon sehr gut aus, denn das ist unser $x\,(\omega)$ von oben. Die Polarisation einer ganzen Probe ist dann einfach $P = p \cdot n_e$, wobei n_e die Anzahl der beteiligten Elektronen ist. Aufpassen mit den Einheiten, ist n_e eine Dichte, so hat man eben die Polarisation pro Einheitsvolumen. Dann behauptet das gute Optik-Buch noch, dass in polarisierbaren Medien, also in fast allen Medien außer Vakuum, die Poisson-Gleichung eher so geschrieben werden sollte:

$$\nabla \varepsilon_o E = -\nabla P + e\rho \tag{9.54}$$

P ist die Polarisation des gesamten Materials. Das e vor dem ρ gibt es beim Kollegen Reider nicht, hier wird es aber gebraucht, um mit dem Formalismus von früher kompatibel zu sein, weil ρ in diesem Buch immer die Einheit cm^{-3} hat. Diese Polarisation des Materials, also nicht nur die Polarisation eines einzelnen Atoms, sei proportional zum angelegten elektrischen Feld. Der Proportionalitätsfaktor wird Suszeptibilität (χ) genannt und ist im Allgemeinen komplex:

$$P = \varepsilon_o \chi E \tag{9.55}$$

Der Verschiebungsstrom in polarisierbaren Medien hat dann zwei Anteile, einen der vom elektrischen Feld kommt, und einen weiteren, der von der Polarisation stammt:

$$D = \varepsilon_o E + P = \varepsilon_o E + \varepsilon_o \chi E \tag{9.56}$$

Damit erhält man für den Verschiebungsstrom

$$D = \varepsilon_o (1 + \chi) E, \tag{9.57}$$

wobei

$$\varepsilon_r = (1 + \chi) \tag{9.58}$$

die altbekannte relative Dielektrizitätskonstante eines Mediums ist. Gehen wir aber jetzt wieder zurück zu unserer Polarisation für ein Elektron:

$$p = -ex(\omega) = \frac{e^2/m_e}{\left(\omega_0^2 - \omega^2 + i\omega\Gamma\right)} E(\omega) \tag{9.59}$$

Um die Polarisation für das gesamte Material zu bekommen, muss man die Formel noch mit der Elektronenanzahl multiplizieren und erhält

$$P = n_e p = n_e \frac{e^2/m_e}{\left(\omega_0^2 - \omega^2 + i\omega\Gamma\right)} E(\omega) = \tilde{\chi}\varepsilon_0 E(\omega). \tag{9.60}$$

Für die komplexe Suszeptibilität bekommt man dann

$$\tilde{\chi} = \frac{n_e}{\varepsilon_0} \frac{e^2/m_e}{\left(\omega_0^2 - \omega^2 + i\omega\Gamma\right)} = \frac{ne^2}{\varepsilon_0 m_e} \frac{1}{\left(\omega_0^2 - \omega^2 + i\omega\Gamma\right)} \cdot \frac{\left(\omega_0^2 - \omega^2 - i\omega\Gamma\right)}{\left(\omega_0^2 - \omega^2 - i\omega\Gamma\right)}. \tag{9.61}$$

Um das als Realteil + Imaginärteil darstellen zu können, muss man noch den komplexen Nenner entsorgen:

$$\tilde{\chi} = \frac{n_e e^2}{\varepsilon_0 m_e} \cdot \frac{\left(\omega_0^2 - \omega^2\right) - i\omega\Gamma}{\left(\omega_0^2 - \omega^2\right)^2 + (\omega\Gamma)^2} \tag{9.62}$$

Jetzt kann man die Suszeptibilität schreiben als

$$\tilde{\chi}\,(\omega) = \chi' + i\,\chi'',\qquad(9.63)$$

und damit ist die Dielektrizitätskonstante

$$\tilde{\varepsilon} = 1 + \tilde{\chi}\,(\omega) = 1 + \chi' + i\,\chi''.\qquad(9.64)$$

Einsetzen liefert

$$\varepsilon' = 1 + \frac{n_e e^2}{m_e \varepsilon_0} \cdot \frac{\left(\omega_0^2 - \omega^2\right)}{\left(\omega_0^2 - \omega^2\right)^2 + (\omega\Gamma)^2}\qquad(9.65)$$

und

$$\varepsilon'' = -\frac{n_e e^2}{m_e \varepsilon_0} \cdot \frac{\omega\Gamma}{\left(\omega_0^2 - \omega^2\right)^2 + (\omega\Gamma)^2}.\qquad(9.66)$$

Zum besseren Veständnis sind ε' und $|\varepsilon''|$ in Abb. 9.5 dargestellt. Wie man sieht, gibt es eine Resonanz und auch sonstige Details, die jede Menge Auswirkungen auf die Reflexion und Transmission der betrachteten Probe haben. Wer mehr wissen will, lese bitte im Buch von Reider (2012) nach.

Dies alles interessiert uns im Moment aber nicht, denn unser eigentliches Ziel war ja die Berechnung der Dielektrizitätskonstante des freien Elektronengases im Halbleiter und nicht die Dielektrizitätskonstante gebundener Elektronen wie bisher. Zu diesem Zweck können wir das bisherige Modell etwas abspecken. Freie Elektronen sind natürlich nicht gebunden, haben also auch keine Rückstellkräfte und das heißt, dass in unserer ursprünglichen Kraftgleichung der Term ax gleich null wird. ω_0 wird damit auch null und es ergibt sich:

$$\varepsilon' = 1 + \frac{n_e e^2}{\varepsilon_0 m_e} \cdot \frac{1}{\omega^2 + \Gamma^2}\qquad(9.67)$$

Abb. 9.5 Realteil und Imaginärteil der Dielektrizitätskonstante im harmonischen Oszillatormodell

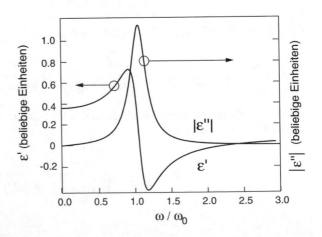

und

$$\varepsilon'' = -\frac{n_e e^2}{\varepsilon_0 m_e} \cdot \frac{\Gamma}{\omega \left(\omega^2 + \Gamma^2\right)}. \tag{9.68}$$

Der Ursprung der Dämpfung Γ im Elektronengas sind beliebige elastische oder nichtelastische Stoßprozesse der Elektronen untereinander oder auch mit den Atomkernen im Material, die mit einer mittleren Stoßzeit τ_e erfolgen. Um Γ mit τ_e in Verbindung zu bringen, gehen wir von der Annahme eines statischen elektrischen Feldes aus (in anderen Worten $\tau_e \ll 2\pi/\omega$) und hoffen, dass das gerechtfertigt ist. Dann ergibt sich für die mittlere Geschwindigkeit der Elektronen in Feldrichtung

$$v = \dot{x} = \frac{e}{m_e \Gamma} E = \frac{e\tau}{m_e} E, \tag{9.69}$$

wobei wir beim Drude-Modell im Kap. 7 nachgesehen haben. Durchkürzen liefert:

$$\tau_e = \frac{1}{\Gamma}. \tag{9.70}$$

Eine Verbindung zwischen Γ und der Leitfähigkeit σ des Elektronengases können wir andererseits auch herstellen, indem wir $\dot{x}$ mit der Ladungsdichte en_e multiplizieren und so die Stromdichte

$$j = -n_e e \dot{x} \tag{9.71}$$

erhalten, für die wiederum der Zusammenhang $j = e\sigma E$ gilt. Damit bekommen wir

$$\Gamma = \frac{1}{\tau_e} = \frac{n_e e^2}{\sigma m_e}. \tag{9.72}$$

Unter Einführung der sogenannten Plasmafrequenz

$$\omega_p^2 = \frac{n_e e^2}{\varepsilon_0 m_e} \tag{9.73}$$

lässt sich die komplexe Dielektrizitätskonstante in folgende Form bringen:

$$\varepsilon' = 1 - \frac{\omega_p^2 \tau_e^2}{1 + \omega_p^2 \tau_e^2} \tag{9.74}$$

$$\varepsilon'' = -\frac{n_e^2 \tau_e^2}{\omega \left(1 + \omega_p^2 \tau_e^2\right)} \tag{9.75}$$

In Halbleitern sind die Elektronendichten eher klein, und die Plasmafrequenz liegt im tiefsten Infrarot, wo die zugehörigen Effekte eher schwer zu beobachten

sind. Metalle hingegen haben eine sehr hohe Dichte von freien Elektronen. Für
Aluminium z. B. ergibt sich die Plasmafrequenz zu

$$\omega_p = 24 \times 10^{15} \text{s}^{-1}, \tag{9.76}$$

was einer Wellenlänge von 78 nm (UV) bzw. einer Photonenenergie von ca. 15,8 eV
entspricht. Für Frequenzen unterhalb der Plasmafrequenz weist der komplexe Aus-
breitungsindex einen großen Imaginärteil auf. Metalle sind aus diesem Grund im
Sichtbaren stark absorbierend und wegen $T + R = 1$ auch stark reflektierend. Für
$\omega \geq \omega_p$ ist im Allgemeinen $\omega\tau_e \gg 1$, und es gilt näherungsweise

$$\varepsilon' = 1 - \frac{\omega_p^2}{\omega^2} \quad \varepsilon'' = 0. \tag{9.77}$$

In der Umgebung der Plasmafrequenz gilt $n = \sqrt{\varepsilon} \ll 1$, d. h., die Phasengeschwindigkeit geht nach unendlich, ebenso die Wellenlänge; alle Elektronen schwingen also
in Phase. Oberhalb der Plasmafrequenz bleibt $n \leq 1$, d. h. Metalle sind im fernen UV
transparent und optisch geringfügig dünner als Vakuum. Das hat unter anderem zur
Folge, dass in diesem Wellenlängenbereich an Metallen Totalreflexion bei streifen-
dem Einfall aus dem freien Raum auftritt. Dieser Umstand wird zur Erzeugung von
hochreflektierenden UV- und Röntgenspiegeln ausgenützt. Das detaillierte Verhalten
realer Metalle im UV ist allerdings komplizierter, weil Metalle auch über gebundene
Elektronen verfügen, deren Resonanzfrequenzen im UV liegen. Daher weichen die
optischen Eigenschaften der meisten Metalle gerade im Bereich der Plasmafrequenz
erheblich von den Ergebnissen des freien Elektronengasmodells ab.

Gelten die obigen Betrachtungen jetzt nur ausschließlich für Metalle oder doch
auch für Halbleiter? Die Antwort ist: Es gilt für beides, denn wie sich experimentell
herausgestellt hat, ähnelt das optische Verhalten von Dielektrika bzw. von Halbleitern
oberhalb der Bandlücke durchaus dem eines freien Elektronengases. Insbesondere
weisen Halbleiter im Bereich der optischen Interbandübergänge, also oberhalb der
Bandlücke, tatsächlich eine metallische Reflektivität auf. Das freie Elektronengas-
modell ist also auch für Halbleiter ein durchaus nützliches Modell.

Diffusion & Co.

Inhaltsverzeichnis

10.1 Diffusion im Alltag

Diffusion sollte jeder aus der Schule kennen. Das klassische Experiment ist der Tropfen Farbe im Wasserglas, der sich im Laufe der Zeit verteilt, mindestens 10^6 urheberrechtlich geschützte Bilder dazu finden sich überall im Internet. Diffusion ist wirklich sehr praktisch, denn dadurch muss man seine Suppe nicht unbedingt umrühren, nachdem man sie gesalzen hat, Hustensaft umrühren muss man auch nicht, wie

© Springer-Verlag GmbH Deutschland, ein Teil von Springer Nature 2020
J. Smoliner, *Grundlagen der Halbleiterphysik*,
https://doi.org/10.1007/978-3-662-60654-4_10

Abb. 10.1 Ein
Diffusionsexperiment aus
meiner Küche: Meine
Ehefrau Cilia lässt ihren
Hustensaft ziemlich
erfolgreich durch ein
Wasserglas diffundieren

man in Abb. 10.1 sieht, und auch Chilipulver verteilt sich tadellos von selbst und vor allem schnell im Essen. Ohne Diffusion gäbe es auch keine Brennstoffzellen und kein alkoholfreies Bier. Diffusion hat manchmal aber auch Nachteile: Schokolade, selbst eingesperrt in einem Kühlschrank, verteilt sich durch Diffusion von selbst und noch dazu extrem schnell in der näheren Umgebung. Verdunstung und Schädlingsbefall durch Schokoschaben (praktisch in jedem Büro zu finden) führen dann zum Verlust dieses wertvollen Rohstoffs.

Was lernen wir daraus? Eine Menge, denn Elektronen diffundieren auch, und noch dazu deutlich schneller als die Schokolade. Hier ist die hohe Diffusionsgeschwindigkeit aber absolut von Vorteil, denn Halbleiterbauelemente kann man dadurch tatsächlich in zwei Klassen einteilen, nämlich in Bauelemente, die von Driftströmen leben (Widerstände, MOSFETs etc.), und solche, die von Diffusionsprozessen dominiert werden. Beispiele für solche Bauteile sind Dioden und Bipolartransistoren (npn, pnp). Merke: Die Diffusionsgeschwindigkeit kann durchaus höher sein als die Driftgeschwindigkeit, welche man durch elektrische Felder erreicht. Und schließlich und endlich ist ein diffusionsgetriebener npn-Transistor deutlich schwerer abzufackeln als ein MOSFET. Kümmern wir uns also jetzt um die Diffusion.

10.2   Diffusionsströme

Für die Diffusionsströme gelten ganz ähnliche Regeln wie für die Driftströme. Bei Driftprozessen wird ein Elektron im elektrischen Feld so lange beschleunigt, bis ein Streuprozess auftritt. Dann ändert das Elektron seine Richtung, und das Spiel beginnt von vorne. Genauso ist es bei der Diffusion. Die Beschreibung eines Diffusionsprozesses zwischen zwei Gebieten unterschiedlicher Elektronenkonzentration gilt also nur für Zeiten unterhalb der Streuzeit und für Distanzen unterhalb der freien Weglänge.

In Abb. 10.2 sieht man ein linear abfallendes Konzentrationsprofil $n(x,t)$ für Elektronen bei irgendeiner Zeit t. Berechnen wir nun den Elektronenfluss (Teilchenstromdichte) durch eine Ebene bei x_0. Dazu betrachten wir ein Raumgebiet der Dicke l links und rechts von x_0, wobei l die mittlere freie Weglänge sein soll. In diesem Raumgebiet können Elektronen innerhalb der Streuzeit τ_{sc} die Ebene bei x_0

Abb. 10.2 Ladungsträgerkonzentration in Abhängigkeit des Ortes. l mittlere freie Weglänge, n_L und n_R sind die Elektronenkonzentrationen im linken (L) und rechten Gebiet (R) (Mishra und Singh 2008)

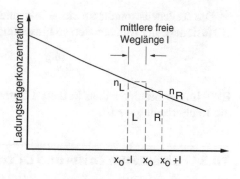

durchqueren. Da sich die Elektronen zufällig in alle Richtungen bewegen, wird nur jeweils die Hälfte von ihnen in das jeweils andere Gebiet wechseln. Die Teilchenstromdichte (Teilchenfluss) schreibt sich also als

$$Flux(x, t) = \frac{(n_L - n_R)l}{2\tau_{sc}}, \tag{10.1}$$

wobei n_L und n_R die mittleren Elektronenkonzentrationen in den jeweiligen Gebieten sind. τ_{sc} ist die Streuzeit. Hinweis: Die Einheit für den Teilchenfluss ist hier Elektronen pro (cm²sec). Nachdem die beiden Regionen L und R durch die Distanz l getrennt sind, können wir näherungsweise schreiben:

$$n_L - n_R = -\frac{dn(x, t)}{dx}l \tag{10.2}$$

Die gesamte Teilchenstromdichte ist mit Gl. 10.1

$$Flux(x, t) = -\frac{l^2}{2\tau_{sc}}\frac{dn(x, t)}{dx} = -D_n\frac{dn(x, t)}{dx}, \tag{10.3}$$

$$D_n = \frac{l^2}{2\tau_{sc}}, \tag{10.4}$$

wobei D_n als Diffusionskoeffizient für Elektronen bezeichnet wird. Die Behandlung der Situation für Löcher läuft analog. Von der Teilchenstromdichte kommt man auf eine richtige elektrische Stromdichte einfach durch die Multiplikation mit der negativen Elementarladung $-e$:

$$j_n^{Diff} = -e\,Flux(x, t) = +e\,D_n\frac{dn(x, t)}{dx}, \tag{10.5}$$

$$j_p^{Diff} = +eD_p\frac{dp(x, t)}{dx}. \tag{10.6}$$

Die Teilchenstromdichte der Elektronen und Löcher verursacht einen Netto-Diffusionsstrom, welcher sich so hinschreiben lässt:

$$j_{tot}^{Diff} = j_n^{Diff} + j_p^{Diff} \tag{10.7}$$

Bitte immer beachten, dass in diesen Betrachtungen die Elektronenladung $-e$ und die Löcherladung $+e$ ist.

10.3 Simultaner Drift- und Diffusionstransport

Bei gleichzeitiger Anwesenheit eines elektrischen Feldes und eines Dichtegradienten ist der Gesamtstrom für Elektronen gegeben durch:

$$j_n = en(x)\,\mu_n E_{Feld}(x) + eD_n\frac{dn(x,t)}{dx} \tag{10.8}$$

Der Gesamtstrom für Löcher ist

$$j_p = ep(x)\,\mu_p E_{Feld}(x) - eD_p\frac{dp(x,t)}{dx}. \tag{10.9}$$

Diffusions- und Driftprozesse hängen über die Streuprozesse zusammen. Wir leiten daher nun eine wichtige Beziehung zwischen der Beweglichkeit und der Diffusions-konstante her. Nehmen wir dazu an, dass das System im Gleichgewicht ist und die Elektronenstromdichten und Löcherstromdichten null sind, also $j_n = j_p = 0$. Wir ignorieren derweil die Löcher und bekommen dann nur für die Elektronen

$$E_{Feld}(x) = -\frac{D_n}{en(x)\,\mu_n}\frac{dn(x,t)}{dx}. \tag{10.10}$$

Für die Ableitung der Ladungsträgerkonzentration erinnern wir uns an das intrinsi-sche Fermi-Niveau E_{Fi} aus der Halbleiterstatistik und schreiben

$$n(x) = n_i \exp\left(-\frac{E_{Fi} - E_F(x)}{kT}\right). \tag{10.11}$$

Im Gleichgewicht ist das Fermi-Niveau überall konstant (das ist die heilige Regel Nummer eins), also gilt

$$\frac{dE_F}{dx} = 0. \tag{10.12}$$

Das intrinsische Fermi-Niveau folgt aber dem angelegten elektrischen E-Feld, also kann man mit der Ableitung von Gl. 10.11 das E-Feld ausdrücken als

$$E_{Feld}(x) = -\frac{D_n}{en(x)\,\mu_n}\frac{dn(x,t)}{dx} = -\frac{D_n}{en(x)\,\mu_n}\frac{n(x)}{kT}\left(-\frac{dE_{Fi}}{dx}\right). \tag{10.13}$$

Andererseits ist das elektrische Feld aber auch die Ableitung vom Potential, oder anders gesagt, die Kraft eE_{Feld} auf ein Elektron ist die Ableitung der Energie

$$E_{Feld} = \frac{1}{e}\frac{dE_{Fi}}{dx}.$$ (10.14)

Damit erhalten wir für Elektronen

$$\frac{D_n}{\mu_n} = \frac{k_B T}{e}$$ (10.15)

und für die Löcher

$$\frac{D_p}{\mu_p} = \frac{k_B T}{e}.$$ (10.16)

Diese Beziehungen sind als Einstein-Beziehung bekannt und stimmt bei Raumtemperatur offenbar ziemlich genau. Jetzt kann man nochmals in der Formel 10.13 für das elektrische Feld einsetzen und bekommt sozusagen eine Diffusionskraft für die Elektronen:

$$eE_{Feld}(x) = -\frac{D_n}{n(x)\mu_n}\frac{dn(x,t)}{dx} = \frac{kT}{en(x)}\frac{dn(x,t)}{dx}$$ (10.17)

Die Rechnung für die Löcher läuft analog. Zum Schluss noch eine wichtige Bemerkung: Die Diffusionsgeschwindigkeiten bei 300 K liegen in der Größenordnung von 10^7 cm/s und sind viel größer als typische Driftgeschwindigkeiten im elektrischen Feld. Betrachten wir für die elektrische Feldstärke z. B. einen Wert von 1 kV/cm, der schon recht ordentlich groß ist. Die Elektronenbeweglichkeit in reinem Silizium liegt bei $T = 300$ K bei $\mu_n = 1500$ cm^2/Vs, und so ergibt sich eine Driftgeschwindigkeit von $v_n = 1{,}5 \cdot 10^6$ cm/s. Erst in Feldern, die bereits Geschwindigkeiten im Bereich der Sättigungsdriftgeschwindigkeit hervorrufen, werden Driftgeschwindigkeiten in der Größenordnung der Diffusionsgeschwindigkeit erreicht. Wie früher im Abschn. 6.5 erwähnt, kommt die Sättigungsdriftgeschwindigkeit von einem Streuprozess der Elektronen mit den optischen Phononen. Erreichen die Elektronen per Diffusion solche Geschwindigkeiten, schlägt natürlich auch wieder die LO-Phononenstreuung zu, so dass im Extremfall die Sättigungsdriftgeschwindigkeit in nullter Näherung auch die maximale Diffusionsgeschwindigkeit darstellt.

10.4 Kontinuitätsgleichungen

Ehe die nächste Formelorgie beginnt, müssen wir unbedingt rekapitulieren, wo wir modellmäßig stehen. Bisher hatten wir die Situation, dass sich irgendwo mittels Magie oder wegen einer an einem pn-Übergang angelegten Spannung durch eine lokale Ladungsumverteilung (Umverteilung!) irgendwo mehr oder weniger Elektronen oder Löcher angesammelt haben als im Gleichgewichtsfall. Die Diffusion sorgt dann dafür, dass alle Ladungsträger wieder nach Hause gehen und dann ein langweiliges Gleichgewicht herrscht. Jetzt betrachten wir eine geänderte Situation und wir erzeugen absichtlich irgendwo zusätzliche(!) Elektronen und Löcher. Als Erzeugungsmechanismen haben wir zur Verfügung: Spannungspulse, Licht, Radioaktivität, lokale Erhitzung oder was Ihnen noch so alles einfällt. Diese neu erzeugten Ladungsträger diffundieren und driften natürlich fröhlich durch die Gegend. Sehen wir also, wie wir das beschreiben können. Betrachten wir dazu mal kurz Abb. 10.3, die schematisch ein Stück Halbleiter zeigt. Links und rechts vom Gebiet der Breite Δx seien die Löcherdichten unterschiedlich, und es fließe irgendein Diffusionsstrom. Zusätzlich gebe es in dieser Gegend auch noch eine Erzeugung von Ladungsträgern und eine Vernichtung durch Rekombinationsprozesse. Als Generationsmechanismen sollen thermische Generation und Generation durch Licht zur Verfügung stehen, als Rekombinationsmechanismen gebe es die strahlende Rekombination, Rekombination über Störstellen und Auger-Prozesse. Details dazu kommen etwas später in diesem Kapitel. Die Änderung der Elektronendichte mit der Zeit $\partial n/\partial t$ ist also die Differenz zwischen dem ein- und austretenden Elektronenstrom und der Paarerzeugungs- und Rekombinationsrate

$$\frac{\partial n}{\partial t} = \frac{1}{e}\frac{j_n(x) - j_n(x + \Delta x)}{\Delta x} + G - R, \qquad (10.18)$$

$$\frac{\partial n}{\partial t} = \frac{1}{e}\frac{\partial j_n}{\partial x} + G - R, \qquad (10.19)$$

wobei G die Paarerzeugungsrate pro Volumen- und Zeiteinheit, und R die Rekombinationsrate darstellt. Man erhält also

$$\frac{\partial n}{\partial t} - \frac{1}{e}\frac{\partial j_n}{\partial x} = G - R. \qquad (10.20)$$

Gleiches gilt für die Löcher und hier erhält man

$$\frac{\partial p}{\partial t} + \frac{1}{e}\frac{\partial j_p}{\partial x} = G - R, \qquad (10.21)$$

Das Alles und besonders die Summe beider Gleichungen wird dann gerne als Kontinuitätsgleichung bezeichnet.

Abb. 10.3 Schematische Darstellung des Stromflusses zur Kontinuitätsgleichung

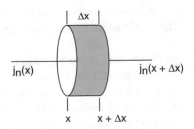

10.5   Rekombination

10.5.1 Rekombination über tiefe Störstellen

Wie wir gerade gesehen haben, ist für die Kontinuitätsgleichung der Term $G - R$ eine entscheidende Sache. Ladungsträgergeneration wird meistens durch Licht bewerkstelligt, Details dazu kommen noch später in diesem Kapitel, das Stichwort dazu heißt Shockley-Haynes Experiment. Die Frage ist nun, welche Rekombinationsmechanismen gibt es, und das sind hauptsächlich nichtstrahlende Prozesse über tiefe Störstellen, Auger-Prozesse und dann die strahlenden Rekombinationsprozesse.

Konzentrieren wir uns hier auf die Rekombination über tiefe Störstellen, und wir werden in diesem Abschnitt zeigen, dass tiefe Störstellen die effizientesten Rekombinationszentren sind. Das Ganze hat sogar eine technische Anwendung: Manchmal braucht man Halbleiter mit ganz besonders hohem spezifischen Widerstand für semiisolierende Substrate. Dotiert man dann z. B. GaAs mit der tiefen Störstelle Cr, kann man spezifische Widerstände bekommen, die über dem spezifischen Widerstand von nominell undotiertem GaAs liegen. Die Tatsache, dass man es nur mit extremstem Aufwand oder gar nicht schafft, gutes intrinsisches GaAs herzustellen, macht die Zugabe von tiefen Störstellen zur Herstellung von semiisolierenden Substraten umso attraktiver. Zu Ihrer Information zeigt Abb. 10.4 die Lage der wichtigsten Störstellen in Silizium, Germanium und GaAs mit Kennzeichnung des Donator- oder Akzeptorcharakters. Als tiefe Störstellen bezeichnet man Störstellen mit größerer Entfernung zur Bandkante, also mit einem Abstand von ca. 100 meV oder mehr. Eine klare Grenze zwischen tiefen und flachen Störstellen gibt es nicht. Hinweis zum Schluss: Tiefe Störstellen können sehr exotische Eigenschaften haben, aber das bräuchte wieder eine eigene Vorlesung. Wenden wir uns nun den physikalischen Details des Rekombinationsprozesses über tiefe Störstellen zu. Abb. 10.5 zeigt schematisch die Rekombination von Elektron-Loch-Paaren über tiefe Störstellen (traps), welche ungefähr in der Mitte der Bandlücke liegen. In dieser Situation gibt es folgende Möglichkeiten: Elektroneneinfang aus dem Leitungsband, thermische Emission von Elektronen aus der Störstelle zurück ins Leitungsband, Locheinfang aus dem Valenzband und die thermische Emission von Löchern zurück ins Valenzband. Ehe wir weitermachen, brauchen wir zwei wichtige Dinge: Zuerst beschließen wir, dass es in unserem Halbleiter außer den tiefen Störstellen keine weiteren Störstellen wie Donatoren oder Akzeptoren gebe, denn mit zwei Sorten von Störstellen gleichzeitig wird die Sache eher kompliziert. Dann brauchen wir noch ein paar Definitionen:

- n: Elektronenkonzentration im Halbleiter
- N_t: Trapdichte
- E_t: Energetische Lage der Störstelle
- c_n: Einfangkoeffizient der Störstelle für Elektronen
- e_n: Emissionskoeffizient der Störstelle für Elektronen
- f_t: Störstellen-Besetzungswahrscheinlichkeit für Elektronen. Das ist normalerweise eine Fermi-Verteilung, also $f_t = \left(e^{\frac{E_t - E_g}{kT}} + 1 \right)^{-1}$

Silizium

Ioniserungsenergien flacher Donatoren (eV):

As	P	Sb
0.054	0.045	0.043

Ioniserungsenergien flacher Akzeptoren (eV):

Al	B	Ga	In
0.072	0.045	0.074	0.157

Tiefe Störstellen (a- Akzeptor, d- Donator)

Störstelle	Typ	Energie		Störstelle	Typ	Energie
Au	d	Ev + 0.35 eV		Pt	d	Ev + 0.32 eV
	a	Ec - 0.55 eV			a	Ev + 0.36 eV
Cu	d	Ev + 0.24 eV			a	Ec - 0.25 eV
	a	Ev + 0.37 eV		Zn	a	Ev + 0.32 eV
	a	Ev + 0.52 eV			a	Ec - 0.50 eV
Fe	d	Ev + 0.39 eV				
Ni	a	Ec - 0.35 eV				
	a	Ev + 0.23 eV				

GaAs

Ioniserungsenergien flacher Donatoren (eV):

Si	Ge	Sn
0.058	0.006	0.006

Ioniserungsenergien flacher Akzeptoren (eV):

C	Be	Mg	Zn	Au
0.026	0.028	0.028	0.031	0.090

Tiefe Störstellen (a- Akzeptor, d- Donator)

Störstelle	Typ	Energie		Störstelle	Typ	Energie
Cr	d	Ec -0.63 eV		Fe	a	Ev +0.52 eV
O	d	Ec -0.40 eV			a	Ev +0.37 eV
	d	Ev +0.67 eV		Cu	a	Ev +0.44 eV
Se	d	Ev +0.53 eV			a	Ev +0.37 eV
				Ni	a	Ev +0.21 eV

Abb. 10.4 Lage typischer Störstellen in Silizium, Germanium und GaAs mit Kennzeichnung von Donator- oder Akzeptorcharakter. Als flache Störstellen werden die Störstellen in der Nähe der Bandkanten bezeichnet. Tiefe Störstellen sind die Störstellen nahe der Mitte der Bandlücke. Eine klar definierte Grenze zwischen flachen und tiefen Störstellen gibt es nicht. Die Daten stammen von Sze und Ng (2007) und aus dem elektronischen Archiv des IOFFE-Instituts, St. Petersburg, Russland (http://www.ioffe.ru/SVA/NSM/)

Jetzt überlegen wir uns einen Ansatz für die Einfang- und Emissionsrate (sinnvolle Einheit: Elektronen pro Sekunde und Einheitsvolumen) und nehmen vernünftigerweise an, dass diese proportional ist zur Dichte der Elektronen n im Halbleiter, zur Störstellendichte N_t, irgendeinem Einfangkoeffizienten (oder Effizienzfaktor, sinnvolle Einheit $sec^{-1}cm^{-3}$) c_n und der Verteilung der freien Plätze in den Traps sei. Wenn die Traps einer Fermi-Verteilung folgen, sind bei $T = 0$ alle Traps besetzt, bei endlicher Temperatur sind es dann nur noch $N_t \cdot f_t$, die Dichte der freien Plätze ist folglich $N_t \cdot (1 - f_t)$. Die Einfangrate für Elektronen ist also

$$R_{cn} = nc_n N_t \, (1 - f_t) \,, \tag{10.22}$$

wobei c_n für capture-n steht. Diese Formel steht im Buch von Sauer (2009), und hat den Schönheitsfehler, dass bei einem Einfangkoeffizienten mit der Einheit $\text{sec}^{-1}\text{cm}^{-3}$ die Einfangrate die Einheit $\left(\text{s}^{-1}\text{cm}^{-3} \cdot \text{cm}^{-3} \cdot \text{cm}^{-3}\right)$ hätte. Um das auszugleichen, gibt Kollege Sauer dem Einfangkoeffizienten c_n die Einheit $\left(\text{s}^{-1}\text{cm}^{+3}\right)$ (cm^{+3} !), dem weiter unten definierten Emissionskoeffizienten e_n aber die Einheit $\left(\text{s}^{-1}\right)$ und das ist uneinheitlich, unschön und auch unlogisch.

Wesentlich logischer erscheint mir folgender Ansatz, der am Schluss auf das gleiche Endergebnis führt: Wir nehmen ein Einheitsvolumen V und sagen dann, dass die Einfangrate proportional zur Anzahl der Elektronen im betrachteten Volumen nV, zur Störstellenanzahl $N_t V$ im betrachteten Volumen, dem Einfangkoeffizienten c_n mit der Einheit $\text{sec}^{-1} V^{-1}$ (V Einheitsvolumen) und der Verteilung der freien Plätze sein soll, als Formel geschrieben also

$$R_{cn} = nV \cdot c_n \cdot N_t V \cdot (1 - f_t) \,. \tag{10.23}$$

Die Emissionsrate hängt nur vom Emissionskoeffizienten e_n, (e_n steht für emission-n) von der Störstellendichte und der Verteilung der besetzten Plätze ab und schreibt sich in unserer Variante als

$$R_{en} = e_n \cdot N_t \cdot V \cdot f_t. \tag{10.24}$$

Im thermischen Gleichgewicht gilt $R_{en} = R_{cn}$, und damit ist das Verhältnis aus Emissions- und Einfangkoeffizienten

$$\frac{e_n}{c_n} = \frac{nV \cdot N_t V \, (1 - f_t)}{N_t V \cdot f_t} \tag{10.25}$$

und Dank dem eingeführten Volumen V, ist das wirklich eine einfache dimensionslose Zahl. Nimmt man an, dass unser Halbleiter nicht dotiert ist, und zusätzlich die

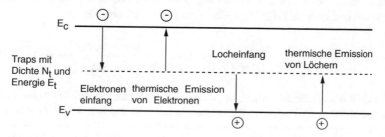

Abb. 10.5 Schematische Darstellung von nichtstrahlenden Rekombinationsprozessen. N_t Trapdichte, E_t Energie der Störstelle, E_c Leitungsbandkante, E_v die Valenzbandkante

Anzahl der Überschussladungsträger, welche rekombinieren sollen, ebenfalls gering ist (schwache Anregung), so kann man annehmen, dass gilt: $n \approx n_0$, (n_0 ist die Elektronenkonzentration im thermischen Gleichgewicht). Im Kapitel über Halbleiterstatistik (Kap. 4) stand dafür folgende Formel:

$$n_0 = N_c e^{\frac{E_F - E_c}{kT}} \tag{10.26}$$

N_c war das Bandgewicht im Leitungsband. Damit bekommt man mit Hilfe der Boltzmann-Näherung

$$n_t = \frac{e_n}{c_n} = V n_0 \frac{(1 - f_{t0})}{f_{t0}} = V n_0 e^{\frac{E_t - E_F}{kT}} = V N_c e^{\frac{E_t - E_c}{kT}}. \tag{10.27}$$

Zurück zu unseren Einfang- und Emissionsraten. Die haben wir jetzt zwar berechnet, aber Nachmessen wäre ja auch ganz gut. Hier haben wir aber das Problem, dass sich die Einfang- und Emissionsraten nicht individuell messen lassen, und alles, was man im Experiment bei Anregung des Systems bekommt, ist nur die Netto-Einfangrate:

$$R_{cn}^{netto} = R_{cn} - R_{en} = c_n N_t V \left(nV \cdot (1 - f_t) - n_t V \cdot f_t \right) \tag{10.28}$$

Für Löcher findet man bei völlig analoger Betrachtung für die Netto-Einfangrate

$$R_{cp}^{netto} = R_{cp} - R_{ep} = c_p N_t V \left(pV \cdot f_t - p_t V \cdot (1 - f_t) \right). \tag{10.29}$$

Kümmern wir uns nun ein wenig um die Verteilung der Störstellen und deren Lebensdauern und nutzen wir dazu die Tatsache, dass im stationären Gleichgewicht, also bei zeitlich konstanter Anregung des Systems, die Netto-Einfangraten von Elektronen und Löchern gleich groß sind. Es gilt also $R_{cn}^{netto} = R_{cp}^{netto}$. Damit lässt sich f_t nach etwas lästiger Algebra in der Form

$$f_t = \frac{c_p p_t V + c_n n V}{c_n (nV + n_t V) + c_p (pV + pV)} = \frac{c_p p_t + c_n n}{c_n (n + n_t) + c_p (p + p)} \tag{10.30}$$

anschreiben, wobei ganz nebenbei die Einheitsvolumina sehr elegant und gratis in den Sondermüll geworfen werden können. Mit dieser Formel können wir wiederum die Rekombinationsrate ($R_{cn}^{netto} = R_{cp}^{netto} = R$) ausdrücken als:

$$R = N_t \frac{c_n c_p (np - n_0 p_0)}{c_n (n + n_t) + c_p (p + p_t)} = N_t \frac{(np - n_0 p_0)}{c_p^{-1} (n + n_t) + c_n^{-1} (p + p_t)} \tag{10.31}$$

Dabei haben wir die Beziehung $n_t p_t = n_0 \cdot p_0$ verwendet, die sich leicht aus den obigen Formeln für n_t und p_t zusammenstöpseln lässt. Jetzt sagen wir noch, das System werde nur schwach angeregt, die überschüssige Dichte an Minoritätsladungsträgern sei also gering:

$$\Delta n \ll n_0, \Delta p \ll p_0, \Delta n = \Delta p \tag{10.32}$$

Weiters sei

$$n = n_0 + \Delta n, \quad p = p_0 + \Delta p, \tag{10.33}$$

dann ist:

$$((n_0 + \Delta n)(p_0 + \Delta p) - n_0 p_0) = n_0 p_0 + n_0 \Delta p + \Delta n p_0 + \Delta n \Delta p - n_0 p_0, \tag{10.34}$$

und mit $\Delta n = \Delta p$ bekommen wir für R:

$$R = N_t \frac{\left(n_0 \Delta n + p_0 \Delta n + \Delta n^2\right)}{c_p^{-1}(n + n_t) + c_n^{-1}(p + p_t)} = N_t \frac{\Delta n (n_0 + p_0)}{c_p^{-1}(n + n_t) + c_n^{-1}(p + p_t)}. \tag{10.35}$$

Jetzt definieren wir die Lebensdauer für die Störstellen als Kehrwert der Netto-Einfangrate:

$$\frac{1}{\tau_{trap}} = N_t \frac{(n_0 + p_0)}{\frac{n_0 + n_t}{c_p} + \frac{p_0 + p_t}{c_n}} \tag{10.36}$$

Um alles noch weiter zu vereinfachen, fordern wir jetzt, dass $c_n = c_p$ sein soll, und definieren

$$\frac{1}{\tau_0} = N_t c_p = N_t c_n, \tag{10.37}$$

$$\tau_{trap} = \tau_0 \frac{n_0 + n_t + p_0 + p_t}{n_0 + p_0}. \tag{10.38}$$

Dann erinnern wir uns an die Formeln für n_t und p_t von früher,

$$n_t = n_0 e^{\frac{E_t - E_c}{kT}}, \qquad p_t = p_0 e^{-\frac{E_t - E_v}{kT}}, \tag{10.39}$$

setzen alles ein und bekommen

$$\tau_{trap} = \tau_0 \frac{n_0 + n_0 e^{\frac{E_t - E_g}{kT}} + p_0 + p_0 e^{-\frac{E_t - E_g}{kT}}}{n_0 + p_0}. \tag{10.40}$$

Wenn wir noch annehmen, dass $n_0 = p_0$ ist, bekommen wir schließlich:

$$\frac{\tau_{trap}}{\tau_0} = \frac{2n_0 + n_0}{2n_0} \left(\exp\left(\frac{E_t - E_{Fi}}{kT} \right) + \exp\left(-\frac{E_t - E_{Fi}}{kT} \right) \right) \tag{10.41}$$

oder

$$\frac{\tau_0}{\tau_{trap}} = \frac{1}{\left(1 + \cosh\left(\frac{E_t - E_{Fi}}{kT}\right)\right)}. \tag{10.42}$$

Abb. 10.6 Reziproke
Trap-bestimmte Lebensdauer
τ_0/τ_{trap} von
Überschussladungsträgern in
Silizium als Funktion der
energetischen Traplage E_t
bei konstantem
$E_F = E_{Fi} = E_g/2$. Für
Silizium: $E_g = 1,12\,\text{eV}$ und
$E_t = 0 \ldots E_g$. (Nach Sauer
2009)

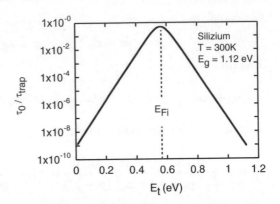

Das plotten wir jetzt einmal (Abb. 10.6) in der Version τ_0/τ_{trap} (also wieder als Einfangrate und nicht als Lebensdauer) als Funktion der Energie. Die Halbwertsbreite
der Funktion τ_0/τ_{trap} ist $\Delta E_t = 3,5\,\text{kT} \ll E_g$ bei Raumtemperatur, die Funktion ist
also recht scharf. Dieser Sachverhalt wird oft kurz und prägnant durch den Merksatz,
Midgap-Traps sind die effizientesten Rekombinationszentren, ausgedrückt.

Zwei wichtige Hinweise zum Schluss:

- Falls Sie in die Situation kommen, die Einfang- und Emissionskoeffizienten für
  eigene Berechnungen in irgendeinem Tabellenwerk nachsehen zu müssen, so
  achten Sie unbedingt auf die Einheiten!
- All diese nicht-strahlenden Rekombinationsprozesse sind auch unter dem Stichwort 'Shockley-Read-Hall-Rekombination' (SRH-Rekombination) bekannt. Nur
  der Vollständigkeit halber noch die Formel für die Besetzungsstatistik der Störstellen, die ich einfach und hirnlos bei Mishra und Singh (2008) abgeschrieben
  habe.

$$f_{trap} = \frac{1}{1 + \exp\left(\left(E_{trap} - E_f\right)/k_B T\right)} \tag{10.43}$$

Mehr Details würden zu sehr in die Tiefe gehen, kümmern wir uns also lieber um
die strahlende Rekombination.

10.5.2 Strahlende Rekombination

Für Band-zu-Band-Rekombination sind sowohl Elektronen als auch Löcher nötig,
der Ansatz für die Rekombinationsrate ist daher von zweiter Ordnung in den Teil-
chendichten und lautet

$$R = B \cdot n \cdot p. \tag{10.44}$$

B ist der Koeffizient der strahlenden Rekombination. Wenn R wieder die Einheit
$\text{s}^{-1}\text{cm}^{-3}$ haben soll, sieht man sofort, dass man entweder auf die Sauer-Variante

mit den komischen Einheiten des Rekombinationskoeffizienten zurückgreifen (die Einheit von B ist dann $cm^{+3}s^{-1}$), oder das Einheitsvolumen durch die ganze Ableitung ziehen muss. Da komische Einheiten die Angewohnheit haben, immer dann den meisten Ärger zu machen, wenn man ihn gar nicht brauchen kann, nehmen wir auch hier die logischere Variante mit den Einheitsvolumina. Die Rekombinationsrate im thermischen Gleichgewicht ist also

$$R_0 = B \cdot n_0 V \cdot p_0 V = B \cdot n_i^2 \cdot V^2. \tag{10.45}$$

Die Netto-Rekombinationsrate ist

$$R^{netto} = R - G_0 = B \cdot np V^2 - B \cdot n_0 p_0 V^2 = B (np - n_0 p_0) V^2. \tag{10.46}$$

G_0 ist die Generationsrate im thermischen Gleichgewicht. Sie ist bei jeder Übergangsenergie $hf \geq E_g$ gleich der Rekombinationsrate R_0 im thermischen Gleichgewicht. Die Aussage $G_0 (hf) = R_0 (hf)$ wird auch als Prinzip des detaillierten Gleichgewichts (principle of detailed balance) bezeichnet. Mit $n = n_0 + \Delta n$, $p = p_0 + \Delta p$ und $\Delta n = \Delta p$ folgt

$$(np - n_0 p_0) = (n_0 + p_0) \Delta n + (\Delta n)^2, \tag{10.47}$$

und damit die Netto-Rekombinationsrate zu

$$R^{netto} = B \left[(n_0 + p_0) \Delta n + (\Delta n)^2 \right] V^2. \tag{10.48}$$

Die wichtigste Erkenntnis aus diesem Abschnitt: Bei Rekombination über strahlende Rekombinationsprozesse ist die Rekombinationsrate quadratisch abhängig von der Überschuss-Elektronenkonzentration.

Kann man Diffusions- und Driftprozesse vernachlässigen, liefert obiger Ausdruck für R^{netto} nach dem Einsetzen in die Kontinuitätsgleichung

$$\frac{d\Delta n}{dt} = -B \left[(n_0 + p_0) \Delta n + \Delta n^2 \right] V^2. \tag{10.49}$$

Die Lösung ist (Abb. 10.7)

$$\Delta n (t) = \Delta n (0) \frac{e^{-t/\tau}}{1 + \frac{\Delta n(0)}{(n_0 + p_0)} \left(1 - e^{-t/\tau} \right)}, \tag{10.50}$$

wobei sich die Einheitsvolumina wieder freundlicherweise in Luft aufgelöst haben. Für τ gilt folgende Beziehung

$$\tau = \tau_{rad} = \frac{1}{B (n_0 + p_0)}. \tag{10.51}$$

Abb. 10.7 Zeitlicher Abfall
der Überschusskonzentration
von Elektronen durch
strahlende Rekombination

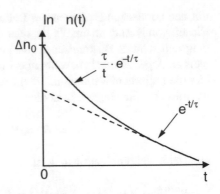

Bei starker Störung des Systems ($\Delta n(0) \gg n_0 + p_0$) haben wir bei kleinen Zeiten
ein Verhalten wie

$$\Delta n(t) = \frac{\tau}{t} \Delta n(0) e^{-t/\tau} \tag{10.52}$$

und bei großen Zeiten wie

$$\Delta n(t) = \Delta n(0) e^{-t/\tau} \tag{10.53}$$

Eine kleine Störung des Systems ($\Delta n(0) \ll n_0 + p_0$) entspricht dem oberen Fall
für große Zeiten:

$$\Delta n(t) = \Delta n(0) e^{-t/\tau} \tag{10.54}$$

Auch hier gilt zum Schluss: Sollten Sie den Koeffizienten B in einem Tabellenwerk
nachsehen müssen, beachten Sie bitte die Einheiten, denn die müssen nicht unbedingt
zu diesem Formalismus passen.

10.5.3 Rekombination über Auger-Prozesse

Die Auger-Rekombination bezeichnet einen Prozess, in dem ein angeregtes Elektron-
Loch-Paar strahlungslos rekombiniert und die frei werdende Energie auf ein zweites
freies Elektron (oder Loch) überträgt, das dadurch in einen Zustand höherer Energie
gebracht wird. Dieses Auger-Teilchen thermalisiert anschließend über Phononenstreuung zurück an die Bandkante. Wie wir gleich sehen werden, ist der Auger-
Prozess ein nichtlinearer Prozess, der bei hohen Überschussträgerdichten auftritt.
Besonders in Lasern begrenzt die Auger-Rekombination die erzielbare Lichtleis-
tung. Der Auger-Prozess (Abb. 10.8) benötigt drei Teilchen, daher lautet der Ansatz
ganz allgemein

$$R = C_n \cdot n^2 p \cdot V^3 + C_p \cdot n p^2 \cdot V^3, \tag{10.55}$$

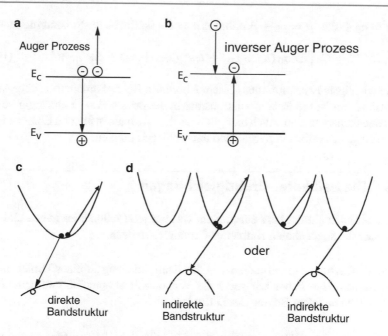

Abb. 10.8 Schematische Darstellung der Rekombination mittels Auger-Prozessen. **a** normaler Auger-Prozess. **b** inverser Auger-Prozess. **c** Auger-Prozesse im $E(k)$-Diagramm eines direkten Halbleiters. **d** Bei indirekten Hableitern kann sich das Auger-Elektron auch in einem anderen (äquivalenten) Leitungsbandminimum befinden (Sauer 2009)

wobei wir wieder unsere Konvention mit den Einheitsvolumina verwendet haben. Wir beschränken uns aber auf n-dotiertes Material, also auf

$$R = C_n \cdot n^2 p \cdot V^3. \tag{10.56}$$

C_n bzw. C_p sind die Auger-Koeffizienten. Hätten wir nicht die Konvention mit den Einheitsvolumina verwendet, wären die Einheiten von C_n bzw. C_p jetzt sehr, sehr seltsam, nämlich $cm^{+6}s^{-1}$ statt $s^{-1}cm^{-3}$. Wie früher kümmern wir uns jetzt nur um die Elektronen in einem n-dotierten Halbleiter, Löcher gebe es keine. Die Netto-Rekombinationsrate ist in diesem Fall

$$R^{netto} = R - G_0 = C_n n^2 p \cdot V^3 - C_n n n_0 p_0 \cdot V^3 = C_n n \, (np - n_0 p_0) \cdot V^3. \tag{10.57}$$

G_0 beschreibt den inversen Augereffekt: Ein hochenergetisches Elektron relaxiert, und die frei werdende Energie erzeugt ein Elektron-Loch-Paar. Dieser Prozess wird Stoßionisation genannt. Nur ein hochenergetisches Nichtgleichgewichtselektron kann so einen Prozess bewirken, daher gilt

$$G_0 = C_n \cdot n n_0 p_0 \cdot V^3. \tag{10.58}$$

Mit $n = n_0 + \Delta n$, $p = p_0 + \Delta p$ und $\Delta p = \Delta n$ ist die Netto-Rekombinationsrate

$$R^{netto} = C_n \left[\Delta n n_0 \left(n_0 + p_0 \right) + \Delta n^2 \left(2n_0 + p_0 \right) + \Delta n^3 \right] \cdot V^3. \tag{10.59}$$

Die wichtigste Erkenntnis aus diesem Abschnitt: Bei Rekombination über Auger-Rekombination ist die Rekombinationsrate in der dritten Potenz abhängig von der Elektronenkonzentration. Auch hier gilt natürlich: Aufpassen mit den Einheiten, falls Sie die Auger-Koeffizienten irgendwo nachschlagen müssen.

10.6   Die Halbleiter-Grundgleichungen

Fassen wir noch einmal kurz zusammen, was wir jetzt schon alles haben und siehe da, es sind die sogenannten Halbleiter-Grundgleichungen.

- Aus dem Drude-Modell haben wir die Kraftgleichung in einer Dimension für Elektronen. Hier haben wir sogar die Version mit Magnetfeld und dem elektrischen Feld aus dem Beitrag der Diffusion:

$$m \cdot \frac{d\vec{v}_n}{dt} = -e(\vec{E} + \tilde{v} \times \tilde{B}) - \frac{m_n^* \tilde{v}}{\tau} - \frac{k \cdot T}{e n\,(x)} \cdot \vec{\nabla} n \tag{10.60}$$

- Die Kraftgleichung für Löcher lautet analog.
- Die Stromgleichung

$$\tilde{j}_n = ne\vec{v} \tag{10.61}$$

besteht aus zwei Komponenten, nämlich dem Driftstrom und dem Diffusionsstrom:

$$\vec{j}_n = e \cdot n \cdot \mu_n \cdot \vec{E} + e \cdot D_n \cdot \vec{\nabla} n \tag{10.62}$$

wobei

$$D_n = \mu_n \cdot \frac{k \cdot T}{e} \tag{10.63}$$

die Diffusionskonstante für Elektronen ist. Für Löcher gilt analog

$$\vec{j}_p = e \cdot p \cdot \mu_p \cdot \vec{E} - e \cdot D_p \cdot \vec{\nabla} p, \tag{10.64}$$

wobei

$$D_p = \mu_p \cdot \frac{k \cdot T}{e}. \tag{10.65}$$

Hier wurde gleich alles für ein dreidimensionales Problem angeschrieben, daher erscheint hier der Nabla-Operator statt eines einfachen $\frac{\partial n}{\partial x}$. Hausaufgabe: Alle obigen Gleichungen auf eine eindimensionale Version umschreiben. Zur Erinnerung: die Beweglichkeit war:

$$\mu = \frac{e \cdot \tau}{m^*} \tag{10.66}$$

Wenn man jetzt Elektronen und Löcher gemeinsam berücksichtigt, lautet die Stromgleichung

$$\vec{j} = e \cdot (\mu_n \cdot n + \mu_p \cdot p) \cdot \vec{E} + e \cdot D_n \cdot \vec{\nabla} n - e \cdot D_p \cdot \vec{\nabla} p. \tag{10.67}$$

So, jetzt brauchen wir eine kurze Auszeit. Bitte extreme Vorsicht mit den Vorzeichen und den Stromrichtungen. Die Elektronen fließen zwar von ‚−‘ nach ‚+‘, die technische Stromrichtung ist aber umgekehrt. Vor dem Elektronenstrom steht daher ein ‚+‘. Löcher fließen zwar von ‚+‘ nach ‚−‘, aber die technische Stromrichtung ist für Elektronen gemacht, also steht auch hier ein ‚+‘. Die Elektronen- und Löcherströme vernichten sich auch nicht gegenseitig (z. B. via Rekombination), ganz im Gegenteil, sie addieren sich! Und weiter geht's.

• Kontinuitätsgleichung für Elektronen:

$$\frac{\partial n}{\partial t} = +\frac{1}{e} \cdot \vec{\nabla} \cdot \vec{j}_n + \overbrace{G - R}^{Generation-Rekombination} \tag{10.68}$$

• Kontinuitätsgleichung und für Löcher:

$$\frac{\partial p}{\partial t} = -\frac{1}{e} \cdot \vec{\nabla} \cdot \vec{j}_p + \overbrace{G - R}^{Generation-Rekombination} \tag{10.69}$$

• Und schließlich haben wir die Poisson-Gleichung (Vorsicht, das Vorzeichen der Ladung steckt hier im ρ)

$$\nabla E = \frac{\rho}{\varepsilon_0 \varepsilon_r}, \tag{10.70}$$

die den Zusammenhang zwischen Raumladungsdichte ρ und der Änderung des elektrischen Feldes E beschreibt. Dabei ist die Raumladungsdichte ρ durch vier Beiträge bestimmt, die von Löchern und Elektronen und den geladenen Störstellen herrühren.

$$\rho = e(p - n + N_D - N_A) \tag{10.71}$$

Alle diese Gleichungen stellen ein geschlossenes System für die fünf Unbekannten p, n, j_p, j_n und E dar mit deren Hilfe man die meisten Phänomene in der Halbleiterelektronik beschreiben kann.

10.7   Diffusion injizierter Ladungsträger

10.7.1 Zeitliches Abklingverhalten

Betrachten wir eine n-dotierte Probe, wie sie in Abb. 10.9 dargestellt ist und freuen wir uns darüber, dass dieses Problem eindimensional ist und sich damit alle $\vec{\nabla}$ in ein $\frac{\partial}{\partial x}$ verwandeln. Die Probe wird mit konstanter Lichtintensität beleuchtet, wodurch Elektron-Loch-Paare mit einer Generationsrate G_p erzeugt werden. Die Bezeichnung G_p soll in Erinnerung halten, dass wir Löcher als Minoritätsladungsträger erzeugen. Die Dicke der Probe sei so gering, dass man eine Tiefenabhängigkeit der Ladungsträger vergessen kann. Die Randbedingungen seien eine homogene Generation $\frac{\partial p_n}{\partial x} = 0$ und ein konstantes, aber nur sehr kleines elektrisches Feld zum Absaugen der Träger im Experiment (Abb. 10.9). Für die Rekombinationsrate wählen wir eine Abklingzeit τ_p und bekommen

$$R_p = \frac{p_n - p_{n0}}{\tau_p}. \tag{10.72}$$

Bevor wir die Kontinuitätsgleichung hinschreiben, brauchen wir noch einen kleinen Trick aus dem Buch von Sauer (2009), nämlich den, dass wir uns nur für die überschüssigen Ladungsträger (z. B. den Löcherüberschuss $(p_n - p_{n0})$) interessieren. Diese Schreibweise macht alle Formeln deutlich durchschaubarer. Die Kontinuitätsgleichung lautet also

$$\frac{\partial (p_n - p_{n0})}{\partial t} = -\frac{1}{e} \frac{\partial (j_p)}{\partial x} + G_p - R_p, \tag{10.73}$$

Abb. 10.9 a Optische Injektion von Ladungsträgern. **b** Zeitabhängigkeit der Ladungsträgerkonzentration nach dem Injektionsprozess (Sze und Ng 2007)

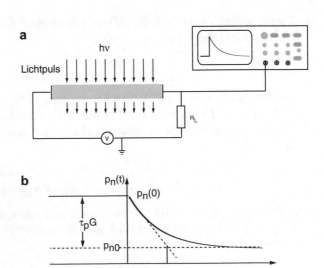

und weil es nur ein vernachlässigbares Feld und damit keinen Strom gibt:

$$\frac{\partial(p_n - p_{n0})}{\partial t} = G_p - \frac{p_n - p_{n0}}{\tau_p} \tag{10.74}$$

Im Gleichgewicht ist $\frac{\partial p_n}{\partial t} = 0$, also gilt

$$p_n - p_{n0} = G_p \tau_p. \tag{10.75}$$

Zu irgendeiner Zeit wird das Licht abgeschaltet, und es gilt nun

$$\frac{\partial(p_n - p_{n0})}{\partial t} = -\frac{p_n - p_{n0}}{\tau_p}. \tag{10.76}$$

Die Lösung dieser Differentialgleichung ist einfach, nämlich

$$p_n - p_{n0} = (p_n^{t=0} - p_{n0}) \exp\left(-\frac{t}{\tau_p}\right). \tag{10.77}$$

Man beachte auch die Erfüllung der Randbedingungen bei $t = 0$ und $t = \infty$. Nun steht einer Bestimmung der Rekombinationszeiten aus den experimentellen Daten in Abb. 10.9 nichts mehr im Wege.

10.7.2 Stationäre Injektion

Nächstes Beispiel: Nehmen wir an, dass an der Stelle $x = 0$ in einer n-Typ-Halbleiterprobe eine zusätzliche Dichte von Minoritätsladungsträgern (Löcher) durch Injektion oder Belichtung dauernd aufrechterhalten wird (Abb. 10.10). Dieses Mal ist der lokale Strom in der Probe aber sicher nicht null, und wir brauchen daher jetzt folgende Gleichung (wieder mit dem Trick vom Sauer, dass wir uns nur für die Überschussladungsträger interessieren):

$$\frac{\partial(p_n - p_{n0})}{\partial t} = -D_p \frac{\partial^2(p_n - p_{n0})}{\partial x^2} + G_p - R_p. \tag{10.78}$$

Für $G_p - R_p$ machen wir wieder einen Ansatz mit der Lebensdauer τ_L:

$$G_p - R_p = -\frac{p_n - p_{n0}}{\tau_L}. \tag{10.79}$$

Im stationären Fall ist $\frac{\partial p}{\partial t} = 0$, und man erhält

$$D_p \frac{\partial^2(p - p_{n0})}{\partial x^2} = -\frac{p - p_{n0}}{\tau_L}. \tag{10.80}$$

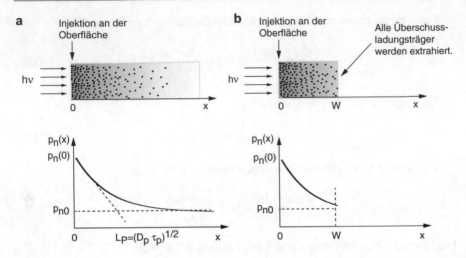

Abb. 10.10 Injektion von Ladungsträgern und deren Ortsabhängigkeit. **a** Unendlich lange Probe, **b** endlich lange Probe. (Nach Sze und Ng 2007)

Jetzt noch ein wenig umformen:

$$\frac{\partial^2 (p - p_{n0})}{\partial x^2} = -\frac{1}{D_p \tau_L} (p - p_{n0})$$ (10.81)

Die Form dieser Gleichung sollte Ihnen bekannt vorkommen, war da am Anfang unseres Buchs nicht etwas mit

$$\frac{\hbar^2}{2m^*} \frac{\partial^2 \Psi(x)}{\partial x^2} = E\Psi(x)?$$ (10.82)

Richtig, das ist die Schrödinger-Gleichung und genau wie damals hat auch unsere Gleichung jetzt allgemeine Lösungen der Form $Ae^{ik(x-x_0)} + Be^{-ik(x-x_0)}$. Hier ist aber nichts komplex, das i können wir also vergessen. Unsere allgemeine Lösung lautet also

$$(p_n - p_{n0}) = A \cdot e^{x/L_p} + Be^{-x/L_p}$$ (10.83)

mit

$$\frac{1}{L_p} = \frac{1}{\sqrt{D_p \tau_L}}.$$ (10.84)

Mit den Randbedingungen $p_n(x = 0) = p_n^{x=0}$ und $p_n(x = \infty) = p_{n0}$ kann der Koeffizient A des exponentiell ansteigenden Astes nur null sein und somit hat diese Gleichung folgende Lösung:

$$(p_n - p_{n0}) = +\left(p_n^{x=0} - p_{n0}\right) \cdot e^{-x/L_p}$$ (10.85)

$L_p = \sqrt{D_p \tau_L}$ ist die Diffusionslänge der Minoritätsträger im n-Gebiet, welche die räumliche Länge angibt, nach der eine Abweichung der Dichte abgeklungen ist. D_p ist die Diffusionskonstante der Minoritäten im n-Gebiet. Das Ergebnis zeigt Abb. 10.10. Die räumlich abklingende Exponentialfunktion, deren Abklingkonstante die Diffusionslänge L_p ist, nimmt zufolge von Diffusion und Rekombination auf den Gleichgewichtswert p_{n0} ab.

10.7.3 Stationäre Injektion bei einer Probe endlicher Länge

Jetzt aufgepasst, diese Situation ist das Um und Auf für das Verständnis des pnp-Transistors, genauso wird nämlich die Basisregion des Transistors behandelt, wie wir später im Abschn. 10.10 sehen werden. An einer bestimmten Stelle $x = 0$ eines homogenen Halbleiters wird wie oben durch Injektion eine bestimmte Konzentration von Minoritätsladungsträgern eingestellt (Abb. 10.10). Der Halbleiter hat dieses Mal aber eine endliche Länge W. Damit lauten die Randbedingungen ein wenig anders, nämlich

$$p_n(x = 0) = p_n^{x=0} \tag{10.86}$$

und

$$(p_n - p_{n0})(x = W) = p_{n0}^{x=W} \tag{10.87}$$

statt $p_n(x = \infty) = p_{n0}$ wie im vorherigem Abschn. 10.7.2. Der allgemeine Ansatz zur Lösung der Differentialgleichung ist ebenfalls die gleiche wie im letzten Abschnitt:

$$(p_n(x) - p_{n0}) = A e^{\left(\frac{+x}{L_p}\right)} + B e^{\left(\frac{-x}{L_p}\right)} \tag{10.88}$$

Weil das für das Verständnis des Transistors so wichtig ist, schauen wir uns das resultierende Gleichungssystem genauer an. Die beiden Randbedingungen liefern folgende zwei Gleichungen für die Koeffizienten A und B:

$$\left(p_n^{x=0} - p_{n0}\right) = A \cdot e^{0/L_p} + B e^{-0/L_p} \tag{10.89}$$

$$\left(p_n^{x=W} - p_{n0}\right) = A \cdot e^{W/L_p} + B e^{-W/L_p} \tag{10.90}$$

Jetzt erst nachdenken und noch nicht zu rechnen anfangen. Wechseln wir zuerst die Variablen: mit $x = A$, $y = B$, $e^{0/L_p} = a$, $e^{-0/L_p} = b$, $\left(p_n^{x=0} - p_{n0}\right) = c$ und $e^{W/L_p} = d$, $e^{-W/L_p} = e$, $\left(p_n^{x=W} - p_{n0}\right) = f$ haben wir ein Gleichungssystem der Art:

$$\begin{aligned} a * x + b * y &= c \\ d * x + e * y &= f \end{aligned} \tag{10.91}$$

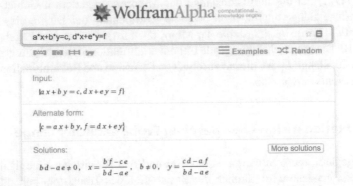

Abb. 10.11 Screenshot des *Wolfram Alpha* Outputs zur Lösung des angegebenen Gleichungssystems (www.wolframalpha.com)

Weil man sich beim Lösen von Gleichungssystemen immer nur verrechnet, benutzen wir *Wolfram Alpha,* Abb. 10.11. Wir bekommen

$$x = \frac{b*f - c*e}{b*d - a*e},$$ (10.92)

$$y = \frac{c*d - a*f}{b*d - a*e}.$$ (10.93)

Jetzt wieder rückwärts einsetzen:

$$A = \frac{\left(p_n^{x=W} - p_{n0}\right) e^{-0/L_p} - \left(p_n^{x=0} - p_{n0}\right) e^{-W/L_p}}{e^{-0/L_p} e^{W/L_p} - e^{0/L_p} e^{-W/L_p}}$$ (10.94)

$$B = \frac{\left(p_n^{x=0} - p_{n0}\right) e^{W/L_p} - e^{0/L_p} \left(p_n^{x=W} - p_{n0}\right)}{e^{-0/L_p} e^{W/L_p} - e^{0/L_p} e^{-W/L_p}}$$ (10.95)

Jetzt die ganzen e^0 entsorgen und übrig bleibt

$$A = \frac{\left(p_n^{x=W} - p_{n0}\right) - \left(p_n^{x=0} - p_{n0}\right) e^{-W/L_p}}{e^{W/L_p} - e^{-W/L_p}},$$ (10.96)

$$B = \frac{\left(p_n^{x=0} - p_{n0}\right) e^{W/L_p} - \left(p_n^{x=W} - p_{n0}\right)}{e^{W/L_p} - e^{-W/L_p}}.$$ (10.97)

Damit lautet die gesamte Lösung des Problems

$$
\begin{aligned}
(p_n - p_{n0}) &= A \cdot e^{x/L_p} + B e^{-x/L_p} \\
&= \frac{\left(p_n^{x=W} - p_{n0}\right) e^{x/L_p} - \left(p_n^{x=0} - p_{n0}\right) e^{(x-W)/L_p}}{e^{W/L_p} - e^{-W/L_p}} \\
&\quad + \frac{\left(p_n^{x=0} - p_{n0}\right) e^{-(x-W)/L_p} - \left(p_n^{x=W} - p_{n0}\right) e^{-x/L_p}}{e^{W/L_p} - e^{-W/L_p}}.
\end{aligned} \tag{10.98}
$$

Zusammenfassen und umsortieren liefert

$$
\begin{aligned}
&(p_n - p_{n0}) \\
&= \frac{\left(p_n^{x=0} - p_{n0}\right) \left(e^{(x-W)/L_p} - e^{-(x-W)/L_p}\right) + \left(p_n^{x=W} - p_{n0}\right) \left(e^{x/L_p} - e^{-x/L_p}\right)}{e^{W/L_p} - e^{-W/L_p}}.
\end{aligned} \tag{10.99}
$$

Und wenn man sich noch an den $sinh(x)$ erinnert, bekommt man wirklich das, was sich in den Büchern findet:

$$
(p_n(x) - p_{n0}) = \left(\frac{(p_n(0) - p_{n0}) \sinh\left(\frac{W-x}{L_p}\right) + (p_n(W) - p_{n0}) \sinh\left(\frac{x}{L_p}\right)}{\sinh\left(\frac{W}{L_p}\right)} \right) \tag{10.100}
$$

Für den Fall, dass $W \ll L_p$, gilt $sinh(x) = x$, und somit vereinfacht sich die Beziehung 10.100 zu

$$
(p_n(x) - p_{n0}) = \left(\frac{(p_n(0) - p_{n0})(W - x) + (p_n(W) - p_{n0}) x}{W} \right). \tag{10.101}
$$

Für den Fall einer solch kurzen Probe ($W \ll L_p$), wie z. B. die Basis eines Transistors, berechnen wir jetzt die Stromdichte (Strom pro Fläche) an der Stelle $x = W$

$$
j_p = e D_p \left. \frac{\partial p}{\partial x} \right|_{x=W} = e D_p \left(\frac{-(p_n(0) - p_{n0}) + (p_n(W) - p_{n0})}{W} \right), \tag{10.102}
$$

also

$$
j_p = e D_p \left(\frac{(p_n(W) - p_n(0))}{W} \right). \tag{10.103}
$$

Dieser Fall tritt beim Bipolartransistor wirklich auf: Die Stromdichte hängt in der Tat reziprok von der Basisweite ab.

10.7.4 Shockley-Haynes Experiment

Man kann die gleichzeitige Wirkung von Drift, Diffusion und Rekombination durch ein berühmtes Experiment veranschaulichen, das nach Shockley und Haynes benannt ist (Shockley 1949; R. Haynes 1948), und welches wegweisend für die Entwicklung von Transistoren war.

Der Aufbau des Experiments ist schematisch in Abb. 10.12 dargestellt. Durch einen kurzen Lichtblitz (Abb. 10.12a), oder durch einen kurzen in Durchlassrichtung gepolten Impuls durch eine kleine Injektordiode (Abb. 10.12b) werden an der Stelle $x = 0$ zusätzliche Trägerpaare erzeugt, die im angelegten Feld in x-Richtung zu einer in Sperrrichtung gepolten Kollektordiode driften. Die Kollektordiode lässt die Minoritätsladungsträger durch, jedoch nicht die Majoritätsadungsträger. Da die Kollektordiode als beweglicher Punktkontakt (Meßspitze) ausgeführt ist, kann man auf diese Weise an verschiedenen Stellen der Probe einen um die Driftzeit verschobenen, durch Diffusion verbreiterten und durch Rekombination abgeschwächten Stromimpuls im Kollektorkreis beobachten (Abb. 10.13a–c). Hinweis: Diese Messung wird gerne mit einem ebenfalls gepulsten elektrischen Feld betrieben. Dies verhindert ein unnötiges Aufheizen der Probe.

Der Impuls im Kollektorkreis, der mit einem Oszilloskop sichtbar gemacht werden kann, hat die Form einer Gaußschen Glockenkurve. Aus der Lage seines Maximums lässt sich die Driftgeschwindigkeit und damit die Beweglichkeit ablesen. Aus der Breite des Impulses kann man auf den Diffusionskoeffizienten schließen. Zur Kontrolle kann man überprüfen, ob die experimentell ermittelte Beweglichkeit und der Diffusionskoeffizient die Einstein-Relation erfüllen. Schließlich lässt sich

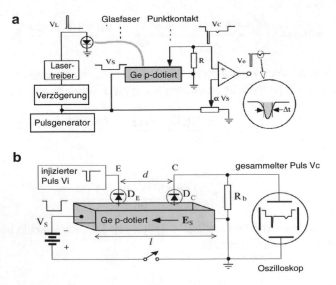

Abb. 10.12 Experimentelle Varianten des Shockley-Haynes-Experimentes. **a** Injektion mit Laser-pulsen über eine Glasfaser. **b** Injektion mit Dioden. Mit freundlicher Genehmigung von A. Sconza, (www.labtrek.it/proHSuk.html), siehe auch Sconza (2000)

auch die Lebensdauer der Minoritätsträger durch Beobachtung der Fläche unter der Gauß-Kurve, die wie $exp(-t/\tau_L)$ abklingt, ermitteln. Derartige Gauß-Kurven sind in Abb. 10.13 für den Fall ohne und mit angelegtem Feld dargestellt.

Sehen wir uns die Theorie hinter dem Shockley-Haynes Experiment etwas genauer an. Quantitativ hat man es diesmal in der Kontinuitätsgleichung mit einem nichtstationären und zeitabhängigen Problem zu tun, das durch

$$\frac{\partial(p_n - p_{n0})}{\partial t} + \frac{1}{e}\frac{\partial j_p}{\partial x} = -\frac{p_n - p_{n0}}{\tau_L}, \tag{10.104}$$

$$j_p = -eD_p\frac{\partial(p_n - p_{n0})}{\partial x} + e\mu_p(p_n - p_{n0})E \tag{10.105}$$

beschrieben wird. Elimination von j_p führt zu

$$\frac{\partial(p_n - p_{n0})}{\partial t} - D_p\frac{\partial^2(p_n - p_{n0})}{\partial x^2} + \mu_p E\frac{\partial(p_n - p_{n0})}{\partial x} + \frac{p_n - p_{n0}}{\tau_L} = 0. \tag{10.106}$$

Abb. 10.13 a
Schematischer Aufbau des Shockley-Haynes-Experiments. **b** Örtlicher Verlauf der Ladungsträgerkonzentration bei $x = 0$ ohne äußeres elektrisches Feld. **c** Örtlicher Verlauf der Ladungsträgerkonzentration bei angelegtem elektrischen Feld. Die Ladungsverteilungen werden im Ort verschoben und klingen mit der Zeit ab. (Nach Sze und Ng 2007)

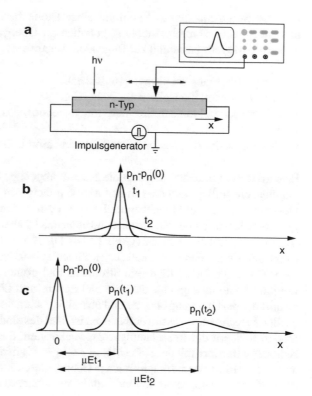

Jetzt bleibt nichts anderes übrig, als zum Mathematiker zu gehen, diesen zu bestechen und sich die Lösung geben zu lassen. Danach überzeugt man sich durch Einsetzen, dass diese Gaußsche Glockenfunktion

$$(p_n - p_{n0}) = \frac{const}{\sqrt{4\pi D_p t}} \cdot exp\left\{\frac{(x - \mu_p E t)^2}{4D_p t}\right\} \cdot exp\left(\frac{t}{\tau_L}\right) + p_{n0} \quad (10.107)$$

auch wirklich unsere Gleichung erfüllt.

Man sieht, dass man aus der zeitlichen Verschiebung $\mu_p \cdot E \cdot t$ die Minoritätenbeweglichkeit bestimmen kann. Die Breite des Impulses ist ein Maß für den Diffusionskoeffizienten D_p der Minoritäten. Schließlich liefert das Abklingen der Fläche unter dem Impuls die Lebensdauer τ_L.

10.8   Stromfluss in Dioden

10.8.1 Stromfluss in pn-Dioden

Um die Strom-Spannungs-Kennlinie einer Diode berechnen zu können, behandeln wir den in Durchlassrichtung gepolten pn-Übergang nach dem idealisierten Shockley-Modell, basierend auf folgenden Annahmen:

- Der pn-Übergang sei abrupt (wie bisher).
- Wir verwenden die Boltzmann-Näherung.
- Wir bleiben bei kleinen Strömen (low injection), das heißt: $n_p \ll p_p$ und $p_n \ll n_n$.
- Es gebe weder Generation noch Rekombination in der Raumladungszone.

Es wird ferner vorausgesetzt, dass die gesamte angelegte Spannung nur an der Raumladungszone anliegt und dass in den n- und p-Gebieten keinerlei Spannung abfällt. Dort herrsche also der Flachbandfall. In der Raumladungszone herrsche ein Quasigleichgewicht unter den Elektronen und unter den Löchern, die Quasi-Fermi-Niveaus E_F^e und E_F^h sind also konstant (Abb. 10.14). Die Berechnung der Strom-Spannungs-Kennlinie einer Diode im idealisierten Shockley-Modell folgt jetzt einer einfachen Idee: Durch die Diode fließe ein Strom aus Elektronen und Löchern, und die Kontinuitätsgleichung sagt uns, dass die Elektronen- und Löcherströme in jedem Querschnitt des pn-Übergangs immer und überall konstant sind. Man kann sie also an den Stellen berechnen, wo es am einfachsten ist, und das sind die noch feldfreien Gebiete an den Rändern der Raumladungszone. Elektronen, die aus dem n-Gebiet über die reduzierte Barriere mit der Höhe $eV_b = e(V_{bi} - V)$ in das p-Gebiet fließen, sind bei $x = -x_p$ Minoritäten. Im feldfreien p-Gebiet, gleich links neben der Raumladungszone können sie ungestört herumdiffundieren, während sie gleichzeitig mit Löchern als Majoritäten rekombinieren. Man gewinnt dementsprechend die Kennlinie $j_n(V)$ einfach mit der Kontinuitätsgleichung aus dem Gradienten von $(n_p - n_{p0})$ im neutralen Gebiet bei $x = -x_p$. Der Beitrag $j_p(V)$ der Löcher zur Kennlinie ergibt sich

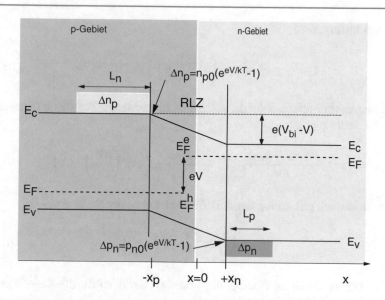

Abb. 10.14 Schematischer Bandverlauf einer pn-Diode mit angelegter Spannung. Die Diffusionslängen für Elektronen und Löcher in den jeweils anderen Gebieten sind ebenfalls eingezeichnet. (Nach Sauer 2009)

analog aus der Lösung der Kontinuitätsgleichung bei x_n. Die Kontinuitätsgleichung im feldfreien n-Gebiet bei x_n lautet

$$\frac{\partial (p_n - p_{n0})}{\partial t} = -\frac{p_n - p_{n0}}{\tau_L} + D_p \frac{\partial^2 (p_n - p_{n0})}{\partial x^2} = 0. \qquad (10.108)$$

Da der Strom konstant bleibt, ändert sich mit der Zeit nichts und $\frac{\partial (p_n - p_{n0})}{\partial t} = 0$. Die Lösung der Gleichung können wir von weiter vorne im Abschnitt über das Shockley-Haynes-Experiment abschreiben, denn die Randbedingungen sind die selben: An der Injektionsstelle hat man eine Überschusskonzentration p_{x_n}, die im Unendlichen gegen Null geht. Die Lösung ist also

$$(p_n - p_{n0}) = + \left(p_n^{x_n} - p_{n0}\right) \cdot e^{-(x - x_n)/L_P}, \qquad (10.109)$$

wobei $L_p = \sqrt{D_p \tau_L}$ die Diffusionslänge der Minoritätsträger ist. Bei $x = x_n$ ist die Löcherdichte also ganz banal $\left(p_n^{x_n} - p_{n0}\right)$. Jetzt schauen wir kurz im Kap. 4 (Halbleiterstatistik) nach, und finden

$$p_n^{x_n} = p_{n0}^{x_n} \exp\left(\frac{eV}{kT}\right), \qquad (10.110)$$

$$p_n^{x_n} - p_{n0} = p_{n0} \exp\left(\frac{eV}{kT}\right) - p_{n0} = p_{n0} \left(\exp\left(\frac{eV}{kT}\right) - 1\right). \qquad (10.111)$$

Alles zusammengefasst:

$$(p_n - p_{n0}) = p_{n0} \left(e^{\left(\frac{eV}{kT}\right)} - 1 \right) \cdot e^{-(x-x_n)/L_p} \qquad (10.112)$$

Die Diffusionsstromdichte folgt daraus im eindimensionalen Fall durch Differenzieren an der Stelle $x = x_n$:

$$j_p = -eD_p \left. \frac{\partial \, (p_n - p_{n0})}{\partial x} \right|_{x=x_n} = \frac{eD_p p_{n0}}{L_p} \left(\exp \left(\frac{eV}{kT} \right) - 1 \right) \qquad (10.113)$$

Für die Elektronen gilt analog durch Differenzieren an der Stelle $x = -x_p$:

$$j_n = \frac{eD_n n_{p0}}{L_n} \left(e^{\left(\frac{eV}{kT}\right)} - 1 \right) \qquad (10.114)$$

Vorsicht: Dieses Detail ist wichtig, das brauchen wir dann für die Kennlinien des pnp-Transistors. Für den Gesamtstrom gilt

$$j = j_n + j_p = j_s \left(e^{\left(\frac{eV}{kT}\right)} - 1 \right). \qquad (10.115)$$

Der Vorfaktor j_s wird als Sperrstrom bezeichnet:

$$j_s = \frac{eD_n n_{p0}}{L_n} + \frac{eD_p p_{n0}}{L_p} \qquad (10.116)$$

Ein Graph der idealen Diodenkennlinie findet sich in Abb. 10.15. Hinweis: Die Elektronen- und Löcherströme sind nicht gleich groß. Die Ladungsneutralität ist dadurch aber nicht verletzt, da im Gleichgewicht immer ein Elektron im Leitungsband in den Halbleiter eintritt und gleichzeitig ein anderes diesen wieder verlässt. Gleiches gilt für die Löcher. Sollte gleichzeitig Rekombination zwischen Elektronen und Löchern stattfinden, so ist diese ebenfalls ladungsneutral.

Abb. 10.15 Kennlinie einer idealen Diode nach dem Shockley-Modell

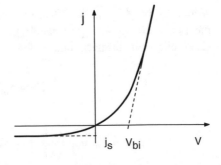

Werfen wir nun einen kurzen Blick auf die Temperaturabhängigkeit der Kennlinie, im Besonderen auf den Sperrstrom. Der Einfachheit halber nehmen wir eine n^+p-Diode, das ist ohnehin der Normalfall. Der Sperrstrom ist dann:

$$j_s = \frac{eD_n n_{p0}}{L_n} = e\sqrt{\frac{D_n}{\tau_n}} \frac{n_i{}^2}{N_A} \tag{10.117}$$

und der enthält im Wesentlichen drei temperaturabhängige Komponenten. Die Diffusionskonstante

$$D_n = \frac{\mu_n(T)kT}{e} \tag{10.118}$$

ist proportional zur Temperatur und dann noch zur temperaturabhängigen Beweglichkeit. Im Kap. 6 (Streupozesse) hatten wir gesehen, dass diese Abhängigkeit irgendwo zwischen $T^{-\frac{3}{2}}$ und $T^{+\frac{3}{2}}$ liegt.

Die Rekombinationszeit $\tau_n(T)$ ist nur schwach temperaturabhängig, und übrig bleibt nur der Einfluss von n_i^2 mit

$$n_i^2 = 2 \cdot \left(\frac{k \cdot T}{2 \cdot \pi \cdot \hbar^2}\right)^3 \cdot (m_e \cdot m_h)^{\frac{3}{2}} \cdot e^{-\frac{E_g}{k \cdot T}}, \tag{10.119}$$

wie man im Kap. 4 (Halbleiterstatistik) nachlesen kann. Hier dominiert der Temperatureinfluss der Exponentialfunktion, und das ist auch der Grund, warum Dioden gerne als empfindliche Temperatursensoren bei tieferen Temperaturen verwendet werden.

10.8.2   Reale pn-Dioden

Reale Diodenkennlinien sehen natürlich etwas anders aus als die Kennlinie im idealen Modell und Abb. 10.16 zeigt den Vergleich einer idealen Kennlinie mit einer gemessenen Kennlinie in logarithmischer Darstellung. Wie man erkennt, folgt der reale Strom in Vorwärtsrichtung nur in einem kleinen Bereich (**b**) der idealen Kennlinie. Bei kleinen Spannungen im Bereich (**a**) dominieren die Generations- und Rekombinationsprozesse in der Raumladungszone. Bereich (**c**) ist der Bereich der starken Injektion und das Abflachen der Kennlinie im Bereich (**d**) ist auf Serienwiderstände zurückzuführen. Wer mehr Details wissen will, lese bitte bei Sze und Ng (2007) oder Sauer (2009) und vor allem auch bei Mishra und Singh (2008) nach.

Gut, die Welt ist nicht ideal, also braucht jeder Elektrotechnik-Ingenieur gelegentlich eine Formel für die nicht ideale Diode. Die Formel für die ideale Diode war

$$j = j_n + j_p = j_s \left(e^{\left(\frac{eV}{kT}\right)} - 1\right), \tag{10.120}$$

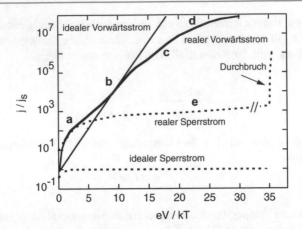

Abb. 10.16 Vergleich einer realen Kennlinie einer Diode mit der idealen Kennlinie in logarithmischer Darstellung. Die Bereiche der diversen störenden Effekte, wie Generation/Rekombination in der Raumladungszone (a), hohe Injektion (c), Serienwiderstand (d) und der Durchbruchbereich sind ebenfalls eingezeichnet. Lediglich im Bereich (**b**) dominiert der ideale Diffusionsstrom. (Nach Sze und Ng 2007)

für die nicht ideale Diode nimmt man einfach

$$j = j_n + j_p = j_s \left(e^{\left(\frac{eV}{nkT} \right)} - 1 \right),$$ (10.121)

wobei n der sogenannte Idealitätsfaktor ist. Jetzt fragen wir das allwissende Internet und erfahren, dass die ideale Diodenkennlinie, die nur Drift- und Diffusionsprozesse beinhaltet, hauptsächlich von Rekombinationsprozessen in der pn-Diode vernudelt wird. Hier gibt es zwei Hauptmechanismen, die Schottky-Read-Hall-Rekombination (SRH) und Auger-Prozesse. Jetzt suchen wir weiter im allwissenden Internet und finden, natürlich ohne Quellenangabe, Folgendes:

- Eine SRH-Rekombination liefert bei niedriger Injektion, also bei kleinen Stromdichten, einen Idealitätsfaktor von 1, da nur Minoritätsladungsträger eine Rolle spielen.
- Eine SRH-Rekombination liefert bei hoher Injektion einen Idealitätsfaktor von 2, da Minoritätsladungsträger und Majoritätsladungsträger eine Rolle spielen.
- Auger-Effekte liefern einen Idealitätsfaktor von 2/3, weil man zwei Majoritätsladungsträger und einen Minoritätsladungsträger dazu braucht.
- Rekombinationen zwischen Elektronen und Löchern liefern einen Idealitätsfaktor von 2.
- Bei ganz hohen Durchlassströmen spielt der zweite Anteil in Gl. 10.121 keine Rolle mehr (Thuselt 2018).

Aha, ok. Eine minimalistische Erkärung der Auger-Prozesse finden Sie in Kap. 6, eine SRH-Rekombination ist nur ein anderer Jargon für eine Rekombination über Störstellen, wie sie ebenfalls in Kap. 6 beschrieben wurde. Nun stellt sich die Frage:

Kann man vielleicht mit diesem Hintergrundwissen zum Thema Idealitätsfaktor mit vernünftigem Aufwand irgend etwas ausrechnen?

Gehen wir von hinten vor, Gl. 10.121 sollte nach Mishra und Singh (2008) eigentlich so aussehen

$$j = j_s \left(e^{\left(\frac{eV}{kT}\right)} - 1 \right) + j_{GR} \left(e^{\left(\frac{eV}{2kT}\right)} - 1 \right), \tag{10.122}$$

wobei j_{GR} der Beitrag der Generations- und Rekombinationsströme ist, den wir bei der idealen Diode komplett ignoriert hatten. Jetzt wird seit Generationen offenbar flächendeckend, und ohne mir bekannten mathematischen Grund, diese korrekte Gleichung näherungsweise in der Form von Gl. 10.121 hingeschrieben. Da sich keiner aufregt, scheint das in der Praxis ganz gut zu passen. Nächste Frage: Kann man j_{GR} ausrechnen? Antwort: Ja das kann man, und Details finden sich bei Mishra und Singh (2008), Löcherer (1992) und Pierret (1996). Die Rechnung ist aber ziemlich kompliziert und undurchsichtig, schauen wir also, was sich nachvollziehen lässt.

Folgen wir der Herleitung der Kollegen Mishra und Singh (2008), starten aber mit Gl. 10.31 für die Rekombinationsrate (Elektronen pro Sekunde) aus diesem Buch, die da lautete:

$$R = N_t \frac{(np - n_0 p_0)}{c_p^{-1}(n + n_t) + c_n^{-1}(p + p_t)} \tag{10.123}$$

Jetzt ein paar gnadenlose Vereinfachungen. $n_0 p_0$ ist klein und wird vernachlässigt. c_p^{-1} und c_n^{-1} seien gleich groß und werden c_{pn}^{-1} genannt. n_t und p_t seien ebenfalls vernachlässigbar gegenüber der restlichen Ladungsträgerkonzentration. Das ist nicht unvernünftig, denn wir reden ja von der Raumladungszone einer Diode, welche in Durchlassrichtung von den Ladungsträgern überschwemmt wird. Damit bekommen wir

$$R = \frac{N_t}{c_{pn}^{-1}} \frac{pn}{n + p}. \tag{10.124}$$

Im Kapitel über die Halbleiterstatistik (Kap. 4) findet man die Formel

$$n(x) \, p(x) = n_i^2 \exp\left(\frac{eV}{k_B T}\right) \tag{10.125}$$

Die Formel für den Rekombinationsrate lautet dann

$$R = \frac{N_t}{c_{pn}^{-1}} \frac{n_i^2 \exp\left(\frac{eV}{k_B T}\right)}{n + p} \tag{10.126}$$

Mit noch ein paar Formeln für die Ladungsträgerkonzentrationen aus dem Kapitel Halbleiterstatistik landet man bei

$$R = \frac{N_t}{c_{pn}^{-1}} \frac{n_i^2 \exp\left(\frac{eV}{k_B T}\right)}{n(0) \exp\left(\frac{e\Phi}{k_B T}\right) + p(0) \exp\left(-\frac{e\Phi}{k_B T}\right)}. \tag{10.127}$$

Jetzt machen wir uns das Leben einfach und sagen

$$n\left(0\right) = p\left(0\right) = n_i \exp\left(\frac{eV}{2k_BT}\right).$$
(10.128)

Der Rekombinationsrate schreibt sich dann als

$$R = \frac{N_t}{c_{pn}^{-1}}\frac{n_i^2\left(\exp\left(\frac{eV}{k_BT}\right)\right)}{n_i \exp\left(\frac{eV}{2k_BT}\right)\exp\left(\frac{e\Phi}{k_BT}\right) + n_i\exp\left(-\frac{eV}{2k_BT}\right)\exp\left(-\frac{e\Phi}{k_BT}\right)}.$$
(10.129)

Durchkürzen liefert

$$R = \frac{N_t}{c_{pn}^{-1}}\frac{n_i\left(\exp\left(\frac{eV}{2k_BT}\right)\right)}{\exp\left(\frac{e\Phi}{k_BT}\right) + exp\left(-\frac{e\Phi}{k_BT}\right)}.$$
(10.130)

Jetzt kann man das alles über die gesamte Raumladungszone integrieren Mishra und Singh (2008) oder oder nur die Mitte der Raumladungszone nehmen („maximum plane of recombination', MPR). Egal was man macht, ändert man damit nur den Vorfaktor, der uns hier im Detail völlig egal sein kann, und von mir gnadenlos einfach R' genannt wird. Für die Rekombinationsstromdichte bekommt man dann

$$j_R = R'\exp\left(\frac{eV}{2k_BT}\right).$$
(10.131)

Wir erinnern uns, dass es neben der Rekombination auch noch so etwas wie Generation gibt. Ohne angelegte Spannung sind die Rekombinationsraten und die Generationsraten gleich groß. Wenn man mit den Spannungen nicht übertreibt, (Lawinendurchbruch etc.) ist die Generationsrate nur thermisch bedingt, und daher konstant. Für die Generationsstromdichte gilt also in guter Näherung die Beziehung

$$j_G = j_R|_{V=0}$$
(10.132)

Die Summe der Generations- und Rekombinationsstromdichten für $V = 0$ ist

$$j_{R-G} = j_R - j_G = 0.$$
(10.133)

Einsetzen für endliche Spannungen liefert dann

$$j_{R-G} = R'\left(\exp\left(\frac{eV}{2k_BT}\right) - 1\right).$$
(10.134)

Jetzt benennen wir R' noch in j_{GR} um. Damit haben wir den zweiten Term in Formel 10.122 ausgerechnet, und wir sind fertig.

10.8.3 Stromfluss in Schottky-Dioden

Bisher wurden Schottky-Dioden nur im Sperrbereich und dort als Kondensatoren behandelt; Stromfluss gab es keinen. Ganz stimmt das nicht, ganz im Gegenteil, der Sperrstrom von Schottky-Dioden ist durchaus signifikant. Interessant ist aber der Mechanismus. Für die Stromleitung in Schottky-Dioden stehen folgende Leitungs-mechanismen zur Verfügung:

- Diffusion
- Tunnelprozesse
- Thermionische Emission

Elektronendiffusion kann man in Schottky-Dioden vergessen und Löcher gibt es in n-Typ-Schottky-Dioden auch so gut wie keine. Tunnelprozesse sind bei moderaten Dotierungen wegen der großen Barrierendicke (Breite der Raumladungszone) auch vernachlässigbar. Bleibt nur noch die thermionische Emission.

Das vereinfachte Prinzip der thermionischen Emission ist in Abb. 10.17 darge-stellt. Thermisch bedingt gibt es eine Elektronenverteilung im Leitungsband des Halbleiters und auch im Metall, die aber wegen der angelegten Spannung gegenein-ander verschoben sind. Alle Elektronen oberhalb der Barrierenkante können vom Halbleiter in das Metall fließen und nach ein paar lästigen Integralen bekommt man sogar quantitativ und recht genau den Strom vom Halbleiter in das Metall. In Rück-wärtsrichtung passiert genau das Gleiche, allerdings ist der Rückwärtsstrom vom Metall in den Halbleiter wegen der geringeren Elektronendichte oberhalb der Bar-rierenkante kleiner (Abb. 10.17). Nach noch mehr lästigen Integralen kann man die Differenzstromdichte ausrechnen, die da lautet:

$$j = A^* T^2 \exp\left(\frac{e\Phi_b}{kT}\right)\left[\exp\left(\frac{eV}{kT}\right) - 1\right] \tag{10.135}$$

Abb. 10.17 Thermionische Emission

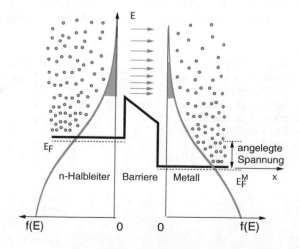

f(E)   0   0   f(E)

A^* ist die sogenannte Richardson-Konstante:

$$A^* = \frac{4\pi m^* k_B{}^2}{2\pi \hbar^3} = 120 A cm^{-2} K^{-2} \frac{m^*}{m_0} \tag{10.136}$$

Bemerkenswerterweise ist für die Stromdichte die Form der Barriere völlig egal. Das ist aber gut, weil es sehr dabei hilft, die Barrierenhöhe aus einer temperaturabhängigen Sperrstrommessung zu bestimmen. Alles was man machen muss, ist ein Plot von $log(I_0/T^2)$ als Funktion von $1/(kT)$. Die Steigung der Gerade liefert die Barrierenhöhe (Abb. 10.18).

10.8.4 Ohmsche Kontakte

Schottky-Kontakte und ohmsche Kontakte lassen sich innerhalb des gleichen Bildes verstehen, denn man kann ohmsche Kontakte einfach als Schottky-Kontakte auf einem sehr hoch dotiertem Halbleiter betrachten (Abb. 10.19). Wenn die Dicke der Raumladungszone $d = \sqrt{V_b \frac{2\varepsilon_r \varepsilon_0}{N_D^* e}}$ bei hoher Dotierung N_D^* sehr dünn wird, dominieren jetzt die Tunnelprozesse durch die Raumladungszone. Der Widerstand der Raumladungszone bleibt zwar exponentiell spannungsabhängig, wird aber sehr klein und spielt im Vergleich zu den anderen Widerständen in der Probe und den äußeren Kabelwiderständen keine Rolle mehr. Der Kontakt erscheint ohmsch und hat eine lineare Strom-Spannungskennlinie. Mikroskopisch betrachtet sehen ohmsche Kontakte aber alles andere als ideal aus und erinnern eher an Bauschutthalden, wie man in Abb. 10.20 erkennen kann. Abb. 10.20a zeigt ein SEM Bild eines Querschnitts durch einen ohmschen Kontakt, welcher unter optimalen Bedingungen bei T = 450°C einlegiert wurde. Ein größerflächiges SEM Bild des Kontaktbereichs ist in Abb. 10.20b zu sehen. Man kann deutlich die mit Gold angereicherten Körner (schwarz) und die vielen, mit Ni angereicherten Körner (dunkelgrau) erkennen, welche den Kontakt zum AlGaAs herstellen (Abb. 10.20a, b). Abb. 10.20c zeigt ein ähnliches SEM Bild für einen Kontakt mit zu langer Legierzeit. Hier ist an vielen Stellen Gold unter die Nickel Körner diffundiert und verursacht dadurch einen höheren Kontaktwiderstand.

Abb. 10.18 Typische experimentelle Daten zur Bestimmung der Schottky-Barrierenhöhe mittels thermionischer Emission. Die ermittelte Barrierenhöhe ist $V_b = 0,71$ V. (Nach Ytterdal 1997)

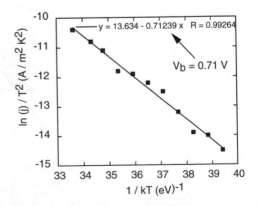

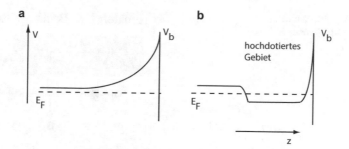

Abb. 10.19 a Bandverlauf eines Schottky-Kontakts. **b** Ohmscher Kontakt

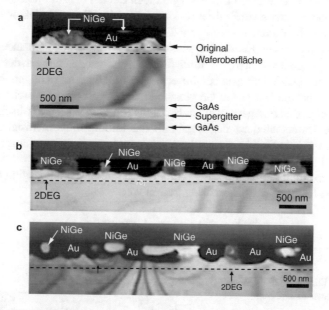

Abb. 10.20 a SEM-Bild eines Querschnitts durch einen ohmschen Kontakt, welcher unter optimalen Bedingungen bei T = 450 °C einlegiert wurde. **b** Größerflächiges SEM Bild des Kontaktbereichs. **c** Ähnliches SEM Bild für einen Kontakt mit zu langer Legierzeit. (Mit freundlicher Genehmigung von B.J. van Wees, University of Groningen. Siehe auch Koop 2013)

10.9   Der pnp-Transistor

In Abb. 10.21 sieht man das Schema eines pnp-Transistors. Die pnp-Schichtfolge aus p-Emitter, n-Basis und p-Kollektor stellt im Prinzip zwei gegeneinander geschaltete Dioden dar. Dabei wird die Emitter-Basis-Diode in Durchlassrichtung und die Basis-Kollektor-Diode in Sperrrichtung betrieben. Damit das als Transistor funktioniert, muss die Basis B so dünn sein, dass Diffusion von Löchern aus dem Emitter über die Basis zum Kollektor möglich ist. Das Ganze funktioniert folgendermaßen: Zunächst werden Löcher aus dem Emitter über den vorwärts gepolten Emitter-Basis-Übergang in die Basis injiziert. Falls die Diffusionslänge der Minoritätsladungsträger größer

Abb. 10.21 Schema eines
pnp-Transistors. (Nach
Sauer 2009)

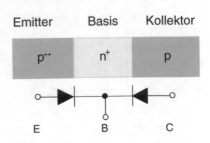

ist als die Basisbreite W, also $L_p > W$, gelangen Löcher bis zur Stelle $x = W$. Dort
werden sie vom elektrischen Feld des rückwärts gepolten Basis-Kollektor-Übergangs
zum Kollektor abgesaugt.

Zur Berechnung der Kennlinien muss man also zwei gegeneinander geschaltete pn-Übergänge betrachten, die durch die Kontinuitätsgleichung in der Basiszone
gekoppelt sind. Das Wichtigste bei dieser Sache sind nun die richtigen Randbedingungen und das sind fast genau die gleichen wie im vorherigen Abschnitt über die
Injektion von Ladungsträgern in einen Halbleiter endlicher Länge (Abschn. 10.8.1).
Der einzige Unterschied ist der, dass nun die Ladungsträgerkonzentrationen an
den Rändern (Löcher) über die an die Basis angelegte Spannung eingestellt wird
(Abb. 10.22).

Am linken Rand der n-Typ-Basis (Abb. 10.22) haben wir am Beginn der Raumladungszone RLZ1 eine Löcherkonzentration von

$$\left(p_n^{x=0} - p_{n0}\right) = p_{n0} \cdot \left(e^{eV_{EB}/kT} - 1\right). \tag{10.137}$$

Abb. 10.22 Bandverlauf
eines pnp-Transistors. (Nach
Sauer 2009)

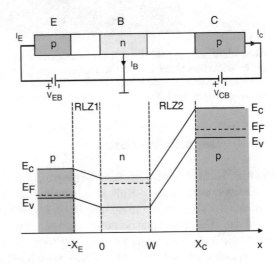

Am rechten Rand der p-Typ-Basis haben wir am Beginn der Raumladungszone RLZ2 eine Löcherkonzentration von

$$\left(p_n^{x=W} - p_{n0}\right) = p_{n0} \cdot \left(e^{eV_{CB}/kT} - 1\right).$$ (10.138)

Wie schon bei der Berechnung der Diodenkennlinie ist der genaue Ort des metallurgischen pn-Übergangs egal, es zählt nur die Situation am Rand der Raumladungszonen. Jetzt brauchen wir die Randbedingungen für die Elektronenkonzentrationen am Anfang und am Ende der Raumladungszonen im p-Typ-Emitter und im n-Typ-Kollektor, und die sind:

$$\left(n_p^{x=-X_E} - n_{p0}\right) = n_{p0} \cdot \left(e^{eV_{EB}/kT} - 1\right)$$ (10.139)

$$\left(n_p^{x=+X_C} - n_{p0}\right) = n_{p0} \cdot \left(e^{eV_{CB}/kT} - 1\right)$$ (10.140)

Der Ansatz für die Löcherkonzentration in der n-Typ-Basis ist derselbe wie im Fall der Injektion von Minoritäten in einem Halbleiter endlicher Länge:

$$(p_n(x) - p_{n0}) = A e^{\left(\frac{-x}{L_p}\right)} + B e^{\left(\frac{+x}{L_p}\right)}$$ (10.141)

Das Ergebnis für die Koeffizienten ist natürlich genau gleich wie im Fall der Injektion von Minoritäten in einen Halbleiter endlicher Länge:

$$A = \frac{\left(p_n^{x=W} - p_{n0}\right) - \left(p_n^{x=0} - p_{n0}\right) e^{-W/L_p}}{e^{W/L_p} - e^{-W/L_p}}$$ (10.142)

$$B = \frac{\left(p_n^{x=0} - p_{n0}\right) e^{W/L_p} - \left(p_n^{x=W} - p_{n0}\right)}{e^{W/L_p} - e^{-W/L_p}}$$ (10.143)

Das Endergebnis ist natürlich auch genau gleich:

$$(p_n - p_{n0})$$
$$= \frac{\left(p_n^{x=0} - p_{n0}\right)\left(e^{(x-W)/L_p} - e^{-(x-W)/L_p}\right) + \left(p_n^{x=W} - p_{n0}\right)\left(e^{x/L_p} - e^{-x/L_p}\right)}{e^{W/L_p} - e^{-W/L_p}}$$
(10.144)

Jetzt müssen wir noch für $\left(p_n^{x=0} - p_{n0}\right)$ und $\left(p_n^{x=W} - p_{n0}\right)$ einsetzen und bekommen

$$(p_n - p_{n0})$$
$$= \frac{p_{n0} \cdot \left(e^{eV_{EB}/kT} - 1\right)\left(e^{(x-W)/L_p} - e^{-(x-W)/L_p}\right)}{e^{W/L_p} - e^{-W/L_p}}$$
$$\frac{p_{n0} \cdot \left(e^{eV_{CB}/kT} - 1\right)\left(e^{x/L_p} - e^{-x/L_p}\right)}{e^{W/L_p} - e^{-W/L_p}}$$
(10.145)

Für Leute, die obige Formel wie in den Büchern mit dem $sinh(x)$ haben wollen:

$$(p_n(x) - p_{n0})$$
$$= \left(\frac{p_{n0} \left(e^{eV_{EB}/kT} - 1\right) \cdot \sinh\left(\frac{x-W}{L_p}\right) + p_{n0} \left(e^{eV_{CB}/kT} - 1\right) \cdot \sinh\left(\frac{x}{L_p}\right)}{\sinh\left(\frac{W}{L_p}\right)} \right)$$
(10.146)

Die Formeln für die Elektronendichten in Emitter und Basis können wir sofort aus dem Kapitel über die pn-Diode übernehmen (Abschn. 10.8.1). Dazu nimmt man einfach die Formeln für die Löcher und ersetzt überall $(p_n - p_{n0})$ durch $(n_p - n_{p0})$. Weil es hier besonders einfach geht, rechnen wir auch gleich die Stromdichten aus. Für die Elektronendichten und Elektronenströme bekommen wir im Emitter

$$\left(n_p - n_{p0}\right) = n_{p0} \left(e^{\left(\frac{eV_{EB}}{kT} - 1\right)} - 1\right) \cdot e^{-(x+x_E)/L_n},$$
(10.147)

$$j_n^E = -eD_N \left.\frac{\partial \left(n_p - n_{p0}\right)}{\partial x}\right|_{x=-X_E} = \frac{eD_N}{L_n} n_{p0} \left(e^{\left(\frac{eV_{EB}}{kT} - 1\right)} - 1\right),$$
(10.148)

und im Kollektor

$$\left(n_p - n_{p0}\right) = n_{p0} \left(e^{\left(\frac{eV_{CB}}{kT} - 1\right)} - 1\right) \cdot e^{-(x-x_C)/L_n}$$
(10.149)

$$j_n^C = -eD_N \left.\frac{\partial \left(n_p - n_{p0}\right)}{\partial x}\right|_{x=x_C} = \frac{eD_N}{L_n} n_{p0} \left(e^{\left(\frac{eV_{CB}}{kT} - 1\right)} - 1\right).$$
(10.150)

Die Formeln für die Löcherströme sind ziemliche Würste, und man verrechnet sich leicht. Ganz allgemein gilt für unsere Löcherstromdichten mit der obigen Formel 10.145 für die Löcherdichten

$$j_p = \frac{eD_p}{L_p} \frac{\partial (p_n - p_{n0})}{\partial x},$$
(10.151)

also

$$j_p = \frac{eD_p}{L_p} \frac{\partial}{\partial x} \left(\frac{p_{n0} \cdot \left(e^{eV_{EB}/kT} - 1\right) \left(e^{(x-W)/L_p} + e^{-(x-W)/L_p}\right)}{e^{W/L_p} - e^{-W/L_p}} \cdot \right.$$

$$\left. \frac{p_{n0} \cdot \left(e^{eV_{CB}/kT} - 1\right) \left(e^{x/L_p} + e^{-x/L_p}\right)}{e^{W/L_p} - e^{-W/L_p}} \right).$$
(10.152)

Jetzt muss man die Ableitungen bei $x = 0$ und $x = W$ bilden. Die Löcherstromdichte im Emitter ist

$$
\begin{aligned}
j_p^E &= \frac{eD_p}{L_p} \frac{\partial (p_n - p_{n0})}{\partial x}\bigg|_{x=0} \\
&= \frac{eD_p}{L_p} \frac{p_{n0} \cdot \left(e^{eV_{EB}/kT} - 1\right)\left(e^{W/L_p} + e^{-W/L_p}\right) + p_{n0} \cdot \left(e^{eV_{CB}/kT} - 1\right) \cdot 2}{e^{W/L_p} - e^{-W/L_p}}.
\end{aligned}
$$

$$(10.153)$$

Vorsicht mit den Vorzeichen. Der Faktor 2 in der Formel stimmt; der führt dann zu irgendeinem $cosh(x)$, den man in den üblichen Formeln in den Büchern findet. Die Löcherstromdichte im Kollektor ist

$$
\begin{aligned}
j_p^C &= \frac{eD_p}{L_p} \frac{\partial (p_n - p_{n0})}{\partial x}\bigg|_{x=W} \\
&= \frac{eD_p}{L_p} \frac{p_{n0} \cdot \left(e^{eV_{EB}/kT} - 1\right) \cdot 2 + p_{n0} \cdot \left(e^{eV_{CB}/kT} - 1\right)\left(e^{W/L_p} + e^{-W/L_p}\right)}{e^{W/L_p} - e^{-W/L_p}}.
\end{aligned}
$$

$$(10.154)$$

Das Ganze auf irgendwelche $sinh(x)$ und $coth(x)$ umzurechnen, ersparen wir uns an dieser Stelle. Hinweis: Wird die Basisbreite sehr viel größer als die Diffusionslänge der Löcher, also $W \gg L_p$, bekommt man für die Emitter-Basis- und Basis-Kollektor-Ströme die bekannten Diodenkennlinien von früher. Hausaufgabe: Nachrechnen. Für den Gesamtstrom im Kollektor und Emitter gilt klarerweise

$$
j^C = j_p^C + j_n^C \tag{10.155}
$$

und

$$
j^E = j_p^E + j_n^E \tag{10.156}
$$

da die Formeln aber nicht in eine Zeile passen, ersparen wir uns das und wenden uns dem nächsten Thema zu, nämlich der Stromverstärkung.

10.9.1 Stromverstärkung

Zunächst machen wir eine wichtige Näherung, die wir zur Bestimmung der Stromverstärkung brauchen werden. Im praktischen Betrieb eines pnp-Transistors ist V_{CB} groß und negativ. Der Term $\left(e^{\left(\frac{eV_{CB}}{kT} - 1\right)} - 1\right)$ ist also immer in der Größenordnung von -1. V_{EB} hingegen ist positiv, und damit gilt fast immer

$$
\left(e^{\left(\frac{eV_{EB}}{kT} - 1\right)} - 1\right) \gg \left(e^{\left(\frac{eV_{CB}}{kT} - 1\right)} - 1\right). \tag{10.157}
$$

Wenn wir einen pnp-Transistor im Betrieb betrachten, kann man also in den Kennlinienformeln alle Terme mit dem Vorfaktor $\left(e^{\left(\frac{eV_{CB}}{kT}-1\right)}-1\right)$ in Ruhe vernachlässigen. Übrig bleiben noch die Ausgangskennlinie $j^C(V_{BE})$

$$j^C = \frac{eD_p 2p_{n0}}{L_p} \cdot \frac{\left(e^{eV_{EB}/kT}-1\right)}{e^{W/L_p}-e^{-W/L_p}} \tag{10.158}$$

und die Eingangskennlinie $j^E(V_{EB})$

$$j^E = \frac{eD_p}{L_p}\frac{p_{n0}\cdot\left(e^{W/L_p}+e^{-W/L_p}\right)\cdot\left(e^{eV_{EB}/kT}-1\right)}{e^{W/L_p}-e^{-W/L_p}}+\frac{eD_N n_{p0}}{L_n}\left(e^{\left(\frac{eV_{EB}}{kT}-1\right)}-1\right). \tag{10.159}$$

Mit diesen vereinfachten Formeln können wir nun zur Berechnung der Stromverstärkung schreiten. Zu diesem Zweck schauen wir erst einmal auf das Stromschema in Abb. 10.23a. Wie man sieht, ist der Emitterstrom die Summe aus Basistrom und Kollektorstrom

$$j^E = j^C + j^B \tag{10.160}$$

Der Basisstrom besteht laut obigen Formeln aber aus einem Löcheranteil welcher den pnp-Transistor steuert und einem, sozusagen parasitären Elektronenanteil, den eigentlich niemand braucht und den man minimieren möchte:

$$j^B_{parasitär} = \frac{eD_n n_{p0}}{L_n}\left(e^{\left(\frac{eV_{EB}}{kT}-1\right)}-1\right) \tag{10.161}$$

Der den Transistor steuernde Löcherstrom ist

$$j^B_{Steuer} = j^E - j^C - j^B_{parasitär}. \tag{10.162}$$

Abb. 10.23 **a** Stromschema eines pnp-Transistors. **b** Typische Übertragungskennlinie $j_C(V_{BE})$ eines pnp-Transistors. (Nach Sauer 2009)

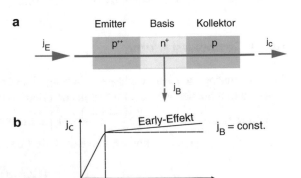

j_{Steuer}^{B}

$$= \frac{eD_p}{L_p} \frac{p_{n0} \cdot \left(e^{W/L_p} + e^{-W/L_p}\right) \cdot \left(e^{eV_{EB}/kT} - 1\right)}{e^{W/L_p} - e^{-W/L_p}} - \frac{eD_p 2 p_{n0}}{L_p} \frac{\left(e^{eV_{EB}/kT} - 1\right)}{e^{W/L_p} - e^{-W/L_p}}$$

$$(10.163)$$

Ein wenig Ausklammern und Durchkürzen verschafft mehr Übersicht:

$$j_{Steuer}^{B} = \frac{eD_p p_{n0} \left(e^{eV_{EB}/kT} - 1\right)}{L_p} \cdot \frac{\left(e^{W/L_p} + e^{-W/L_p}\right) - 2}{e^{W/L_p} - e^{-W/L_p}} \qquad (10.164)$$

Normalerweise ist die Basis eines Transistors sehr dünn, und es gilt $W \ll L_p$. Damit kann man die Exponentialfunktionen in Taylorreihen entwickeln. Im Zähler entwickeln wir bis zu den quadratischen Termen

$$\left(e^{W/L_p} + e^{-W/L_p}\right) = 1 + \frac{W}{L_p} + \frac{1}{2}\left(\frac{W}{L_p}\right)^2 + 1 - \frac{W}{L_p} + \frac{1}{2}\left(\frac{W}{L_p}\right)^2 = 2 + \left(\frac{W}{L_p}\right)^2,$$

$$(10.165)$$

im Nenner nur bis zum linearen Glied. Für alle, die sich fragen warum: Die Funktion ist ungerade und der quadratische Term verschwindet einfach, behauptet zumindest *Wolfram Alpha*, nachdem es von Ihrem Kollegen Edwin Willegger höflich zu diesem Thema befragt wurde.

$$\left(e^{W/L_p} - e^{-W/L_p}\right) = 1 + \frac{W}{L_p} - 1 + \frac{W}{L_p} = 2W/L_p. \qquad (10.166)$$

Einsetzen liefert

$$j_{Steuer}^{B} = \frac{eD_p p_{n0} \left(e^{eV_{EB}/kT} - 1\right)}{L_p} \cdot \frac{2 + \left(\frac{W}{L_p}\right)^2 - 2}{2W/L_p}, \qquad (10.167)$$

und schließlich

$$j_{Steuer}^{B} = \frac{eD_p p_{n0} \left(e^{eV_{EB}/kT} - 1\right)}{L_p} \cdot \frac{W}{2L_p} \qquad (10.168)$$

Der gesamte Basisstrom j_{n+p}^{B}, also die Summe aus Elektronen- und Löcherstrom, hängt nur von V_{EB} ab. Daraus folgt das Verhalten der Ausgangskennlinie, welche in Abb. 10.23b dargestellt ist. Wenn $j_{n+p}^{B} = const$ ist, dann ist auch $V_{EB} = const$, also ist auch $j^C = const$. Bei einer Auftragung von j^C über V_{CE} (Ausgangskennlinie) gibt es wegen $V_{CE} = V_{CB} + V_{EB}$ und der Konstanz von V_{EB} bei $j^B = const$ ebenfalls ein konstantes j^C. Die leichte Steigung im Diagramm, die in experimentellen Kennlinien gerne auftritt, geht auf den Early-Effekt zurück; das ist eine Variation der Basisweite W als Funktion der Spannungen V_{CB} oder V_{CE}.

Nach all diesem langwierigen Gewürge sind wir am Ziel und können nach ein paar
weiteren Näherungen für I_C im Fall von $W \ll L_p$ die Stromverstärkung $\frac{I_C}{I_B} = \beta_0$
so hinschreiben:

$$\beta_0 = \frac{\frac{eD_p p_{n0}}{L_p} \frac{L_p}{W}}{\frac{2W}{L_p} \frac{eD_p p_{n0}}{L_p} + \frac{eD_n n_{p0}}{L_n}}. \tag{10.169}$$

Uff, das ist jetzt endlich geschafft.

Bisher hatten wir zur Vereinfachung der Lage angenommen, dass die Diffusions-
konstanten und Diffusionslängen für Elektronen und Löcher immer und überall die
gleichen sind. Das ist nicht der Fall, denn es gibt durchaus eine Abhängigkeit von der
Dotierung. Für reale Anwendungen lohnt es sich also, die Stromverstärkung für den
pnp-Transistor etwas anders anzuschreiben (B steht für Basis, E für den Emitter):

$$\beta_0 = \frac{\frac{eD_B n_B}{L_B} \frac{L_B}{W}}{\frac{2W}{L_B} \frac{eD_B n_B}{L_B} + \frac{eD_E n_E}{L_E}} \tag{10.170}$$

Demnach ist die Stromverstärkung groß,

- wenn $\frac{W}{L_B}$ möglichst klein ist. (Eine untere Begrenzung wird durch die Basisweite
  W der RLZ2 zwischen Basis und Kollektor gegeben, deren Ausdehnung von V_{CB}
  abhängt.)
- wenn zusätzlich gilt dass:

$$\frac{eD_E p_E}{L_E} \ll \frac{eD_B n_B}{L_B} \tag{10.171}$$

Im Grenzfall wird:

$$\beta_0 = \frac{D_B p_B L_E}{D_E n_E W} \tag{10.172}$$

Die Forderung nach großer Verstärkung heißt also, das Verhältnis $\frac{p_B}{n_E}$ groß zu machen
und die Basisbreite W zu minimieren.

10.10 Der npn-Transistor

Auch wenn Sie enttäuscht sind – eine explizite Behandlung des npn-Transistors
bringt hier nichts und macht dieses Buch nur sinnlos länger. Man müsste alle Schemazeichnungen um die Horizontale spiegeln, jede Menge an Vorzeichen umdrehen
und könnte noch dazu das Formelwerk und die Schemazeichnungen aus früheren
Kapiteln nicht 1:1 wiederverwenden. Am Ende würden wir dann wieder bei Formel
10.169 landen, wobei aber lediglich alle n und p gegeneinander vertauscht wären.
Der Gewinn an Wissen wäre also null und damit geht es frohgemut und heiter zum
nächsten Kapitel.

MOS Strukturen

11

Inhaltsverzeichnis

11.1 Was sind MOSFETs und wo braucht man die?

Das wichtigste Bauelement der Elektronik überhaupt ist der MOSFET (Metal-Oxide-Semiconductor-Field-Effect-Transistor), der auf praktisch jeder integrierten Schaltung in großen Mengen vorkommt. Der MOSFET lebt von den Eigenschaften einer dünnen Elektronenschicht unter einer Gate-Elektrode, die gerne als zweidimensionales Elektronengas bezeichnet wird. Einen schematischen Aufbau des MOSFET sieht man in Abb. 11.1. Die Fragen, die sich sofort stellen sind: Was ist der grundlegende Unterschied zwischen einem npn-Transistor und einem MOSFET und warum ist der MOSFET im Handy und in der Playstation besser? Die Antwort auf die Frage, wo ist der physikalische Unterschied ist, lautet: Der npn-Transistor ist ein diffusionsdominiertes Bauteil, und Feldströme spielen keine Rolle, wohingegen Diffusion im MOSFET nicht existiert und Feldströme die dominante Rolle spielen. Warum der MOSFET in der Playstation von Vorteil ist, erfahren Sie, wenn Sie ein wenig weiterlesen.

Ok, aber wie soll man sich die Funktionsweise eines MOSFET am besten bildlich vorstellen? Zu diesem Zweck nehmen wir mal wieder ein schwachsinniges, aber

© Springer-Verlag GmbH Deutschland, ein Teil von Springer Nature 2020
J. Smoliner, *Grundlagen der Halbleiterphysik,*
https://doi.org/10.1007/978-3-662-60654-4_11

Abb. 11.1 Aufbau eines
MOSFET (Mishra und Singh
2008)

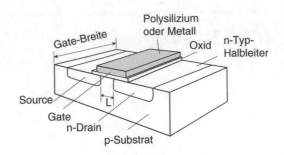

dafür sehr einprägsames Gleichnis aus der Bibel und dem Internet: Wenn man nur lange genug sucht, findet man im Internet tatsächlich Wassermodelle für den Transistor. Ein npn-Transistor wäre darin ein Fluss mit einer Schleuse. Vor der Schleuse ist der Wasserstand hoch (Emitter-Spannung $> 0\,\mathrm{V}$), dahinter niedrig (Kollektorspannung $= 0\,\mathrm{V}$). Die Schleusentore werden mit einem Mühlrad bewegt, welches von einem zur Schleuse parallelen Bach (Basisstrom) angetrieben wird. Der MOSFET hingegen wird mit einem Gartenschlauchmodell ausgezeichnet beschrieben. Am Wasserhahn tritt Wasser mit einem gewissen Druck (Drainspannung $> 0\,\mathrm{V}$) aus, das dann am Ende des Schlauchs in Ihren Rasen fließt (Sourcespannung $= 0\,\mathrm{V}$). Um den Wasserfluss zu regulieren, steigen Sie mit dem Fuß kontrolliert auf den Schlauch, um diesen abzuquetschen (Gate-Spannung $> 0\,\mathrm{V}$ für den p-Kanal-Transistor).

In diesem Wassermodell sind die Vorteile des MOSFET bereits klar ersichtlich: Da auf den Schlauch getreten wird, gibt es keinen zusätzlichen Wasserfluss, sprich keinen Basisstrom und auch keinen Leckstrom durch das Gate. Auf den Schlauch zu treten ist natürlich schneller, als irgendwelche Schleusen zu öffnen, und damit ist der MOSFET schneller als der npn Transistor. Das ist natürlich wieder einmal ein dümmlicher Scherz. Tatsache ist aber, dass die Gate-Länge im MOSFET aus rein technologischen Gründen viel, viel kleiner sein kann als die Basisbreite im npn-Transistor, und aus diesem Grund ist der MOSFET normalerweise schneller.

Die größte Stärke des MOSFET ist aber der nicht vorhandene Steuerstrom (Gate-Strom), der in modernen Logikschaltungen zum entscheidenden Faktor wird. Betrachten wir als typisches Beispiel kurz den Inverter in Abb. 11.2. Ist die Gate-Spannung z. B. $+5\,\mathrm{V}$, so ist der n-Kanal MOSFET offen und der p-Kanal MOSFET zu. Ist die Gate-Spannung $0\,\mathrm{V}$, so ist der p-Kanal MOSFET offen und der n-Kanal MOSFET zu. Egal welche Spannung am Gate liegt, der Strom durch den Inverter ist

Abb. 11.2 a
Eingangssignale am Inverter
und zugehöriger
Drain-Strom. **b** Schaltbild
eines Inverters bestehend aus
einem n-Kanal- und
p-Kanal-MOSFET. Ist der
n-Kanal-MOSFET offen, so
sperrt der p-Kanal-MOSFET
und umgekehrt (Mishra und
Singh 2008)

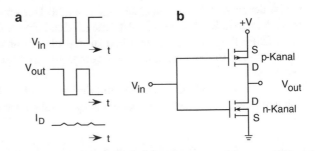

immer null außer vielleicht in einem ganz kleinen Moment während des Umschaltens, und das ist gut. Inverter mit npn- und pnp-Transistoren gibt es natürlich auch, aber hier fließt immer ein Basisstrom durch einen der beiden Transistoren. Sagen wir, der Basis-Strom sei ziemlich klein, z. B. 10^{-7} A, und das ist wirklich nicht viel. Im Prozessor Ihres Mobiltelefons oder in der Playstation sind heutzutage aber eher 10^9 bis 10^{10} Transistoren in irgendeiner Form im Einsatz. Der Ruhestrom wäre dann $10^{-7} \times 10^{10}$ A $= 10^{+3}$ A (ja wirklich tausend A) und das gibt die Batterie leider nicht her, und das Netzteil in der Playstation tut das auch nicht. Frei nach Bob Marley gilt also: No MOSFET, no play.

Ehe wir uns um die Details des MOSFETs mit den dazugehörigen Formelorgien kümmern, muss aber noch eine wichtige Frage geklärt werden: Auf irgendwelchen Latrinen in durchaus bekannten Halbleiterphysik-Instituten haben Sie vermutlich unabsichtlich das eine oder andere Gespräch mitgehört, und Gesprächsfetzen aufgeschnappt wie: MOSFETs haben zweidimensionale Elektronengase, und zweidimensionale Elektronengase haben schon drei Nobelpreise hergegeben. Die letzte Aussage stimmt, Nobelpreise gab es für den Quanten Hall Effekt, den Fraktionierten Quanten Hall Effekt (composite fermions) und für Graphen. Auch die erste Aussage ist richtig, nur muss man sich vorher überlegen, ob man schöne physikalische Effekte sehen, oder einen Leistungstransistor verkaufen will. Zweidimensionale Elektronengase sind wirklich die einfachsten Systeme, in denen auch Quanteneffekte für Bauelemente (z. B. Halbleiterlaser oder resonante Tunneldioden) ausgenutzt werden können. In den MOSFETs in der Playstation und im Handy spielen Quanteneffekte aber absolut keine Rolle, da sie fast ausschließlich bei Raumtemperatur und mit hohen Elektronendichten betrieben werden. Die Elektronenbeweglichkeit und die mittlere freie Weglänge sind unter diesen Bedingungen viel zu klein für irgendwelche Quanteneffekte. Will man Quanteneffekte im zweidimensionalen Elektronengas studieren, verwendet man besser einen speziellen HEMT (High-Electron-Mobility-Transistor) mit niedrigen Elektronendichten und das ganze bei möglichst tiefen Temperaturen. Den HEMT und seine physikalischen Eigenschaften bei tiefen Temperaturen diskutieren wir an dieser Stelle aber nicht, denn das spart Zeit und ziemlich viele Formeln. Hier in diesem Kapitel kümmern wir uns nur um die Aspekte der 2-D-Elektronen für Bauelemente, schöne Quantenmechanik in zweidimensionalen Elektronensystemen kommt hier noch nicht vor.

11.2 Das Bandprofil der MOS-Struktur

Im diesem Abschnitt kümmern wir uns hauptsächlich um die Physik von Bauelementen mit Elektronengasen an Halbleitergrenzflächen. Hierbei geht es aber nicht so sehr um deren Kennlinien im täglichen Schaltungseinsatz, sondern eher um Charakterisierungsmessungen für die Qualitätskontrolle in der Fertigung. So ist uns zum Beispiel jetzt im Moment die $I_{DS}(V_G)$-Kennlinie eines MOSFET (siehe weiter hinten in diesem Abschnitt) völlig wurst, die Kapazität des MOSFET in Abhängigkeit von der Gate-Spannung aber nicht, weil man aus dieser Kurve Materialparameter wie die Dotierung, die Oxidladung und weitere wichtige Informationen über das Bauelement gewinnen kann.

Damit man an der MOS-Struktur ein wenig herumrechnen kann, schaut man am besten zunächst mal wieder in die Bücher von Singh (2003) und Mishra und Singh (2008), oder gleich in die schon fast heilige MOS-Bibel von Nicollian and Brews (1982), die aber mit ihren 917 Seiten vielleicht doch etwas zu umfangreich für Einsteiger ist. Egal in welches Buch Sie hineinschauen, der Startpunkt für alle Betrachtungen sind immer folgende Definitionen (Abb. 11.3):

- $e\phi(z) = E_{F_S} - E_i(z)$: Leitungsbandverlauf
- ϕ_M: Austrittsarbeit im Metall
- ϕ_S: Austrittsarbeit (Abstand vom Fermi-Niveau zum Vakuum) im Halbleiter
- χ: Energieabstand zwischen Leitungsband und Vakuum (electron affinity)

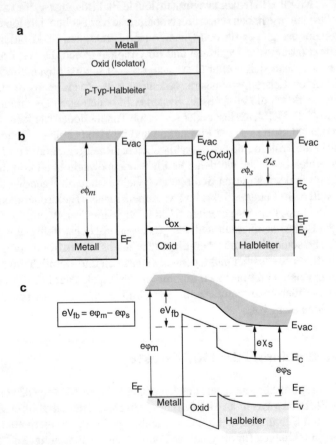

Abb. 11.3 a Aufbau einer MOS-Struktur. **b** Austrittsarbeiten, Bandlücken, Fermi-Niveaus etc. in einem Metall, einem Oxid und einem Halbleiter, **c** Leitungsbandprofil der fertigen MOS-Struktur (Mishra und Singh 2008)

- $\phi_B^n = \frac{kT}{e} \ln\left(\frac{N_D}{n_i}\right)$: Abstand zwischen Fermi-Niveau und Leitungsband im n-Typ-Halbleiter (B steht für bulk potential).
- $\phi_B^p = \frac{kT}{e} \ln\left(\frac{n_i}{N_A}\right)$: Abstand zwischen Fermi-Niveau und Leitungsband im p-Typ Halbleiter.
- $\psi(z) = \phi(z) - \phi_B$: Bandverbiegung.

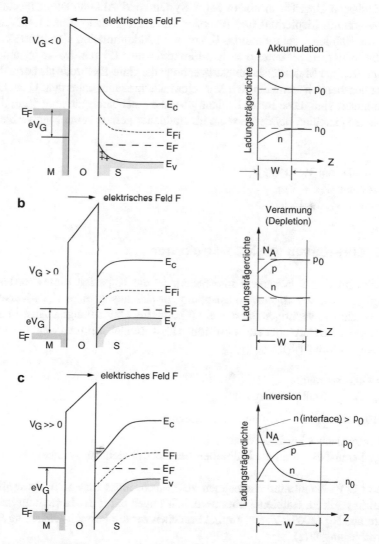

Abb. 11.4 a Akkumulation, **b** Verarmung und **c** Inversion auf einer p-Typ-MOS-Struktur. Bei Inversion ist die Elektronenkonzentration höher als die Löcherkonzentration. Hinweis: Bei endlicher Temperatur reicht es dazu, das intrinsische Fermi-Niveau unter das Fermi-Niveau im Metall zu ziehen. Das Fermi-Niveau muss nicht unbedingt über die Leitungsbandkante gehoben werden (Mishra und Singh 2008)

- V_{FB}: Flachbandspannung: Extern angelegte Spannung, bei der es keine Bandverbiegungen im Halbleiter gibt.
- $w = \sqrt{\frac{2\Psi_S \epsilon_S}{e N_A}}$: Breite der Verarmungszone (depletion zone) im Halbleiter, hier für
  p-Typ-Silizium.

Die wichtigsten Begriffe in einem MOS-System sind Akkumulation (accumula-
tion), Verarmung (depletion) und Inversion (inversion), siehe Abb. 11.4. Nehmen
wir an, der Halbleiter sei p-dotiertes Silizium. In Akkumulation sind hauptsächlich
Majoritätsladungsträger unter der Gate-Elektrode, also Löcher. Im Verarmungsbe-
reich sind weniger Majoritätsladungsträger unter der Gate-Elektrode als normal, und
im Inversionsbereich sammeln sich Minoritätsladungsträger unter dem Gate. Quantitativ definiert sind diese Bereiche dann über die Flachbandspannung V_{FB}, das ist
die externe Spannung, bei der es dann im Halbleiter gerade keine Bandverbiegung
gibt:

- Akkumulation: $V_G \ll V_{FB}$
- Verarmung: $V_G > V_{FB}$
- Inversion: $V_G \gg V_{FB}$

11.2.1 C(V)-Kurven von MOS-Strukturen

Was beim MOSFET besonders interessiert, ist die Kapazität dieses Systems in
Abhängigkeit von der angelegten Spannung, da sich aus so einer C(V)-Kurve eine
ganze Anzahl von wichtigen Parametern (Oxiddicke, Oxidladungen, Austrittsarbeiten, Dotierung im Halbleiter etc.) bestimmen lässt. Zunächst einmal weitere wichtige
Definitionen (Abb. 11.3):

- V_G: Gate-Spannung
- $C_{Stat} = \frac{Q}{V_G}$: Statische Kapazität
- $C(V_G) = \left. \frac{dQ(V)}{dV} \right|_{V_G}$: Differentielle Kapazität
- E_i: Intrinsisches Fermi-Niveau
- E_{Fs}: Fermi-Niveau an der Halbleiteroberfläche (s steht für surface)

Um jetzt C(V)-Kennlinien ausrechnen zu können, muss man sich ein wenig um
die Elektrostatik im Halbleiter kümmern. Wir folgen dafür der Herleitung im Buch
von Sze und Ng (2007). Zuerst einmal brauchen wir die Poisson-Gleichung für die
Bandverbiegung $\Psi(z)$

$$\frac{\partial^2 \Psi(z)}{\partial z^2} = -\frac{e\rho(z)}{\varepsilon_0 \varepsilon_{Si}}, \tag{11.1}$$

natürlich mit den richtigen Trägerdichten.

Im Folgenden beachte man bitte immer: N_A^- und N_D^+ sind ortsfeste Ladungen,
$n(z)$ und $p(z)$ sind mobil, und wir beschließen auch, und das ist wichtig, dass wir die

Rechnung für p-Typ Silizium machen. Um mit dem Buch von Sze und Ng (2007) kompatibel zu sein, und damit die Fehler leichter finden zu können, ist Ψ hier ausnahmsweise ein Potential und keine Wellenfunktion. Noch ein Hinweis: Passen Sie auf, wo die Ladung e auftaucht und wo nicht. Potentiale haben die Einheit V. Manchmal wird aber mit Energien in Joule oder Elektronenvolt gerechnet, ohne dass es extra erwähnt wird, und dann hat man gerne ein e zu viel oder zu wenig. Wir graben nun die Formeln für die Ladungsträgerdichten von Elektronen und Löchern aus dem Kapitel über Halbleiterstatistik wieder aus:

$$n_p(z) = n_{p0} \exp\left(\frac{e\Psi(z)}{kT}\right) \tag{11.2}$$

$$p_p(z) = p_{p0} \exp\left(\frac{-e\Psi(z)}{kT}\right) \tag{11.3}$$

Zur Erinnerung: n_{p0} ist die Elektronenkonzentration (Minoritätsladungsträger) und p_{p0} die Löcherkonzentration (Majoritätsladungsträger) im p-Gebiet im thermischen Gleichgewicht. Die Gesamtbilanz für die Ladungsdichten sieht dann so aus:

$$\rho(z) = [p(z) - n(z) + N_D^+ - N_A^-] \tag{11.4}$$

Tief im Halbleiter und weit weg von der Oberfläche ist wegen der Ladungsneutralität $\rho(z) = 0$ und auch $\Psi(z) = 0$, also

$$N_D^+ - N_A^- = n_{p0} - p_{p0}. \tag{11.5}$$

Nun setzen wir in die Poisson-Gleichung ein und erhalten (aber nur für niedrige Frequenzen, im Silizium f $\ll$ 100 Hz!)

$$\frac{\partial^2 \Psi(z)}{\partial z^2} = -\frac{e}{\varepsilon_r \varepsilon_0}\left(n_{p0} - p_{p0} + p_p - n_p\right). \tag{11.6}$$

Um die Formeln nachher etwas freundlicher aussehen zu lassen, definieren wir noch vorher:

$$\beta = \frac{e}{kT}, \tag{11.7}$$

$$\frac{\partial^2 \Psi(z)}{\partial z^2} = -\frac{e}{\varepsilon_r \varepsilon_0}\left(p_{p0}(\exp(-\beta\Psi) - 1) - n_{p0}\left(\exp(+\beta\Psi) - 1\right)\right). \tag{11.8}$$

Obige Differentialgleichung ist nichtlinear und damit sieht es mit der Lösung ziemlich übel aus. Zum Glück gibt es einen mathematischen Trick:

$$\frac{\partial}{\partial z}\left(\frac{\partial \Psi}{\partial z}\right)^2 = 2\frac{\partial \Psi}{\partial z}\left(\frac{\partial^2 \Psi}{\partial z^2}\right) \tag{11.9}$$

Und für das elektrische Feld gilt

$$\frac{\partial^2 \Psi}{\partial z^2} = \frac{\partial E}{\partial z}. \tag{11.10}$$

Weiteres trickreiches Integrieren (siehe Sze und Ng (2007) und die MOS Bibel von Nicollian and Brews (1982)) liefert das Quadrat des Feldes im Halbleiter E_S^2, respektive das Feld E. Im Detail multiplizieren wir dazu die Poisson-Gleichung zunächst mit $2\frac{\partial \Psi}{\partial z}$ und erhalten mit unserem Trick:

$$2\frac{\partial \Psi}{\partial z}\frac{\partial^2 \Psi}{\partial z^2} = \frac{\partial}{\partial z}\left(\frac{\partial \Psi}{\partial z}\right)^2 = -2\frac{e}{\varepsilon_r \varepsilon_0}\left(p_{p0}(\exp(-\beta\Psi)-1)-n_{p0}\left(\exp(+\beta\Psi)-1\right)\right)\frac{\partial \Psi}{\partial z} \tag{11.11}$$

Dann integrieren wir die linke und rechte Seite der Gleichung von der Oberfläche bis in das Substrat. ∂z kürzt sich weg, man muss links also über $\left(\frac{\partial \Psi}{\partial z}\right)^2$ integrieren und rechts über Ψ. Die Grenzen sind links das elektrische Feld an der Oberfläche und null, rechts integriert man vom Oberflächenpotential hinunter bis auf das Potential im Substrat. Man erhält

$$\int_{\frac{\partial \Psi_S}{\partial z}}^{0} \frac{\partial}{\partial z}\left(\frac{\partial \Psi}{\partial z}\right)^2 dz = \int_{\frac{d\Psi_S}{dz}}^{0} d\left(\frac{\partial \Psi}{dz}\right)^2$$

$$= \int_{\Psi_S}^{\Psi_B} -2\frac{e}{\varepsilon_r \varepsilon_0}\left(p_{p0}(\exp(-\beta\Psi)-1)\right.$$

$$\left. - n_{p0}\left(\exp(+\beta\Psi)-1\right)\right)d\Psi. \tag{11.12}$$

Die linke Seite der Gleichung ist aber das Quadrat des elektrischen Feldes,

$$\int_{\frac{\partial \Psi_S}{\partial z}}^{0} d\left(\frac{\partial \Psi}{\partial z}\right)^2 = -E_S^2, \tag{11.13}$$

also bekommt man nach einem kleinen Einsatz von *Wolfram Alpha*

$$E_S^2 = \left(\frac{2kT}{e}\right)^2 \frac{e\beta p_{p0}}{2\varepsilon_r \varepsilon_0}\left(\left[\exp(-\beta\Psi)+\beta\Psi-1\right]+\frac{n_{p0}}{p_{p0}}\left[\exp(+\beta\Psi)-\beta\Psi-1\right]\right). \tag{11.14}$$

Die Flächenladungsdichte im Halbleiter (über den Satz von Gauß; Hausaufgabe: Nachlesen, was das ist) ergibt sich zu (E_S ist das elektrische Feld, S steht für surface.)

$$Q_S = \epsilon_0 \epsilon_S \cdot E_S \tag{11.15}$$

Die Flächenkapazität ist dann

$$C_S = C(\Psi_S) = \frac{dQ_S}{d\Psi}. \tag{11.16}$$

Die Gate-Spannung V_G erhält man aus

$$V_G = -\frac{Q_S}{C_{ox}} - \Psi_S, \tag{11.17}$$

wobei Ψ_S das Potential an der Oberfläche ist. Die im Oxid durch den Herstellungsprozess eventuell eingebauten Ladungen sorgen dabei für eine zusätzliche eingebaute Spannung, welche durch den Term $\frac{Q_S}{C_{ox}}$ beschrieben wird. Jetzt kann man in die Formel 11.14 für Q_S und C von oben einsetzen und alles analytisch ausrechnen. Das ist eine weitere komplizierte Formel, die wir aber hier explizit nicht brauchen. Wer will, kann das aber programmieren und sich einen schönen Plot ausdrucken. Als letzter Schritt wird die Kapazität des Gesamtsystems berechnet, denn das MOS-System ist eine Serienschaltung aus Oxidkapazität C_{ox} und der Kapazität der Raumladungszone im Halbleiter C_s (s steht für semiconductor, siehe Abb. 11.5). Es gilt also:

$$\frac{1}{C} = \frac{1}{C_{ox}} + \frac{1}{C_s}. \tag{11.18}$$

Heraus kommt am Ende jedenfalls eine $C(V)$-Kurve mit folgenden Eigenschaften für einen p-Typ-Halbleiter: Bei negativen Spannungen herrscht Akkumulation, d. h., Löcher werden an das Gate gesaugt und deshalb ist die Kapazität hoch und im Grenzfall gleich der Oxidkapazität. Bei positiven Spannungen herrscht Inversion. Unter dem Gate sind jetzt Elektronen, und die gemessene Kapazität ist wieder die Oxidkapazität. Dazwischen herrscht Verarmung. Die Raumladungszone hat ihre maximale Ausdehnung, die Kapazität der Raumladungszone ist klein, und damit ist auch die Gesamtkapazität gering. Vorsicht, es gibt hier ein paar Fallen:

- In unserer Betrachtung wird genau genommen die Kapazität nicht als Funktion der Gate-Spannung berechnet, sondern als Funktion des Oberflächenpotentials an der $Si - SiO_2$ Grenzfläche. Bei dünnen Oxiden (Faustregel auf Wienerisch:

Abb. 11.5 Serienschaltung aus Oxidkapazität C_{ox} mit der spannungsabhängigen Kapazität der Raumladungszone im Halbleiter $C_s(V_G)$

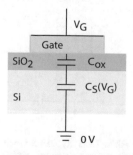

$d \leq 10\,\text{nm}$ plus a bisserl was) ist das wurscht (kein Tippfehler, sondern auch wienerisch), für dicke Oxide muss man jedoch unbedingt noch den Spannungsabfall über das Oxid berücksichtigen. Da das ziemlich lästig ist, und hier keine neuen Erkenntnisse bringt, überlasse ich Ihnen das als Hausaufgabe.

• Für etwas größere Spannungen oder Oberflächenpotentiale, wobei größer $V_{Gate} \geq$ $\frac{E_g}{2e}$ heißt, explodiert wegen der Boltzmann-Näherung die Ladungsträgerkonzentration und auch die Kapazität unter der Gate-Elektrode. Details bitte im Kap. 4 nachlesen. Die Gesamtkapazität bleibt wegen der Serienschaltung aus Oxidkapazität und der Kapazität der Raumladungszone aber dennoch vernünftig.

11.2.2 Hochfrequenz-C(V) Kurven von MOS-Strukturen

Wie man in Abb. 11.6 erkennt, sehen die C(V)-Kurven bei höherer Frequenz eher aus wie eine Fermi-Verteilung. Erklären kann man dieses Verhalten am einfachsten im Sinne von RC-Konstanten: Um in Inversion eine hohe Kapazität zu messen, muss die Ladungswolke unter dem Gate auch mit Minoritätsladungsträgern mit der Messfrequenz geladen und entladen werden können. Die Konzentration von thermisch generierten Minoritätsladungsträgern ist nun aber gering, d. h., der Serienwiderstand für den Stromtransport durch die Raumladungszone über Minoritätsladungsträger ist sehr hoch. Übersteigt die Messfrequenz nun den Kehrwert der zugehörigen RC-Konstante, kann der Kondensator nicht mehr mit Minoritäten geladen werden, und die gemessene Kapazität in Inversion bleibt niedrig. Gemäß dieser Annahmen kann man dann auch auf einfache Weise und in guter Näherung die Hochfrequenz C(V)-Kurve dadurch ausrechnen, dass man die Dichte der Minoritätsladungsträger einfach auf Null setzt. Eine exaktere Lösung für dieses Problem findet sich im Buch von Sze und Ng (2007).

Vorsicht ist aber bei sehr kleinen Kondensatoren in der Größenordnung von $5\,\mu\text{m} \times 5\,\mu\text{m}$ oder kleiner angesagt. Hier kann die Inversionsschicht im Kondensator über parasitäre Oberflächeneffekte in der Kondensatorumgebung beeinflusst werden. Diese kommen meist von unerwünschten Oberflächenladungen rundherum um die MOS Struktur, und welche sich wie ein unsichtbares, zusätzliches

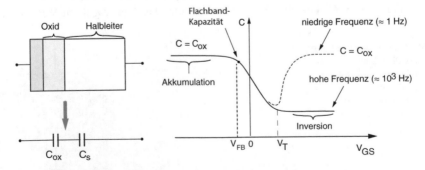

Abb. 11.6 Typische Hoch- und Niederfrequenz-C(V) Kurven auf p-Typ-Silizium. V_{FB} ist die Flachbandspannung und V_T die Schwellspannung (Mishra und Singh 2008)

Gate mit konstanter Spannung verhalten. Diese Oberflächenladungen generieren dann eine leichte Inversionsschicht, die den MOS-Kondensator von der Seite mit Ladungsträgern füttern kann. Als Konsequenz davon erhält man Niederfrequenz-C(V) Kurven bis zu erstaunlich hohen Frequenzen (20 kHz und mehr).

11.3 Dotierungen, Oxidladungen, und Austrittsarbeiten

Dotierungen, Oxidladungen, und Austrittsarbeiten beeinflussen die CV-Kurven erheblich. Das ist nicht unbedingt schlecht, sondern man kann das auch positiv sehen und zur Qualitätskontrolle in der Halbleiterfertigung einsetzen. Kümmern wir uns zunächst um die Oxidladungen.

11.3.1 Oxidladungen

Oxidladungen sind meistens positiv und existieren in verschiedenen Varianten. Es gibt homogen im Oxid verteile Ladungen, die ortsfest sein können oder auch mobil, und es gibt Oberflächenladungen und Störstellen an der Grenzfläche zwischen dem Silizium und dem SiO_2. Dann gibt es noch die guten und bösen Ladungen. Gute Oxidladungen sind spannungsunabhängig und frequenzunabhängig. Die bösen Ladungen können von wirklich allem und jedem abhängen. Gute, homogen verteilte Oxidladungen verursachen lediglich eine Verschiebung der CV-Kurve auf der Spannungsachse gemäß folgender Regel:

$$\Delta V = -\frac{1}{C_{OX}} \left[\frac{1}{d} \int_0^d z\rho(z)dz \right] \tag{11.19}$$

Hat man ein ordentliches Oxid, ist die Dichte der homogen verteilten Ladungen klein, und die Grenzflächenladungen dominieren. Obige Gleichung vereinfacht sich dann zu:

$$\Delta V = -\frac{Q_{interface}}{C_{OX}} \tag{11.20}$$

Die bösen Oxidladungen deformieren die CV-Kurve in Abhängigkeit der der Spannung und Frequenz. Will man keine unerwünschte Bekanntschaft mit diesen Effekten machen, empfiehlt es sich, bei sehr hohen Frequenzen ($>> 1\,MHz$) zu messen, da in diesem Frequenzbereich die meisten Traps durch Wechselspannungssignale nicht mehr umgeladen werden können. Auf eine detaillierte Behandlung dieser Effekte wird hier aber verzichtet, Details finden sich in der MOS-Bibel von Nicollian and Brews (1982).

11.3.2 Austrittsarbeiten

Die Austrittsarbeit, genauer gesagt die Differenz der Austrittsarbeiten zwischen dem Metall und dem Halbleiter, bestimmt das Oberflächenpotential Ψ_S. Auch dieses verschiebt die CV-Kurve und die Flachbandspannung als Ganzes. Leider ist dieser Effekt nicht vom Einfluss der Oxidladungen zu unterscheiden, und deswegen ist es besser, sich diese Austrittsarbeiten anderweitig zu besorgen. Dafür hat man zwei Möglichkeiten. Variante 1: Man stellt sich eine Schottky-Diode her, und bestimmt die Barrierenhöhe, wie wir es im Kap. 5 über die pn-Übergänge diskutiert haben. Variante 2: Man nehme eine Kiste Bier, suche einen bestechlichen, aber zuverlässigen Oberflächenphysiker mit passender Ultrahochvakuum-Anlage, und bittet ihn, die entsprechende Austrittsarbeit über den Photoeffekt zu besorgen. Wie immer gilt natürlich: Je besser das Bier, desto höher die Genauigkeit der Daten.

11.3.3 Dotierung

Der Einfluss der Dotierung steckt für einen p-Halbleiter im Wert von p_{p0}, den man bei Raumtemperatur problemlos auf die Dotierstoffkonzentration N_A setzen kann. Ist die Dotierung klein, so ist der Unterschied zwischen minimaler und maximaler Kapazität groß. Der Grund dafür ist, dass sich bei niedriger Dotierung im Halbleiter die isolierende Raumladungszone sehr weit ausdehnt, und damit die zugehörige Kapazität sehr klein werden kann (Plattenkondensatormodell). Ist die Dotierung groß, so bleiben die Raumladungszonen deutlich schmaler. Dadurch ist der Unterschied zwischen minimaler und maximaler Kapazität klein, die CV-Kurve sieht sehr verwaschen aus und hat auch einen viel geringeren Hub. Zusätzlich verschiebt sich die Kurve, und damit die Flachbandspannung, ein wenig auf der Spannungsachse. Zur Illustration dieses Verhaltens zeigt Abb. 11.7 berechnete CV-Kurven für verschiedene Dotierstoffkonzentrationen. Wie man sieht, ist der Einfluss der Dotierung sehr deutlich erkennbar. Will man die Dotierung bestimmen und hat man MOS-Strukturen

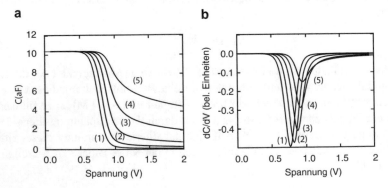

Abb. 11.7 a $C(V)$ Kurven für Silizium mit verschieden hohen Dotierungen zwischen $N_D = 10^{15}\,\mathrm{cm}^{-3}$ und $N_D = 10^{19}\,\mathrm{cm}^{-3}$. **b** Zugehörige dC/dV Kurven

mit relativ dünnem Oxid, so kann man die Dotierung im Halbleiter durch $1/c^2$-Plots gewinnen, ganz ähnlich wie bei den Schottkydioden. Ist das Oxid zu dick, muss man die die berechneten CV-Kurven an das Experiment anpassen und die Dotierung als Fitparameter verwenden.

In praktischen Anwendungen werden mit Vorliebe dC/dV Kurven anstelle von CV-Kurven gemessen. Dies hat hauptsächlich zwei Gründe: Parasitäre Hintergrundkapazitäten spielen in der Ableitung keine Rolle mehr und durch die Verwendung von Lock-In Messtechniken wird die Messung auch empfindlicher (Hausaufgabe: nachsehen wie ein Lock-In Verstärker funktioniert). Die CV-Kurven gewinnt man dann einfach durch numerische Integration der dC/dV Kurven. Vorsicht, das hilft alles nur bei statischen Parallelkapazitäten, diese parasitären Ladeeffekte bei sehr kleinen Kondensatoren kann man damit nicht loswerden.

Zusammenfassend merken wir uns: C(V)Messungen sind eine wichtige Mess- und Charakterisierungstechnik in der Halbleiterei. Die Auswertung der C(V)-Kurven liefert

- die Oxiddicke d_{ox} über die Kapazität im Akkumulationsfall,
- die Oxidladung Q_{ox} über die Verschiebung der Flachbandspannung,
- im Prinzip die Austrittsarbeiten, aber nur wenn die Oxidladungen bekannt sind,
- die Dotierung im Halbleiter durch $1/C^2$-Plots, ganz ähnlich wie bei den Schottkydioden,
- Informationen über Traps im Oxid und deren Energieabhängigkeit durch das spektrale Verhalten von frequenzabhängigen CV-Kurven. Dies ist aber wieder eine Wissenschaft für sich und wird in diesem Buch daher nicht diskutiert.

11.3.4 Flachbandspannung, wo?

Die ganze Zeit wird jetzt schon über die Flachbandspannung geredet, aber wie berechne ich die, und vor allem, wie messe ich sie? Die Idee zur Lösung dieses Problems ist wie immer einfach, aber es braucht dazu ein paar nicht ganz so offensichtliche Tricks.

Der offizielle Weg zur Flachbandspannung ist: Flachbandkapazität ausrechnen, dann die zugehörige Spannung auf der CV-Kurve ablesen. Na gut, aber wie bekomme ich die Flachbandkapazität ? Antwort: In jedem beliebigem Halbleiterbuch nachsehen, und dort (z. B. bei Sze und Ng 2007) findet man für die Flachbandkapazität in einem p-Typ Halbleiter die Formel

$$C_{FB} = \sqrt{\frac{\varepsilon_0 \varepsilon_r e^2 N_A}{kT}}. \tag{11.21}$$

Diese Formel ist sympathisch und erfreulich einfach, also tippt man sie in den Taschenrechner und streicht vor lauter Freude über das einfache Ergebnis die ganze Angelegenheit sofort wieder aus dem Gedächtnis. Nach dreißigjähriger, hirnlosester Benutzung dieser Formel ist anlässlich der Erstellung dieses Buches aber dann doch die Frage aufgetaucht, woher die Formel eigentlich stammt. Dieses herauszufinden war nicht einfach, denn dazu muss man im Sze und Ng (2007), sowie in der MOS-Bibel von Nicollian and Brews (1982) nachlesen, und anschließend deren doch sehr verschiedenes Formelwerk zusammenwursteln. Am besten beginnt man bei der Wurzel aus Gl. 11.14

$$E_S = \sqrt{\left(\frac{2kT}{e}\right)^2 \frac{e\beta p_{p0}}{2\varepsilon_r \varepsilon_0} \left([\exp(-\beta\Psi) + \beta\Psi - 1] + \frac{n_{p0}}{p_{p0}}[\exp(+\beta\Psi) - \beta\Psi - 1]\right)}, \quad (11.22)$$

denn die Flächenladungsdichte unter dem Gate im Halbleiter ist dann

$$Q_S = \varepsilon_r \varepsilon_0 \cdot E_S, \quad (11.23)$$

und die Kapazität in Abhängigkeit vom Oberflächenpotential (entspricht bei dünnen Oxiden der Gatespannung) berechnet sich zu

$$C_S = C(\Psi_S) = \frac{dQ_S}{d\Psi}. \quad (11.24)$$

Einsetzen in die Formel für C_S liefert dann

$$C_S = \frac{\varepsilon_r \varepsilon_0 \left(\frac{2kT}{e}\right)^2 \frac{e\beta p_{p0}}{2\varepsilon_r \varepsilon_0} \left([-\beta\exp(-\beta\Psi) + \beta] + \frac{n_{p0}}{p_{p0}}\beta[\exp(+\beta\Psi) - \beta]\right)}{2\sqrt{\left(\frac{2kT}{e}\right)^2 \frac{e\beta p_{p0}}{2\varepsilon_r \varepsilon_0} \left([\exp(-\beta\Psi) + \beta\Psi - 1] + \frac{n_{p0}}{p_{p0}}[\exp(+\beta\Psi) - \beta\Psi - 1]\right)}}.$$
$$(11.25)$$

Die Flachbandkapazität bekommt man einfach aus der Bedingung

$$\Psi = 0. \quad (11.26)$$

Das klingt einfach, aber dann setzt man ein und stellt fest, dass man ein $\frac{0}{0}$ Problem am Hals hat. Hausaufgabe: Einsetzen und Nachprüfen. Die Frage ist nun, wie man aus dieser Sackgasse herauskommt. Wie so oft in diesen Fällen, hilft eine Potenzreihenentwicklung der Exponentialfunktionen in der Nähe von $\Psi = 0$ (also in der Umgebung der Flachbandbedingung) bis zum quadratischen Glied

$$\left([\exp(-\beta\Psi) + \beta\Psi - 1] + \frac{n_{p0}}{p_{p0}}[\exp(+\beta\Psi) - \beta\Psi - 1]\right) =$$
$$\left([1 - \beta\Psi + \frac{1}{2}(-\beta\Psi)^2 + \beta\Psi - 1] + \frac{n_{p0}}{p_{p0}}[1 + \beta\Psi + \frac{1}{2}(\beta\Psi)^2 - \beta\Psi - 1]\right).$$
$$(11.27)$$

Hinweis: Es ist ganz und gar nicht offensichtlich, und es stand auch nicht in irgendeinem Buch, dass man diese Reihenentwicklung genau hier machen muss. Nur durch mühsames Herumprobieren habe ich herausgefunden, dass die Reihenentwicklung nur hier etwas bringt. Versuchen Sie es an anderen Stellen und Sie werden sehen, anderswo funktioniert die Sache eher nicht. Nach ein paar Aufräumarbeiten, wie

$$E_S = \sqrt{\left(\frac{2kT}{e}\right)^2 \frac{e\beta p_{p0}}{2\varepsilon_r\varepsilon_0} \left(\frac{1}{2}(-\beta\Psi)^2 + \frac{n_{p0}}{p_{p0}}(\beta\Psi)^2\right)}, \tag{11.28}$$

und

$$E_S = \sqrt{\left(\frac{2kT}{e}\right)^2 \frac{e\beta p_{p0}}{2\varepsilon_r\varepsilon_0} \frac{1}{2}(\beta\Psi)^2\left(\left(1 + \frac{n_{p0}}{p_{p0}}\right)\right)}, \tag{11.29}$$

bekommt man

$$E_S = \beta\Psi \sqrt{\left(\frac{2kT}{e}\right)^2 \frac{e\beta p_{p0}}{2 \cdot 2\varepsilon_r\varepsilon_0} \left(\left(1 + \frac{n_{p0}}{p_{p0}}\right)\right)}. \tag{11.30}$$

Nun wird es Zeit sich nochmals an diese Formel zu erinnern

$$Q_S = \varepsilon_r\varepsilon_0 \cdot E_S, \tag{11.31}$$

und

$$C_S = C(\Psi_S) = \frac{dQ_S}{d\Psi}. \tag{11.32}$$

schadet auch nicht. Einsetzen liefert für die Kapazität

$$C_S = \frac{d}{d\Psi}\varepsilon_r\varepsilon_0 E_S = \frac{d}{d\Psi}\varepsilon_r\varepsilon_0\beta\Psi\sqrt{\left(\frac{2kT}{e}\right)^2 \frac{e\beta p_{p0}}{2 \cdot 2\varepsilon_r\varepsilon_0}\left(1 + \frac{n_{p0}}{p_{p0}}\right)}, \tag{11.33}$$

und nach der Ableitung bekommen wir

$$C_S = \varepsilon_r\varepsilon_0\beta\sqrt{\left(\frac{2kT}{e}\right)^2 \frac{e\beta p_{p0}}{2 \cdot 2\varepsilon_r\varepsilon_0}\left(1 + \frac{n_{p0}}{p_{p0}}\right)} \tag{11.34}$$

Jetzt werden noch die $\beta = \frac{e}{kT}$ zurück substituiert

$$C_S = \varepsilon_r\varepsilon_0\frac{e}{kT}\sqrt{\left(\frac{2kT}{e}\right)^2 \frac{e}{2kT}\frac{ep_{p0}}{2\varepsilon_r\varepsilon_0}\left(1 + \frac{n_{p0}}{p_{p0}}\right)} = \sqrt{\frac{(\varepsilon_r\varepsilon_0)^2kT}{1}\frac{p_{p0}}{\varepsilon_r\varepsilon_0}\left(1 + \frac{n_{p0}}{p_{p0}}\right)}, \tag{11.35}$$

und wir bekommen

$$C_S = \sqrt{\varepsilon_r\varepsilon_0\frac{e^2 p_{p0}}{kT}\left(1 + \frac{n_{p0}}{p_{p0}}\right)} \tag{11.36}$$

In einem p-Typ Halbleiter ist der Term $\frac{n_{p0}}{p_{p0}}$ klein, und auch p_{p0} kann durch N_A ersetzt werden.

$$C_S = \sqrt{\varepsilon_r \varepsilon_0 \frac{e^2 p_{p0}}{kT}} = \sqrt{\varepsilon_r \varepsilon_0 \frac{e^2 N_A}{kT}}, \tag{11.37}$$

und das ist genau das, was man in den Büchern findet. Was man noch in den Büchern findet, ist die Schreibweise

$$C_S = \varepsilon_0 \varepsilon_r / L_D = \frac{\varepsilon_0 \varepsilon_r}{\sqrt{\frac{\varepsilon_0 \varepsilon_r kT}{e^2 N_A}}} = \varepsilon_0 \varepsilon_r \sqrt{\frac{e^2 N_A}{\varepsilon_s kT}} = \sqrt{\frac{\varepsilon_0 \varepsilon_r e^2 N_A}{kT}}, \tag{11.38}$$

was aber auf das Gleiche hinausläuft.

Die Kapazität der Raumladungszone bei Flachbandbedingungen haben wir jetzt, aber wo ist die Flachbandkapazität? Die Antwort ist einfach, nämlich hier

$$\frac{1}{C_{FB}} = \frac{1}{C_{Oxid}} + \frac{1}{C_S}. \tag{11.39}$$

Jetzt müssen wir uns nur noch darum kümmern, wie wir die Flachbandspannung aus den experimentellen Daten bekommen. Am Anfang des Kapitel stand: Flachband-kapazität ausrechnen, dann die zugehörige Spannung auf der CV-Kurve ablesen. Das kann man machen, aber es geht auch einfacher, vor allem für dünne Oxide, die man heutzutage fast immer hat. Wir erinnern uns: Dünne Oxide sind keine Oxide und die MOS-Struktur wird damit im Grenzfall zur Schottky-Diode. Die Flach-bandspannung wird damit zur Barrierenhöhe der Schottky-Diode (in Volt!), und das heißt, hurra, hurra, wir müssen nur einen $1/C^2$ Plot von den CV-Daten unseres MOS-Kondensators machen, und dann den Achsenabschnitt auf der Spannungsachse suchen, fertig. Hausaufgabe: Nochmals das Kap. 5 lesen und auf die Details bei den Schottky-Dioden achten.

11.4 MOSFET-Kennlinien

Zur Berechnung der Strom-Spannungs-Kennlinien eines MOSFET nehmen wir an, dass wir bereits in Inversion sind, wir uns also mit der Gate-Spannung bereits über der Schwellspannung bewegen. Weiters nehmen wir an, dass wir einen idealen MOSFET haben und Oxidladungen und sonstige Probleme ignorieren können. Die Kanalla-dung pro Flächeneinheit unter dem Gate ist also

$$Q_S = C_{ox} (V_{GS} - V_T - V_c(x)), \tag{11.40}$$

wobei V_T die Schwellspannung (threshold voltage), C_{ox} die Oxidkapazität und $V_c(x)$ die lokale Spannung zwischen Gate und Kanal ist. Um nun die Kennlinien ausrechnen zu können, müssen wir uns noch um die Spannungsversorgung kümmern, und hier wählen wir die Konvention, dass der Source-Kontakt immer geerdet sei und die Spannung V_{DS} am Drain-Kontakt anliege. Das wiederum heißt aber, dass wir entlang des Kanals einen linearen Spannungsabfall haben und damit die lokale Spannung $V_c(x)$ zwischen Gate und Kanal über die Kanallänge variiert (Abb. 11.8b).

Sei nun also $V_c(x)$ die lokale Spannungsdifferenz zwischen Gate und Kanal. Am Source-Kontakt ist $V_c(x) = 0$, am Drain-Kontakt liegt die Spannung $V_c(L) = V_{DS}$ an. Der Drain-Strom ist dann das Produkt aus Flächenladungsdichte und der Kanalbreite multipliziert mit der Beweglichkeit und dem elektrischen Feld $\frac{dV_c(x)}{dx}$:

$$I_D = Q_S W \mu_n \frac{dV_c(x)}{dx} \tag{11.41}$$

Umformen und von oben die Formel 11.40 für Q_S einsetzen liefert

$$I_D dx = Q_S W \mu_n \, dV_c(x), \tag{11.42}$$

$$I_D dx = C_{ox} \left(V_{GS} - V_T - V_c(x) \right) W \mu_n \, dV_c(x). \tag{11.43}$$

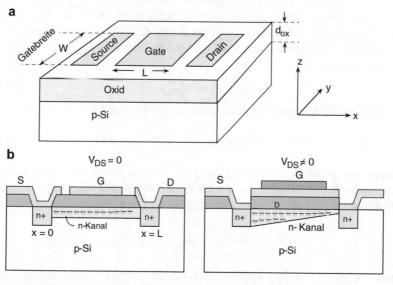

Abb. 11.8 **a** Aufbau eines MOSFET. **b** Der MOSFET im Querschnitt mit eingezeichneter Kanalform für die Fälle $V_{DS} = 0$ und $V_{DS} > 0$ (Mishra und Singh 2008)

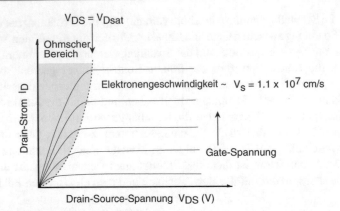

Abb. 11.9 Typische Kennlinien eines MOSFET. Im ohmschen Bereich steigt bei konstanter Gate-Spannung der Strom linear mit der Drain-Source-Spannung an (Mishra und Singh 2008)

Jetzt Integrieren:

$$I_D = \frac{C_{ox}\mu_n W}{L} \left(V_{GS}V_{DS} - V_T V_{DS} - \frac{V_{DS}^2}{2} \right) \qquad (11.44)$$

und fertig ist die Formel für den Drain-Strom (Abb. 11.9).

Der Drain-Strom kann ab einem gewissen Wert von $V_{DS} = V_{DS}^{sat}$ in die Sättigung getrieben werden, das heißt, der Drain-Strom bleibt als Funktion von V_{DS} konstant. Das tritt dann auf, wenn an einer Stelle im Kanal, zum Beispiel am Kanalende, die Flächenladungsdichte gleich null wird. Diese Situation wird pinch-off oder Kanalabschnürung genannt:

$$Q_S \left(V_{DS} = V_{DS}^{sat} \right) = 0 \qquad (11.45)$$

Man erhält für die Sättigungsspannung (pinch-off-Spannung)

$$V_{DS}^{sat} = V_{DS}|_{Q_S=0, \, x=L} = (V_{GS} - V_T). \qquad (11.46)$$

Für kleine Werte von V_{DS} kann man die quadratischen Terme in der Formel für den Drain-Strom vernachlässigen, und der MOSFET verhält sich ohmsch, das heißt der Drain-Strom reagiert linear auf Änderungen in der Drain-Source-Spannung:

$$I_D = \frac{C_{ox}\mu_n W}{L} (V_{GS} - V_T) V_{DS} \qquad (11.47)$$

Für größere Werte von V_{DS} befindet man sich im Sättigungsbereich. Um hier den Drain-Strom als Funktion von V_{GS} zu bestimmen, muss man in die Formel 11.44 für den Drain-Strom nur V_{DS}^{sat} einsetzen:

$$I_D = \frac{C_{ox}\mu_n W}{L} \left(V_{GS}V_{DS}^{sat} - V_T V_{DS}^{sat} - \frac{\left(V_{DS}^{sat} \right)^2}{2} \right) \qquad (11.48)$$

$$I_D = \frac{C_{ox}\mu_n W}{L} \left(V_{GS}(V_{GS} - V_T) - V_T(V_{GS} - V_T) - \frac{(V_{GS} - V_T)^2}{2} \right) \quad (11.49)$$

$$I_D = \frac{C_{ox}\mu_n W}{L} \left((V_{GS} - V_T)^2 - \frac{(V_{GS} - V_T)^2}{2} \right) = \frac{C_{ox}\mu_n W}{L} \frac{(V_{GS} - V_T)^2}{2}$$

$$(11.50)$$

Im Sättigungsbereich hängt der Drain-Strom quadratisch von der Gate-Spannung ab. Das ist typisch für alle Arten von Feldeffekttransistoren.

Wichtig und sehr praktisch: Aus der Steigung des Drain-Stromes lässt sich die Beweglichkeit der Elektronen im Kanal bestimmen (Abb. 11.10):

$$I_{D2} - I_{D1} = \frac{C_{ox}\mu_n W}{L}(V_{GS2} - V_{GS1})V_{DS} \quad (11.51)$$

$$\mu_n = \frac{L(I_{D2} - I_{D1})}{C_{ox}\mu_n W(V_{GS2} - V_{GS1})V_{DS}} \quad (11.52)$$

Die Kanalbeweglichkeit ist eine wichtige Kenngröße des MOSFET, da diese ganz wesentlich von der Qualität des Herstellungsprozesses abhängt. Ladungen im Oxid z. B. reduzieren die Kanalbeweglichkeit und damit die Geschwindigkeit des Transistors erheblich.

Die Schaltungstechniker und Device Designer stehen schließlich noch auf folgende Größen:

- Die Transconductance oder Drainconductance g_D. Auf Deutsch heißt das angeblich Vorwärtsleitwert, ich kenne aber niemanden, der dieses Wort jemals verwendet hätte.

$$g_D = \frac{\partial I_D}{V_{GS}} \bigg|_{V_{DS}=const.} \quad (11.53)$$

Abb. 11.10 Bestimmung der Kanalbeweglichkeit aus der Steigung des Drain-Stromes (Mishra und Singh 2008)

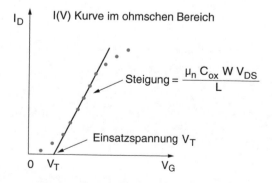

- Die Output conductance g_m, oder auf Deutsch Ausgangsleitwert. Auch diesen Begriff verwendet praktisch niemand.

$$g_m = \left.\frac{\partial I_D}{V_{DS}}\right|_{V_{GS}=const.} \tag{11.54}$$

Warum das im Buch von Mishra und Singh (2008) unbedingt g_m heissen muss, weiß ich leider nicht. Ich hätte es g_G, genannt, weil hier ja die Gate-Spannung konstant gehalten wird. Mehr Details dazu lernen Sie dann in der Vorlesung über Halbleiterbauelemente.

Heterostrukturen

12

Inhaltsverzeichnis

12.1 Herstellung und typische Anwendungen

Na gut, also was sind Heterostrukturen, und wozu braucht man die? Mit Hilfe von modernen Kristallzuchttechniken wie der Molekularstrahlepitaxie (Molecular Beam Epitaxy, MBE) oder der metallorganischen Gasphasenepitaxie (Metal Organic Chemical Vapor Deposition, MOCVD) ist es möglich, verschiedene Halbleitermaterialien in einkristalliner Form übereinander aufzuwachsen. Voraussetzung dafür ist es, dass die Materialien tunlichst eine ähnliche Gitterkonstante haben. Dies ist z. B. im System GaAs-AlGaAs der Fall, und es können problemlos Materialschichten mit beliebigen Mischungsverhältnissen übereinander hergestellt werden. Der Übergang zwischen den Schichten ist dabei normalerweise atomar scharf, eine Materialdurchmischung in einer Übergangszone zwischen den verschiedenen Schichten gibt es so gut wie nicht. Wer mehr über diese Herstellungsverfahren wissen möchte, sehe bitte bei Wikipedia nach. Der interessante Aspekt ist nun, dass wir auf diese Weise einkristalline Halbleitermaterialien mit unterschiedlichen physikalischen Parametern wie Größe der Energielücke und Größe der Elektronenaffinität übereinander aufwachsen können und damit in der Lage sind, die Form des Verlaufs der Leitungs- und Valenzbandkante senkrecht zur Wachstumsrichtung gezielt zu beeinflussen (Stichwort: bandstructure engineering). Die ersten Vorschläge zur Erzeugung von Übergittern durch periodische Modulation der Zusammensetzung von Halbleitern

© Springer-Verlag GmbH Deutschland, ein Teil von Springer Nature 2020
J. Smoliner, *Grundlagen der Halbleiterphysik*,
https://doi.org/10.1007/978-3-662-60654-4_12

stammen von Esaki und Tsu (1970) und betrafen das GaAs-GaAlAs Materialsystem. Heute wird das gezielte Einstellen des Bandverlaufs im GaAs-GaAlAs Materialsystem besonders in optoelektronischen Bauelementen (Halbleiterlaser und Detektoren, Kamerachips für das tiefe Infrarot) in breitem Ausmaß ausgenutzt. Auch schnelle GaAs-AlGaAs Feldeffekttransistoren lassen sich herstellen, das Stichwort ist hier HEMT (High-Electron-Mobility-Transistor). Diese finden sich in praktisch jeder Satellitenschüssel und auch in fast allen Mobiltelefonen. Auf Silizium ist das Stichwort HBT (Hetero Bipolar Transistor). Hier wird gerne Germanium und neuerdings auch InAs in die Basisregion gemischt. Das bringt höhere Geschwindigkeiten und auch eine bessere Stromverstärkung. Einen guten Übersichtsartikel zu diesem Thema finden Sie bei Arthur (2002).

12.2   Typ-I- und Typ-II-Heterostrukturen

Um die grundlegenden Aspekte von Halbleiterheterostrukturen zu veranschaulichen, betrachten wir eine Heterostruktur aus GaAs- und AlAs-Schichten, wie sie in Abb. 12.1 dargestellt ist. Wie man mit dem Transmissionselektronenmikroskop gut erkennen kann, haben beide Halbleiter fast die gleiche Gitterkonstante von ca. 0,56 nm, allerdings besteht ein großer Unterschied in der Bandlücke und auch in der Elektronenaffinität χ.

Der Unterschied in der Elektronenaffinität ist besonders wichtig, da dieser die Größe der Banddiskontinuitäten im Leitungsband und Valenzband, ΔE_c und ΔE_v, bestimmt. Je nach der Größe der Differenz der Elektronenaffinitäten erhalten wir die in Abb. 12.2 gezeigten prinzipiellen Typen von Halbleiter Heterostrukturen. GaAs-AlGaAs (Abb. 12.2a) bildet eine normale Typ-I-Heterostruktur, in Abb. 12.2b, c sind Beispiele für Typ-II-Heterostrukturen gezeigt. Mit Heterostrukturen lassen sich einige nützliche Bauelemente realisieren, die bekanntesten sind der Halbleiterlaser und der High-Electron-Mobility-Transistor (HEMT).

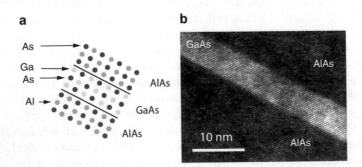

Abb. 12.1 a Aufbau einer AlAs-GaAs-AlAs Heterostruktur. **b** Das zugehörige TEM-Bild. (Zur Verfügung gestellt von Aaron Maxwell Andrews, Hermann Detz und Gottfried Strasser, Institut für Festkörperelektronik, TU Wien)

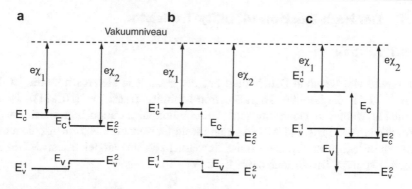

Abb. 12.2 **a** Typ-I-Heterostruktur. **b** und **c** Typ-II-Heterostrukturen

Abb. 12.3 Schematische Darstellung eines Halbleiterlasers

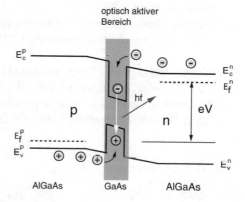

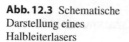

Abb. 12.3 zeigt die (p)-AlGaAs-GaAs-(n)-AlGaAs-Schichtfolge eines Halbleiterlasers inklusive angelegter Spannung im Durchlassbereich. Wie man sieht, ist eine undotierte GaAs-Schicht mit kleiner Bandlücke in einem pn-Übergang zwischen zwei AlGaAs-Schichten mit größerer Bandlücke eingebettet. Der Trick dabei ist, dass die Elektronen und Löcher in den vom GaAs gebildeten Potentialtopf fallen und dort nicht wieder herauskommen. Auf diese Weise erzwingt man lokal hohe Trägerdichten und damit eine hohe strahlende Rekombinationsrate. Bei passenden äußeren optischen Bedingungen lässt sich so auf einfache Weise eine Laseraktivität erzeugen. Hinweis: Die Laserstrahlung liegt energetisch unter der Bandlücke des umgebenden Materials. Die Strahlung kann also problemlos aus dem Halbleiter heraus und wird nicht wieder absorbiert. Aber: Aus hier nicht diskutierten Gründen (siehe Reider 2012) tritt sie seitlich aus der Laserdiode aus, was manchmal etwas lästig ist. Halbleiterlaser, welche nach oben abstrahlen gibt es auch (VCSELs), aber das braucht ein paar zusätzliche Tricks. Für die genaue Wirkungsweise von Halbleiterlasern besuchen sie bitte die Vorlesung über Photonik.

12.3 Der High-Electron-Mobility-Transistor

12.3.1 Aufbau

Das zweite viel benutzte Bauelement auf der Basis von Heterostrukturen ist der in Abb. 12.4a dargestellte High-Electron-Mobility-Transistor (HEMT). Durch geschickte Wahl von Dotierung und Aluminiumkonzentration bildet sich an der Grenzfläche von GaAs und AlGaAs eine zweidimensionale Elektronenschicht aus, in der die Elektronen eine sehr hohe Beweglichkeit im Vergleich zum MOSFET erreichen können. Die Gründe dafür sind:

- Die grundsätzlich höhere Beweglichkeit im GaAs im Vergleich zu Silizium.
- Die atomar glatte Grenzfläche zum Isolator (einkristallines AlGaAs statt amorphem Siliziumdioxid).
- Der sogenannte spacer, eine undotierte Schicht, die den Kanal von der Dotierung trennt und somit die Störstellenstreuung unterdrückt.

Für die Ausbildung eines Elektronenkanals in einem HEMT ist die richtige Aluminiumkonzentration besonders wichtig. Bei einer Konzentration von typischerweise 36 % Aluminium oder mehr gibt es praktisch nur tiefe Störstellen (deren Konzentration hängt von Aluminiumgehalt ab), die dann das Fermi-Niveau im AlGaAs

Abb. 12.4 a Aufbau eines HEMT als fertiges Bauelement. Zur Verbesserung der Steuereigenschaften des HEMT ist die Gate-Elektrode tiefer gelegt als die Waferoberfläche. **b** Leitungsbandprofil einer HEMT-Struktur. Die Wellenfunktion des Grundzustands ist ebenfalls eingezeichnet. **c** Die zum Leitungsbandprofil passende Schichtfolge eines HEMT (Mishra und Singh 2008)

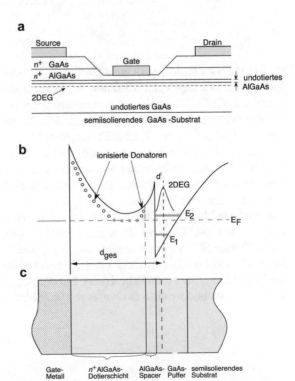

bestimmen. Die Elektronen fallen dann aus den Störstellen im AlGaAs in das energetisch tiefer liegende Leitungsband des GaAs und können so lange nicht mehr zurück bis sich ein Gleichgewicht zwischen den Fermi-Niveaus im GaAs und AlGaAs ausbildet. Auf diese Weise wird ein zweidimensionaler Elektronenkanal im GaAs an der Grenzfläche zum AlGaAs gebildet. Die zweite wichtige Eigenschaft dieser tiefen Störstellen ist, dass sie das Fermi-Niveau im AlGaAs weit unter der Leitungsbandkante festhalten und auch nicht thermisch entleert werden können. Auf diese Weise wird sichergestellt, dass sich im Leitungsband des AlGaAs trotz der hohen Dotierung bei Raumtemperatur kein leitender Parallelkanal ausbilden kann, der dann die Transistorfunktion stören würde. Für Aluminiumkonzentration unter 30 % gibt es zu wenige tiefe Störstellen, und das Fermi-Niveau im AlGaAs wird von den flachen Störstellen nahe der Leitungsbandkante bestimmt. Auch die Leitungsbanddiskontinuität wird zu klein. Als Folge davon gibt es eine zu dünne Barriere zwischen GaAs und AlGaAs und damit einen ständigen Ladungstransfer zwischen den Schichten. Wegen der thermischen Aktivierbarkeit der flachen Störstellen entsteht zusätzlich eine ständige Parallelleitung im AlGaAs. Ein Transistorbetrieb ist somit nicht mehr möglich. Bei Aluminiumkonzentration über 40 % wird AlGaAs zum indirekten Halbleiter und die Barrierenhöhe (Leitungsbanddiskontinuität) zwischen GaAs und AlGaAs sinkt wieder, und man redet dann vom $\Gamma - X$ crossover. Des Weiteren oxidiert AlGaAs mit hohen Al-Konzentrationen ziemlich schnell, was sich negativ auf die Lebensdauer der HEMTs auswirkt. HEMTs mit hohen Aluminiumkonzentration sind daher technisch uninteressant.

Abb. 12.4 zeigt den Aufbau eines HEMTs als fertiges Bauelement. Man beachte zwei Dinge: Das Gate im HEMT ist ein Schottky-Kontakt, es kann also nur in Sperrrichtung betrieben werden. Weiters liegt der Gate-Kontakt in einer Grube, die bis in die AlGaAs-Schicht reicht. Auf diese Weise wird absolut sichergestellt, dass das AlGaAs unter dem Gate völlig verarmt ist und damit keinen leitenden Parallelkanal zum Elektronenkanal im GaAs darstellt. HEMTs sind sehr schnell und werden daher in Hochfrequenzanwendungen wie Mobiltelefonen und Satellitenschüsseln verwendet. Ansonsten verhält sich der HEMT rechentechnisch genau gleich wie ein normally-on-MOSFET. Hausaufgabe also: Berechnen sie völlig analog zum MOSFET die Kennlinien eines HEMT, lesen Sie aber besser vorher erst noch den folgenden Abschnitt über die Schwellspannung und Elektronendichte im HEMT.

12.3.2 Schwellspannung und Elektronendichte

Die Schwellspannung und Elektronendichte im HEMT lässt sich sehr einfach berechnen und dazu werfen wir mal einen Blick auf das detaillierte Bandprofil eines HEMT in Abb. 12.4b und stellen erst einmal fest, wo welche Ladungen sitzen. Links ist die Oberfläche und darauf die Gateelektrode. Darunter befindet sich dotiertes AlGaAs, in dem alle Donatoren restlos ionisiert und damit positiv geladen sind. Diese positiv geladene Schicht reicht bis zum spacer. Der spacer selbst ist undotiert und damit neutral. Nachdem die Raumladungszone zwischen dem 2DEG (zweidimensionales Elektronengas) und der Oberfläche per Definition nicht leitet, erinnern wir uns an den Plattenkondensator:

$$C = \frac{Q}{V} = \frac{\varepsilon_0 \varepsilon_r A}{d_{ges}} \qquad (12.1)$$

Dass der Kondensator schon mit Elektronen im Kanal geladen ist, ist uns wurst, wir interessieren uns nur für die Änderung der Flächenladung als Funktion einer zusätzlichen Spannung. Hinweis: Vorsicht aber mit dem d_{ges}; wenn man genau rechnen will, sollte man auch den Abstand der Elektronen zur Grenzfläche d' mit berücksichtigen (Abb. 12.4b), das kann leicht einen Unterschied von 10 % ausmachen:

$$\frac{\Delta Q}{A} = \Delta n_s = \frac{\varepsilon_0 \varepsilon_r}{d_{ges}} V \qquad (12.2)$$

In obiger Formel ist Δn_s die Änderung der Elektronendichte im Kanal. Bei der Schwellspannung ($V_{th} < 0$) ist $n_s = 0$, d. h., $\Delta n_s = n_s$ und alle Elektronen sind aus dem Kanal verdrängt. Anders ausgedrückt haben wir damit eine einfache Methode zur Bestimmung der Elektronendichte im 2-D-Kanal gefunden.

12.4   Der GaN-AlGaN-HEMT

Kümmern wir uns zum Schluss kurz um moderne Entwicklungen aus dem neuen Jahrtausend und das ist z. B. das GaN-AlGaN-Materialsystem. Galliumnitrid ist herstellungstechnisch furchtbar. Will man einen Galliumnitrid-Kristall züchten braucht man:

- Flüssiges Gallium.
- Durch dieses lässt man gasförmigen Stickstoff blubbern.
- Das Ganze veranstaltet man allerdings bei bei einem Druck von 30.000 bar (nein, sie haben sich nicht verlesen, es sind wirklich 30 kbar)
- Und natürlich braucht man dazu auch eine Temperatur von ca. 3500 Grad Celsius, weil sonst wäre es ja zu einfach.

In der Nähe des Kristallzucht-Reaktors stehen sollte man während der Herstellung besser nicht, denn die gespeicherte Energiemenge in diesem Prozess ist ziemlich groß. Das Dach des Gebäudes, in dem der Reaktor steht, ist daher nur aufgelegt, aber nicht angeschraubt. Auf diese Art und Weise gibt es weniger Schaden falls das ganze Ding explodiert. Als Resultat bekommt man jedenfalls kleine GaN Kristalle, die sich aber in einem kiloschweren Block aus Gallium befinden, der mit vielen Litern Salzsäure aufgelöst werden muss. Nette Kollegen in Polen bei UNI-PRESS in Warschau (Hallo Tadek, liebe Grüße!) sind die Einzigen, die das können. Zum Glück gibt es aber relativ einfache Plasmaprozesse, die Ähnliches leisten, die Kristallqualität ist aber viel, viel schlechter. Warum tut man sich so einen Krampf überhaupt an? Die Antwort lautet: GaN leuchtet, und zwar im UV und mit Tricks sogar im Sichtbaren, und das ziemlich hell. Jede heute erhältliche Weißlicht-LED ist aus GaN-Verbindungen. Die Verbreitung dieser LEDs ist groß, und man findet

Abb. 12.5 Leitungsbandprofil eines GaN-AlGaN-HEMT. Man beachte: Wegen der Dipolschicht der GaN-AlGaN-Grenzfläche ist die Steigung des Potentials auf beiden Seiten der Grenzfläche trotz ähnlicher Dielektrizitätskonstanten krass unterschiedlich

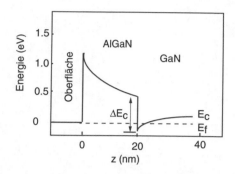

sie in Taschenlampen und Tagfahrlichtern von Autos und neuerdings überhaupt in allen Autoscheinwerfern. Das alles ist energiesparsam, ziemlich umweltfreundlich und gut, weil wir dadurch das eine oder andere Atomkraftwerk einfach ersatzlos stilllegen können. GaN hat übrigens noch andere Eigenschaften und das sind die Temperaturbeständigkeit, Kratzfestigkeit und die geringe Haftungsfähigkeit. In der Leistungselektronik sind GaN-AlGaN-HEMTs unverwüstlich und daher sehr beliebt. Wenn ich einen Wunsch an die Hersteller äußern darf: Als eher fauler Hobbykoch hätte ich gerne eine Bratpfanne mit GaN Beschichtung für meine Küche. Nach dem Kochen abstauben und fertig, Abwaschen unnötig, denn auf GaN haftet so gut wie gar nichts. Um irgendwelche Beschädigungen der Beschichtung durch zu hohe Temperaturen muss man sich auch keine Sorge machen, denn ehe die GaN-Beschichtung auch nur irgend einen Schaden nimmt, sind Herd und Bratpfanne schon lange geschmolzen. Als Hausaufgabe beantworten Sie bitte die folgende Frage: Wären einkristalline Bratpfannen aus GaN für einen Induktionsherd geeignet?

Niemals vergessen: Das Prinzip des GaN-AlGaN HEMT ist deutlich verschieden im Vergleich zum GaAs-AlGaAs HEMT und das Bandprofil ist es auch (Abb. 12.5). Wächst man AlGaN auf GaN, so ist die Gitterkonstante sehr verschieden und die AlGaN Schicht ist verspannt. AlGaN ist aber auch ein piezoelektrisches Material. Als Folge davon hat man ganz automatisch und ohne Dotierung eine Schicht positiver Ladungen an der AlGaN-GaN Grenzfläche und ein zweidimensionales Elektronengas mit ziemlich hoher Elektronendichte bildet sich von selbst. Wichtiger Nebeneffekt: Wegen der piezoelektrisch induzierten Dipolschicht der GaN-AlGaN-Grenzfläche ist die Steigung des Potentials auf beiden Seiten der Grenzfläche extrem unterschiedlich; man vergleiche das Ganze bitte mit dem Bandprofil eines GaAs-AlGaAs-HEMT. Für Leistungsbauelemente sind GaN-AlGaN HEMTs jedenfalls super, esoterische 2-D-Elektronenphysik kann man auf diesem Material aber vergessen, die Elektronenbeweglichkeit und die mittleren freien Weglängen sind einfach zu klein.

Anhang

13

Inhaltsverzeichnis

13.1 Schwingungen, Wellen und ihre Differentialgleichungen

In der Halbleiterei hat man öfters einige Differentialgleichungen (DGLs) am Hals, die dann für diese oder jene Anwendung gebraucht, oder manchmal auch missbraucht werden. Das Problem ist dann, dass der arme Elektrotechnikstudent und seine vielleicht zukünftige Freundin am Nachbartisch mangels Vorbildung im dritten Semester die Differentialgleichung weder verstehen, noch mit der speziellen Rechnung, die damit durchgezogen werden soll, irgendetwas anfangen können. Es kann also nicht schaden, sich einige dieser DGLs vorher, am besten gemeinsam mit der Kollegin vom Nachbartisch, mal in Ruhe anzuschauen. Wie an vielen Stellen dieses Buches, bleiben wir dabei absichtlich wieder auf Biertischniveau und suchen eher die Übersicht

© Springer-Verlag GmbH Deutschland, ein Teil von Springer Nature 2020
J. Smoliner, *Grundlagen der Halbleiterphysik*,
https://doi.org/10.1007/978-3-662-60654-4_13

über die Problematik und nicht ein Detailverständnis. Das Wichtigste vorweg: Man muss unbedingt einsehen, dass man als Elektrotechniker irgendwelche Differential-gleichungen fast niemals selbst lösen kann. Man braucht immer einen allgemeinen Lösungsansatz, den man sich beim Mathematiker holt. Das geht aber leider nicht gratis. Bier ist immer eine gute Tauschware, aber Vorsicht, Mathematiker können extrem kreativ werden, und dann kann es sehr, sehr teuer werden. Ich mag sie trotz-dem, und wenn Sie einmal kurz nachdenken: Ohne Mathematik geht gar nichts. Da gab es doch so einen alten Griechen, den sollten Sie kennen. Viele Andere kennt man leider nicht, daher kann ich sie nicht zitieren, aber, Respekt liebe Kollegen, Respekt, und wirklich danke für alles. So ein Lösungsansatz besteht jedenfalls immer aus unendlich vielen Lösungen, und Ihr Job ist es dann, sich die richtigen Lösungen über die Auswahl der Anfangs- oder Randbedingungen herauszupicken.

13.1.1 Die Schwingungsgleichung

Die erste Differentialgleichung, die einem wirklich andauernd in die Quere kommt, ist der sogenannte harmonische Oszillator, meistens in der Form eines Feder-Masse Systems, welches sich um eine Stelle z_0 hin und her bewegt. Merke: Alles, wirklich alles, was auch nur irgendwie durch die Gegend geschüttelt werden könnte, ist per Definition ein harmonischer Oszillator, oder wird künstlich dazu gemacht. Diese Aussage gilt mit schriftlicher Garantie bis zu Ihrer Pensionierung.

Fangen wir in der Mittelschule an, wo wir lernten: Geschwindigkeit ist Distanz pro Zeiteinheit, also

$$v = \frac{dz}{dt}. \tag{13.1}$$

Eine Beschleunigung ist eine Geschwindigkeitsänderung, also

$$a = \frac{dv}{dt} = \frac{d^2z}{dt^2}. \tag{13.2}$$

Im Geschichtsunterricht haben wir gelernt, dass der nicht unbekannte Herr mit dem Apfel auf seiner Birne (von mir aus auch mit dem Apfel auf der Rübe) schließlich sagte:

$$F = ma = m\frac{d^2z}{dt^2}, \tag{13.3}$$

wobei F die durch die Beschleunigung erzeugte Kraft ist.

Dies ist wieder eine gute Gelegenheit für eine kleine Auszeit wie beim Basket-ball oder Football. Stellen Sie sich die Situation bitte bildlich vor. Sir Isaak feiert in Ihrem Alter von in etwa 20 Jahren, also ca. anno 1662 in Südengland eine Gar-tenparty ab. Kühles Bier wurde wohl eher nicht getrunken, denn Kühlschränke gab es noch nicht. (Hausaufgabe: Wann wurde der Kühlschrank erfunden und von wem und vor allem auch warum? Das Warum wird sie amüsieren, vermute ich mal.) Die Story von der wohlschmeckenden lauwarmen Cervisia ist jedenfalls ziemlich sicher erlogen, und wurde nur von den französischen (!) Machern von Asterix und Obelix, Rene Goscinny und Albert Uderzo im Jahre 1959 erfunden, weil sie noch irgendwelche historischen Streitereien mit den Engländern aufarbeiten wollten. In Wahrheit ist lauwarme Cervisia nur ein Brechmittel. In Bayern hingegen ist heiße(!) Cervisia in Form von Biersuppe (Biersorte egal) als effiziente Medizin gegen Grippe bekannt. Probieren Sie bei Gelegenheit mal einen Löffel davon, und Sie sind spontan gesund. Ich habe das anno 1989 in München selbst probiert, es wirkt wirklich nachhaltig. Das Geschmackserlebnis ist sehr bemerkenswert und deutlich intensiver als bei der lauwarmen Cervisia. Man fühlt sich jedenfalls sogleich besser, die Grippe ist Geschichte, und mindestens zwei kühle Bier zur Nachbehandlung der Nebenwirkungen schaden dann auch nicht.

Zurück zu Sir Isaac. Was es zu seiner Zeit in England sehr wohl gab, war Cider. Selbst nicht eiskalt ist der extrem lecker, besonders der von den historischen Apfelsorten, die man auch heute noch in Südengland (Rosamunde Pilcher Land) bekommt. Sir Isaac und seine Freunde und Freundinnen begeben sich also nach einem guten englischen Frühstück, bestehend aus heissem Wasser, Milch (Asterix bei den Briten), Räucherfisch, Rührei, Bohnen und drei Gläsern Cider zum Nachtisch unter die schönen Apfelbäumen im Garten. Dort beginnen sie eine kuschelige Siesta am Vormittag. Sir Isaak hat Pech. Alle Äpfel sind schon reif, und obwohl er nur selig mit seiner Freundin im Arm ein wenig entschlafen wollte, fällt ihm nach kurzer Zeit ein dicker Apfel auf die Birne (Rübe). Was wird er wohl not amused (Queen Victoria 1919) ausgerufen haben? Richtig: Fxxx (leider zensuriert, weil für junge Studenten in Ihrem Alter ungeeignet) this massive apple!, also $F = m \cdot a$.

Sie können sich jetzt die Formel für die Kraft trotz allem scheinbaren Schwachsinns ganz problemlos merken? Fein, dann wissen Sie jetzt, wie fehlerkorrigierende Codes funktionieren.

Machen wir etwas seriöser weiter: Was gibt es noch für relevante Kräfte für unseren Elektronentransport? Reibung z. B. kennt jeder. Reibungskräfte, wie die Gleitreibung z. B., sind geschwindigkeitsabhängig und meistens linear. (Der Luftwiderstand ist leider nicht linear, und das ist der Grund für Ihren Benzinverbrauch auf der Autobahn, aber das ist eine andere Geschichte.) Bleiben wir also weiter seriös und beim einfachen linearen Fall:

$$F_{Reibung} = r \cdot v = r \frac{dz}{dt} \tag{13.4}$$

wobei r irgendeine Reibungskonstante sein soll, irgendwelche Details zum Thema r sind uns hier egal.

Was gibt es noch? Die Rückstellkraft (negativ) der Feder des Oszillators ist linear abhängig von der Auslenkung. Damit es später leichter und vor allem einheitlich wird, schreiben wir das jetzt scheinbar unmotiviert und etwas komisch in folgender Weise an (f_{Feder} sei die Federkonstante, F_{Feder} die Federkraft):

$$F_{Feder} = f_{feder}z = m\omega_0{}^2 z \tag{13.5}$$

Die Federkonstante f_{Feder} ist also $m\omega_0{}^2$. Das Kräftegleichgewicht lautet somit

$$F + F_{Reibung} = -F_{Feder}. \tag{13.6}$$

In Differentialgleichungsform lautet das dann

$$m\frac{d^2z}{dt^2} + mr\frac{dz}{dt} = -m\omega_0{}^2z. \tag{13.7}$$

Jetzt braucht es den Mathematiker, der einem den Lösungsansatz verrät:

$$z(t) = Ae^{\lambda t} \tag{13.8}$$

Als Nächstes setzt man den Lösungsansatz in die Gleichung ein, um nach dem Durchkürzen eine Gleichung für das λ zu bekommen:

$$m\lambda^2 + mr\lambda = -m\omega^2 \tag{13.9}$$

Weil das eine quadratische Gleichung ist, liefert das Einsetzen sogar zwei Möglichkeiten für λ:

$$\lambda_{1/2} = -\frac{r}{2} \pm \sqrt{\frac{r^2}{4} - \omega_0^2} z(t) = A_1e^{\lambda t} + A_2e^{-\lambda t} \tag{13.10}$$

Ohne Reibung ($r = 0$) und mit $A_1 = A_2 = A$ bekommt man dann eine schöne Kosinusschwingung:

$$A_1e^{i\omega t} + A_2e^{-i\omega t} = 2A\cos(\omega t) \tag{13.11}$$

Wer will, kann für den allgemeinen Fall die Koeffizienten A_1 und A_2 über die jeweiligen Randbedingungen ausrechnen. Die Details über den gedämpften Fall lesen Sie bei Interesse bitte im allwissenden Internet nach, hier in dieser Story brauchen wir das nicht.

13.1.2 Die Wellengleichung

Copyright-Statement: Der Inhalt des folgenden Abschnitts wurde schamlos geklaut bei https://www.icp.uni-stuttgart.de/~hilfer/. Bitte beten, dass dieser Link noch lange existiert, denn der ist wirklich gut.

Ein gedämpfter harmonischer Oszillator ist gut zur Beschreibung von Kinderschaukeln und Uhrenpendeln, liefert aber keinen überzeugenden Gitarrenklang und auch im Halbleiter nicht immer das, was man will. Dies ist ein schönes Beispiel dafür, dass eine zu simple physikalische Modellierung in der Realität eben doch gewisse Grenzen hat. Sehen wir also, was man auf einfache Weise verbessern kann: Wirft man einen Blick auf seine Bassgitarre, sieht man sofort, dass man sich so eine Gitarrensaite wohl eher als eine Kette aus Federn und nicht als ein Pendel vorstellen sollte. Das führt dann zu dem Modell einer Kette von gekoppelten harmonischen Oszillatoren, wie sie in Abb. 13.1a dargestellt sind.

Je mehr Oszillatoren, desto besser ist der Sound, und im Limes $N \to \infty, a \to 0$ von unendlich vielen infinitesimal benachbarten Oszillatoren führt es auf das Modell

Abb. 13.1 a Federkette, **b** eingespannte Saite, **c** Kräfteverteilung auf dieser Saite (Nach R. Hilfer 2011)

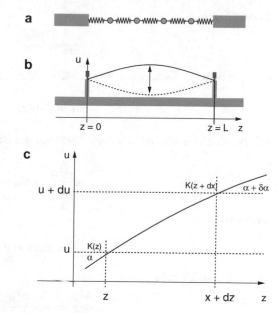

einer Elektro-Bassgitarren-Saite mit einer kontinuierlichen Massenverteilung entlang dieser Saite. Betrachten wir also eine gespannte Saite (Abb. 13.1b) mit konstanter Massendichte ρ und Querschnittsfläche A. Die Saite sei durch eine Kraft K an beiden Enden eingespannt, und sie soll nur transversal in einer festen Richtung ausgelenkt werden können (Abb. 13.1b). Vorsicht: Mit dieser Randbedingung wird bereits ziemlich getrickst und sie entspricht nicht der Randbedingung beim harmonischen Oszillator. Beim Oszillator wäre die Rückstellkraft proportional der Auslenkung $u(z, t)$, und man käme auf eine ziemlich unsympathische Differentialgleichung. Hier bei uns ist aber die Vorspannung der Saite groß und die Längenänderung ist klein. Damit ist die Längenänderung Wurscht und die Rückstellkraft folglich konstant.

Die Auslenkung der Saite $u(z, t)$ ist eine Funktion der Zeit t und der Ortskoordinate z entlang der Saite. Betrachten wir nun die Kräfteverhältnisse entlang der Saite und fragen nach der Rückstellkraft in u-Richtung, für die offenbar gilt (Abb. 13.1c):

$$K_u = K \sin(\alpha + d\alpha) - K \sin \alpha \qquad (13.12)$$

Nun ist im Allgemeinen die Auslenkung $u \ll L$, wobei L die Länge der Saite ist. Daraus folgt, dass α klein ist, und mit $\sin(\alpha) \approx \alpha$ bekommt man für die Rückstellkraft in u-Richtung

$$K_u = K(\alpha + d\alpha) - K_\alpha = K\,d\alpha. \qquad (13.13)$$

Andererseits gilt für kleine α auch $\alpha \approx \tan \alpha$, d. h.

$$\alpha \approx \tan \alpha = \frac{\partial u}{\partial z} \qquad (13.14)$$

so dass damit

$$d\alpha = \frac{\partial^2 u}{\partial z^2} \tag{13.15}$$

folgt. In dem infinitesimalen Intervall der Länge dz ist die Masse

$$m = \rho A dz. \tag{13.16}$$

Mit Newtons Gesetz (der mit dem Apfel auf der Birne)

$$m\frac{\partial^2 u}{\partial t^2} = K_u \tag{13.17}$$

wird daraus

$$\rho A dz \frac{\partial^2 u}{\partial t^2} = K d\alpha = K \frac{\partial^2 u}{\partial z^2}, \tag{13.18}$$

und somit erhält man

$$\frac{\partial^2 u}{\partial t^2} = \frac{K}{\rho A} \frac{\partial^2 u}{\partial z^2}, \tag{13.19}$$

und fertig ist die Wellengleichung

$$\frac{\partial^2 u}{\partial t^2} = c^2 \frac{\partial^2 u}{\partial z^2} \tag{13.20}$$

mit der Wellenausbreitungsgeschwindigkeit

$$c = \sqrt{\frac{K}{\rho A}}. \tag{13.21}$$

Natürlich gehören zu einer sauberen Problemformulierung auch Anfangs- und Randbedingungen. Wir wählen hier als Anfangsbedingung bei $t = 0$ die Bedingung $u(z, 0) = f(z)$. $f(z)$ sei irgendeine beliebige Funktion. Die Ableitung ist dann irgendein $\frac{\partial u}{\partial t}(z, 0) = g(z)$, und als Randbedingungen nehmen wir $u(0, t) = 0$ und $u(L, t) = 0$. Der Lösungsansatz, sagt der freundliche Mathematiker, sei

$$u(z, t) = A_0 e^{i(kz - \omega t)}. \tag{13.22}$$

Aha, den kennen wir doch schon von oben, aber wie kann das sein? Zwei Gleichungen, eine Lösung? Seltsam, aber setzen wir den Lösungsansatz zumindest in die Differentialgleichung ein und schauen, ob das stimmen kann. Wir erhalten

$$-\omega^2 = -c^2 k^2. \tag{13.23}$$

Dann graben wir aus den Tiefen der Erinnerung aus, dass gilt:

$$ck = c\frac{h}{\lambda} \tag{13.24}$$

$$E = hf, \ f = \frac{c}{\lambda} \tag{13.25}$$

$$E = hf = hc/\lambda \tag{13.26}$$

Wer sich nicht erinnern kann sieht bitte ganz vorne im Buch nach. Das Ganze stimmt also, wir haben jetzt wirklich zwei verschiedene Differentialgleichungen und dennoch den gleichen Lösungsansatz $u(z,t) = A_0 e^{i(kz-\omega t)}$.

13.1.3 Die Schrödinger-Gleichung

Herrn Schrödingers Hauptbeschäftigung war ja bekannterweise, sich mit dem Welle-Teilchen Dualismus herumzuärgern und ein einheitliches Bild dafür zu suchen. Soweit bekannt, und daher nicht überraschend, hat er dafür mit der Wellengleichung (13.19) von oben angefangen

$$\frac{1}{c^2}\frac{\partial^2}{\partial t^2}\psi(z,t) = \frac{\partial^2}{\partial z^2}\psi(z,t), \tag{13.27}$$

und auch den Lösungsansatz

$$\psi(z,t)z = Ae^{i(kz-\omega t)} \tag{13.28}$$

hat er sicher verwendet. Dann war klar, dass er in seinen Ansatz irgendwie die Formeln seiner Kollegen De-Broglie und Planck

$$p = \hbar k, \ E_{kin} = \frac{\hbar^2 k^2}{2m} = E - V, \ E = \hbar\omega, \tag{13.29}$$

reinwursteln musste. Auf der rechten Seite der Wellengleichung ist das leicht, er multiplizierte einfach alles mit $-\frac{\hbar^2}{2m}$ und erhielt einen schönen Ausdruck für die Energie:

$$-\frac{\hbar^2}{2m}\frac{\partial^2}{\partial z^2}\psi(z,t) = -\frac{\hbar^2}{2m}k^2\psi(z,t) = E_{kin} = E - V \tag{13.30}$$

Die linke Seite der Gleichung machte bei diesem Zugang aber nichts als Ärger:

$$-\frac{\hbar^2}{2m}\frac{1}{c^2}\frac{\partial^2}{\partial t^2}\psi(z,t) = -\frac{\hbar^2}{2m}\frac{1}{c^2}\frac{\partial^2}{\partial t^2}Ae^{i(kz-\omega t)} = \frac{\hbar^2}{2m}\frac{\omega^2{}^2}{c^2}\psi(z,t) \tag{13.31}$$

Was tun mit dem c, war nun die Frage. $c = \lambda f$ geht jedenfalls nicht, denn Elektronen bestehen ja nicht aus Licht. Also nehmen wir eher $c = v = p/m$:

$$-\frac{\hbar^2}{2m}\frac{\omega^2{}^2 m^2}{p^2}\psi(z,t) = -\frac{E^2 m^2}{2m\,p^2}\psi(z,t) = -\frac{E^2}{4p^2/2m}\psi(z,t) = -\frac{E}{4}\psi(z,t)$$
(13.32)

und das ist klarerweise falsch. Dann kam ihm, warum auch immer (genug Bier?), die geniale und nobelpreiswürdige Einsicht:

$$i\hbar\frac{\partial}{\partial t}Ae^{i(kz-\omega t)} = -\hbar\omega Ae^{i(kz-\omega t)} = E\psi(z,t)$$
(13.33)

Für alles zusammen also:

$$i\hbar\frac{\partial\psi}{\partial t} = \left(-\frac{\hbar^2}{2m}\frac{\partial^2}{\partial z^2} + V\right)\psi = E\psi.$$
(13.34)

Und das stimmt und gilt noch heute. Komisch muss das am Anfang aber schon gewesen sein: Komplexe Differentialgleichungen, sehr seltsam, was ist dann das ψ überhaupt usw. etc. Was lernen wir jetzt daraus? Erstens, die Schrödinger-Gleichung ist zwar schon irgendwie eine Wellengleichung, sie lässt sich aber nicht herleiten. Zweitens, der Lösungsansatz ist schon wieder mal $Ae^{i(kz-\omega t)}$, und damit haben wir bereits drei Differentialgleichungen mit diesem Lösungsansatz.

13.2   δ-Funktionen

In diesem Abschnitt eignen wir uns ein wenig Halbwissen über Diracsche δ-Funktionen an, weil Sie in den Übungen andauernd damit genervt werden und diese Dinger wirklich praktisch sein können. Wie Sie in den Halbleiterübungen gesehen haben sollten, führen selbst simple Barrieren oder Potentialtöpfe zu eher monströsen Gleichungssystemen, die analytisch nicht wirklich zu beherrschen sind. Delta-Funktionen ersparen Ihnen mindestens die Hälfte der Variablen und ermöglichen dennoch qualitativ richtige Aussagen. Wenn Sie sich jetzt denken: Wozu das Ganze, ich werfe mein Problem in den Simulator aus dem Internet, und fertig, ist die Antwort: Das ist eine gute Idee, aber der Herr Dirac hatte noch kein Internet, und außerdem ist es immer gut, eine qualitative, taschenrechnerkompatible Lösung zu haben, weil dann merkt man vielleicht früher, dass der Simulator im Nirvana des zuständigen Supercomputers herumrechnet. Das erspart Zeit, Geld und Blamagen.

Ein für Ingenieure guter, daher aber daher mathematisch eher nicht so präziser Crashkurs zum Thema Delta-Funktionen, fand sich auf der Uni Potsdam unter http://www.agnld.uni-potsdam.de/~frank/delta.pdf. Das alles habe ich hier inhaltlich einfach wieder mal gnadenlos kopiert, weil besser kann ich das auch nicht.

Wir lesen also in obiger Quelle nach und nehmen Folgendes staunend und in demütiger Anbetung zur Kenntnis: Die Diracsche Delta-Funktion ist keine Funktion im herkömmlichen mathematischen Sinn. Sie ist durch die nachfolgenden Integraldarstellungen definiert und nicht wirklich durch die Vorgabe einer eindeutigen Zuordnung von Argumenten und Funktionswerten. Sie ist eine sogenannte Distribution, auch Funktional genannt. Ihre Anwendung erfolgt vorwiegend in Funktionalbeziehungen des Typs

$$\int_{-\infty}^{+\infty} f(z)\delta(z - z_0)dz = f(z_0). \tag{13.35}$$

Wer will, kann die Delta-Funktion auch als Ableitung einer Stufenfunktion betrachten:

$$\Theta(z - z_0) = 0 \quad (z \leq z_0) \tag{13.36}$$

$$\Theta(z - z_0) = 1 \quad (z > z_0) \tag{13.37}$$

$$\frac{d}{dz}(\Theta(z - z_0)) = \delta(z - z_0) \tag{13.38}$$

Weiters gilt, nur so zur Info,

$$\delta(z) = \delta(-z), \tag{13.39}$$

$$\delta(f(z)) = \sum_i \frac{\delta(z - z_i)}{\frac{df(z_i)}{dz}}, \quad f(z_i) = 0, \tag{13.40}$$

$$\delta(az) = \frac{\delta(z)}{|a|} \tag{13.41}$$

und natürlich

$$\int_{-\infty}^{+\infty} \delta(z - z_0)dz = 1. \tag{13.42}$$

Oft ist es vorteilhaft, die Delta-Funktionen als Grenzwerte stetiger Funktionen darzustellen, z. B. als

$$\lim_{\varepsilon \to 0}\left(\frac{1}{\varepsilon\sqrt{\pi}}\exp -\frac{(z - z')^2}{\varepsilon^2}\right). \tag{13.43}$$

Darstellungen der Delta-Funktionen mit Fourier-Integralen sind ebenfalls beliebt, allerdings etwas mit Vorsicht zu genießen, da sie alle nur in Verbindung mit einem Integral als Integrand existieren

$$\delta(z - z_0) = \frac{1}{2\pi}\int_{-\infty}^{+\infty} e^{ik(z-z_0)}dk. \tag{13.44}$$

Kann das stimmen? Bei $z \neq z_0$ ist das Integral eher null oder nicht definiert, aber bei $z = z_0$ wird die Exponentialfunktion $e^{ik(z-z_0)} = 1$, und die Integration liefert

$$\int\limits_{-\infty}^{+\infty} 1 dz = z|_{-\infty}^{+\infty} = 2 \cdot \infty. \tag{13.45}$$

Ok, das ist wohl eher schlampig argumentiert, dafür leicht zu merken. Vorsicht: Die Normierungskonstanten sind in der Literatur uneinheitlich. Manchmal sieht man auch die Delta-Funktionen in Form einer Fourier-Transformation

$$\delta(z - z_0) = \frac{1}{\sqrt{2\pi}} \int\limits_{-\infty}^{+\infty} e^{-ik(z-z_0)} dk, \tag{13.46}$$

die angeblich den Vorfaktor beim Zurücktransformieren beibehält. Hausaufgabe: Nachrechnen mit *Wolfram Alpha* und mir das Ergebnis mailen.

So, das reicht jetzt für das tägliche Handwerk des Halbleiteristen. Schauen wir nun, was man damit machen kann. Die erste Anwendung sind Energiezustände in Quantentöpfen oder Quantentrögen (klingt herrlich nach Schweine füttern) bzw. die Streuung an δ-Barrieren. Zunächst braucht es aber einen Trick, der dann bei mehreren Problemen zum Einsatz kommt. Nehmen wir an, wir hätten irgendein negatives δ-Potential bei $z = 0$, also einen Topf, und schreiben mal kurz die Schrödinger-Gleichung hin:

$$-\frac{\hbar^2}{2m^*} \frac{\partial^2}{\partial z^2} \psi(z) - V_0 \delta(z) \psi(z) = E\psi(z) \tag{13.47}$$

Dann integrieren wir scheinbar sinnlos die Schrödinger-Gleichung in einem Intervall $[-a, +a]$ rund um Null. Heraus kommt

$$-\frac{\hbar^2}{2m^*} \int\limits_{-a}^{+a} \frac{\partial^2}{\partial z^2} \psi(z) \, dz - \int\limits_{-a}^{+a} V_0 \delta(z) \psi(z) \, dz = E \int\limits_{-a}^{+a} \psi(z) \, dz \tag{13.48}$$

und

$$-\frac{\hbar^2}{2m^*} \left[\psi'(a) - \psi'(-a) \right] - \int\limits_{-a}^{+a} V_0 \delta(z) \psi(z) \, dz = E \int\limits_{-a}^{+a} \psi(z) \, dz. \tag{13.49}$$

Jetzt bilden wir den Grenzwert für $a \to 0$. Man bekommt

$$\lim_{a \to 0} : -\frac{\hbar^2}{2m^*} \left[\psi'(0_+) - \psi'(0_-) \right] - V_0 \psi(0) = 0, \tag{13.50}$$

$$\left[\psi'(0_+) - \psi'(0_-) \right] = -\frac{2m^*}{\hbar^2} V_0 \psi(0), \tag{13.51}$$

und das ist bemerkenswert, weil hier plötzlich an der Grenzfläche zwischen zwei Gebieten, an der Wellenfunktionen zusammengestückelt werden, die Ableitungen der Wellenfunktionen eben gerade nicht mehr die gleichen sind, ganz im Gegensatz zu den üblichen Forderungen der Quantenmechanik. Gut, denken wir uns, so ein δ-Trog kann irgendwie als Grenzfall eines asymmetrischen Potentialtopfs betrachtet werden. Da sind die Ableitungen der Wellenfunktionen links und rechts sicher auch nicht gleich, also wird das schon passen. Hausaufgabe: Den nächsten Theoretiker zu diesem Thema befragen.

13.2.1 Zustände im δ-Topf

Schauen wir uns einmal die Energiezustände in einem Delta-Topf der Form $V(z) = -V_0\delta(z)$ an, wie er in Abb. 13.2 dargestellt ist. Die Wellenfunktionen (exponentiell abfallende Funktionen innerhalb der Barrieren links und rechts vom δ-Topf) in den Gebieten I + II lauten (im Gebiet I ist z negativ)

$$\Psi_1(z) = A_1 e^{kz}, \tag{13.52}$$

$$\Psi_2(z) = A_2 e^{-kz}. \tag{13.53}$$

Aus der Anschlussbedingung bei $z = 0$

$$\Psi_1(0) = \Psi_2(0) \tag{13.54}$$

bekommt man dann sofort

$$A_1 = A_2 = A. \tag{13.55}$$

Jetzt nehmen wir den Trick von oben (Gl. 13.51)

$$\Psi_2{}'(0) - \Psi_1{}'(0) = -\frac{2m^*V_0}{\hbar^2}\Psi(0) = -\frac{2m^*V_0}{\hbar^2}A \tag{13.56}$$

und erhalten

$$Ak\left(e^{k\cdot 0} + e^{-k\cdot 0}\right) = 2Ak = -\frac{2m^*V_0}{\hbar^2}A. \tag{13.57}$$

Abb. 13.2 δ-förmiger Potentialtopf der Tiefe V_0

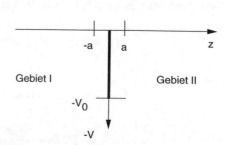

k berechnet sich damit zu

$$k = -\frac{m^* V_0}{\hbar^2}. \tag{13.58}$$

Und für die Energie bekommen wir schließlich

$$E = \frac{\hbar^2 k^2}{2m^*} = \frac{m^* V_0^2}{2\hbar^2}. \tag{13.59}$$

Man sieht, im Delta-Topf gibt es bemerkenswerterweise nur genau einen Zustand!

13.2.2 Streuung am δ-Topf

Nachdem wir den gebundenen Zustand im Delta-Topf gefunden haben, interessieren wir uns jetzt für die freien Teilchen mit einer Energie $E \geq 0$ oberhalb der Topfkante. Alles läuft wie im letzten Abschnitt, nur die Wellenfunktionen sind jetzt andere, nämlich:

$$\Psi_1(z) = A_1 e^{ikz} + B_1 e^{-ikz} \tag{13.60}$$

$$\Psi_2(z) = A_2 e^{ikz} + B_2 e^{-ikz} \tag{13.61}$$

Die Anpassbedingungen liefern jetzt

$$\Psi_1(0) = \Psi_2(0), \tag{13.62}$$

$$1 + B_1 = A_2. \tag{13.63}$$

Der Trick mit den Delta-Funktionen von weiter vorne (Gl. 13.51) führt zu

$$\Psi_2'(0) - \Psi_1'(0) = \frac{-2m^* V_0}{\hbar^2} \Psi(0) = \frac{-2m^* V_0}{\hbar^2} A_2 \tag{13.64}$$

$$ik - ikB_1 - ikA_2 = \frac{-2m^* V_0}{\hbar^2} A_2 \tag{13.65}$$

Jetzt setzen wir für A_2 ein und haben dann nur noch B_1 in der Gleichung, und das ist die Amplitude der reflektierten Welle:

$$ik - ikB_1 - ik(1 + B_1) = \frac{-2m^* V_0}{\hbar^2}(1 + B_1) \tag{13.66}$$

$$ik - ikB_1 - ik - ikB_1 = \frac{-2m^* V_0}{\hbar^2} + \frac{-2m^* V_0}{\hbar^2} B_1 \tag{13.67}$$

$$-2ikB_1 - \frac{-2m^* V_0}{\hbar^2} B_1 = \frac{-2m^* V_0}{\hbar^2} \tag{13.68}$$

$$B_1 = \frac{\frac{2m^*V_0}{\hbar^2}}{2ik - \frac{2m^*V_0}{\hbar^2}} \tag{13.69}$$

$$R = |B_1|^2 \tag{13.70}$$

$$T = 1 - R \tag{13.71}$$

13.2.3 Das Kronig-Penney-Modell mit δ-Funktionen

Das Kronig-Penney-Modell ist ein einfaches eindimensionales Modell eines Kristalls, bestehend aus einer periodischen Anordnung von Atomen, welche einen Abstand a voneinander haben. Die Atome werden am besten durch Coulombpotentiale beschrieben, einfachere Potentiale liefern aber auch schon ganz brauchbare Resultate. Im Kap. 1 finden Sie die Herleitung für rechteckige Potentialtöpfe; hier im Anhang kümmern wir uns um das deutlich einfachere Kronig-Penney-Modell mit δ-förmigen Potentialen. Die Potentiallandschaft sehe folgendermaßen aus (Abb. 13.3)

$$V(z) = -V_0 \sum_{n=-\infty}^{+\infty} \delta(z - na), \tag{13.72}$$

und wir interessieren uns wie im letzten Abschnitt für die erlaubten Energien im Bereich $E \geq 0$. Die Wellenfunktionen zwischen den Potentialtöpfen sind ebene Wellen. Im Bereich $0 \leq z \leq a$ haben wir z. B.

$$\psi_1(z) = Ae^{i\alpha z} + Be^{-i\alpha z}, \tag{13.73}$$

mit

$$\alpha = \sqrt{2mE/\hbar^2}. \tag{13.74}$$

Wegen der Periodizität des Potentials ist die Wellenfunktion ψ_2 auf der rechten Seite des Topfes bei $z = a$ gleich der Wellenfunktion bei $z = -a$:

$$\psi_2(z) = \psi_1(z - a) = \left(Ae^{i\alpha(z-a)} + Be^{-i\alpha(z-a)}\right) \tag{13.75}$$

Abb. 13.3 Ausschnitt aus einer unendlich langen Kette von δ-förmigen Potentialtöpfen der Tiefe V_0 in der Nähe von $z = 0$

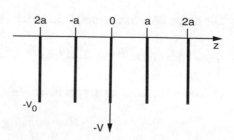

Jetzt verwenden wir das Bloch-Theorem $\psi\,(z - a) = \psi\,(z)\,e^{-ika}$ für ψ_2:

$$\psi_2\,(z) = \psi_1\,(z - a) = \psi\,(z)\,e^{-ika} \tag{13.76}$$

Einsetzen in Gl. 13.75, liefert

$$\left(Ae^{i\alpha(z-a)} + Be^{-i\alpha(z-a)}\right) = \left(Ae^{i\alpha z} + Be^{-i\alpha z}\right)e^{-ika}. \tag{13.77}$$

Wie üblich fordern wir jetzt die Stetigkeit bei $z = a$

$$\psi_1\,(a) = \psi_2\,(a)\,, \tag{13.78}$$

und wir erhalten

$$A + B = \left(Ae^{i(\alpha a - ka)} + Be^{-i(\alpha a + ka)}\right). \tag{13.79}$$

Jetzt brauchen wir noch die Stetigkeit der Ableitungen bei $z = a$, welche wir mit dem Trick aus dem letzten Abschnitt bekommen.

$$\frac{d\psi_2\,(a)}{dz} - \frac{d\psi_1\,(a)}{dz} = -\frac{2mV_0}{\hbar^2}\psi_1\,(a)\,. \tag{13.80}$$

Einsetzen liefert

$$i\alpha\,(A - B)\,e^{+ika} - i\alpha\left(Ae^{i\alpha a} - Be^{-i\alpha a}\right) = -\frac{2mV_0}{\hbar^2}\left(Ae^{i\alpha a} + Be^{-i\alpha a}\right). \tag{13.81}$$

Jetzt haben wir zwei Gleichungen mit zwei Unbekannten, die wir nun passend zusammensortieren müssen. Zuerst kümmern wir uns um die Stetigkeit der Wellenfunktionen

$$A + B - \left(Ae^{i(\alpha a - ka)} + Be^{-i(\alpha a + ka)}\right) = 0, \tag{13.82}$$

$$A\left(1 - e^{i(\alpha a - ka)}\right) + B\left(1 - e^{-i(\alpha a + ka)}\right) = 0, \tag{13.83}$$

und dann um die Stetigkeit der Ableitungen

$$i\alpha\,(A - B)\,e^{+ika} - i\alpha\left(Ae^{i\alpha a} - Be^{-i\alpha a}\right) + \frac{2mV_0}{\hbar^2}\left(Ae^{i\alpha a} + Be^{-i\alpha a}\right) = 0. \tag{13.84}$$

Die obige Gleichung multiplizieren wir ein wenig aus und sortieren die Terme um:

$$i\alpha Ae^{+ika} - i\alpha Ae^{+i\alpha a} + \frac{2mV_0}{\hbar^2}Ae^{i\alpha a} + \frac{2mV_0}{\hbar^2}Be^{-i\alpha a} - i\alpha Be^{+ika} + i\alpha Be^{-i\alpha a} = 0 \tag{13.85}$$

In Summe haben wir jetzt ein homogenes Gleichungssystem,

$$A\left(1 - e^{i(\alpha a - ka)}\right) + B\left(1 - e^{-i(\alpha a + ka)}\right) = 0, \tag{13.86}$$

$$A \left(i\alpha e^{+ika} - i\alpha e^{+i\alpha a} + \frac{2mV_0}{\hbar^2} e^{i\alpha a} \right) + B \left(\frac{2mV_0}{\hbar^2} e^{-i\alpha a} - i\alpha e^{+ika} + i\alpha e^{-i\alpha a} \right) = 0 \quad (13.87)$$

das nur eine Lösung hat, wenn die Koeffizientendeterminante gleich null ist. Für die Determinante bekommen wir mit der Regel Hauptdiagonale minus Nebendiagonale

$$\left(1 - e^{i(\alpha a - ka)} \right) \left(\frac{2mV_0}{\hbar^2} e^{-i\alpha a} - i\alpha e^{+ika} + i\alpha e^{-i\alpha a} \right)$$
$$- \left(1 - e^{-i(\alpha a + ka)} \right) \left(i\alpha e^{+ika} - i\alpha e^{+i\alpha a} + \frac{2mV_0}{\hbar^2} e^{i\alpha a} \right) = 0. \quad (13.88)$$

Das Ausmultiplizieren ist langweilig und zäh, braucht einige Konzentration und ist daher eine gute Fehlerquelle, vor allem bei den entsprechenden Vorzeichen:

$$\frac{2mV_0}{\hbar^2} e^{-i\alpha a} \left(1 - e^{i(\alpha a - ka)} \right) - i\alpha e^{+ika} \left(1 - e^{i(\alpha a - ka)} \right)$$
$$+ i\alpha e^{-i\alpha a} \left(1 - e^{i(\alpha a - ka)} \right) - i\alpha e^{+ika} \left(1 - e^{-i(\alpha a + ka)} \right)$$
$$+ i\alpha e^{+i\alpha a} \left(1 - e^{-i(\alpha a + ka)} \right) - \frac{2mV_0}{\hbar^2} e^{i\alpha a} \left(1 - e^{-i(\alpha a + ka)} \right) = 0 \quad (13.89)$$

Nun ziehen wir die e^{blabla}-Terme in die Klammern hinein

$$\frac{2mV_0}{\hbar^2} \left(e^{-i\alpha a} - e^{i(\alpha a - ka)} e^{-i\alpha a} \right) - i\alpha \left(e^{+ika} - e^{i(\alpha a - ka) + ika} \right)$$
$$+ i\alpha \left(e^{-i\alpha a} - e^{i(\alpha a - ka)} e^{-i\alpha a} \right) - i\alpha \left(e^{+ika} - e^{-i(\alpha a + ka)} e^{+ika} \right) \quad (13.90)$$
$$+ i\alpha \left(e^{+i\alpha a} - e^{-i(\alpha a + ka)} e^{+i\alpha a} \right) - \frac{2mV_0}{\hbar^2} \left(e^{i\alpha a} - e^{-i(\alpha a + ka)} e^{i\alpha a} \right),$$

und fassen zusammen

$$\frac{2mV_0}{\hbar^2} \left(e^{-i\alpha a} - e^{-ika} \right) - i\alpha \left(e^{+ika} - e^{i\alpha a} \right) + i\alpha \left(e^{-i\alpha a} - e^{i(\alpha a - ka)} e^{-i\alpha a} \right)$$
$$- i\alpha \left(e^{+ika} - e^{-i\alpha a} \right) + i\alpha \left(e^{+i\alpha a} - e^{-ika} \right) - \frac{2mV_0}{\hbar^2} \left(e^{i\alpha a} - e^{-ika} \right) = 0. \quad (13.91)$$

Diese Formel ist lang und unübersichtlich, und erinnert damit an ein großes Obst- und Gemüseregal im Biomarkt, welches sich am Abend aber schon in einem schlechtem Zustand befindet. Jetzt gilt es, das restliche Obst und Gemüse zu sortieren und für den Verkauf am nächsten Tag zu retten.

$$\frac{2mV_0}{\hbar^2} \left(e^{-i\alpha a} - e^{-ika} \right) - \frac{2mV_0}{\hbar^2} \left(e^{i\alpha a} - e^{-ika} \right)$$
$$- i\alpha \left(e^{+ika} - e^{+i\alpha a} \right) + i\alpha \left(e^{-i\alpha a} - e^{-ika} \right) \quad (13.92)$$
$$- i\alpha \left(e^{+ika} - e^{-i\alpha a} \right) + i\alpha \left(e^{+i\alpha a} - e^{-ika} \right) = 0$$

Nach dem Sortieren erkennen wir, dass wir einiges wegwerfen müssen. Der Rest sieht auch nicht wirklich ansehnlich aus und ist daher in dieser Form nicht verkäuflich. Teures, aber noch brauchbares Bio-Obst, das sich nicht verkaufen lässt, wird aber sicher nicht unökologisch und unökonomisch weggeworfen, sondern kommt sortenrein getrennt in Fässer und wird dort gewinnbringend vergoren

$$
\begin{aligned}
&-\frac{2mV_0}{\hbar^2}\left(e^{i\alpha a}-e^{-i\alpha a}\right) \\
&+i\alpha\left(-e^{+ika}-e^{-ika}+e^{+i\alpha a}+e^{-i\alpha a}\right) \\
&+i\alpha\left(-e^{+ika}-e^{-ika}+e^{+i\alpha a}+e^{-i\alpha a}\right)=0.
\end{aligned}
\tag{13.93}
$$

Diese Prozedur lohnt sich, denn nach passender Destillation erhalten wir in unserem Fall fünf Behälter mit drei tadellosen Nusslikören

$$
-\frac{2mV_0}{\hbar^2}\,2i\,\sin(\alpha a)-2i\alpha\cos(ka)+2i\alpha\cos(\alpha a)-2i\alpha\cos(ka)+2i\alpha\cos(\alpha a)=0,
\tag{13.94}
$$

die wir jetzt aber durch $2i\alpha$ teilen und dann zum Verkauf in drei hübsche Flaschen abfüllen

$$
-\frac{2mV_0}{\alpha\hbar^2}\,\sin(\alpha a)-2\cos(ka)+2\cos(\alpha a)=0.
\tag{13.95}
$$

Jetzt stellen wir unsere Sinuss- und Kosinussliköre frohgemut und wohlsortiert in das Regal mit den teuren Delikatessen, denn wir haben ja schließlich nach harter Handwerksarbeit in bester Bio-Qualität etwas bekommen, das in normalen Supermärkten vielleicht auch in den Regalen steht, aber eben nur in billiger Qualität und von zweifelhafter Herkunft:

$$
\cos(ka)=\cos(\alpha a)-\frac{mV_0}{\alpha\hbar^2}\,\sin(\alpha a)\,.
\tag{13.96}
$$

Wohl bekommst, wie man so schön sagt.

13.3   Fourier-Transformationen

Zunächst einmal: Danke Herr Fourier, das muss schon gesagt werden, und natürlich ‚vive la France'!

13.3.1 Fourier für Dummies

Eine formalmathematisch korrekte Herleitung von Fourier-Transformationen und ihrer Anwendungen ist eher zu lang für dieses Kapitel und daher beschränken wir uns auf intuitiv einsichtige und gut merkbare populärwissenschaftliche Argumente für Dummies. Stellen Sie sich vor, Sie hätten irgendeine halbwegs brave periodische Funktion $f(z)$ ohne Pole im Intervall von $-\pi$ bis $+\pi$. Joseph Fourier, ein mathematisch begabter Franzose mit interessantem Lebenslauf in der Zeit von Napoleon, meinte dann, dass man das so hinschreiben könnte:

$$
f(z,m)=\frac{a_0}{2}+\sum_{n=1}^{m}a_n\cos(nz)+b_n\sin(nz)
\tag{13.97}
$$

Das ist irgendwie einsichtig. Nach vielen Additionstheoremen für Sinüsse, Kosinüsse und sonstiges Studentenfutter landet man dann schließlich bei den Formeln für die Fourier-Koeffizienten:

$$a_0 = \frac{1}{\pi} \int\limits_{-\pi}^{+\pi} f(z)\,dz \tag{13.98}$$

$$a_m = \frac{1}{\pi} \int\limits_{-\pi}^{+\pi} f(z)\cos(mz)\,dz \tag{13.99}$$

$$b_m = \frac{1}{\pi} \int\limits_{-\pi}^{+\pi} f(z)\sin(mz)\,dz \tag{13.100}$$

Mit Hilfe von komplexen Zahlen kann man das ein wenig verallgemeinern. Wir erinnern uns:

$$e^{ikz} = \cos(kz) + i\sin(kz) \tag{13.101}$$

Es ist also nicht verwunderlich, dass man diese Koeffizienten in verallgemeinerter komplexer Form jetzt so hinschreiben kann (Vorsicht: Die Normierungskonstanten sind in der Literatur uneinheitlich):

$$g(k) = \frac{1}{\sqrt{2\pi}} \int\limits_{-\infty}^{+\infty} f(z)\,e^{ikz}dz \tag{13.102}$$

$$f(z) = \frac{1}{\sqrt{2\pi}} \int\limits_{-\infty}^{+\infty} g(k)\,e^{-ikz}dk \tag{13.103}$$

Durch Umskalieren der z-Achse muss die Funktion nicht unbedingt genau auf dem Intervall $[-\pi, +\pi]$ periodisch sein, sondern eben nur irgendwie periodisch, und was nicht periodisch ist (z. B. Messdaten), wird künstlich periodisch gemacht. Ganz wichtig: Die Variablen müssen auch nicht k und z heißen, sondern sie heißen auch gerne mal t und ω. Die Integrale gehen dafür ebenfalls von $-\infty$ bis $+\infty$.

13.3.2 Wellenpakete

Ein Wellenpaket, eine Wellengruppe oder ein Wellenzug ist eine räumlich oder zeitlich begrenzte Welle. Wie wir im letzten Abschnitt gesehen haben, kann ein Wellenpaket also durch eine Überlagerung mehrerer ebener Wellen dargestellt werden. Formelmäßig sieht das dann so aus:

$$\psi(z,\ t) = \sum_j C_j e^{i(\omega_j t - k_j z)} \tag{13.104}$$

Dabei sind die Amplituden jeder einzelnen ebenen Welle beliebig und bestimmen die spezielle Struktur des Wellenpakets. Die einzelnen ebenen Wellen sind jeweils monochromatisch mit der Kreisfrequenz ω_j. Das Wellenpaket insgesamt hat dagegen keine einzelne Frequenz, sondern eine Frequenzverteilung. Die Wellenzahl k_j ist gegeben durch $k_j = \omega_j/c_{\omega_j}$. Dabei ist c_{ω_j} die Phasengeschwindigkeit der ebenen Welle, die je nach Medium frequenzabhängig sein kann (Dispersion). Dieses führt zum Zerlaufen des Wellenpakets mit der Zeit. Ist ω frequenzunabhängig, so ist das Medium dispersionsfrei und das Wellenpaket verändert seine Form zeitlich nicht. Dispersion ist aber ein Thema für sich und sprengt den Rahmen dieses Kapitels. Wer mehr wissen will lese bitte das wirklich exzellente Buch meines Kollegen Georg Reider über Photonik (Reider 2012).

Ein Wellenpaket ist, genau wie eine ebene Welle, eine Lösung der allgemeinen Wellengleichung:

$$\frac{\partial^2 \psi}{\partial z^2} = \frac{1}{c^2} \frac{\partial^2 \psi}{\partial t^2} \tag{13.105}$$

Man beachte bitte den Unterschied zwischen dieser Wellengleichung und der Schrödinger-Gleichung. Erstaunlicherweise erfüllen die richtigen Wellenpakete beide Gleichungen. Man hat weiterhin eine Lösung der Wellengleichung, wenn man von der Summe zum Integral übergeht. Man hat dann aber keine Koeffizienten mehr, sondern eine Amplitudenverteilung, die jetzt von der Wellenzahl k abhängt:

$$\psi(z,\ t) = \int\limits_{-\infty}^{+\infty} C(k) e^{i(wt-kz)} dk \tag{13.106}$$

Ein häufig verwendetes Beispiel für ein Wellenpaket ist das Gaußsche Wellenpaket. Hierbei handelt es sich um eine Welle, deren Amplitudenverteilung eine Gauß-Verteilung ist. Eine Besonderheit des Gaußschen Wellenpakets liegt darin, dass die Fourier-Transformation einer Gauß-Funktion wieder eine Gauß-Funktion ergibt. Somit führt die Vorgabe einer gaußverteilten Amplitudenverteilung im k-Raum auf eine gaußförmige Welle im Ortsraum. Umgekehrt gilt dieses auch. Zusätzlich ist das Gaußsche Wellenpaket dasjenige Wellenpaket mit der geringsten Unschärfe, d. h. bei keinem anderen Wellenpaket ist das Produkt aus Breite der Welle im Ortsraum und ihrer Breite im k-Raum geringer. Nun setzen wir in obige Gleichung für die Amplitudenverteilung eine Gauß-Funktion ein:

$$C(k) = \exp\left(-\frac{(k-k_0)^2}{(2a)^2}\right) \tag{13.107}$$

Nach der Integration zum Zeitpunkt $t = 0$ bekommt man (Vorsicht, dieses Integral ist vermutlich eklig, *Wolfram Alpha* ist dringend empfohlen)

$$\psi(z,\ t=0) = \left(\frac{2}{\pi a^2}\right)^{1/4} \exp\left(\frac{-z}{a^2}\right) e^{ik_0 z}, \tag{13.108}$$

Abb. 13.4 Gaußförmiges
Wellenpaket im Ortsraum

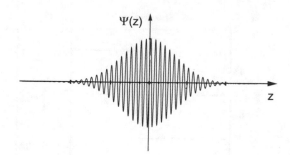

also wieder ein gaußförmiges Wellenpaket. Abb. 13.4 zeigt das Ergebnis. Anwendungen dafür gibt es in vielen Gebieten, z. B. Wasserwellen wie die allseits beliebten Monsterwellen im Bermuda-Dreieck, Materiewellen in der Quantenmechanik, und natürlich auch kurze Laserpulse in der Optik.

13.3.3 Herr Fourier im Auto

Das bringt uns sofort zu unserer ersten praktischen Anwendung, wir fouriertransformieren mal eine δ-Funktion. Wir erinnern uns dazu zuerst daran, dass das Integral über das Produkt einer Delta-Funktion $\delta\,(t - t_0)$ und irgend einer Funktion $f(t)$ den Wert $f(t_0)$ liefert. Nehmen wir also eine δ-Funktion mit der Amplitude A, nämlich $A\delta\,(t - t_0)$, und transformieren:

$$g(\omega) = \frac{1}{\sqrt{2\pi}} \int\limits_{-\infty}^{+\infty} A\delta\,(t - t_0)\,e^{i\omega t}\,d\omega = \frac{1}{\sqrt{2\pi}} A e^{i\omega t_0} \tag{13.109}$$

Wozu soll das gut sein? Sie fahren mit dem Auto durch die Gegend, und irgendwo in Ihrem Auto scheppert irgendetwas, und zwar vermutlich der schon lange gesuchte Schlüsselbund. Beim Fahren ist das Geräusch nicht zu lokalisieren, also bleiben Sie stehen und beaufschlagen das Auto mit δ-Funktionen, sprich, Sie hauen mit der Faust auf die Karosserie, reintreten geht auch. Wenn Sie auf obige Formel (13.109) schauen, sehen Sie, dass im Frequenzraum für alle ω die Amplitude immer gleich ist, sprich, das Frequenzspektrum einer $\delta(t-t_0)$ Funktion ist komplett weiß und enthält damit die Resonanzfrequenz Ihres gesuchten Schlüsselbundes. Durch ein wenig Herumklopfen auf dem Auto oder gezieltes Reintreten sollte der Schlüssel schnell gefunden sein. Anschließend einsteigen, weiterfahren und abends am Biertisch stolz das erworbene Wissen über Fourier-Transformationen weitergeben.

13.3.4 Herr Fourier im Filter

Sie haben irgendeine elektronische Filterschaltung und wollen wissen, welche Verstärkung diese Schaltung als Funktion der Frequenz hat? Schicken Sie einfach eine

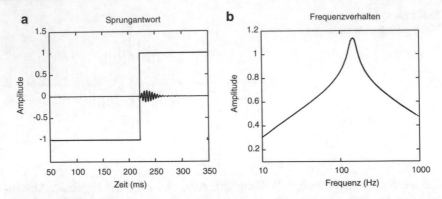

Abb. 13.5 a Sprung und Sprungantwort eines Bandpassfilters. **b** Zugehöriges Bode-Diagramm dieses Bandpassfilters gewonnen aus einer Fourier-Transformation. (Originaldaten aus der Laborübung Technische Elektronik)

elektronische Delta-Funktion in diese Schaltung oder einen elektronischen Sprung, das macht keinen Unterschied. Anschließend messen Sie die Sprungantwort mit der Datenerfassungssoftware *Labview* und erhalten nach minimalstem Programmieraufwand ein schönes Frequenzspektrum, wie es in Abb. 13.5 dargestellt ist.

Hausaufgabe: Die Sprungantwort und das Bode-Diagramm mit einem Digitalfilter in *Labview* programmieren. Sie können auch weißes Rauschen in die Schaltung schicken, das funktioniert auch, echt und wirklich, ich habe es selbst probiert.

13.3.5 Herr Fourier in Differentialgleichungen

Herr Fourier ist auch in Differentialgleichungen sehr behilflich, aber natürlich nur, wenn man diese Möglichkeit erkennt. Schauen wir doch mal auf die sogenannte Diffusionsgleichung. Vorsicht: die folgende Betrachtung ist vermutlich ziemlich schlampig, aber es geht nur um die Idee.

$$\frac{\partial}{\partial t} n(z,t) = D \frac{\partial^2}{\partial z^2} n(z,t), \tag{13.110}$$

$$n(z,0) = n_0(z). \tag{13.111}$$

$n(z,t)$ ist irgendeine Dichte von irgendetwas (Elektronen, Gas, Hustensaft im Wasserglas, etc.), das gerne durch die Gegend diffundiert, in unserem Beispiel aber nur in z-Richtung. Dann fouriertransformieren wir das $n(z,t)$ in den k-Raum und erhalten

$$n(k,t) = \frac{1}{\sqrt{2\pi}} \int\limits_{-\infty}^{+\infty} n(z,t) e^{ikz} dz. \tag{13.112}$$

Jetzt einsetzen:

$$\frac{\partial}{\partial t} \frac{1}{\sqrt{2\pi}} \int_{-\infty}^{+\infty} n\,(z,t)\,e^{ikz}dz = D\frac{\partial^2}{\partial z^2} \frac{1}{\sqrt{2\pi}} \int_{-\infty}^{+\infty} n\,(z,t)\,e^{ikz}dz \qquad (13.113)$$

Jetzt wird es etwas trickreich. Auf der rechten Seite kann man partiell integrieren. Der erste Term aus der partiellen Integration ist null, der zweite liefert durch die zweimalige Ableitung nach t am Ende ein $-k^2$. Auf der linken Seite muss man gar nichts tun. Der Faktor $\frac{1}{\sqrt{2\pi}}$ kürzt sich weg, und wenn wir nochmal auf Gl. 13.112 schauen, erkennen wird das erstaunlich einfache Zwischenergebnis

$$\frac{\partial}{\partial t} n\,(k,t) = -Dk^2 n\,(k,t). \qquad (13.114)$$

Und die Lösung ist ebenfalls simpel, nämlich

$$n\,(k,t) = e^{-Dk^2 t}. \qquad (13.115)$$

Für die Quantenmechanik gibt es solche Anwendungen auch. Hausaufgabe: Selber suchen. Nachbemerkung: Mathematik ist wirklich super, wenn man nur etwas mehr davon verstehen würde.

13.4 Wie zeichne ich ein Bandschema?

Die Standardaufgabe des Halbleiteristen ist: Zeichne ein schematisches Leitungsbandprofil irgendeines Halbleiterbauelements und vergiss auch das Valenzband nicht. Äh, und zusätzlich sollte man das auch mit angelegter Spannung machen können. Am besten erläutert sich diese Sache mit ein paar Beispielen. Wir starten daher mit einer Schottky Diode, wie in Abb. 13.6 dargestellt.

13.4.1 Schottky-Diode

Wir erinnern uns: Eine Schottky-Diode besteht aus einem Halbleiter, in unserem Fall n-Typ, auf dem ein Metall aufgebracht ist. Auch schon ohne Metall hat jede Halbleiteroberfläche ein Problem, nämlich dass jedes Oberflächenatom offene Bindungen hat, denn der Kristall ist an der Oberfläche ja zu Ende. Diese offenen Bindungen suchen alle ein Partnerelektron, egal woher es kommt. Viele Möglichkeiten gibt es dafür nicht, und somit holt sich die Oberfläche die Elektronen von den Donatoren und ist daher massiv negativ aufgeladen. Im Halbleiter bleiben unter der Oberfläche positiv geladene Donatoren zurück und bilden die Raumladungszone, die, nicht vergessen, isolierend ist (Hausaufgabe: Herausfinden, warum). Was sich auch noch ausbildet, ist die Barrierenhöhe V_b an der Oberfläche. Die Höhe dieser Barriere ist nicht so einfach auszurechnen, und man muss sich dazu vermutlich auf atomarer

Abb. 13.6 Schottky-Diode
mit angelegter Spannung. **a**
U = 0 V, **b** U > 0 V,
Durchlassrichtung, **c**
U < 0 V, Sperrrichtung. V_b
Barrierenhöhe am
Metall-Halbleiterübergang,
d_{RLZ} Dicke der
Raumladungszone

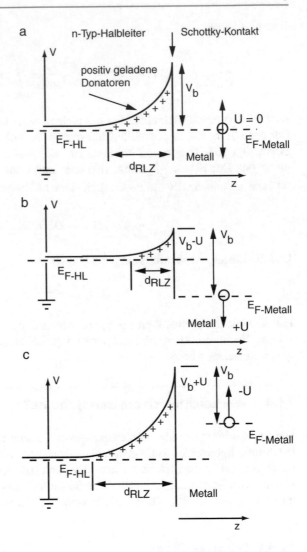

Basis um die genaue Gestalt der Oberfläche kümmern. Als Faustregel gilt jedoch $V_b = E_g/2$ (E_g: Bandlücke). Bringt man zusätzlich ein Metall auf die Oberfläche auf, ändert sich grundsätzlich nichts Wesentliches. Je nach Metall holt sich die Oberfläche zusätzliche Elektronen aus dem Metall oder auch nicht. Als Resultat ändert sich der Wert von V_b ein wenig, aber nicht um Faktoren. Das Fermi-Niveau im Halbleiter und im Metall ist überall gleich.

Wird eine Spannung angelegt, gibt es eine Differenz der Fermi-Niveaus in den Kontakten, also im Metall und im Halbleiter. Merken Sie sich bitte folgende Regeln (Abb. 13.6):

- Der Halbleiter sei immer auf Masse.
- Eine negative Spannung schiebt dann das Fermi Niveau im Metall nach oben.

- Die Raumladungszone wird breiter, die Barrierenhöhe steigt.
- Es fließen Elektronen vom Metall in den Halbleiter (Sperrstrom).
- Eine positive Spannung schiebt das Fermi-Niveau im Metall nach unten.
- Die Raumladungszone wird schmaler, die Barrierenhöhe sinkt.
- Es fließen Elektronen vom Halbleiter in das Metall (Durchlasstrom).

Hausaufgabe: Zeichnen Sie die Situation für einen p-Typ-Halbleiter und den Stromfluss von Löchern.

13.4.2 pn-Übergang

Im n-Typ-Halbleiter klebt das Fermi-Niveau bekanntlich kurz unter der Leitungsbandkante, im p-Typ-Halbleiter über der der Valenzbandkante. Sowohl im n- als auch im p-Typ-Halbleiter sind alle Atome neutral. Wir zeichnen also zuerst einmal ein durchgehendes Fermi-Niveau wie in Abb. 13.8a. Dann zeichnen wir links die Lage des Leitungs- und Valenzbandes des n-Typ-Halbleiters ein, rechts dasselbe für den p-Typ-Halbleiter. Dazwischen lassen wir genügend Platz.

Abb. 13.7 Prozedur zum Zeichnen eines pn-Übergangs. **a** Der p- und n-Typ-Halbleiter sind noch getrennt, die Fermi-Niveaus E_{Fp} und E_{Fn} wurden bereits auf gleiche Höhe geschoben. **b** Man überlegt sich die Bandverbiegung. Positive geladene Donatoratome ergeben eine Verbiegung gegen den Uhrzeigersinn, negativ geladene Akzeptoren verbiegen das Band im Uhrzeigersinn. **c** Der pn-Übergang im zusammengeklebten Zustand

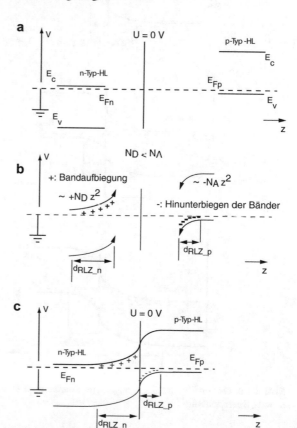

Wie wir schon gesehen haben, bildet sich im Bereich des fertigen pn-Übergangs eine Raumladungszone aus, da zum Anpassen der Bänder Elektronen von den Donatoren ins p-Gebiet wechseln müssen, genauso wie die Löcher von den Akzeptoren in das n-Gebiet wandern. Wie sehen aber nun die resultierenden Bandverbiegungen aus? Im n-Typ-Halbleiter wird das Band wegen der positiv geladenen Donatoren nach oben gebogen, im p-Typ-Halbleiter wegen der negativ geladenen Akzeptoren nach unten (Abb. 13.7). Nicht vergessen: Bei hohen Dotierungen sind die Raumladungszonen schmal, bei niedrigen Dotierungen sind diese breit. Die Leitungsbandkante und die Valenzbandkante sind immer parallel. Der Bandverlauf an der Grenzfläche zwischen n- und p-Gebiet hat normalerweise die gleiche Ableitung, da meistens die Dielektrizitätskonstanten in beiden Gebieten die gleichen sind.

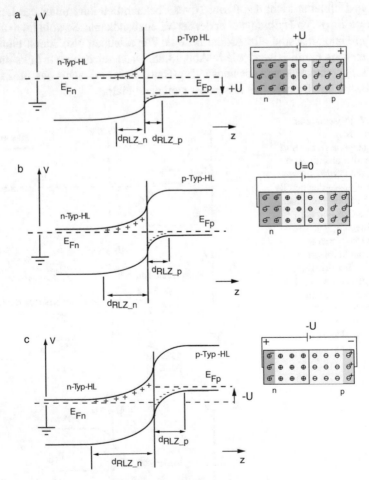

Abb. 13.8 Der pn-Übergang mit angelegter Spannung. **a** $U > 0$, Durchlassrichtung. **b** $U = 0$. **c** $U < 0$, Sperrrichtung

Anschließend schieben wir alles zusammen, und fertig ist der pn-Übergang. Hinweis: Die Schottky-Diode auf einem n-Typ-Halbleiter ist der Grenzfall eines pn-Übergangs (eigentlich np-Übergangs) mit extrem hoher p(!)-Typ Dotierung.

Wie das Ganze mit angelegter Spannung aussieht, zeigt uns Abb. 13.8. Für positive Spannungen (Abb. 13.8a) verringert sich die Barriere zwischen dem n- und p-Gebiet. Die Diode ist in Durchlassrichtung gepolt. Die angelegte Spannung ist die Differenz der Quasi-Fermi-Niveaus im n- und p-Gebiet. (Abb. 13.8b). Beide Raumladungszonen werden in dieser Spannungsrichtung kleiner, die Kapazität der Diode steigt. Für negative Spannungen ist die Diode in Sperrrichtung gepolt, die Barriere zwischen den n- und p-Gebiet wird größer. Die Raumladungszonen werden breiter, die zugehörige Kapazität sinkt (Abb. 13.8c). Für die Änderung der Breite der Raumladungszonen

Abb. 13.9 Prozedur zum Zeichnen der Bandprofils einer Heterostruktur. **a** pn-Übergang der Heterostruktur, noch ohne die Sprünge in den Bändern. **b** Die Sprünge im Leitungsband und Valenzband werden eingezeichnet. **c** Die Heterostruktur wird wieder zusammengeklebt. **d** Der entstandene Unterschied in den Fermi-Niveaus wird wieder ausgeglichen. Hausaufgabe: Zeichnen Sie die selbe Situation für eine Typ-II-Heterostruktur

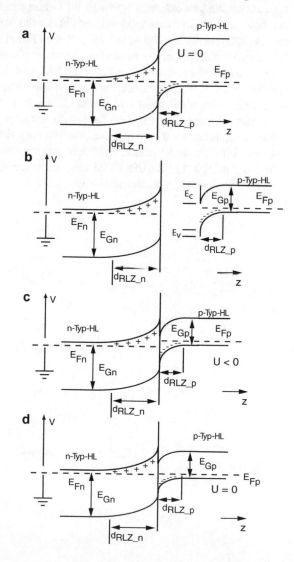

mit der angelegten Spannung gelten die Regeln: Kleine Dotierung – große Breitenänderung, hohe Dotierung ($> 10^{18} \mathrm{cm}^{-3}$) – vernachlässigbare Breitenänderung im
Vergleich zum niedrig dotierten Gebiet.

13.4.3 Heterostruktur

Wir tun zuerst so, als gäbe es keinen Bandlückenunterschied zwischen den Materialien, und zeichnen zuerst den Bandverlauf für den pn-Übergang der Heterostruktur wie weiter oben beschrieben (Abb. 13.9a). Dann nehmen wir den fertigen pn-
Übergang und trennen diesen wieder auf. (Abb. 13.9b). Anschließend zeichnen wir
z. B. rechts die gewünschten Sprünge im Leitungsband und Valenzband zwischen
den beiden Halbleitern ein und justieren die Bandlücke im Halbleiter rechts. In unserem Beispiel sei der Halbleiter mit der größeren Bandlücke links. Die Sprünge in den
Bändern müssen bekannt sein. Sind sie das nicht, gilt für Typ-I-Heterostrukturen wie
GaAs-AlGaAs die Faustregel: $\Delta E_c = 0.6 \Delta E_g$ und $\Delta E_v = 0.4 \Delta E_g$. Anschließend
kleben wir die Halbleiter wieder zusammen und stellen fest, dass das Fermi-Niveau
links und rechts nicht mehr das gleiche ist (Abb. 13.9). In unserem Beispiel sieht
es so aus, als wäre eine negative Spannung angelegt worden. Um das wieder auszugleichen, müssen wir also in unserer Zeichnung eine virtuelle positive Spannung
anlegen. Die Raumladungszonen werden dadurch etwas schmaler, und das Ergebnis
sieht man in Abb. 13.9c. Abb. 13.9d zeigt dann die fertige Heterostruktur, von der
die virtuelle Spannung wieder abgezogen wurde.

Literatur

Arthur JR (2002) Molecular beam epitaxy. Surf Sci 500(1–3):189. https://doi.org/10.1016/S0039-6028(01)01525-4

Ashcroft NW, Mermin ND (1976) Solid state physics. Saunders College Publishing, New York. ISBN 0-03-083993-9

Baehr HD, Karl S (2004) Wärme- und Stoffübertragung, 4. Aufl. Springer, Berlin. ISBN 3-540-40130-X

Baldereschi A, Lipari NO (1973) Spherical model of shallow acceptor states in semiconductors. Phys Rev B8:2697

Bandelow C (2013) Inside rubik's cube and beyond. Springer, SBN-10: 0817630783, ISBN-13: 978-0817630782

Blood P (1986) Capacitance – Voltage profiling and the characterisation of III-V semiconductors using electrolyte barriers. Semicond Sci Technol 1:7

Bravais A (1848) J Ecole Polytechnique, 19, 1850, S 1–128. Deutsche Übersetzung: Abhandlung über die Systeme von regelmäßig auf einer Ebene oder im Raum verteilten Punkten, Leipzig (1897), Verlag von Wilhelm Engelmann

Cohen ML, Bergstresser TK (1966) Band structures and pseudopotential form factors for fourteen semiconductors of the diamond and zinc-blende structures. Phys Rev 141:789. https://doi.org/10.1103/PhysRev.141.789

Compton AH (1923) A quantum theory of the scattering of x-rays by light elements. Phys Rev 21(5):483. https://doi.org/10.1103/PhysRev.21.483

de Sousa JS, Smoliner J (2012) Rashba effect in type-II resonant tunneling diodes enhanced by in-plane magnetic fields. Phys Rev B 85:085303

Dresselhaus G, Kip AF, Kittel C (1955) Phys Rev 98:368

Drude P (1900) Zur Elektronentheorie der Metalle. Ann Phys 306(3):566. https://doi.org/10.1002/andp.19003060312

Esaki L, Tsu R (1970) Superlattice and negative differential conductivity in semiconductors. IBM J Res Dev 14:61. https://doi.org/10.1147/rd.141.0061

Fasching, G (1984) Werkstoffe für die Elektrotechnik: Mikrophysik, Struktur. Eigenschaften, Springer, Wien. ISBN 978-3-211-22133-4, ISBN 978-3-211-27187-2 (ebook)

Faulkner RA (1969) Werte von Donator- und Akzeptor-Ionisationsenergien. Theorie und Daten. Phys Rev 184:713

Fermi E (1950) Nuclear physics. University of Chicago Press, Chicago. S 142, ISBN-13: 978-0226243658

Gross R, Marx A (2014) Festkörperphysik, De Gruyter, München. ISBN 978-3-11-035869-8

© Springer-Verlag GmbH Deutschland, ein Teil von Springer Nature 2020
J. Smoliner, *Grundlagen der Halbleiterphysik*,
https://doi.org/10.1007/978-3-662-60654-4

Gymrek M (2009) The Mathematics of the Rubik's Cube: Introduction to Group Theory and Permutation Puzzles, lectures notes from MIT class SP.268, March 2009. http://web.mit.edu/sp.268/www/rubik.pdf

Hall RN, Racette JC (1964) Diffusion and solubility of copper in extrinsic and intrinsic Ge, Si, and GaAs. J Appl Phys 35:379. https://doi.org/10.1063/1.1713322

Haug H, Koch SW (2004) Quantum Theory of the Optical and Electronic Properties of Semiconductors, World Scientific. ISBN: 981-238-609-2

Haynes JR, Shockley W (1948) Investigation of hole injection in transistor action. Phys Rev 75:691

Herstein IN (1996) Abstract algebra. Wiley, Hoboken. ISBN-10: 0471368792, ISBN-13:978-0471368793

Hilfer R (2011) Universität Stuttgart. https://www.icp.uni-stuttgart.de/%7Ehilfer/

Holland C (1919) Caroline Holland's Notebooks of a Spinster Lady, published in 1919

Kittel C (1980) Einführung in die Festkörperphysik. Oldenburg, München

Kittel C (1987) Quantum theory of solids, 2. Aufl. Wiley, Hoboken. ISBN 13: 978-0-471-62412-7

Koop EJ, Iqbal MJ, Limbach F, Boute M, van Wees BJ, Reuter D, Wieck AD, Kooi BJ, van der Wal CH (2013) On the annealing mechanism of AuGe/Ni/Au ohmic contacts to a two-dimensional electron gas in GaAs/AlGaAs heterostructures. Semicond Sci Technol 28:025006

Kranzer D, Eberharter G (1971) Ionized impurity density and mobility in n-GaAs. Physica Status Solidi A 8:K89–K92. https://doi.org/10.1002/pssa.2210080239

Kronig R de L, Penney WG (1931) Quantum Mechanics of Electrons in Crystal Lattices. Proceedings of the Royal Society of London. Series A 130(814):499. https://doi.org/10.1098/rspa.1931.0019

Lenard P (1900) Erzeugung von Kathodenstrahlen durch ultraviolettes Licht. Ann Phys 307(6):359. https://doi.org/10.1002/andp.19003070611

Löcherer KH (1992) Halbleiterbauelemente. Teubner, Stuttgart. ISBN 13: 978-3519064237

Miller WH (1839) A treatise on crystallography. Deighton, Cambridge. LCCN 04-030688, OCLC 8547577

Mishra UK, Singh J (2008) Semiconductor device physics and design. Springer, Berlin. ISBN 978-1-4020-6480-7

Misra P (2011) Physics of condensed matter, 1. Aufl. Academic, Cambridge. ISBN 9780123849540

Mohrhoff U (2011) The world according to quantum mechanics. World Scientific, London. ISBN 978-981-4465-84-7

Moll JL (1964) Physics of semiconductors. McGraw-Hill, NewYork

Morin FJ, Maita JP (1954) Electrical properties of silicon containing arsenic and boron. Phys Rev 96:28. https://doi.org/10.1103/PhysRev.96.28

Morin FJ, Maita JP (1954) Conductivity and Hall-effect in the intrinsic range of Ge. Phys Rev 94:1525. https://doi.org/10.1103/PhysRev.94.1525

Mott SN (1990) Metal-Insulator Transitions, 2. Aufl. Taylor & Francis, Bristol

Müller R (1995) Grundlagen der Halbleiter-Elektronik. Springer, Berlin. ISBN 978-3-540-58912-9

Müller R (1995) Bauelemente der Halbleiter-Elektronik. Springer, Berlin. ISBN 13: 978-3-540-54498-0

Nicollian EH, Brews JR (1982) MOS (Metal Oxide Semiconductor) physics and technology. Wiley Interscience, Wiley, New York. ISBN 0-471-08500-6

Pierret RF (1996) Semiconductor device fundamentals. Reading, Mass Addison-Wesley, Boston. ISBN 0201543931

Prince MB (1953) Drift mobility in semiconductor I. Germanium Phys Rev 92:681

Rao CNR, Sood AK, Subrahmanyam KS, Govindaraj A (2009) Graphene: the new two-dimensional nanomaterial. Angew Chem Int Ed 48:7752

Reider GA (2012) Photonik. Springer & Wien, Heidelberg. ISBN 978-3-7091-1520-6

Resnick R (1985) Quantum physics of atoms, molecules, solids, nuclei, and particles. Wiley, Hoboken. ISBN-13: 978-0471873730

Rolf S (2009) Halbleiterphysik. Oldenburg, München. ISBN 978-3-486-58863-7

Schechter D (1962) Theory of shallow acceptor states in Si and Ge. J Phys Chem Solids 23:237

Sconza A, Galet G, Torzo G (2000) Am J Phys 68:80

Setyawan W, Curtarolo S (2010) High-throughput electronic band structure calculations: challenges and tools. Comput Mate Sci 49:299. https://doi.org/10.1016/j.commatsci.2010.05.010

Shockley W, Pearson GL, Haynes JR (1949) Hole injection in germanium – quantitative studies and filamentary transistors. Bell Syst Tech J 28:344

Singh J (2000) Semiconductor devices. Wiley & Basic Principles, Hoboken. ISBN 978-0-471-36245-6

Singh J (2003) Electronic and optoelectronic properties of semiconductors. Cambridge University Press, Cambridge. ISBN-13: 9780521823791

Singh J (2008) Quantum mechanics: fundamentals and applications to technology. Wiley, Hoboken. ISBN: 978-3-527-61820-0

Smith RA (1979) Semiconductors, 2. Aufl. Cambridge University Press, London

Sze SM, Irvin JC (1968) Resistivity, mobility, and impurity levels in GaAs, Ge, and Si at 300 K. Solid State Electron 11:599

Sze SM, Kwok K.Ng (2007) Physics of semiconductor devices. Wiley, Hoboken. ISBN: 978-0-471-14323-9

Tonomura A, Endo J, Matsuda T, Kawasaki T, Ezawa H (1989) Demonstration of single-electron buildup of an interference pattern. Am J Phys 57:117. https://doi.org/10.1119/1.16104

Thuselt F (2018) Physik der Halbleiterbauelemente. Springer Spektrum. ISBN-13: 978-3662576373. https://doi.org/10.1007/978-3-662-57638-0

van der Pauw LJ (1958/1959) A method of measuring the resistivity and hall coefficient on lamellae of arbitrary shape. Philips Tech Rev 20:220–224

Varshni YP (1967) Temperature dependence of the energy gap in semiconductors. Physica 34(1):149. https://doi.org/10.1016/0031-8914(67)90062-6

Waschke C, Roskos HG, Schwedler R, Leo K, Kurz H, Köhler K (1993) Coherent submillimeter-wave emission from Bloch oscillations in a semiconductor superlattice. Phys Rev Lett 70:3319. https://doi.org/10.1103/PhysRevLett.70.3319

Wolfe CM, Stillman GE, Lindley WT (1970) J Appl Phys 41:3088. https://doi.org/10.1063/1.1659368

Wolfstirn KB (1968) Holes and electron mobilities in doped silicon from radio chemical and conductivity measurements. J Phys Chem Solids 16:279

Yacobi BG (2003) Semiconductor materials, an introduction to basic principles. Springer, Berlin. ISBN 978-0-306-47361-6

Ytterdal T, Shur MS, Hurt M, Peatman WCB (1997) Enhancement of Schottky barrier height in heterodimensional metal-semiconductor contacts. Appl Phys Lett 70:441 https://doi.org/10.1063/1.118175

Stichwortverzeichnis

© Springer-Verlag GmbH Deutschland, ein Teil von Springer Nature 2020
J. Smoliner, *Grundlagen der Halbleiterphysik*,
https://doi.org/10.1007/978-3-662-60654-4

Springer

Willkommen zu den Springer Alerts

- Unser Neuerscheinungs-Service für Sie:
  aktuell *** kostenlos *** passgenau *** flexibel

Springer veröffentlicht mehr als 5.500 wissenschaftliche Bücher jährlich in gedruckter Form. Mehr als 2.200 englischsprachige Zeitschriften und mehr als 120.000 eBooks und Referenzwerke sind auf unserer Online Plattform SpringerLink verfügbar. Seit seiner Gründung 1842 arbeitet Springer weltweit mit den hervorragendsten und anerkanntesten Wissenschaftlern zusammen, eine Partnerschaft, die auf Offenheit und gegenseitigem Vertrauen beruht.

Die SpringerAlerts sind der beste Weg, um über Neuentwicklungen im eigenen Fachgebiet auf dem Laufenden zu sein. Sie sind der/die Erste, der/die über neu erschienene Bücher informiert ist oder das Inhaltsverzeichnis des neuesten Zeitschriftenheftes erhält. Unser Service ist kostenlos, schnell und vor allem flexibel. Passen Sie die SpringerAlerts genau an Ihre Interessen und Ihren Bedarf an, um nur diejenigen Information zu erhalten, die Sie wirklich benötigen.

Mehr Infos unter: springer.com/alert

Printed in the United States
By Bookmasters